R. CHASSAING 1971

25562

ORNITHOLOGIE
DU GARD.

Typographie BALLIVET et FABRE,
Rue de l'Hôtel-de-Ville, 11.

ORNITHOLOGIE
DU GARD

ET DES PAYS CIRCONVOISINS,

Par J. Crespon,

NATURALISTE,

FONDATEUR DU CABINET D'ORNITHOLOGIE DE NISMES.

NISMES,

Chez BIANQUIS-GIGNOUX, Libraire,
Boulevard de la Comédie;
GIRAUD, Libraire, boulevard de la Madelaine.

MONTPELLIER,
Chez CASTEL, Libraire, Grand'Rue.

1840.

LISTE DES SOUSCRIPTEURS.

Je remplis un engagement pris d'avance, en plaçant en tête de mon livre les noms de MM. les Souscripteurs, et je satisfais surtout au vif sentiment de gratitude dont je suis pénétré à leur égard. — La liste est donnée par ordre de souscription.

MESSIEURS

Le Baron de Jessaint, Préfet du Gard.
Le Baron de Feuchères, maréchal-de-camp.
Mgr l'Evêque de Nismes.
La Ville de Nismes.
F. Girard, maire de Nismes.
P. de Daunant, Conseiller do Préfect.
Delpuech, de St-Gilles.
Ferry de La Combe.
Boyer fils, Pharmacien.
Leclair.
Albin Colomb.
Viviès de la Bastide.
Irénée Ginoux, Professeur.
F. Seguin.
Ch. de Montauran.
G. de Roquedol.
Boyer-Paris.
Naud fils.
Giron aîné.
Ferd. Gibert.
Paulin Fregier.
Edouard Michel, Président du Tribunal de commerce.
Ad. Bruguière.
F. Boissier.
J. Jourdan.
Marquis de Cabrières.
Hesmivy Dauribeau, Directeur des contributions directes.
Pleindoux aîné, Docteur médecin.
P. Gilly.
Henri Reynaud.
A. Reynaud.
Deloche, Professeur.
De Salès de Salèles.
A. Bruneton.
Alph. Béchard, Avocat.
G. Baragnon, Avocat.
Jules Boissier.
R. Boileau de Castelnau.
Henri Flaissier
Mossel, propriétaire, à Valence.
L. Rigot.
E. im-Thürn.
Fajon, Conseiller-auditeur à la Cour royale.
Champel.
Adolphe Blachier.
Margarot-Pauc.
J. Correnson, Conseiller à la Cour roy.
Henri Michel.
A. Blachier, Colonel de gendarmerie.
L'Abbé de Tessan.
Clauzel, Docteur.
J. Bonnaud.
Teissier-Roland.
Carcassonne aîné.
Agénor Molines.
J. Rieu, négociant.
L'Abbé d'Alzon.
Charles fils.
F. Auzet.
Verdier-Allut, Maire d'Uzès.
Gignan.
Barthélemy.
T. Phelip.
Carrière, Notaire.
J. Roux.
H.-J. Rossel, Président.
J. Colondre.
Espion-Larnac.
Henri Vigne.
M. Arnal.
Chambaud, Architecte.
Jules Salles.
Gaston-Fabre.
De Cray.
Demians-Madier.
Fontanès, Pharmacien.
Randon de Grolier.
Ph. Mathieu.

Routon aîné.
Emilien Frossard, Pasteur.
C. Jalaguier.
Montagnon, Docteur.
Thomas de Lavernède.
Chiflot.
Henri Poise.
Jalaguier-Meynier.
Albin-Franc.
Roussel.
Eug. Mutru, Docteur-médecin.
Donzel-Lecointe.
De Quatre-Fages, Professeur de zoologie à Toulouse.
Aug. Angliviel, de Valleraugue.
Eug. Nègre.
Casimir Boissier.
Cauvin du Bourguet, Conservateur des forêts.
Amédée Béchard.
Ruat, Docteur-médecin.
Abric-Chabanel.
Charles de Surville.
P. Martin.
Brueys.
Henri-R. Sandbach, de Liverpool.
Cyrile Faugier.
Salaville.
R. Laval.
Ali Blachier.
Chambon, Prêtre.
Soulier, Prêtre.
Ph. Vigne, d'Aiguesmortes.
Conte fils.
A. Jalaguier.
Etienne Pleindoux, Docteur-médecin.
Chamant, Directeur des contributions directes d'Amiens.
Gamel, Docteur-médecin.
Etienne Mourgue, Pharmacien.
H. Rolland.
Marquès du Luc, Conseiller.
Larnac, Conseiller à la Cour royale.
De Bernardy, Avocat-général.
F. Laurens, Professeur au Collége.
Fornier de Meyrard.
Isidore Boucaru.
Aug. Lefèvre, Naturaliste, à Paris.
Améd. Pintard, à Paris.
A. Valencienne, Professeur et Secrétaire, pour le Muséum de Paris.
T Reynaud-Labarèze.
Benj. Valz, Astronome.
Aug. Pellet.
Lagorce-Cauzid.
Vidal-Pellet.
Saunier, Curé de Garons.
Michel, Curé de Rodilhan.
Mgr l'Evêque de Dignes.
M.is Coste.
J. Brunet, Instituteur.
Ad. Chabal.
Bonicard.

D. Carcassonne.
Tur, Conseiller-municipal.
Jourdan fils aîné.
A. Despinassoux, Substitut.
H. Jarras, Docteur-médecin.
Plagniol, Inspecteur de l'Académie.
G. Fabre-Lichaire.
Affourtit-Baumet.
Fontaine, Docteur-médecin.
Adolphe Valz.
Delacorbière, Premier Adjoint.
Blanc, Ornithologiste, à Montbrison.
De Villiers, Capitaine au 17e de ligne.
Le Proviseur du Collége de Nismes.
Domergue, Econ. au Collége de Nismes.
Casimir Michel, Avocat.
Numa Boucoiran, Directeur de l'Ecole de Dessin de Nismes.
Devilliers, Membre de la Société Linnéenne de Paris.
Durant, Agent de change.
Ch. Ignon, Conseiller à la Cour royale.
L. Corraud fils.
Grapon, Pharmacien.
Soulier.
Fabrègue.
V. Martin.
Edouard de Pellet.
Gustave de Clausonne.
Pleindoux, Pharmacien.
Emile Bonnaud, adjoint.
Comte de Grave.
Cazelle, Receveur des contributions.
Jules d'Espinassoux.
Fabrègue-Noury.
Avon, de Beaucaire.
Tachard, Pasteur.
Marquis de Grave.
Laurent Rousselot.
Liquier, Procureur du Roi.
Privat, Chanoine.
Casimir Martin, Médecin.
De Moynier-Chamborant.
Alph. Boyer, Avocat.
Marquis de Dions.
Roman.
Alf. de Chapel, d'Alais.
Couvin, Vicaire.
Noël Dumas.
Maxime de Ricard.
De Régis.
Le Docteur Brun, Aide-major au 49e.
Espérandieu.
A. Moquin-Tandon, Professeur à la Faculté des Sciences, à Toulouse.
Bourdon, Architecte.
B. Fourteau, Inspecteur à l'Académie de Nismes.
L. Meynier.
Le Comte de St-Lieux, de Toulouse.
D'Anselme, d'Avignon.
Vinard, Ingénieur du départ. du Gard.
Raoul.

H. Leynadier.
Nougarède, Professeur.
Jules im-Thürn.
Dumas-Gasparin.
Mauranchon, Professeur.
Couder, Chanoine, Curé.
A.-L. Vincens.
Bonhomme, Curé.
Nègre, Notaire.
Bellile, Pharmacien.
Marchand-Armand, ornithologiste, à Chartres.
Marchand père, Ornithologiste, à Chartres.
Théodore de Perrin.
La Bibliothèque d'Arles.
Barthélemy, Conservateur du Muséum de la ville de Marseille.
Pierrette Amphonse, Amateur-naturaliste, à Marseille.
Demoulin, attaché au Muséum de Marseille.
H. Imbert.
Bayol, Capitaine d'artillerie, à Arles.
Emile Martin, de Paris.
Chabrillac, professeur.
Ferd. Béchard, Député.
Jérôme Baly.
Félix de Lapierre.
Jules Nègre.
J. Bergeron.
Charles fils, Architecte.
Brochier, Receveur-général.
Darlhac, Notaire.
Lebrun fils, Amateur-ornithologiste.
P. Jeanjean, Médecin, à Montpellier.
Marcel de Serres, Professeur et Membre de plusieurs Sociétés savantes.
Rouget, Docteur-médecin à Privas.
Villemain, Sous-Préfet de Tournon.
Ad. Reynaud, Curé de St-Paul.
Pons, Vicaire à St-Paul.
Goubier, Curé.
Th. Boyer.
Ch. d'Assas, du Vigan.
Roque, Pharmacien.
Emile Darlhac.
Roche aîné.
Gagnon, Directeur des Postes.
Le Marquis de Monteynard.
Gaston Vincens.
Cabanis-Gallois.
De Quatre-Fages du Fesq.
Bernard, Capitaine d'état-major.

Havart, Avocat, Conseiller de Préfecture.
Teissier, Procureur du Roi, à Uzès.
Colin, Sculpteur.
Emilien Dumas, de Sommières.
L. Jogan, Sous-Intendant.
Védrines, Conseiller à la Cour royale.
Gardes, Pasteur.
Saladin, Aumônier.
Nicolas, Prêtre.
Ernest Rouvières.
Fabre.
Recolin, Docteur-médecin.
Crouzatié, Directeur du cadastre.
G. Viguier.
Carrière, Docteur, à St-Jean-du-Gard.
Castant.
Prades.
Carcassonne.
Ducros jeune.
Gaston Noguier.
E. Teulon, Député.
Daussat, Médecin.
Régis, Instituteur.
G. Huguet.
Fabre, Major du 7e chasseurs.
A. Cavalier, Colonel de la garde nat.
Rolland-Laguillat.
Baron de Bex d'Arrelz.
Vidal, Avocat.
P. Coissard, Docteur-médecin.
Sagnier-Baumet.
Pintard, de Blauzac.
De La Farelle, Ancien Magistrat.
De Chastellier, Ancien Maire et Député.
D'Olivier, Conseiller à la Cour royale.
Ch. Magne.
Cambom.
Guibert, Professeur d'Histoire naturelle au Collége de Nismes.
A. Gide.
Montet de la Mure.
E. Loche.
Henri Massus, de Lasalle.
F. Soutoul, de Lasalle.
Laurent, Prêtre.
Gaidan.
Vicomte de Rochemore.
Emile Martin.
Massip.
Vigier.
E. Destremx, d'Alais.
Prophète fils.
Sagnier.
Valette, des Claris.

A MONSIEUR

Isidore-Geoffroy Saint-Hilaire,

Chevalier de la Légion-d'Honneur, Membre de l'Académie des Sciences et Professeur du Cours d'Ornithologie au Muséum d'Histoire naturelle de Paris.

Monsieur,

En vous dédiant cet Ouvrage, fruit de mes modestes travaux, j'ai voulu répondre à un besoin de mon cœur et rendre un témoignage public de mon admiration pour vos connaissances si profondes et si étendues. L'éclat de votre nom sera pour moi un présage des succès dont vos conseils affectueux et vos obligeantes lettres m'ont déjà ouvert la route. Je m'estimerai heureux si mes descriptions reçoivent jusqu'à la fin le témoignage d'approbation que vous avez bien voulu accorder à celles que je vous ai déjà communiquées.

Veuillez agréer, avec l'expression de ma reconnaissance, celle de la haute considération avec laquelle j'ai l'honneur d'être,

Monsieur,

Votre très dévoué et respectueux Serviteur,

CRESPON.

PRÉFACE.

Situé entre les dernières ramifications des Pyrénées à l'ouest, les Cevennes et la Lozère au nord, la vaste embouchure de la vallée du Rhône au levant, et n'étant séparé de la plage africaine que par les flots de la mer Méditerranée, le Bas-Languedoc est un lieu de refuge singulièrement favorable aux oiseaux de passage que les glaces de l'hiver et les tempêtes de l'été égarent si facilement de leur route ordinaire, et qui viennent chercher un abri dans notre pays, où se trouvent déjà tant de belles espèces qu'on chercherait vainement ailleurs. Là, le Flammant aux ailes de feu rencontre parfois les Cygnes du Nord, et l'Aigle des Montagnes poursuit les Guêpiers et les Rolliers échappés aux oasis du désert. Depuis longues années je donnais à ces trésors de la nature une juste admiration, et bientôt je me dévouai à un goût pour cette branche de l'Histoire naturelle qui avait toute la ferveur du dévoûment et toute la puissance d'une passion. La collection que j'ai formée et les connaissances que j'ai acquises sont le fruit de nombreuses années de recherche; je viens aujourd'hui en présenter le résultat au public et surtout à mes concitoyens, avec un mélange de crainte et de confiance. De crainte, car je sais combien il faudra pardonner au style de celui qui a donné plus de soins à étudier la nature qu'à la décrire; de confiance, car j'ai l'intime conviction que tous les faits que j'avance sont fondés sur mes observations personnelles, recueillies avec le soin le plus scrupuleux. A cet effet, j'ai parcouru sans relâche, le fusil sur l'épaule, tous les lieux qui pouvaient m'offrir quelque ressource nouvelle. Je me suis ainsi assuré de l'habitation, des mœurs et de l'incubation de plusieurs espèces. Quand je n'ai pu par moi-même obtenir certains renseignemens, je les ai trouvés chez des chasseurs expérimentés*, et les nouvelles observations que j'ai pu faire depuis ne m'ont presque jamais démenti leur précieux témoignage. C'est ainsi que sur environ cinq cents espèces d'oiseaux connus en Europe, j'en ai décrit trois cent vingt-une qui peuvent se rencontrer dans nos contrées, en y comprenant celles qui y sont sédentaires, ou de passages périodique, ou amenées par des causes qu'il nous est impossible d'assigner, et j'ai aussi la conviction de n'avoir pas gratuitement augmenté le nombre. Le lecteur pardonnera,

---

* Je dois citer en première ligne M. Allet de St-Gilles.

j'espère, à l'auteur d'un ouvrage d'un intérêt tout local, d'être entré dans des détails très minutieux. J'espère aussi que la science y puisera quelques faits nouveaux. On verra que j'ai eu soin de consigner les époques où les oiseaux de passage arrivent chez nous; le séjour qu'ils y font, les lieux où ils se répandent de préférence et le moment de leur départ.

Les noms vulgaires en patois, annexés à chaque espèce qui en a reçu (car j'ai cru devoir me refuser d'en donner à celles qui n'en ont pas encore, vu leur rareté), aideront aux personnes de ce pays à mieux les reconnaître; ils sont joints aux synonymies des auteurs les plus célèbres, que j'ai cru devoir consigner dans mon ouvrage.

Je dois à M. Barthélemy, conservateur du cabinet de Marseille, quatre à cinq espèces très rares prises dans les environs de cette ville, et qu'il a eu l'obligeance de me communiquer. Je prie aussi mon très obligeant ami M. Lebrun fils, de Montpellier, de recevoir ici le témoignage public de ma reconnaissance, pour les utiles communications qu'il m'a faites sur ses propres découvertes dans le département de l'Hérault, et sur les noms vulgaires de plusieurs oiseaux.

J'ai adopté de préférence la méthode de M. Temminck comme étant la plus généralement suivie, et celle qui m'est la plus familière. Cet illustre auteur pardonnera à celui qui peut se dire son élève l'usage qu'il a fait en cela de ses illustres enseignemens et des emprunts qu'il lui a faits ainsi qu'à Vieillot, Roux (Polydore), à Buffon et à notre célèbre Cuvier, afin que mon ouvrage pût se lier aux leurs, et le rendît plus recommandable. Je me suis permis quelquefois de rectifier ce qui, chez ces auteurs, ne me paraissait pas complètement vrai et contraire à des observations dont je me suis cru parfaitement sûr.

J'ai poursuivi par goût cette aimable étude, mais j'ai aussi la conscience d'avoir servi mon pays en donnant une idée exacte de ses richesses ornithologiques, et en dirigeant l'esprit de plusieurs vers la contemplation d'un monde de merveilles.

ORNITHOLOGIE

DU GARD

ET DES PAYS CIRCONVOISINS.

ORDRE PREMIER.

RAPACES. — *RAPACES.*

Caractères : Bec robuste, couvert à sa base d'une cire, crochu à sa pointe. Narines ouvertes. Pieds courts, forts, nerveux, emplumés jusqu'aux genoux ou jusqu'aux doigts. Trois doigts devant et un derrière, totalement séparés, ou l'intermédiaire et l'extérieur réunis à leur base par une membrane ; armés d'ongles puissans, acérés, rétractiles et arqués.

Les rapaces occupent parmi les oiseaux le même rang que les animaux carnassiers parmi les quadrupèdes : presque tous se nourrissent de chair ; les uns font une guerre cruelle aux animaux vivans qu'ils attaquent avec autant de courage que d'audace, les dévorent sur place, ou en emportent les membres encore palpitans dans leurs serres, soit pour en nourrir leurs petits, soit pour mieux s'en repaître en lieux sûrs; d'autres sont portés par leur goût à purger la terre des cadavres; ce n'est que par le manque de nourriture qu'ils se décident à attaquer les êtres vivans. Quelques-uns ne font la chasse qu'aux poissons qu'ils enlèvent à la surface des eaux avec leurs serres. Ceux-ci vivent aussi de reptiles. D'autres enfin (ce sont les plus faibles) ne se nourrisent que d'insectes.

Les oiseaux qui composent cet ordre ont un vol rapide et soutenu : ils peuvent en peu de temps parcourir des espaces immenses, s'élever à une grande hauteur, et disparaître à nos yeux; et, doués d'une vue parfaite, ils découvrent du haut des airs la victime qu'ils veulent immoler.

Armés d'un bec et d'ongles robustes, ils peuvent impunément attaquer leur proie; aussi sont-ils la terreur des autres oiseaux; et comme ils se nourrissent de chairs vivantes, ils peuvent se passer de boire pendant plusieurs jours, le sang de leurs victimes leur suffit.

Plusieurs espèces rejettent par le bec les os et les plumes roulés en pelote, qu'un appétit vorace leur a fait avaler.

Ils habitent de préférence les lieux les plus retirés, le sommet des montagnes, ou les grandes forêts.

Les uns ont la vue très perçante pendant le jour, tandis que les autres ne chassent qu'au crépuscule ou dans les ténèbres.

GENRE PREMIER.

VAUTOUR. — *VULTUR.*

Caractères : Bec droit, couvert à sa base d'une cire glabre, robuste, gros, convexe en dessus, à bords droits, crochu à l'extrémité de la mandibule supérieure ; mandibule inférieure droite, incliné vers la pointe. Tête petite en raison du volume du corps, nue ou couverte d'un duvet court, ainsi que celui du cou qui, à cause de cela, paraît long et menu. Narines latérales, percées vers les bords de la cire. Tarses nus et réticulés. Ongles faiblement arqués. Doigt du milieu beaucoup plus long que les autres, uni à sa base avec l'extérieur. Ailes très longues ; première rémige courte ; la 4me est la plus longue.

De tous temps les Vautours ont inspiré du dégoût par la dépravation de leurs appétits ; les débris putréfiés d'animaux, les immondices les plus sales, conviennent parfaitement à leur goût ; un odorat parfait leur fait découvrir de loin les émanations d'une voirie sur laquelle ils ne tardent pas à s'abattre ; moins bien armés que les autres accipitres, ils ne peuvent point emporter leur proie dans leurs serres ; ils la consomment sur place.

Le nom de lâche leur a été prodigué presque par tous les auteurs. Cependant, depuis quelque temps, l'on est convaincu que les Vautours attaquent aussi les jeunes agneaux et les jeunes chèvres. Blessés ou pris en quelques piéges, ils se défendent contre l'homme, en se servant de leur bec ou de leurs serres. Posés à terre, ils ont beaucoup de peine à prendre leur essor ; leur vol, quoique moins vigoureux que celui des espèces suivantes, leur permet néanmoins de s'élever à une hauteur prodigieuse. Les Vautours se réunissent plusieurs dans une même localité et y vivent avec beaucoup d'intelligence.

Toujours relégués dans les montagnes ou sur les roches

les plus élevées, par suite de leur conformation, ne pouvant emporter dans leurs serres la nourriture destinée à leurs petits, ils s'en remplissent le jabot, la vomissent devant eux, ou la leur dégorgent dans le bec.

La femelle est toujours plus grande que le mâle.

VAUTOUR ARIAN. — *VULTUR CINEREUS.*

Nom vulg. : *Votour.*

Le Grand Vautour, Buff., un individu jeune.— Le Vautour noir, *Vultur niger*, Vieillot. — Le Vautour brun, Cuvier. — Vautour Arian, *Vultur Cinereus*, Temmimck.— Le Vautour noir, Roux.

Teint généralement d'un brun noir, quelquefois d'un brun fauve ; les parties postérieures de la tête et la nuque dégarnies de plumes ; la peau qui recouvre ces parties est bleuâtre ou violâtre ; le reste du cou est couvert d'un duvet noir ou fauve ; le côté du cou garni de longues plumes qui remontent obliquement ; bec noirâtre ; cire couleur de chair violâtre ; iris brun ; quelques plumes sur les tarses ; pieds d'un blanc blafard ; ongles noirs. Longueur totale, 3 pieds 5 ou 6 pouces, *les vieux mâles.*

La femelle a la taille un peu plus forte ; les teintes de son plumage sont plus sombres.

Cette belle espèce n'est commune nulle part, et ce n'est que par intervalles que nous la rencontrons dans nos localités. Le *Vautour Arian* se plaît davantage dans les plus hautes montagnes des Alpes et des Pyrénées, où il fait la guerre aux agneaux lorsqu'il est pressé par la faim.

M. Darracq, pharmacien et amateur distingué de Bayonne, m'a assuré que l'*Arian* était bien connu et redouté des pâtres des Pyrénées; car souvent il leur arrive de voir enlever par ces oiseaux leurs jeunes agneaux, pendant qu'ils gardent leurs troupeaux.

Tel est aussi, d'après *Temminck*, le témoignage des pâtres de la Dalmatie et des îles de la Méditerranée, qui craignent le *Vautour Arian* comme le dévastateur de leur bétail.

Je possède un individu de cette espèce qui fut pris dans nos environs. Il s'était tellement engorgé auprès d'une brebis morte la veille, qu'il lui fut impossible de prendre la fuite; il opposa une résistance opiniâtre aux paysans qui l'assommèrent à coups de bâton.

Sa nourriture se compose de charognes; il attaque aussi les jeunes chèvres et les jeunes agneaux.

Il habite les hautes montagnes de la Suisse, des Pyrénées et du midi de l'Espagne. Au printemps, on le rencontre assez souvent dans celles de la Provence.

On ne sait pas au juste où l'espèce niche; la propagation reste donc inconnue.

VAUTOUR GRIFFON. — *VULTUR FULVUS*.

Nom vulg. : *Votour*.

Le Percnoptère, Buff.—Le Griffon, Buff., sous le faux nom de Grand Vautour. — Le Vautour griffon, *Vultur Fulvus*, Vieill.—Le Vautour fauve, Cuv.—Vautour griffon, *Vultur Fulvus*, Temm. — Vautour griffon., Roux.

Toutes les parties supérieures d'un cendré bleuâtre; parties inférieures d'un isabelle clair, un espace garni d'un duvet blanc sur la poitrine ; tête et cou couverts d'un duvet ; plusieurs rangs de longues plumes au bas du cou ; bec d'un jaune livide ; cire du bec couleur de chair ; iris d'un châtain clair ; pieds gris. Longueur totale, 4 pieds, la *femelle* ; le *mâle* est moins grand.

Les *jeunes* sont d'une couleur moins foncée ; les plumes des parties inférieures ont leurs baguettes blanchâtres ; ils ont aussi le jabot d'un isabelle clair.

Le *Vautour Griffon* est l'espèce la plus commune du genre, surtout en Afrique, où on le trouve du midi au nord. C'est de ce rapace que les auteurs anciens parlent souvent ; dans le Midi, il est sédentaire sur nos montagnes ; l'espèce est surtout très abondante dans les Cevennes, où on le chasse d'une manière particulière. Il s'agit seulement de former un carré avec des claies ; on y jette quelque charogne au milieu ; l'odeur infecte qu'elle répand ne tarde pas d'attirer les *Vautours* qui s'y abattent pour s'en repaître ; mais une fois enfermés, il leur devient impossible de prendre leur essor, vu le peu de distance du carré dans lequel ils se sont enfermés *. De cette façon, il est aisé de s'en emparer vivans.

Au printemps, les *Griffons* sont plus nombreux qu'en hiver ; plusieurs nous arrivent d'Afrique ; on les voit alors par grandes bandes à la suite des nombreux troupeaux qui vont passer une partie de la belle saison dans les montagnes. Criant sans cesse et toujours affamés, ils demandent des cadavres dont se composent leurs meilleurs repas. Mais, à

* Les *Vautours* ont les ailes si longues, que lorsqu'ils sont à terre, ils ont besoin de faire plusieurs sauts avant de pouvoir s'envoler.

défaut de charognes, il se jettent plusieurs ensemble sur de faibles animaux qu'ils terrassent.

On rencontre le *Vautour Griffon* en Turquie, dans les Alpes et les Pyrénées, sur les montagnes de la Provence, des Cevennes et de l'Ardèche. Il se nourrit d'animaux morts, de charognes, attaque aussi des animaux vivans. Selon *Temminck*, la femelle pond des œufs d'un gris blanc, marqués de quelques taches d'un blanc rougeâtre.

GENRE DEUXIÈME.
CATHARTE. — *CATHARTES.*

Caractères : Bec droit, long, entouré à sa base d'une cire atteignant la moitié du bec ; mandibule supérieure crochue vers son extrémité ; l'inférieure plus courte, obtuse à sa pointe. Narines grandes, longitudinales, placées au milieu du bec. Doigt du milieu long ; il se réunit à sa base avec l'extérieur ; tarses nus, réticulés. Ailes un peu accuminées ; la 3e rémige est la plus longue de toutes.

Les *Cathartes* se nourrisent de voiries et d'immondices ; ils attaquent aussi de petits animaux vivans ; ce sont les plus sales des oiseaux de proie ; ils sont toujours en troupes, et émigrent en hiver.

M. *Temminck* fait remarquer que presque tous les ornithologistes réunissent les oiseaux ainsi conformés aux *Vautours* proprement dits, sans faire attention aux différences qui les distinguent. Ce savant démontre que plusieurs espèces étrangères ont été confondues avec ce dernier.

CATHARTE ALIMOCHE.
CATHARTES PERCNOPTERUS.
Noms vulg. : *Pélacan*, *Péro-Blanc*.

Vautour de Norwège ou Vautour blanc, Buff. — Le Vautour de Malte, Buff. La femelle. — Le Vautour Percnoptère, Vieill. — Le Percnoptère d'Égypte, Cuvier. — Catharte alimoche, *Cathartes percnopterus*, Temm. — Le Néophron percnoptère, Roux.

Toutes les parties du plumage d'un blanc pur, excepté les grandes pennes des ailes qui sont d'un noir profond ; sur le derrière de la tête sont des plumes longues et effilées que l'oiseau tient relevées ; la tête et la gorge dénuées de plumes, couvertes d'une peau nue, d'un jaunâtre plus ou moins livide, selon l'âge ; la cire du bec est orange, l'iris rougeâtre ; queue très étagée. Longueur, 2 pieds, quelquefois davantage, les *vieux*.

Les *jeunes* varient beaucoup ; au sortir du nid, ils sont d'un beau noir maculé de roux ; plus tard, ils ont une partie de leur plumage de couleur grise, et l'autre blanche ; d'autres enfin sont blancs, mais avec du roux sur les couvertures des ailes, du cou et de la poitrine.

Cet oiseau se montre dans le Midi dès les premiers jours d'avril ; il choisit les hautes montagnes et les rochers les plus inaccessibles de nos alentours pour y passer la belle saison et s'y reproduire ; il n'est pas rare de le voir planer, surtout dans le voisinage d'une voirie, où il se mêle souvent aux corbeaux. Méfiant et rusé, il est difficile de l'approcher, et ce n'est qu'en s'embusquant qu'on peut le tuer.

Les anciens peuples d'Egypte le considéraient comme un oiseau sacré, à cause des services qu'il leur rendait en les débarrassant des immondices et des cadavres qui, sous un ciel brûlant, auraient répandu dans l'atmosphère des exhalaisons malfaisantes.

Le *Catharte Alimoche* attaque et emporte souvent les petits animaux. J'ai connu un meunier du moulin de la *Baume*, sur le Gardon, qui m'a assuré que, pendant tout le temps que deux de ces oiseaux nourrissaient leurs petits, il allait chaque jour leur enlever plusieurs pièces de gibier à peine entamées; ce qu'il faisait au moyen d'une longue corde qui le descendait dans l'aire de ces rapaces.

Je possède plusieurs *Cathartes vivans*; ils ne se montrent pas craintifs; je les ai vus plusieurs fois provoquer mon *Aigle Royal;* mais celui-ci, comme leur souverain, a toujours su se faire respecter. La démarche de cette espèce est lente et mesurée.

Cet oiseau se rencontre dans le centre et le Midi de l'Europe; il n'est nulle part aussi répandu qu'en Afrique. Ici, il habite les plus proches montagnes situées au nord de Nismes; il est commun en Provence, près de Salon et d'Arles. Dans l'Hérault, il niche près du pic St-Loup. Sa nourriture se compose de charognes et d'immondices, ainsi que de petits animaux; il niche dans les antres des rochers, toujours en des lieux inaccessibles. La femelle pond, à ce que l'on m'a assuré *, deux œufs à surface rude, d'un blanc un peu rougeâtre.

* Sur la demande que j'avais faite, un paysan était parvenu à se procurer deux œufs de cette espèce; il les cassa, craignit de me les apporter, et me donna plus tard le signalement que je mentionne ici, sans cependant en garantir l'exactitude.

GENRE TROISIÈME.

GYPAÈTE. — *GYPAETUS.*

Caractères : Bec fort, long ; mandibule supérieure relevée vers la pointe, qui se termine en crochet ; un bouquet de poils raides sous la mandibule inférieure. Narines percées en long, cachées sous des poils raides dirigés en avant. Pieds courts; tarses emplumés jusqu'à la racine des doigts. Ceux-ci, au nombre de quatre, trois dirigés en avant, réunis par une membrane ; celui du milieu long. Ongles faibles, peu crochus. Ailes grandes ; 2me et 3me rémiges les plus longues.

Moins stupides que les *Vautours*, les *Gypaëtes* ont de la grâce et de l'élégance dans leurs mouvemens ; posés, ils ont une attitude plus fière que les espèces précédentes. La vie de ces rapaces est tout aérienne; presque toujours ils se tiennent dans les hautes régions de l'atmosphère qu'ils sillonnent dans tous les sens ; les vents les plus impétueux ne l'arrêtent point dans leur ascension.

Une très grande force musculaire rend ces oiseaux redoutables lorsque, du haut des airs, ils fondent à l'improviste sur les animaux, quelquefois fort grands, qu'ils veulent immoler ; ils saisissent l'instant où par imprudence ils s'avancent au bord des gouffres, où ils les précipitent à coup d'ailes et les achèvent sur place.

GYPAÈTE BARBU *. — *GYPAETUS BARBATUS.*

Le Vautour doré, Buff.—Le Gypaète des Alpes, Sonnini. — Phéne des Alpes, Phéne ossifraga, Vieillot.— Gypaète barbu, Cuvier. — Gypaète barbu, *Gypaetus barbatus*, Temm.— Le Phéne des Alpes, Roux.

Une grande raie noire qui prend naissance à la base du bec, passe au-dessus des yeux et remonte sur l'occiput ; tête, joues d'un blanc rougeâtre ; devant du cou, gorge, d'un roux orange avec quelques plumes un peu rembrunies ; haut de la poitrine un peu cendré ; ventre, abdomen et cuisses d'un roux orangé, sans taches ; manteau, dos et couvertures claires, d'un gris brun foncé, avec quelques parties des plumes un peu roussâtres ; grandes pennes des ailes d'un brun noir ; queue très ample, arrondie, teinte de gris cendré, de brun et de roussâtre ; baguettes blanches ; bec couleur de corne, mais d'une couleur plus claire à son crochet ; iris d'un jaune brillant, entouré d'une forte paupière d'un rouge de sang. Longueur, 4 pieds 6 pouces, les *très vieux*.

Les *jeunes* varient considérablement selon l'âge ; ils sont d'abord d'un brun grisâtre ou noirâtre ; plus tard, la tête, le cou et toutes les parties inférieures sont blanches, mais avec des taches d'un

---

* Je n'ai jamais rencontré cette espèce dans notre département ; mais deux individus ont été tués près d'Arles, et un troisième dans les environs de Montpellier.

brun cendré sur la poitrine, qui disparaissent plus tard; toutes les plumes des parties supérieures sont d'un brun cendré, avec une tache blanche longitudinale à leur centre.

Le *Gypaëte barbu* est le plus grand des oiseaux de proie d'Europe; la force de ses muscles, l'impétuosité de ses mouvemens, la ruse qu'il emploie pour se procurer une nourriture abondante, tout décèle en lui un oiseau redoutable; il attaque les grands animaux qu'il oblige à se précipiter du haut des roches escarpées, et il les dévore lorsqu'ils sont brisés par leur chute. On dit que cet oiseau attaque aussi les enfans isolés. Depuis plusieurs années je possède un *Gypaëte* vivant qui ne montre pas un grand courage envers d'autres gros oiseaux de proie qui habitent avec lui. Mais il n'en est pas de même pour les enfans, contre lesquels il se lance en étendant les ailes, et en leur présentant la poitrine comme pour vouloir les en frapper. Dernièrement, j'avais lâché cet oiseau dans mon jardin. Épiant le moment où personne ne le voyait, il se précipita sur une de mes nièces, âgée de deux ans et demi. L'ayant saisie par le haut des épaules, il la renversa par terre. Heureusement que ses cris nous avertirent du danger qu'elle courait; je me hâtai de lui porter secours. L'enfant en fut quitte pour la peur, et une déchirure à sa robe.

L'on m'a assuré que le *Gypaëte* devenait très vieux, et qu'il ne quittait jamais la localité qu'il s'était choisie.

Cette espèce habite les Alpes et les Pyrénées; il est moins rare dans le Tyrol; abondant en Afrique; construit son aire dans les rochers les moins accessibles; pond deux œufs à surface rude marqués de taches brunes.

Sa nourriture se compose de chamois, bouquetins, jeunes cerfs, moutons et veaux; dans la disette, il se rabat sur des charognes; il avale des os d'une forte dimension.

GENRE QUATRIÈME.

FAUCON. — *FALCO.*

Caractères : Tête couverte de plumes, les sourcils formant une saillie au-dessus des yeux. Bec crochu, le plus ordinairement courbé dès son origine; une cire plus ou moins colorée à sa base; mandibule inférieure arrondie. Narines latérales, percées dans la cire, ouvertes; tarses couverts de plumes ou garnis d'écailles; trois doigts devant et un derrière; ongles crochus, aigus, mobiles.

Les oiseaux qui composent ce genre sont tous pourvus d'armes propres à l'attaque, qualité que les espèces appelées *ignobles* ne possèdent point; aussi vivent-ils d'une manière toute différente, leur nourriture consistant le plus souvent en proies vivantes qu'ils saisissent dans leurs serres crochues et acérées. Quelques grosses espèces attaquent des mammifères et des oiseaux; plusieurs vivent de poissons; d'autres préfèrent des reptiles, et quelques petites espèces ne mangent que des insectes; leur vol est puissant; ils peuvent en peu de temps parcourir de très grands espaces; ils ont la vue perçante, et leur moyen d'attaque est en harmonie avec leur courage.

Le plumage des *jeunes* diffère beaucoup de celui des *vieux*, ce qui a mis plusieurs ornithologistes dans le cas de créer de nouvelles espèces.

PREMIÈRE DIVISION.

FAUCONS PROPREMENT DITS.

Caractères : BEC court, courbé dès sa base, garni d'une cire glabre, comprimé sur les côtés, arrondi en dessus ; une ou deux dents vers le bout de la mandibule supérieure. PIEDS forts, doigts longs, pourvus d'ongles courbés, très aigus ; tarse court. AILES longues ; la 2me rémige est la plus longue de toutes.

C'est dans cette division que se réunissent *les espèces appelées nobles*, et du courage desquelles on tirait le plus grand parti pendant que l'art de la fauconnerie florissait ; elles poursuivent les oiseaux à tire-d'aile, ou tombent dessus avec aplomb ; elles ne touchent jamais aux proies mortes ; elles nichent de préférence dans les rochers ou dans les vieux édifices.

FAUCON PÉLERIN. — *FALCO PEREGRINUS*.

Nom vulg. : *Mouïcé di Gros.*

Le FAUCON, le FAUCON SORS et le FAUCON DE PASSAGE, Buff. Le même oiseau en différens états de plumage. — Le FAUCON proprement dit, *Falco peregrinus*, Vieillot. — Le FAUCON ORDINAIRE, Cuvier. — FAUCON PÉLERIN, *Falco peregrinus*, Temm. — Le FAUCON COMMUN, Roux.

Dessus de la tête et du cou d'un bleu noirâtre ; manteau d'un cendré bleuâtre, avec des bandes d'une nuance plus claire, une moustache noire sur chaque côté de la tête, qui prend son origine à la racine du bec ; gorge d'un blanc parfait, avec quelques petites raies longitudinales ; les autres parties de dessous le corps d'un blanc sale, rayé en travers par de petites bandes brunes ; des taches roussâtres sur les ailes ; queue à bandes étroites, de couleur noirâtre et cendrée ; bec bleu, une forte dent de chaque côté de la mandibule supérieure ; paupières iris et pieds jaunes ; cire du bec verdâtre. Longueur, 1 pied 3 pouces, *le mâle. La femelle*, mesure : 1 pied 4 ou 5 pouces, *les vieux*.

Les rochers les plus solitaires et les plus élevés sont ceux que ce *Faucon* recherche de préférence pour faire sa demeure habituelle ; c'est aussi de ces endroits sauvages qu'il fond comme un trait sur l'oiseau qu'il veut immoler ; il s'en empare en tombant d'aplomb sur lui, le saisit dans ses serres puissantes et l'emporte ou le dévore sur les lieux. C'est cette espèce qui a été longtemps célèbre chez les seigneurs du moyen-âge, et qui a donné son nom à cette sorte de chasse, qu'on appelait *chasse du poing*. En automne, cet accipitre abandonne ses montagnes et commence ses voyages ; son vol est si rapide et tellement soutenu, qu'il parcourt presque tous les pays de la terre. C'est à cause de ses grandes excursions qu'on lui a donné le nom de *Pèlerin* ou *Faucon voyageur*.

J'ai rencontré ces oiseaux dans le voisinage des étangs et des marais, donnant la chasse à des canards ; ainsi, c'est à tort qu'on a prétendu qu'ils ne fréquentaient jamais ces localités. On m'a apporté plusieurs individus provenant de ces parages, soit en automne, soit en hiver, ou pendant le mois d'août. Il n'est pas rare de voir ce faucon rôder autour des métairies et des colombiers situés près des bois, où souvent il lui arrive d'enlever des poules et des pigeons.

L'espèce dont il s'agit ici habite toutes les contrées montagneuses de l'Europe, presque toujours sur les rochers, plus rarement dans les prairies, vit sur les hautes montagnes de la Provence et des Cevennes, et se nourrit de gros oiseaux du genre gallinacée, attaque aussi les oies et les canards; il niche dans les trous des rochers, moins souvent sur les arbres; la femelle pond trois ou quatre œufs d'un jaune rougeâtre avec des taches brunes.

FAUCON HOBEREAU. — *FALCO SUBBUTEO.*

Nom vulg. : *Mouïcé à moustacho, négré.*

Le Hobereau, Buff. — Le Hobereau, Cuvier. — Le Faucon hobereau, Vieillot. — Le Faucon hobereau, *Falco subbuteo*, Temm. — Le Faucon hobereau, Roux.

Brun dessus, blanchâtre, tacheté en long de brun dessous; gorge d'un blanc pur; les cuisses et le bas du ventre d'un roux rougeâtre; un trait en bande noire de chaque côté du cou, remontant sur la joue; bec bleuâtre, cire, paupière et pieds jaunes; iris brun. Longueur 1 pied environ, *les vieux mâles.*

La femelle a les couleurs moins vives, et le blanc des parties inférieures est moins pur.

Plus adroit que fort, ce *Faucon* rôde sans cesse dans les prairies peu éloignées des forêts, où on le voit quelquefois poursuivre devant le fusil du chasseur les alouettes ou les cailles que le chien a fait lever, et dont il s'empare bientôt. Le *Hobereau* vole bien et longtemps ; quand il a saisi une proie, il se cache pour la dévorer, et lorsqu'il a apaisé sa faim, il se perche habituellement à l'extrémité des grands arbres. Les passages de cet oiseau ont lieu en automne et au printemps ; plusieurs hivernent dans nos contrées.

Cet accipitre n'est pas rare en France ; il vit toujours dans le voisinage des bois et des champs ; sa nourriture se compose de petits oiseaux : il mange aussi des scarabées, niche sur les arbres de haute futaie ou dans les fentes des rochers. La *femelle* pond trois ou quatre œufs arrondis, d'un blanc bleuâtre, couverts de grandes et petites taches de couleurs grise et olivâtre.

FAUCON ÉMÉRILLON. — *FALCO ÆSALON*.

Nom vulg. : *Mouïcé*.

Le Rochier et l'Émérillon, Buff. — Le Faucon Émérillon, *Falco Lithofalco*, Vieillot. — Le Faucon Émérillon, *Falco Æsalon*, Temm. — L'Émérillon, Roux.

Brun dessus, blanchâtre dessous, tacheté en long de brun ; le *vieux mâle* est cendré dessus, blanc roussâtre, tacheté de brun pâle dessous.

La *vieille femelle* est plus grande de taille ; les parties supérieures ont du cendré bleuâtre plus foncé ; les taches, en forme de larmes, sont plus grandes. Sa longueur est de 11 pouces.

Quoique de petite taille, ce *Faucon* est doué d'une hardiesse surprenante ; aussi l'on a su longtemps profiter de ses excellentes qualités dans l'art de la fauconnerie. Il lui arrive souvent d'attaquer des oiseaux beaucoup plus gros que lui.

L'*Emérillon* arrive dans nos contrées vers le milieu du mois d'octobre, et nous quitte au printemps ; on le prend quelquefois aux filets des alouettes.

Cette espèce se trouve en France et en Allemagne ; elle est rare en Hollande. Sa nourriture consiste en petits oiseaux ; niche sur le sommet des grands arbres ou entre les fentes des rochers ; pond cinq ou six œufs blanchâtres, marbrés de brun verdâtre à l'un des deux bouts.

FAUCON CRESSERELLE. — *FALCO TINNUNCULUS.*

Nom vulg. : *Mouïcé dei roux*.

Le Faucon Cresserelle, *Falco Tinnunculus*, Vieillot. — La Cresserelle, Buff. — La Cresserelle, Cuvier. — Le Faucon Cresserelle, *Falco Tinnunculus*, Temm. — Le Faucon Cresserelle, Roux.

La *Cresserelle* est rousse, tachetée de noir en dessus, blanche, tachetée en long de brun pâle dessous ; la tête et la queue du mâle cendrées ; celle-ci porte une longue bande noire vers son extrémité ; bec bleuâtre ; cire, tour des yeux, iris et pieds jaunes. Sa longueur est de 14 pouces. La *femelle* est un peu plus grande : elle a la queue jaunâtre, avec neuf ou dix bandes étroites.

Cette jolie espèce de *Faucon* est abondante dans tous les pays de l'Europe ; c'est aussi l'oiseau de rapine qui se rapproche le plus du voisinage de l'homme ; il n'est pas rare de lui voir habiter les vieux édifices, situés au milieu des villes

les plus populeuses. La *Cresserelle* est sédentaire dans notre pays ; mais, en automne et au printemps, nous en avons un passage ; on la voit alors dans les champs planer à une hauteur peu élevée, cherchant à découvrir les souris, les mulots et les petits oiseaux sur lesquels elle fond perpendiculairement.

Cette espèce habite toute l'Europe ; elle se nourrit de petits mammifères et d'oiseaux, recherche les masures et les vieux édifices, les pans de roches escarpées et les bois pour nicher. La femelle pond trois ou quatre œufs, qui sont jaunâtres ou roussâtres, marqués de grandes et de petites taches d'un brun rougeâtre, souvent d'un rouge de brique ou blanchâtre, toujours tachetés de brun rougeâtre.

FAUCON CRESSERELETTE *.

FALCO TINNUNCULOIDES.

Nom vulg. : *Mouïcé.*

Le Faucon Cresserine, *Falco Tinnuncularius*, Vieillot. Faucon Cresserelette, *Falco Tinnunculoïdes*, Temm. — Falco Grillajo, Savi, *Ornithologie de Toscane.* — Faucon Cresserine, Roux.

Sommet de la tête, côté du cou et nuque d'un cendré clair, sans taches ; le dos et la plus grande partie des couvertures claires d'un roux rougeâtre foncé, sans taches ; le croupion et presque toute la queue d'un cendré bleuâtre ; une large bande noire à l'extrémité des pennes caudales, qui sont terminées de blanc; gorge jaunâtre; les autres

---

* Les ongles de cette espèce sont toujours d'un jaune clair.

parties inférieures d'un roux rougeâtre clair, parsemé de petites taches et de raies longitudinales noires; pieds jaunes, ongles d'un jaune clair; cire et tour des yeux jaunes : longueur, 11 pouces, le *mâle adulte*. La *femelle* est un peu plus grande.

La *Cresserelette* est fort rare dans nos parages; ce n'est qu'accidentellement qu'elle s'y montre. On prétend que c'est toujours à la suite des nuées de sauterelles qui abandonnent quelquefois l'Afrique et qui sont poussées dans les îles de la Méditerranée, que cet oiseau arrive en Europe. Dans les contrées qu'il habite, il vit de la même manière que notre *Cresserelle*, recherchant toujours les vieux édifices et les tours les plus élevées. Je n'ai rencontré qu'une fois cet oiseau dans notre pays.

Cette espèce habite la Morée, le midi de l'Espagne et le nord de l'Afrique. Sa nourriture consiste en gros insectes, quelquefois en petits oiseaux. Elle niche dans les rochers; sa ponte est inconnue.

FAUCON A PIEDS ROUGES ou KOBEZ.

FALCO RUFIPES.

Nom vulg: : *Mouïcé Casso-Grils.*

Variété singulière du Hobereau., Buff. — Le Faucon Kobez ou Kober, *Falco Vespertinus*, Vieill. — Le Faucon Kobez ou a pieds rouges, *Falco Rufipes*, Temm. — Le Faucon Kobez ou Kober, Roux.

Le *vieux mâle* a la tête, le cou, le dos et la queue d'un cendré foncé; les couvertures inférieures de cette dernière partie et les plumes des cuisses sont d'un roux vif ; le reste du corps d'un gris de plomb, sans taches ; la cire, l'iris, le tour des yeux et les pieds d'un rouge cramoisi ; les ongles sont jaunâtres avec la pointe brune. Sa longueur est de 10 pouces 6 lignes.

La *vieille femelle* est plus grande que le *mâle ;* elle a la tête, le cou, la poitrine et les couvertures inférieures de la queue de couleur rousse, sans aucune tache.

C'est au printemps, et rarement en automne, que cet oiseau nous visite ; et quoique son apparition dans le midi de la France soit plus fréquente que celle de l'espèce précédente, on ne doit pas toutefois le comprendre parmi nos oiseaux de passage, la cause en étant d'ailleurs toute accidentelle. Étant en chasse, j'ai eu occasion de rencontrer quelquefois plusieurs de ces *Faucons,* toujours dans le voisinage des prairies où se trouvent beaucoup de sauterelles qu'ils saisissent souvent à la volée, ainsi que de gros coléoptères. L'approche de l'homme ne les effraie guère. C'est l'espèce d'oiseau de rapine qu'on aborde de plus près ; aussi est-il facile de l'abattre quand on le rencontre.

On trouve ce *Faucon* en Russie, en Autriche et en Suisse ; plus rarement dans le midi de la France. Sa nourriture se compose de scarabées et autres insectes ; sa propagation est inconnue.

DEUXIÈME DIVISION.

AIGLES PROPREMENT DITS.

Caractères : Bec fort, long, presque droit, comprimé latéralement ; la mandibule inférieure plus courte que la supérieure. Pieds forts, nerveux ; tarses nus ou emplumés sur toute leur longueur. Doigts robustes, armés d'ongles puissans, très crochus. Ailes, la 4e rémige est la plus longue ; la 1re toujours très courte.

De tous les oiseaux de proie, l'*Aigle* est, sans contredit, celui pour lequel la nature semble n'avoir rien épargné dans l'intention de le rendre redoutable. Armé d'ongles puissans, d'un bec gros et robuste, doué d'une grande force musculaire, ce rapace peut toujours, d'une manière victorieuse, attaquer et combattre les animaux qu'il veut immoler.

Les *Aigles* se nourrissent de proie vivante, et ce n'est que dans l'extrême disette qu'ils touchent aux cadavres ; ils abandonnent rarement les montagnes pour descendre dans les plaines. Pendant l'hiver, quelques espèces habitent les bois voisins des marais, où ils font une grande destruction d'oiseaux aquatiques.

AIGLE IMPÉRIAL. — *FALCO IMPERIALIS.*

Nom vulg. : *Èglo.*

Falco Imperialis, Bechestin. — Aigle Impérial, *Falco Imperialis*, Temm. — Aigle Impérial, *Aquila Imperialis*, Savi, *Ornith. de Toscane.*

A les ailes longues, une grande tache blanche ou blanchâtre aux plumes scapulaires ; la tête et l'occiput roussâtres ; dessous du corps d'un brun noir ; la queue noire, ondée de gris à sa partie supérieure. La *femelle* est fauve, à taches brunes. Son port est trapu ; il porte sur la dernière phalange du doigt du milieu cinq écailles ; sur les autres seulement trois ou quatre écailles, selon l'âge. Il a l'iris d'un jaune blanchâtre, la cire et les doigts jaunes.

L'*Aigle Impérial*, mesure 2 pieds 6 pouces de longueur. La *femelle* a presque 3 pieds.

A ma connaissance, trois individus d'un âge moyen ont été capturés dans nos départemens méridionaux. Celui que je possède fut tué sur les bords du Rhône.

M. *Temminck* donne, dans son grand ouvrage, des détails précieux sur les mœurs de cette belle espèce ; il dit que l'*Aigle Impérial* est la terreur des mammifères ainsi que des gros oiseaux, et que ce n'est que par un heureux hasard que ceux-ci peuvent échapper à sa violence. Se laissant tomber du haut des airs, il poursuit sa proie en décrivant une ligne horizontale. La saisir, l'étouffer et l'emporter dans les lieux où il a construit son aire, est pour lui l'affaire d'un moment.

L'*Aigle Impérial* habite les parties orientales et méridionales de l'Europe ; on le trouve en Hongrie, en Dalmatie, en Egypte et sur les côtes de Barbarie ; il se nourrit de lièvres, de renards, de daims et de gros oiseaux.

Il niche dans les grandes forêts des pays montueux, ou sur des rochers escarpés; pond deux ou trois œufs d'un blanc sale.

AIGLE ROYAL. — *FALCO FULVUS.*

Nom vulg. : *Èglo négré.*

Le Grand Aigle ou Aigle Royal, Buff. — L'Aigle Commun et l'Aigle Royal, Cuv. — Le Grand Aigle, *Aquila Chrysaëtos*, Vieill.—L'Aigle Royal, *Falco Fulvus*, Temm. L'Aigle Commun, Roux.

L'*Aigle Royal* est entièrement brun ; les plumes du sommet de la tête et de la nuque sont accuminées, d'un roux vif ; toutes les autres parties du corps plus ou moins noirâtres, suivant l'âge ; la partie intérieure des cuisses et des tarses est d'un brun clair ; il n'a jamais de plumes blanches aux scapulaires. Le bec est de couleur de corne, les yeux bruns ; cire et pieds jaunes ; la queue est noirâtre et traversée par quelques bandes irrégulières, cendrées. Sa longueur est de 3 pieds ; la *femelle* a jusqu'à 3 pieds 6 pouces.

Tout ce qui a été dit relativement à la force et au courage de l'espèce précédente, peut en tout s'appliquer aussi à l'*Aigle Royal*, car il est prouvé que ces deux oiseaux ont les mêmes mœurs et la même cruauté ; mais l'espèce dont il s'agit ici paraît avoir beaucoup plus d'amour pour sa compagne, puisque c'est presque toujours de concert que le mâle et la femelle se livrent à la chasse des animaux qu'ils doivent immoler à leur faim. La chair de cet oiseau est dure et coriace. La loi de Moïse en interdit l'usage aux juifs.

L'*Aigle Royal* est très répandu : on le rencontre dans toute l'Europe, dans l'Asie-Mineure et en Afrique. Il vit dans les montagnes de notre pays les plus voisines des Cevennes ; les fentes des rochers du pic St-Loup, dans l'*Hérault*, lui servent aussi de retraite.

Les jeunes bêtes fauves, les agneaux, les chevreaux, les lièvres et les gros oiseaux, lui servent de pâture. L'aire de ce rapace a presque la forme d'un plancher solide, formé de petites perches et de petits bâtons de plusieurs pieds de longueur, et recouvert d'herbes sèches, de joncs et de bruyères. La ponte est de deux ou trois œufs d'un blanc sale, moucheté de roux ou de rougeâtre.

AIGLE BONELLI. — *FALCO BONELLI*.

Nom vulg. : *Èglo*.

AIGLE BONELLI, *Falco Bonelli*, Temm. — AIGLE BONELLI, Marmora *.

Parties supérieures d'un brun plus ou moins foncé, sans taches très marquées ; parties inférieures d'un roux de rouille plus ou moins vif ; les baguettes de toutes ses plumes d'un brun noirâtre, ou bien des mèches plus ou moins grandes, longitudinales ; pennes de la queue cendrées, ou lé-

---

* Cuvier doutait encore si cette espèce habitait l'Europe.

gèrement roussâtres, unicolores, à bandes terminales brunes, ou bien marquées de bandes brunes très distantes ; jambes longues, entièrement emplumées ; serres puissantes. Sa longueur totale est de 2 pieds, les *vieux mâles*. La *vieille femelle* est plus longue environ de 6 pouces ; elle a du brun noirâtre sur le dos ; les joues, les côtés et le devant du cou d'un roux de rouille.

Les *jeunes de l'année* ont des *stries* très fines sur les baguettes ; les parties inférieures sont d'un roux clair ; toutes les pennes des ailes et de la queue sont terminées de blanc.

Le *Falco Bonelli* est un fort joli oiseau, qui forme une espèce toute nouvelle parmi les *Aigles* qui vivent en France. C'est M. le chevalier de la Marmora qui envoya au professeur Bonelli de Turin les premiers sujets qu'il avait tués en Sardaigne. Je l'ai rencontré quelquefois dans mes excursions au nord de notre pays, où il vit sédentaire.

Cet oiseau s'élève très haut, et en un instant disparait à nos yeux. En hiver, il descend dans les marais ; il fait la chasse aux oies et aux canards. Depuis quelque temps, je nourris un *Aigle Bonelli* ; j'ai fait la remarque que son naturel était farouche et peu sociable. Il crie souvent ; sa voix a quelque rapport avec celle de l'espèce précédente, mais elle est plus faible.

Cet accipitre habite en Sardaigne, en Egypte, en Provence et dans le Gard ; il vit aussi dans le nord de l'Afrique ; se nourrit de lièvres, de lapins et d'oiseaux aquatiques, niche dans les rochers les plus inaccessibles. Sa ponte est inconnue.

AIGLE CRIARD. — *FALCO NOEVIUS*.

Nom vulg. : *Èglo*.

Le Petit Aigle, Buff. — L'Aigle Tacheté, Cuvier. — L'Aigle Plaintif, *Aquila Planga*, Vieill. — L'Aigle Criard, *Falco Nœvius*, Temm. — L'Aigle Plaintif, *Falco Planga*, Roux.

Les *vieux* sont d'un ferrugineux obscur, sans taches ; les *jeunes* d'un roux également ferrugineux ; ils ont toutes les couvertures des ailes marquées vers le bout de grandes taches triangulaires et ovales ; la queue d'un brun noirâtre et terminée d'un blanc grisâtre. On voit un nombre plus ou moins considérable de taches en forme de gouttes d'un blanc roussâtre sur les flancs et sur les cuisses, selon l'âge ; la cire et les doigts sont jaunes ; l'iris noisette. Longueur, 22 pouces, le *mâle*; la *femelle* mesure 2 pieds et plus.

L'espèce est peu nombreuse partout où elle se trouve ; dans le Midi, elle nous arrive pendant les hivers, presque toujours à la suite des gros vents du sud. Les marais sont les lieux que cet *Aigle* choisit de préférence dans nos alentours, pendant tout le temps qu'il y reste. Les *vieux* de cette espèce sont plus rares ici que les *jeunes* d'un ou deux ans.

L'*Aigle Criard* habite la France et presque tout le nord de l'Europe ; vit aussi en Afrique. Il se nourrit de lièvres, de lapins, d'oiseaux aquatiques ; pendant l'été, il aime aussi à se repaître de gros insectes ; niche sur de très hauts arbres ; pond deux œufs blancs striés de rouge.

AIGLE BOTTÉ — *FALCO PENNATUS.*

Nom vulg. : *Russo Paoutudo.*

Falco Pennatus , Gml. — Le Faucon Pattu, Brisson. — Le Falco Pennatus de Cuvier n'est qu'une Buse Pattue. — Aigle Botté , *Falco Pennatus* , Temm.

Front blanchâtre ; joues et sinciput d'un brun gris foncé ; occiput et nuque d'un jaune roussâtre, marqué de taches brunes ; dos, couvertures des ailes et scapulaires d'un brun sombre, bordé souvent de brun clair ; à l'insertion des ailes se trouvent 8 ou 10 plumes d'un blanc pur ; pennes des ailes et de la queue d'un brun noir dans toute leur étendue ; toutes les plumes des parties inférieures d'un blanc pur, marquées le long des baguettes par une étroite raie d'un brun foncé ; pieds et cire jaunes ; iris noisette.

Les *jeunes* ont en général plus de brun roussâtre sur la tête et sur le cou, et les parties inférieures sont totalement d'un roux clair ; les plumes blanches de l'insertion des ailes existent toujours. Le *mâle* a 17 pouces 6 ou 7 lignes ; la *femelle* 18 pouces, les *vieux.*

Cette petite jolie espèce d'*Aigle* peut, sans contredit, être regardée comme étant la plus rare du genre ; on ne l'a encore rencontrée que dans peu de pays en France. Dans nos localités, deux individus ont été capturés pendant ces quatre dernières années. Le premier fut chassé dans les environs de Nismes ; il fait partie de ma collection ; le second est dans celle de mon ami Lebrun, de Montpellier. Ce dernier fut pris près du village de Mauguio, à une demi-lieue de la mer. Les *jeunes* et les *vieux* de cette espèce visitent également notre pays. Celui que je possède fut pris au moment même où il venait d'enlever la *Chouette Chevéche* d'un chasseur aux alouettes.

L'*Aigle Botté* habite les régions orientales ; il est de passage régulier en Autriche et en Moravie ; se nourrit de petits quadrupèdes et d'oiseaux ; il mange aussi des insectes ; niche en Hongrie, et, selon le témoignage de M. de Riocourt, près de Madrid, sur les grands arbres des environs d'Aranjuez. Sa ponte est inconnue.

AIGLE JEAN-LE-BLANC.
FALCO BRACHYDACTYLUS.
Nom vulg. : *Ègloun.*

Le Jean-le-Blanc, Buff. — Circaète Jean-le-Blanc, *Circaëtus Gallicus*, Vieill. — Le Jean-le-Blanc. Cuv. — L'Aigle Jean-le-Blanc, *Falco Brachydactylus*, Temm. — Le Circaète Jean-le-Blanc, Roux.

Le brun est la couleur dominante sur le dos de cette espèce ; les pennes sont noirâtres ; le sommet de la tête, la nuque et le derrière du cou sont blancs, variés de taches allongées d'un brun clair ; elles sont plus multipliées sur la poitrine, et entremêlées de teintes noirâtres ; la queue carrée et traversée de bandes irrégulières brunes ; la cire, les tarses et les doigts sont d'un gris bleu ; le bec noirâtre, l'iris jaune. La longueur totale du *Jean-le-Blanc* est d'environ 2 pieds, le *vieux mâle*. Les *femelles* diffèrent seulement par un plus grand nombre de taches rapprochées qui couvrent l'abdomen.

Cet oiseau arrive dans le midi de la France vers le milieu du mois d'octobre, et y passe l'hiver ; quelques-uns demeurent parmi nous jusqu'à la fin d'avril. C'est sur les lisières des bois que cet *Aigle* vole avec un battement d'ailes très fort, toujours en rasant la terre, pour y surprendre les petits quadrupèdes. Je l'ai souvent rencontré posé dans les marais, faisant la chasse aux reptiles qu'il préfère. Son cri est un sifflement aigu. Le soir, le *Jean-le-Blanc* se retire dans les terres pour passer la nuit sur les arbres, surtout dans les champs d'oliviers.

Cette espèce habite plusieurs contrées de l'Europe. Sa nourriture se compose de levreaux, de lapins, de rats et d'oiseaux ; il mange aussi des lézards et des serpens. Son nid est tantôt sur les arbres, tantôt près de terre. Les œufs sont, d'après *Temminck*, d'un gris lustré sans taches ; d'autres les disent tachés de brun clair.

AIGLE BALBUSARD. — *FALCO HALIÆTUS.*

Nom vulg. : *Gal - Pesquié.*

Le BALBUSARD, Buff. — Le BALBUSARD, Cuv. — Le BALBUSARD proprement dit, *Pandion Fluvialis*, Vieill. — L'AIGLE BALBUSARD, *Falco Haliætus*, Temm. — Le BALBUSARD D'EUROPE, *Pandion Fluvialis*, Roux.

Le sommet de la tête, la nuque et le derrière du cou sont garnis de plumes effilées, noires au centre et bordées de blanc jaunâtre ; le manteau est brun ; une bande de cette couleur s'étend sur les côtés du cou en partant du bec et du coin de l'œil ; la poitrine, d'un blanc jaunâtre, est ornée de taches rousses et brunes ; les pennes primaires des ailes sont d'un brun noirâtre ; pennes, queue d'un brun uniforme ; pennes latérales rayées transversalement en dedans de blanc et de brun noirâtre ; les pieds d'un gris bleuâtre, ainsi que la cire ; l'iris jaune ; les tarses garnis de fortes écailles. Cet oiseau mesure, 1 pied 9 ou 10 pouces. La *femelle* a 2 pieds.

Les *jeunes* se reconnaissent à la teinte roussâtre dont sont bordées toutes les plumes du dos et des couvertures des ailes.

Les *Balbusards* sont ordinairement par paires ; on les rencontre dans le Midi à différentes époques de l'année, mais plus particulièrement en automne et en hiver, toujours au bord des eaux.

Cette espèce vit indifféremment dans toutes les contrées de l'Europe, en Afrique et en Amérique. Sa nourriture consiste en gros poissons qu'il pêche avec ses serres, quelquefois même en plongeant ; il attaque aussi les oiseaux d'eau. C'est sur les grands arbres et sur les rochers que niche le *Balbuzard*. Sa ponte est de trois ou quatre œufs d'un blanc jaunâtre, striés de très grandes taches et de petites pointes rougeâtres.

AIGLE PYGARGUE. — *FALCO ALBICILA*. *

Nom vulg. : *Èglo marino*.

Le GRAND AIGLE DE MER, Buff. — L'ORFRAIE, Buff. — Le PYGARGUE et l'ORFRAIE, Cuv. — Le PYGARGUE propre-

* Trompés par le changement de livrée que subit cet oiseau, plusieurs auteurs l'ont décrit sous des noms différens.

ment dit, *Falco Albicila* ; Vieill. — Le Pygargue d'Europe, Roux. — Aigle Pygargue, *Falco Albicila*, Temm.

Tout le plumage du corps et des ailes est d'un brun sale ou d'un brun cendré, sans aucune tache; tête et partie supérieure du cou d'un cendré brun, assez clair ; la queue d'un blanc pur ; bec presque blanc ; cire et pieds d'un blanc jaunâtre très clair; iris d'un brun clair. Longueur du *mâle*, 2 pieds 4 pouces au moins ; la *femelle* 2 pieds 10 pouces.

Les *jeunes de l'année* ont la tête et le cou d'un brun foncé ; l'extrémité des plumes est d'une teinte plus claire ; le dos et les ailes couleur café grillé.

J'ai eu occasion de voir un assez bon nombre d'individus de cette espèce ; je déclare, ainsi que *Temminck*, que je n'ai point observé qu'aucun d'eux eût du blanc pur ni à la tête ni sur le haut du cou. Je possède un sujet très vieux, dont la livrée est telle que je l'ai décrite d'après cet auteur.

Le *Pygargue* est un bel et grand oiseau de rapine qui nous visite régulièrement chaque hiver, et qui nous abandonne dès que la belle saison arrive ; les pays qu'il préfère sont les étangs voisins de la mer, et les bords des rivières où se trouvent de grands arbres. Cet *Aigle* est très carnassier ; aussi le voit-on poursuivre les oies et les canards à la suite desquels il arrive dans le Midi. La chair de cet *Aigle* est dure et de fort mauvais goût.

On rencontre le *Pygargue* dans toute l'Europe et en Afrique. Sa nourriture se compose de mammifères, d'oiseaux d'eau et de gros poissons qu'il pêche même pendant la nuit, d'après le témoignage de Girardin.

Il construit son aire sur les grands arbres des forêts, quelquefois dans les fentes des rochers qui bordent la mer.

La ponte est de 2 œufs obtus, blancs, marqués de quelques taches rougeâtres.

TROISIÈME DIVISION.
LES AUTOURS.

Caractères : Bec court, incliné dès la base, convexe en dessus. Narines un peu ovales. Tarses écussonnés, longs. Doigts longs ; celui du milieu dépassant les latéraux. Ongles courbés et très acérés. Ailes courtes.

Malgré la brièveté de leurs ailes, les Autours ont un vol très rapide ; leur naturel est féroce et peu sociable. Méfians et rusés, ils savent cacher leur poursuite en volant bas et en rasant la terre de très près.

Plusieurs auteurs ont établi une ligne de démarcation entre les *Aigles* et les *Autours* ; mais, selon M. Temminck, cette division est presque sans intervalle assignable, si l'on examine bien plusieurs grandes espèces exotiques classées parmi les *Aigles*.

AUTOUR. — *FALCO PALUMBARIUS.*

Noms vulg. : *Grand Mouïcé*, *Faoûcoun*.

L'Autour, Buff. — Épervier-Autour, *Sparvius Palumbarius*, Vieill. — L'Autour Ordinaire ; Cuv. — L'Épervier-Autour, Roux. — L'Autour, *Falco Palumbarius*, Temm.

L'Autour est brun dessus, à sourcils blanchâtres, rayés transversalement par des bandes étroites, d'un brun foncé dans l'adulte; la queue est cendrée; elle porte quatre ou cinq bandes de couleur brun noirâtre; l'iris et les pieds sont d'un brun jaune. Le *mâle* ne mesure que 15 à 16 pouces de longueur, tandis que la *femelle* a environ 2 pieds. Celle-ci est moins nuancée de bleuâtre, mais plus colorée de brun, et la gorge porte un plus grand nombre de petites bandes brunes.

L'Autour a toujours été regardé comme un oiseau d'un naturel dur, féroce et sanguinaire. Les fauconniers avaient soin de le séparer des autres oiseaux qu'ils avaient dressés pour la chasse du vol, même des *Faucons*, auxquels il lui arrivait quelquefois de donner la mort. C'est peut-être cet amour du carnage qui lui valut l'estime des grands d'autrefois qui aimaient beaucoup cet oiseau, et qui s'en servaient d'une manière avantageuse. Ceux dont on faisait le plus de cas étaient apportés d'Arménie ou de Perse.

L'apparition de l'Autour dans le Midi est assez rare. On y trouve quelques jeunes individus, rarement des vieux. Il est beaucoup plus commun dans quelques contrées du nord de l'Europe et en France; vit aussi en Afrique. Il se nourrit de petits quadrupèdes et d'oiseaux, attaque souvent les poules et les pigeons. Il niche sur les arbres les plus hauts. La femelle pond de 2 à 4 œufs d'un blanc lavé de roux, et marqué de taches et de raies brunes.

L'ÉPERVIER. — *FALCO NISUS.*

Nom vulg. : *Mouïcé gris.*

L'Épervier, Buff. — L'Épervier Commun, Cuv. — L'Épervier, *Falco Nisus*, Temm. — L'Épervier Commun, *Sparvius Nisus*, Vieill. — L'Épervier Commun, Roux.

L'*Épervier* ressemble assez à l'*Autour* par la distribution des couleurs : il a une tache blanche à la nuque ; les parties supérieures ont du cendré bleuâtre ; les parties de dessous du corps avec des raies transversales ; sous la gorge de fines raies longitudinales. La queue est d'un gris cendré, avec cinq bandes de brun noirâtre ; la cire du bec est d'un jaune un peu verdâtre, pieds et iris d'un jaune brillant. La *femelle* est longue de 14 pouces environ ; le *mâle* en a 12. Cette espèce varie beaucoup, selon l'âge.

Les *Éperviers* sont régulièrement de passage dans le Midi ; ils commencent à y arriver en septembre. Nous en avons beaucoup durant les mois d'octobre et de novembre ; quelques-uns passent l'hiver dans notre pays ; mais, dès les premiers beaux jours du printemps, nous en voyons dans toutes nos localités, faisant la chasse aux petits oiseaux ; bientôt après cette espèce nous quitte entièrement. L'*Épervier* est redouté de nos oiseleurs, auxquels il enlève souvent les appeaux attachés au milieu de leurs filets. Cet accipitre vit dans toute l'Europe ; il se nourrit de taupes, de souris et de petits oiseaux. C'est sur les grands arbres qu'il construit son nid. La *femelle* pond jusqu'à six œufs, qui sont d'un blanc sale, marqués de taches rousses.

QUATRIÈME DIVISION.

MILANS — *FALCO MILVUS.*

Caractères : Bec incliné dès sa base et garni d'une cire. Pieds à tarses courts, un peu emplumés au-dessus du genou. Doigts extérieurs réunis à leur base par une membrane. Ongles médiocres, faibles, pointus. Ailes longues ; 1re et 2me rémiges égales ; la 4me est la plus longue. Queue très fourchue.

Une organisation parfaite pour le vol permet aux Milans de s'élever à une hauteur prodigieuse. Malgré cette qualité, ils ne poursuivent point leur proie dans les airs : ils la cherchent à terre.

MILAN ROYAL. — *FALCO MILVUS.*
Noms vulg. : *Milan, Tartarasso.*

Le Milan Royal, Buff. — Le Milan Commun, Cuv. — Le Milan proprement dit, *Milvus Regalis*, Vieill. — Le Milan Royal, *Falco Milvus*, Temm. — Le Milan Royal, *Milvus Regalis*, Roux.

Le *mâle* a les plumes du dessus de la tête, des joues et du cou allongées, blanchâtres, marquées d'un trait longitudinal d'un roux brun ; les plumes du cou et de la tête effilées, blanchâtres, rayées longitudinalement de brun ; les parties supérieures du corps sont d'un brun roux ; la poitrine, l'abdomen, les couvertures supérieures et inférieures de la queue d'un roux de rouille vif ; celle-ci est très fourchue. Sa longueur est de 2 pieds 2 pouces, le *mâle*.

La *femelle* a le dessus du corps plus foncé, et l'extrémité des plumes a une teinte plus claire ; la tête et le cou ont aussi plus de blanc que chez le *mâle*. Varie singulièrement pour la distribution des couleurs, selon l'âge.

Cet accipitre est d'une lâcheté qui surprend ; le plus faible des oiseaux de rapine, même les *Corbeaux* et les *Corneilles*, peuvent le mettre en fuite et lui faire abandonner sa proie. Le surnom qu'il porte lui vient, dit-on, de ce qu'autrefois il servait à amuser les princes qui lui faisaient donner la chasse par les plus petits *Faucons* ou par l'*Épervier*.

Le *Milan Royal* voyage peu ; il reste presque toujours dans les mêmes localités ; son cri est un son faible et langoureux. Celui que je nourris le répète souvent quand il éprouve le besoin de satisfaire sa faim.

Cet oiseau se trouve dans presque toute l'Europe, toujours dans le voisinage des montagnes ; il se montre rarement dans nos localités ; mange des mulots et des rats, ainsi que des lézards et des poissons, qu'il prend entre ses serres à la surface de l'eau ; niche sur les arbres, pond trois ou quatre œufs qui sont d'un blanc lavé de jaune, marqués de quelques taches irrégulières brunes, et peu nombreuses.

MILAN NOIR ou ÉTOLIEN. — *FALCO ATER.*

Noms vulg. : *Milan , Russo.*

Le MILAN NOIR, Buff. — Le MILAN ÉTOLIEN, *Milvus OEtolius*, Vieill. — Le MILAN NOIR ou ÉTOLIEN, *Falco Ater*, Temm. — Le MILAN ÉTOLIEN, *Milvus OEtolius*, Roux.

Le *vieux mâle* a le dessus de la tête, la gorge et le cou blanchâtres, rayés de brun longitudinalement ; le dessus du corps est brun uniforme ; les parties inférieures sont de couleur ferrugineuse sur le centre de chaque plume de la poitrine, des cuisses, de l'abdomen et des couvertures du dessous de la queue ; les pennes des ailes sont noires ; la queue est d'un brun noirâtre, peu fourchue ; la cire et les pieds sont d'un jaune orange ; iris gris foncé ; bec noir. Longueur, 1 pied 10 pouces. Les *jeunes* sont d'un brun foncé tirant au noirâtre.

Ce *Milan* se montre accidentellement dans le Midi. Les quelques individus qui ont été capturés pendant ces dernières années sont des *jeunes*. En 1832, on m'en apporta un qui avait été tué à St-Nicolas, près des bords du Gardon. Je trouvai dans son œsophage plusieurs débris de poissons qu'il venait d'avaler. La Corneille noire donne souvent la chasse à cet oiseau, et lui fait abandonner sa proie dont elle s'empare bientôt

Le *Milan noir* se trouve au Japon, en Égypte et au Cap de Bonne-Espérance. Il est peu commun dans le centre et le nord de l'Europe. On le dit abondant près de Gibraltar et en Afrique. Il se nourrit de petits lézards, et surtout de poissons qu'il va chercher en plongeant à la manière du *Balbuzard*. Cette espèce niche sur les arbres de moyenne hauteur; pond 3 ou 4 œufs d'un blanc jaunâtre, presque entièrement couverts de taches d'un blanc rougeâtre, qui se confondent avec la couleur du fond.

CINQUIÈME DIVISION.
ÉLANIONS.

Cette division ne se compose encore que de l'espèce suivante : Élanion Blanc, *Falco Melanopterus* (Temm.)

Cet oiseau habite toute l'Afrique. On dit qu'il se montre en Andalousie. Je ne sache point qu'on l'ait encore vu dans nos contrées méridionales.

SIXIÈME DIVISION.
BUSES.

Caractères : Ailes longues. Queue égale; l'espace entre l'œil et la commissure du bec nu ou garni de quelques poils rares. Tarses robustes, courts. Cuisses enculottées. Le Bec petit, arrondi en dessus.

BUSE COMMUNE. — *FALCO BUTEO.*
Noms vulg. : *Russo, Tartarasso.*

La Buse, Buff. — La Buse Commune, Cuv. — La Buse a Poitrine Barrée, *Buteo Fasciatus*, Vieill. — La Buse, *Falco Buteo*, Temm. — La Buse a Poitrine Barrée, Roux.

Tout le plumage d'un brun très foncé, ou couleur de chocolat; gorge blanche, avec de petites raies longitudinales brunes ; sur le milieu du ventre, les plumes sont traversées par de petites bandes brunes et blanches : celles-ci sont roussâtres vers l'abdomen ; la queue est coupée en travers par neuf ou dix bandes grises en dessous ; cuisses d'un blanc roussâtre, avec quelques bandes transversales ; bec noir ou couleur de plomb ; cire, iris et pieds jaunes. Longueur, 1 pied 8 ou 9 pouces, les *vieux*.

Les *jeunes de l'année*, ont le plumage teint de brun clair, mélangé de blanchâtre et de jaunâtre. Cette espèce varie considérablement, selon l'âge.

Cette Buse, qu'on se plaît à regarder comme l'emblême de la bêtise, est, en effet, d'un naturel paresseux, sans énergie et sans véritable courage ; il faut joindre à cela un port lourd et une physionomie stupide. Elle ne chasse point sa proie à tire-d'aile : c'est ordinairement placée en embuscade en quelque endroit favorable, qu'elle attend patiemment qu'un être faible passe près d'elle pour s'y jeter dessus et le dévorer. Cependant, il lui arrive de se rapprocher des métairies et d'y faire un grand dégât des poules et des canards. La Buse Commune s'accoutume bientôt en captivité, où elle vit longtemps et devient familière. On la trouve dans toute l'Europe. En automne, elle arrive chez nous, où elle demeure dans nos bois et nos champs d'oliviers jusqu'à l'approche de la belle saison. De petits mammifères, des insectes et des lézards composent sa nourriture ordinaire. C'est sur les arbres très élevés des forêts que cette espèce place son aire. La ponte est de 2 ou 3 œufs blanchâtres et parsemés de taches irrégulières, légèrement jaunâtres.

BUSE PATTUE. — *FALCO LOGOPUS*.
Nom vulg. : *Russo Pâoutudo*.

La Buse Pattue, Cuv.—La Buse Pattue, *Buteo Logopus*, Vieill. — La Buse Pattue, *Falco Logopus*, Temm. — La Buse Pattue, *Buteo Logopus*, Roux.

Les *vieux* ont le dessus du cou et du corps de couleur bleuâtre. L'*adulte* et le *jeune mâle* sont d'un brun noirâtre. Tous sont variés de brun et de blanc ; cette dernière couleur domine davantage sur les parties supérieures de la *femelle* que sur celles du *mâle*. A tout âge, l'un et l'autre ont un grand espace d'un brun foncé sur le bas-ventre ; la queue est grise en dessous et brune en dessus, et terminée de blanchâtre ; les plumes des jambes et des tarses sont jaunes et parsemées de taches plus ou moins brunes ; cire jaune, ainsi que les pieds ; iris brun ; le bec noir. Longueur, 19 pouces, le *mâle*, 2 pieds 2 pouces la *femelle*.

Ce n'est que fort rarement que cette Buse arrive dans le Midi. Lorsque son apparition a lieu, c'est toujours en hiver qu'elle nous visite. Douée d'un naturel sauvage et féroce, elle se tient constamment dans des lieux solitaires et retirés. L'aspect de l'homme la fait fuir de loin. Privée de sa liberté, elle refuse souvent toute nourriture ; si elle vit, son instinct de férocité ne l'abandonne jamais.

La Buse Pattue habite en petit nombre toute l'Europe, souvent sur la lisière des bois situés près des étangs et des marais ; se nourrit de petits mammifères, de reptiles et de volailles ; niche sur les grands arbres ; pond 4 œufs d'un blanc sale, marqué de taches légèrement brunâtres, longitudinales, et plus nombreuses sur le gros bout.

BUSE BONDRÉE. — *FALCO APIVORUS*
Nom vulg. : *Russo*, *Égloûn*.

La Buse Bondrée, Buff. — La Bondrée Commune, Cuv. — La Buse Bondrée, *Falco Apivorus*, Temm. — La Buse Bondrée, *Buteo Apivorus*, Vieill. — La Buse Bondrée, *Buteo Apivorus*, Roux.

Espace entre le bec et l'œil garni de petites plumes serrées et coupées en écailles ; la tête d'un gris bleu ; le dessus du corps d'un brun noirâtre ; la gorge est d'un blanc tirant au jaune, avec des lignes brunes ; les plumes de la poitrine et du ventre sont blanches, et ont sur leur milieu des taches en forme de cœur ; la queue est grisâtre, portant trois bandes noirâtres, séparées à distances égales ; cire d'un cendré foncé ; iris et pieds jaunes. Longueur, 1 pied 8 ou 9 pouces, les *vieux*.

Les *jeunes* ont le front bleu cendré ; le devant du cou est marqué de grandes taches d'un brun plus ou moins clair ; la poitrine et le ventre ont du jaune avec des taches brunes.

Les Bondrées font un passage chaque printemps dans notre pays. C'est de grand matin qu'elles commencent à voyager en compagnie de quatre, six ou dix individus ; mais dans le courant de la journée on les voit le plus souvent isolées ou par paires ; elles sont plus confiantes que leurs congénères ; leur vol est ordinairement bas, et elles se reposent souvent à la cime des arbres. Dans tous les pays d'Europe, cette espèce ne fait que passer.

Elles habitent les contrées orientales, presque toujours dans les localités où se trouvent des prés voisins des bois. Leur nourriture se compose de petits rongeurs, d'oiseaux, de reptiles et d'insectes. C'est sur les arbres des forêts les plus élevés qu'elles font leur nid ; pondent de petits œufs d'un blanc jaunâtre, avec de grands espaces bruns ; ils sont souvent entièrement de cette couleur.

SEPTIÈME DIVISION.

BUSARDS.

Caractères : Tarses très allongés, grêles. Corps svelte. Queue longue et arrondie à son extrémité; une espèce de collier formé par des plumes serrées. Ailes amples ; 3me et 4me rémiges les plus longues.

Ces oiseaux se plaisent à vivre dans les marais et dans les champs couverts de broussailles. Agiles et rusés, c'est de ces lieux qu'ils découvrent une nourriture facile à surprendre, en se tenant cachés.

Les *Busards* varient beaucoup par la couleur de leur plumage, selon l'âge ou le sexe. Trompés par ces changemens, plusieurs auteurs en ont fait de nouvelles espèces qui ont été rayées par quelques savans modernes.

LE BUSARD HARPAYE ou DE MARAIS.

FALCO RUFUS.

Nom vulg. : *Russo d'aïguo*.

Le Harpaye, Buff., un individu vieux. — Le Busard de Marais, Buff., un oiseau à la seconde mue. — Le Harpaye ou le Busard, Cuv. — Le Busard Harpaye, *Circus Rufus*, Vieill. — Le Busard Harpaye, *Circus Rufus*, Roux. — Le Busard Harpaye ou de Marais, *Falco Rufus*. Temm.

Le *Busard Harpaye* ou *de Marais* a la tête, le cou et la poitrine d'un blanc jaunâtre, avec de nombreuses taches longitudinales brunes; celles-ci occupent le centre de chaque plume; les scapulaires et les couvertures des ailes d'un brun roussâtre; rémiges blanches vers leur origine, et noires sur le reste de leur longueur; pennes secondaires des ailes et de la queue d'un gris cendré; partie interne des ailes d'un blanc pur; ventre blanc; cuisses et abdomen d'un roux de rouille, marqués de quelques taches jaunâtres; bec noir; cire d'un jaune verdâtre; iris d'un jaune rougeâtre; pieds jaunes. Longueur, 1 pied 7 ou 8 pouces, les *vieux*.

Les *jeunes de l'année* ont un plumage couleur de chocolat ou brun foncé; le haut de la tête, l'occiput et la tête d'un brun jaunâtre plus ou moins clair; iris d'un brun jaunâtre. *Temm.*

Cet accipitre est sédentaire dans le Midi. C'est toujours dans les alentours des marais et des étangs qu'il rôde pour chercher sa nourriture; son vol est horizontal et peu élevé. Les *Busards* sont plus courageux que les *Buses*; mais, comme elles, ils ne saisissent pas leur proie en volant, c'est à terre qu'ils la cherchent. Les chasseurs de nos contrées se plaignent que ces accipitres leur dévorent souvent les oiseaux d'eau pris aux lacets.

Le *Busard Harpaye* habite toutes les contrées où se trouvent des marais. *Temminck* le dit très commun en Hollande. Sa nourriture consiste en oiseaux d'eau, grenouilles et poissons morts; il mange aussi des charognes; construit à terre un nid couvert par les roseaux ou les tamaris; pond 4 ou 5 œufs d'un blanc bleuâtre, de forme presque arrondie.

BUSARD-St-MARTIN. — *FALCO CYANUS.*

Nom vulg. : *Russo blanco.*

L'Oiseau St-Martin, Buff., fig. du mâle. — Soubuse, la femelle et les jeunes. — Le Busard Soubuse, *Circus Gallinarius*, Vieill. — Le Busard Soubuse, Cuv. — Le Busard-St-Martin, *Falco Cyanus*, Temm. — Le Busard Soubuse, Roux.

La tête, le cou, les ailes et la gorge d'un gris légèrement bleuâtre; la base des ailes, le ventre, les flancs, les cuisses, les couvertures inférieures de la queue d'un gris cendré; iris et pieds jaunes; long d'un pied 6 ou 7 pouces.

La *vieille femelle* est plus grande que le *mâle* et diffère aussi beaucoup par les couleurs; les teintes des parties supérieures du corps sont d'un brun terne; les plumes de la tête, du cou et du haut du dos, bordées de roux. Le jaune roussâtre règne sur toutes les parties inférieures, avec de grandes taches longitudinales brunes.

C'est en automne que nous rencontrons ce *Busard* dans le midi de la France. Les lieux qu'il préfère sont les plaines, le voisinage des étangs et des marais; son vol est bas, mais rapide ; il aime à chasser au crépuscule du soir et du matin. On le voit souvent se rabattre sur les rats, les taupes et les petits oiseaux qu'il rencontre. Nos oiseleurs prennent souvent dans leurs filets des *jeunes* et des *femelles*, mais peu de *vieux mâles*. Quand il est pris, comme tous ses congénères, cet oiseau se renverse sur le dos, en se servant avec avantage de ses griffes pour sa défense.

Le *Busard-St-Martin* se rencontre en France, en Allemagne et en Morée ; presque jamais ne visite les pays montueux ; vit de rats, de mulots, de lézards, de grenouilles, et d'oiseaux ; niche au milieu des champs et dans les marais ; pond 4 ou 5 œufs d'un blanc bleuâtre, terne, sans aucune tache.

BUSARD MONTAGU. — *FALCO CINERACEUS*.

Noms vulg. : *Mouïcé*, *Russo d'aïguo*.

LA SOUBUSE MALE, Buff. — LE BUSARD DE MONTAGU, *Circus Montagui*, Vieill. — LE BUSARD DE MONTAGU, *Circus Montagui*, Roux. — BUSARD MONTAGU, *Falco Cineraceus*, Temm.

Les parties supérieures du *vieux mâle* sont d'un cendré bleuâtre plus foncé que chez le Busard-St-Martin ; la tête, la poitrine, sont aussi de cette couleur, mais plus claire ; le dessous du corps est blanc, parsemé de raies longitudinales d'un beau roux, qui se prolongent le long des baguettes des plumes ; la queue est cendrée, et finement rayée de bandes roussâtres ; iris, pieds d'un jaune brillant. Longueur, 1 pied 5 pouces, les *vieux mâles*.

La *vieille femelle* ressemble beaucoup à celle du *Busard-St-Martin*, mais sa taille est moindre ; le blanc des joues est plus marqué, et les cuisses sont d'un roux plus vif. Les *jeunes* varient beaucoup à mesure qu'ils vieillissent.

Cet accipitre a été longtemps confondu avec le Busard-St-Martin, auquel il ressemble ; c'est Montagu, naturaliste anglais, qui l'en a séparé le premier. Le Busard de cet article est rare dans nos contrées, surtout les *vieux*, qui ne s'y montrent guère, et c'est en hiver seulement que nous trouvons quelquefois des *jeunes*, du moins, ceux que j'ai eu occasion de voir étaient tels. Les habitudes de cette espèce sont les mêmes que celles des autres Busards : comme eux, elle fréquente les pays découverts et les marais.

Cet oiseau habite en Pologne, en Autriche, en France et dans quelques autres contrées de l'Europe. Sa nourriture se compose de petits oiseaux et de reptiles. Il établit son nid dans les bois qui avoisinent les lacs et les marais. La ponte est de 4 ou 5 œufs, que M. Temminck dit être d'un blanc pur, et un peu bleuâtre, d'après Vieill.

BUSARD MÉRIDIONAL — *FALCO PALLIDUS**.

Nom vulg. : *Russo*.

Circus Pallidus, Gould.

Ce Busard, qui n'a pas encore été décrit par

---

* Sans doute que M. Temminck ne tardera pas à publier cette espèce, et que ce savant nous donnera des renseignemens sur son genre de vie et sur son habitat.

aucun auteur français, que je sache, a la tête, le haut du cou et toutes les parties supérieures d'un brun cendré; rémiges brunes; la première d'égale longueur avec la sixième; front, sourcils, une tache sous les yeux et menton blancs; côtés de la tête bruns; un collier de plumes blanches et très apparent; devant du cou, poitrine et le reste de dessous le corps d'un roux clair, qui passe au blanc dans quelques parties; quelques petits traits bruns se montrent ça et là à la base des baguettes des plumes de la poitrine et du ventre; couvertures inférieures de la queue blanches et rousses; les plumes des flancs et des cuisses sont de cette couleur; couvertures supérieures de la queue blanches; une petite tache de cette couleur sur la nuque, mais la fine pointe des plumes de cette partie est brune; quelques scapulaires sont bordées de roux, point de bande transversale sur l'aile; queue coupée par six bandes brunes; les pennes latérales n'en ont que trois, mais elles ont beaucoup de roux; iris d'un jaune blanchâtre; bec noirâtre; pieds jaunes. Longueur, environ 15 pouces. Je doute que cette espèce ait atteint l'état adulte.

Cet oiseau, que Gould a le premier décrit sous le nom de *Circus Pallidus*, paraît former une espèce nouvelle parmi les oiseaux européens, et qui semblerait être particulièrement propre aux contrées du Midi de l'Europe, puisque, en effet, les deux premiers sujets présentés à ce naturaliste avaient été apportés de la frontière méridionale de l'Espagne, et lui furent remis par M. Boissonneau, de Paris. C'est de ce dernier que je tiens ces renseignemens. J'ai vu moi-même cet accipitre, lors de mon dernier voyage dans la capitale, dans les belles galeries du prince Masséna, où il est désigné sous le nom que lui donna le profond naturaliste anglais.

Étant en chassse dans notre plaine, en mars 1835, je tuai cet oiseau. Il venait de se repaître d'une *Alouette-calandre*, car il avait le bec et les doigts encore ensanglantés, et je reconnus dans son œsophage les débris de sa victime. J'ai donné le nom de *Busard Méridional* à cette espèce, en lui conservant la dénomination latine de Gould. Je laisse à d'autres, plus expérimentés que moi, le soin de lui trouver un nom plus convenable, si on le croit nécessaire, quand il sera mieux connu.

La nourriture de cet oiseau paraît être la même que celle de ses congénères. Quant à sa propagation, je ne pense pas qu'il en soit fait mention.

GENRE CINQUIÈME.

CHOUETTE — *STRIX* (Linné).

Caractères : Bec incliné depuis son origine, garni d'une cire couverte par des plumes sétacées, épais, comprimé latéralement. Tête grande, très emplumée. Narines latérales, percées sur le bord antérieur de la cire. Bouche très fendue. Oreilles et Yeux grands ; les oreilles sont dirigées en avant. Pieds couverts de plumes ou d'un duvet, souvent garnis jusqu'aux ongles.

Les Chouettes que nous rencontrons ici, chassent au crépuscule du soir et du matin, et pendant la nuit quand il fait clair de lune. D'autres espèces, dont la vue n'est point troublée par l'éclat de la lumière du jour, chassent en plein midi, et poursuivent leur proie en volant. Celles-ci habitent le Nord ; leur queue est toujours plus longue que leurs ailes.

Les Chouettes sont généralement peu estimées à cause de la réputation d'oiseau de mauvais augure, que leur prêtent les préjugés et les superstitions populaires. Au lieu de justifier ces préventions, ces oiseaux, en volant pendant le silence de la nuit, nous rendent un service signalé en détruisant les petits mammifères rongeurs qui causent tant de dégâts à nos récoltes. Les os, les peaux et les plumes qui n'ont pu être digérés sont regorgés par le bec en petites pelotes. Leur vol est souple et peu bruyant.

PREMIÈRE DIVISION.

CHOUETTES PROPREMENT DITES.

Ire SECTION. — CHOUETTES ACCIPITRINES.

Cette section comprend, selon *Temminck*, quatre espèces propres au nord de l'Europe. A ma connaissance, aucune d'elles n'a été observée dans nos contrées.

IIe Section. — NOCTURNES.

Elles restent blotties pendant le jour, et chassent au crépuscule ou au clair de lune.

CHOUETTE HULOTTE. — *STRIX ALUCO.*

Noms vulg. : *Damo*, *Machôto.*

Le Chat-Huant et la Hulotte, Buff. — Le Chat-Huant, Cuv. — La Chouette Hulotte, *Strix Aluco*, Vieill. — La Chouette Hulotte, *Strix Aluco*, Temm. — La Chouette Hulotte, Roux.

Tête aplatie ; tout le dessus du corps marqué de grandes taches brunes foncées, ainsi que de plus petites qui sont rousses ; la queue porte quatre ou cinq bandes brunes ; parties inférieures d'un blanc roussâtre, avec des lignes étroites sur le ventre ; iris d'un bleu noirâtre ; pieds garnis de plumes jusqu'à la racine des ongles. Longueur, 14 à 15 pouces, les *très vieux mâles*.

Cette Chouette a reçu tantôt le nom de *Chat-Huant*, tantôt celui de *Hulotte*; mais les savantes observations de *Temminck* prouvent d'une manière incontestable que ces deux prétendues espèces n'en font qu'une. Le cri de cet oiseau a été aussi pour quelque chose dans ces controverses ; et voici ce que je peux dire à ce sujet : Je nourris deux *Hulottes* qui, dans leur premier âge, prononçaient *giwitz*, *giwitz* ; maintenant elles ne redisent plus ces syllabes, et leur cri ordinaire est : *hô*, *hô*, *hô*, surtout quand je les appelle ;

mais pendant la nuit elles font entendre : *hou*, *hou*, *hou*, *hou*, *hou*, plusieurs fois de suite d'une voix assez forte. Cette espèce est d'une douceur extrême.

La *Hulotte* habite toute l'Europe ; elle n'est pas commune dans les pays en plaines de nos contrées, mais on la rencontre assez fréquemment dans les bois de nos plus proches montagnes. Elle se nourrit de petits mammifères et d'oiseaux ; pond, dans les nids abandonnés des pies et des cresserelles, 4 ou 5 œufs de couleur blanchâtre.

CHOUETTE EFFRAIE. — *STRIX FLAMMEA*.

Noms vulg. : *Béou-l'Oli*, *Damasso*.

L'Effraie ou la Fresaie, Buff. — La Chouette Effraie, *Strix Flammea*, Vieill. — Strix Flammea, Cuv. — Chouette Effraie, *Strix Flammea*, Temm. — Chouette Effraie, Roux.

Toutes les parties supérieures du corps sont jaunâtres, ondées de gris et de brun, parsemées d'une multitude de petits points blancs ; les parties inférieures sont d'un blanc soyeux, éclatant. Quelques individus sont d'un blanc roussâtre, moucheté de petits points bruns ; les pieds et les doigts couverts d'un duvet très court, moins serré sur les doigts ; ongles bruns ; bec blanchâtre, un peu couleur de chair près de sa base ; iris noirâtre. Sa longueur totale est de 12 à 13 pouces.

La Chouette dont il s'agit n'habite que rarement les bois ou les champs ; c'est toujours dans les lieux les plus populeux quelle se plaît à vivre. Les vieux édifices, les clochers et les toits des églises lui servent de retraite; il n'est pas rare d'en trouver de blotties dans nos greniers, souvent même dans nos appartemens, où elles se sont réfugiées pour se cacher pendant le jour. Le nom de *Béou-l'Oli*, par lequel on la désigne ici, vient de la croyance que l'on a que cet oiseau aime à boire l'huile qui brûle dans les lampes des églises; et le nom d'*Effraie* ou *Frésaie* lui a été donné d'après le soufflement que cet oiseau fait entendre pendant la nuit.

On rencontre cette Chouette dans toute l'Europe, dans les deux Amériques, en Asie et au Sénégal. Elle se nourrit de petits mammifères, d'oiseaux et de scarabées; fait son nid sans apprêt, presque toujours dans les fentes des vieilles maisons, des clochers, et quelquefois dans les trous des vieux arbres ou sous les toits *. La femelle pond jusqu'à 5 œufs blancs, un peu allongés.

CHOUETTE CHEVÈCHE. — *STRIX PASSERINA*.

Noms vulg. : *Chouéto*, *Machoto*.

La Chevèche ou Petite Chouette, Buff. — La Chevèche, *Strix Passerina*, Vieill. — La Chevèche Commune ou Perlée, Cuv. — La Chevèche, *Strix Passerina*, Temm. — La Chouette Chevèche, Roux.

Toutes les parties de dessus le corps d'un gris parsemé de grandes taches blanches; la poitrine d'un blanc pur; le reste des parties inférieures est d'un blanc roussâtre, taché d'un brun cendré; bec blanchâtre; cire olivâtre; narines rondes; iris

---

* Les Arènes, le Temple de Diane et la Tourmagne en recèlent plusieurs paires.

jaune. Sa longueur est de 9 pouces. Les teintes sont moins vives chez la *femelle*, qui porte des taches roussâtres sur le cou.

La Chevèche n'est pas rare dans notre département, où elle vit sédentaire. C'est cette espèce dont on se sert ici avec avantage pendant l'été pour attirer près d'elle les petits oiseaux insectivores, et les alouettes des champs, durant les mois d'octobre et de novembre. Quoique de petite taille, cet oiseau résiste à la fatigue, et sans que sa vue paraisse incommodée par l'éclat du soleil. Prise jeune, cette espèce ne cherche guère à recouvrer sa liberté. Sa voix est éclatante, et ressemble presque à celle d'un jeune chat ; elle crie souvent en chassant, au crépuscule du soir et du matin.

On trouve la Chevèche dans une grande partie de l'Europe. Sa nourriture consiste en petits mammifères et petits oiseaux, ainsi qu'en sauterelles et en grillons ; recherche les vieux édifices, les amas de pierres et les trous des arbres perforés ; niche dans ces endroits. La ponte est de 4 ou 5 œufs arrondis, blancs, ou lavés de roussâtre, avec quelques taches un peu plus foncées.

DEUXIÈME DIVISION.

HIBOUS.

Les *Hibous* ne diffèrent pas des Chouettes nocturnes, quant à leur manière de vivre ; et quoique leur vue soit éblouie par l'éclat du grand jour, ils peuvent néanmoins se soustraire au danger en plein midi. Ils portent deux petits bouquets de plumes sur leur front qu'ils peuvent redresser à volonté, caractère qui n'existe point chez les *Chouettes* proprement dites.

HIBOU BRACHIOTE. — *STRIX BRACHYOTOS.*

Nom vulg. : *Damo.*

CHOUETTE ou GRANDE CHEVÈCHE, Buff. — LA CHOUETTE A AIGRETTES COURTES, *Strix Brachyotos,* Vieill. — La CHOUETTE ou MOYEN-DUC A HUPPES COURTES, Cuv. — La CHOUETTE A AIGRETTES COURTES, Roux. — Le HIBOU BRACHYOTE, *Strix Brachyotos,* Temm.

Tête petite, deux ou trois plumes peu apparentes placées sur le front en forme de cornes; tour des yeux noirâtre; toutes les plumes supérieures brun foncé, terminées par du jaune d'ocre; la queue, qui est de cette couleur, est coupée par des bandes transversales brunes, et terminée de blanc; toutes les parties de dessous le corps sont couleur isabelle, avec des taches longitudinales noirâtres; pieds et doigts emplumés jusqu'à la racine des ongles; l'iris est d'un beau jaune. Longueur, 13 pouces environ. La *femelle* a des couleurs moins foncées.

L'apparition de ce *Hibou* dans notre pays a lieu au mois d'octobre, et il reste parmi nous jusqu'en avril; à cette époque surtout il est très commun. Plusieurs fois dans mes courses il m'est arrivé d'en rencontrer plusieurs ensemble posés sur le même arbre d'une forêt.

Cet oiseau s'approche peu des lieux habités ; il préfère les bois touffus, les broussailles et les vieilles ruines. Sa vue est tellement éblouie par le grand jour, que lorsqu'on le fait lever il va se poser sur l'arbre le plus rapproché et se laisse tuer. La voix de cet accipitre est douce et mélancolique.

Le Brachiote est répandu depuis les pays méridionaux jusqu'en Sibérie ; il se nourrit de souris, de mulots et autres petits mammifères. *Temminck* dit que dans le Nord il va à la suite du Lemming [*]. On prétend qu'il dépose ses œufs dans les vieux décombres ; d'autres disent que c'est au milieu des grandes herbes, ou bien au bord des marais. Ils sont au nombre de 3 ou 4, de forme arrondie, blancs et un peu luisans.

HIBOU GRAND-DUC. — *STRIX BUBO.*

Nom vulg. : *Dugo.*

Le Duc ou Grand-Duc, Buff. — La Chouette Grand-Duc, *Strix Bubo*, Vieill. — Le Grand-Duc, Cuv. — Le Hibou Grand-Duc, *Strix Bubo*, Temm. — La Chouette Grand-Duc, Roux.

Son plumage est de couleur fauve avec une mèche et des pointillures latérales, brunes sur chaque plume. Cette couleur est plus abondante aux parties supérieures ; le fauve domine dessous ; les plumes des narines sont longues, rudes ; celles de la face sont mélangées de roux, de noir et de gris ; la gorge est blanche ; les plumes serrées ressemblant à des poils ; celles qui recouvrent les tarses

---

[*] Espèce de petit rongeur.

et les doigts sont fauves ; les ongles et le bec noirs, d'un brun clair à leur base ; l'iris est d'un bel orange vif. Longueur, environ 2 pieds, le *mâle*.

La *femelle* a des couleurs plus sombres que celles du *mâle*, elle est aussi plus grande de 2 ou 3 pouces ; la gorge à moins de blanc.

Ce *Hibou* est le plus grand des oiseaux de proie nocturnes de France ; c'est aussi lui qui supporte le plus facilement l'éclat de la lumière. Il a un cri effrayant qu'il fait entendre dans le silence de la nuit et au crépuscule du soir, quand il s'apprête à aller satisfaire sa faim en tombant à l'improviste sur les animaux qu'il a l'habitude d'immoler. Le vol du *Grand-Duc* est ordinairement bas, mais d'une légèreté qui surprend lorsqu'on examine les formes massives de cet oiseau. Il arrive quelquefois que des chasseurs, embusqués pendant la nuit pour surprendre d'autre gibier, abattent des *Grands-Ducs* que le hasard fait passer près d'eux ; il leur est arrivé aussi de profiter de la proie que ceux-ci emportaient dans leurs serres.

Cette belle espèce se trouve dans toute l'Europe, excepté en Hollande ; elle vit sédentaire sur les rochers escarpés de la Provence et de l'Hérault ; dans notre département, elle est assez commune sur les montagnes qui bordent le Gardon. En hiver, on la rencontre souvent dans les bois en plaines et au bord des marais. Sa nourriture se compose de lièvres, de lapins et de perdrix, ainsi que de rats et de scarabées ; niche dans les fentes des rochers, dans les châteaux abandonnés et dans les trous des masures ; pond 2 ou 3 œufs arrondis, d'un blanc légèrement roussâtre.

HIBOU MOYEN-DUC. — *STRIX OTUS.*

Noms vulg. : *Grand-Chô-Banu*, *Damo.*

Le Hibou Moyen-Duc, Buff. — La Chouette-Duc, *Strix Otus*, Vieill. — Le Hibou Commun ou Moyen-Duc, Cuv. — La Chouette-Duc, Roux. — Le Hibou Moyen-Duc, *Strix Otus*, Temm.

Toutes les parties supérieures d'un roux jaunâtre, avec des petites taches longitudinales, brunes et gris-cendré; parties inférieures d'un roux clair, avec des taches d'un brun noirâtre; aigrettes composées de plumes noires, bordées de jaunâtre et de blanchâtre; bec noir; iris d'un jaune roussâtre. Sa longueur est d'un pied 13 pouces.

Les bois, les buissons et les olivettes sont les lieux où l'on surprend le *Moyen-Duc*, durant les saisons d'automne et d'hiver. Cet oiseau, le plus commun du genre, nous quitte aux mois de mars et d'avril pour se retirer dans les lieux boisés et montagneux, où il se plaît à vivre dans les cavernes des rochers. Son cri est fort plaintif; il ressemble à un gémissement grave et allongé qui pénètre très loin pendant la nuit.

Le *Moyen-Duc* habite dans toute l'Europe et en Afrique : il se nourrit de petits mammifères rongeurs, de petits oiseaux et d'insectes. On prétend qu'il ne fait point de nid; que c'est ordinairement dans ceux abandonnés par quelques gros oiseaux que la *femelle* dépose 5 œufs blancs et ronds.

HIBOU SCOPS. — *STRIX SCOPS.*

Nom vulg. : *Chô - Banu.*

Le Scops ou Petit-Duc, Buff. — La Chouette Scops, *Strix Scops*, Vieill. — Le Scops, Cuv. — Le Hibou Scops, *Strix Scops*, Temm. — La Chouette Scops, *Strix Scops*, Roux.

Parties supérieures d'un cendré roussâtre ondé et couvert de taches irrégulières, brunes et noires ; aigrettes formées par de petites plumes brunes marquées, ainsi que la tête, de petits points noirs ; les parties inférieures sont moins foncées que les parties supérieures, et chaque plume porte une raie longitudinale placée sur le milieu, c'est-à-dire le long de la baguette ; le bec est noir, l'iris jaune. Sa longueur est de 7 pouces.

De tous les *Hibous* que l'on trouve en France, celui-ci est le plus petit, et c'est celui aussi qui se rapproche le plus de nos habitations ; indépendamment des bois et des champs, il n'est pas un parc ou une promenade couverte de grands arbres où cet oiseau ne se trouve. *Schoûw, schoûw,* sont les syllabes qu'il semble prononcer plusieurs heures de suite, pendant la nuit et quelquefois le jour. La même localité sert de retraite à plusieurs paires. Il m'est arrivé d'en abattre jusqu'à 15 dans un seul endroit.

C'est du 5 au 6 avril que les *Scops* arrivent dans le Midi. Nous en voyons encore en fin septembre ; mais ceux-là sont les derniers à passer, et en général ce sont les *jeunes*.

Ce *Hibou* se trouve dans plusieurs provinces de la France,

de l'Espagne et de l'Italie. On ne l'a point encore observé en Angleterre ni en Hollande. Sa nourriture consiste en petits rongeurs, en cigales, en phalènes et autres insectes; habite indifféremment dans les pays montagneux et dans ceux en plaines. Commun le long du Rhône; niche dans les trous peu élevés des arbres perforés. La ponte est de 3 ou 4 œufs blancs et lustrés et de forme arrondie.

ORDRE DEUXIÈME.

OMNIVORES. — *OMNIVORES.*

Caractères : Bec médiocre, fort, robuste, tranchant sur les bords ; mandibule supérieure plus ou moins échancrée à la pointe. Pieds, quatre doigts, trois devant et un derrière. Ailes médiocres, à pennes terminées en pointe.

Les oiseaux compris dans cet ordre nichent le plus souvent dans les fentes ou les cavernes des rochers, et à l'extrémité des plus grands arbres, quelquefois aussi dans de vieilles masures. Ils vont par grandes troupes ; le *mâle* et la *femelle* partagent l'incubation ; toute nourriture leur plaît. Leur chair est d'un goût désagréable.

GENRE SIXIÈME.

CORBEAU. — *CORVUS* (Linné).

Caractères : Bec long, gros, convexe en dessus, garni à sa base par des plumes raides, dirigées en avant. Narines basales, cachées sous les plumes. Tarses nus. Doigt intermédiaire soudé avec l'externe à la base, totalement séparé de l'interne. Ailes acuminées; la 1re rémige de moyenne longueur; les 2me et 3me plus courtes que la 4me, qui est la plus longue de toutes. Queue à douze rectrices.

Les *Corbeaux* sont doués d'une finesse extrême; rusés et malins, ils donnent peu dans les embûches qu'on leur dresse. Un instinct particulier les porte à dérober tout ce qui reluit pour aller le cacher après. Ils nichent dans les rochers ou sur des grands arbres; ils voyagent par bandes nombreuses. Les *Corbeaux* habitent tous les continens.

CORBEAU NOIR. — *CORVUS CORAX*.

Nom vulg. : *Grand Croûpatas.*

Le Corbeau, Buff. — Le Corbeau, Cuv. — Le Corbeau proprement dit, *Corvus Corax*, Vieill. — Le Corbeau Noir, *Corvus Corax*, Temm. — Le Corbeau proprement dit, Roux.

Le *Corbeau Noir* est le plus grand de ceux d'Europe; sa couleur est entièrement d'un beau noir, avec des reflets pourprés et bleuâtres sur le dessus du corps; bec noir, fort; iris à doubles cercles, gris, blanc et cendré brun. Sa longueur est de 23 à 24 pouces. La *femelle* est un peu moins grande que le *mâle*.

Le *Corbeau Noir* est sédentaire dans nos pays; il s'approche de nos habitations, soit pour se retirer sur quelque grande roche, soit pour se rabattre sur une charogne, dont l'odeur l'attire de fort loin. On voit alors ces oiseaux plusieurs ensemble, se disputer des lambeaux de chair pourrie qu'ils déchirent avec leur énorme bec, toujours l'œil aux aguets, de crainte d'être surpris. Tout le monde connaît les Corbeaux, leur instinct malicieux, et la ruse qu'ils emploient pour cacher des objets qui leur sont inutiles. Leur cri rauque et leur plumage lugubre inspirent de l'horreur, et bien des gens, encore aujourd'hui, les regardent comme des oiseaux de mauvais augure. Ils vivent ordinairement par paires isolées.

Cette espèce habite l'Europe, l'Afrique et l'Amérique septentrionale; vit aussi en Islande et au Japon. Toute nourriture lui convient. C'est dans les crevasses des rochers taillés à pic, ou bien sur des grands arbres isolés, que le Corbeau place son nid. La *femelle* y pond jusqu'à 5 œufs d'un vert pâle tirant au bleuâtre, mouchetés d'un grand nombre de traits et de taches plus ou moins foncées.

CORNEILLE NOIRE. — *CORVUS CORONE.*

Noms vulg. : *Agraïo, Croupatas.*

La Corbine ou Corneille Noire, Buff. — La Corneille, Cuv. — Le Corbeau Corbine, *Corvus Corone*, Vieill. — La Corneille Noire, *Corvus Corone*, Temm. — Le Corbeau Corbine, Roux.

Elle est plus petite que l'espèce précédente, et d'un noir foncé avec des reflets violets et légèrement verdâtres; les plumes de la poitrine ne sont pas allongées et pointues comme dans le Corbeau. Bec et pieds noirs; iris noisette. La *femelle* est plus petite que le *mâle*, et son plumage a moins de reflet.

Dès le mois d'octobre, les *Corneilles Noires* arrivent dans nos contrées par troupes nombreuses, et suivent la direction des côtes de Barbarie ou du midi de l'Espagne. Quelques bandes rôdent dans le pays pendant l'hiver. Il n'est pas rare de les voir posées au milieu d'un champ fraîchement ensemencé, pour en manger les grains et les vers qui s'y trouvent; elles préfèrent les champs découverts aux pays montagneux. Ce n'est que le soir qu'elles se retirent dans les bois pour y passer la nuit. Comme le Corbeau, cette Corneille apprend à prononcer des mots, et, comme lui aussi, elle cache les pièces de monnaie et tout ce qui a quelque éclat. Sa chair est dure et de mauvais goût.

Cet oiseau est commun dans les parties occidentales de l'Europe, moins répandu dans les contrées orientales. Il vit au Japon; quelques paires isolées nichent dans notre pays. Sa nourriture se compose de chair, d'insectes, de vers de terre, de plantes et de toutes sortes de semences; niche sur les arbres, compose son nid d'une manière solide; la *femelle* y pond jusqu'à six œufs verdâtres, mouchetés d'un grand nombre de taches et de traits de couleur obscure. Le *mâle* et la *femelle* partagent l'incubation.

CORNEILLE MANTELÉE. — *CORVUS CORNIX.*

Noms vulg. ; *Ayraïo*, *Croûpatas.*

La Corneille Mantelée, Buff. — La Corneille Mantelée, Cuv- — La Corneille Mantelée, *Corvus Cornix*, Vieill. — La Corneille Mantelée, *Corvus Cornix*, Temm. — Le Corbeau Mantelé, Roux.

Le cou et tout le corps d'un beau gris cendré ; la tête, le devant du cou et la poitrine, les ailes et la queue, sont d'un beau noir à reflets bleuâtres ; la queue est arrondie ; bec et pieds noirs ; iris brun. Longueur, 1 pied 8 pouces. La *femelle* ne diffère du *mâle* que par le reflet qui est moins éclatant.

Cette Corneille n'est pas régulièrement de passage dans nos contrées; ce n'est que par intervalles que nous la voyons pendant l'automne. Comme l'espèce précédente, elle recherche les pays plats et les terrains humides, souvent les bords de la mer, où elle s'empare des poissons morts que les flots rejettent sur le rivage. Cette espèce nous quitte de très bonne heure pour retourner dans le nord de l'Europe, où chaque paire va choisir un lieu favorable à ses amours.

La *Corneille mantelée* habite presque toutes les contrées de l'Europe ; on la trouve aussi au Japon ; toute nourriture lui convient. Elle niche sur les arbres, comme l'espèce précédente ; la ponte est de 5 ou 6 œufs qui sont verdâtres, mouchetés de taches et de points bruns.

CORBEAU FREUX. — *CORVUS FRUGILEGUS.*

Noms vulg. : *Agraïo*, *Croûpatas.*

Le Freux ou Fragonne, Buff. — Le Freux, Cuv. — Le Corbeau Freux, *Corvus Frugilegus*, Vieill. — Le Freux, *Corvus Frugilegus*, Temm. — Le Corbeau Freux, Roux.

Le *Freux* a la tête et le devant de la gorge dénués de plumes ; le reste du plumage est d'un beau noir, avec des reflets pourprés sur le corps et les ailes ; le bec plus droit et plus effilé que celui de la Corneille. Il a un pied 5 pouces et demi de longueur. La *femelle* est plus petite, et son plumage n'a pas des reflets aussi vifs.

Les Freux sont des oiseaux qui aiment beaucoup la compagnie de leurs semblables; aussi les voit-on par grandes bandes chercher dans les champs fraîchement labourés une nourriture souvent abondante, au moyen de leur bec qu'ils enfoncent dans la terre. C'est de cette habitude que provient la nudité que les *vieux* ont autour du front. Cette espèce descend dans nos contrées pendant l'hiver : elle y est quelquefois commune, et souvent se mêle aux troupes de Corneilles Noires.

Le Freux habite toute l'Europe, plus abondant dans les contrées du Nord que dans le Midi. L'espèce est la même au Japon. Sa nourriture se compose de campagnols, de souris, de chenilles, d'insectes et des semences qu'il déterre en fouillant avec son bec; niche sur les arbres ; ses œufs sont d'un vert clair, tachetés et rayés de brun, surtout vers le gros bout.

CORBEAU CHOUCAS. — *CORVUS MONEDULA.*

Nom vulg. : *Agraïoun.*

Le Choucas, Buff. — Le Choucas ou Petite Corneille des Clochers, Cuv. — Le Corbeau Choucas, *Corvus Monedula*, Vieill. — Le Choucas proprement dit, *Corvus Monedula*, Temm. — Le Corbeau Choucas, Roux.

Bec, pieds et sommet de la tête noirs, occiput et parties supérieures du cou gris cendré ; toutes les autres parties supérieures d'un noir violâtre et verdâtre ; les parties inférieures sont d'un noir profond ; le bec est court ; iris blanchâtre. Longueur, 13 pouces.

La *femelle* a les reflets de son plumage moins vifs.

Le Choucas est rare dans nos contrées ; c'est seulement pendant la mauvaise saison qu'il en arrive quelques-uns qui se réunissent presque toujours aux Corneilles Noires ou aux Freux ; mais ils sont faciles à distinguer de ces derniers par le cri aigre et perçant qu'ils jettent en volant : *Tiam*, *tiam*, *tiam* sont les syllabes qu'ils semblent prononcer.

Privé de sa liberté, le Choucas devient familier et apprend à parler ; son instinct à s'emparer des pièces de monnaie et de tout ce qui brille à ses yeux, ne le cède en rien à ses congénères.

Cet oiseau se rencontre dans presque toute l'Europe ; l'espèce est commune en Morée, surtout dans les endroits les plus isolés. Les Choucas se nourrissent de vers de terre, d'insectes, de graines et de fruits ; dans la disette, ils touchent aux cadavres. Leur nid, qu'ils placent dans des vieux bâtimens ou sur des grands arbres, est formé de quelques bûchettes et d'un peu de paille, ou de quelques filamens d'herbes sèches. La *femelle* y dépose ses œufs qui sont d'un blanc verdâtre, et mouchetés de brun.

GENRE SEPTIÈME.
GARRULE. — *GARRULUS*. (Briss.)

PREMIÈRE DIVISION.
PIES proprement dites.

Caractères : Queue très longue, le plus souvent conique, étayée. Mandibule supérieure plus arquée que l'inférieure. Ailes courtes ; 3me et 4me rémiges les plus longues de toutes.

PIE ORDINAIRE. — *CORVUS PICA*.

Noms vulg. : *Agasso, Margot.*

La Pie, Buff. — La Pie d'Europe, Cuv. — La Pie a Ventre Blanc, *Corvus Albiventris*, Vieill. — La Pie, *Corvus Pica*, Temm. — La Pie a Ventre Blanc, *Pica Albiventris*, Roux.

Elle est d'un noir soyeux, à reflets pourprés, bleus et dorés ; ventre blanc, et une tache de même couleur sur l'aile ; queue très étayée, d'un noir verdâtre, à reflets bronzés. Longueur, 18 pouces.

Tout le monde connaît la Pie et son babil continuel. Voleuse et persévérante, elle finit souvent par s'emparer des objets qu'elle veut dérober ; le soin quelle emploie pour cacher ses larcins en rend souvent la découverte difficile. Elle apprend à parler, et prononce même quelques mots d'une manière très distincte, comme celui de *margot*, par exemple.

Les Pies ne sont pas voyageuses ; elles passent presque leur vie entière dans le même canton. Les parcs, les avenues et les bords des chemins sont les lieux où on les voit le plus habituellement ; mais quoiqu'elles fréquentent les endroits habités par l'homme, elles n'en sont pas moins méfiantes.

On trouve ces oiseaux sur toute la surface de l'Europe, ainsi qu'en Chine, en Amérique et au Japon. Comme elles sont omnivores, tout convient à leurs goûts. C'est en sautillant à terre qu'elles cherchent leur nourriture ; elles mangent aussi les œufs des petits oiseaux qu'elles trouvent. Le nid de la Pie est construit avec beaucoup d'art, solide, large et bien couvert. C'est dans l'embranchement des arbres très élevés, ou dans un épais buisson qu'elle le place. La ponte est de 5 à 8 œufs, qui sont d'un vert bleuâtre, semé de petites taches brunes irrégulières, très nombreuses vers le gros bout.

DEUXIÈME DIVISION.

GEAIS.

Caractères : TÊTE huppée. PENNES de la queue égales ou un peu arrondies. L'Europe n'en a produit encore que deux espèces.

GEAI GLANDIVORE. — *CORVUS GLANDARIUS.*

Noms vulg. : *Gas, Gaché.*

Le GEAI, Buff. — Le GEAI D'EUROPE, Cuv. — Le GEAI GLANDIVORE, *Garrulus Glandarius*, Vieill. — Le GEAI

GLANDIVORE, *Corvus Glandarius*, Temm. — Le GEAI GLANDIVORE, *Garrulus Glandarius*, Roux.

Le Geai a le fond du plumage nuancé de roux vineux et de cendré; les plumes de la tête sont allongées en forme de huppe; moustaches noires. Sur le pli de l'aile, sont deux rangées de plumes bleues, rayées transversalement de noir; gorge et couverture de la queue d'un blanc pur. Longueur, à-peu-près 13 pouces. La *femelle* diffère peu du *mâle*.

Varie quelquefois d'un blanc pur avec des plumes d'un bleu pâle sur le pli de l'aile; quelquefois le plumage de couleur isabelle, avec les moustaches rougeâtres, ainsi que l'iris.

C'est au mois d'octobre que les Geais descendent des montagnes pour se répandre dans nos alentours. C'est sur les grands arbres des parcs et des forêts qu'ils se plaisent d'habiter; ils se réunissent plusieurs ensemble dans les mêmes lieux, et, à la manière des *Pies*, ils ont l'habitude de cacher dans quelques arbres creux le superflu de leur nourriture. Ces oiseaux retiennent les sons qui flattent leur oreille et, ainsi que les espèces précédentes, ils apprennent à articuler quelques mots. Le cri qu'ils font entendre en volant, et quand ils changent de place, n'est rien moins qu'agréable. Méfians et rusés, il est difficile de les surprendre. Quelques-uns restent dans nos bois pendant la mauvaise saison; mais au mois de mars, ils abandonnent entièrement nos plaines.

Les Geais sont répandus dans toute l'Europe; on les trouve aussi en Asie et dans l'Afrique. Ils se nourrissent d'insectes, de vers, de semences et de baies. Leur nid est placé ou sur les grands arbres ou dans les buissons La ponte est de 4 ou 5 œufs d'un cendré verdâtre, faiblement pointillé de brun. Quelques-uns nichent dans le nord de notre département.

GENRE HUITIÈME.

CASSE - NOIX. — *NUCIFRAGA.*

Caractères : Ont les deux mandibules également pointues, droites, sans courbures, garnies à leur base de plumes sétacées dirigées en avant, recouvrant les narines. On n'en connaît qu'une espèce en Europe. Deux autres, de l'Asie et de l'Inde, sont en tout semblables à la nôtre.

CASSE-NOIX. —*NUCIFRAGA CARYOCATATES.*

Le Casse-Noix, Buff. — Le Casse-Noix Ordinaire, Cuv. —Le Casse-Noix Moucheté, *Nucifraga Caryocatates,* Vieill. — Le Casse-Noix, *Nucifraga Caryocatates,* Temm. — Le Casse-Noix Moucheté, Roux.

Le plumage, d'un brun couleur de suie, est remarquable par un grand nombre de mouchetures blanches en forme de gouttes disposées sur chaque plume, excepté sur la tête ; les rémiges et les rectrices d'un brun noirâtre ; ces dernières sont terminées par un espace blanc ; iris noisette ; bec et pieds noirâtres. Longueur, de 12 à 13 pouces, le *mâle*. La *femelle* a le fond du plumage nuancé de roussâtre.

L'apparition du Casse-Noix dans le Midi n'est pas régulière ; ce n'est qu'à de longs intervalles que nous en rencontrons quelques-uns à l'époque d'automne, mais toujours dans les pays boisés et montueux. *Roux* dit qu'ils doivent être considérés comme oiseaux erratiques plutôt que comme espèce de passage, et je me range de cet avis.

Les Casse-Noix ont l'habitude d'escalader les arbres à la manière des Pies, et l'on prétend qu'ils causent de grands préjudices aux forêts, en perçant les gros arbres à coups de bec.

Cette espèce est répandue dans la plupart des montagnes boisées de l'Europe. M. Temminck dit quelle est de passage accidentel en Hollande, où on la prend dans les piéges tendus aux Grives. Sa nourriture consiste en larves et insectes ; elle mange aussi des noisettes, des glands et des noyaux de hêtre ; attaque quelquefois de jeunes oiseaux ; niche dans les trous des arbres ; pond 5 à 6 œufs d'un gris fauve, avec quelques taches d'un gris brun peu foncé.

GENRE NEUVIÈME.

PYRRHOCORAX. — *PYRRHOCORAX* (Cuv.)

Caractères : Bec plus long que la tête, un peu grêle, arrondi, arqué, pointu. Narines un peu arrondies, cachées sous des poils dirigés en avant. Pieds forts. Doigt intermédiaire soudé à sa base avec l'interne. Ailes longues.

Les deux espèces européennes que renferme ce genre, ont absolument les mêmes mœurs que les Corbeaux. Comme ceux-ci, elles vivent en grandes bandes et nichent plusieurs dans une même localité ; toute nourriture leur convient. Ces oiseaux descendent peu souvent dans les plaines. Les hautes régions où règnent des glaces perpétuelles, sont les endroits qu'ils habitent et qu'ils n'abandonnent que par des circonstances atmosphériques, ou quand la nourriture vient à leur manquer. Les *mâles* et les *femelles* diffèrent peu à l'extérieur.

Les pays étrangers en fournissent deux autres espèces connues.

PYRRHOCORAX CHOQUART. — *PYRRHOCORAX PYRRHOCORAX.*

Nom vulg. : *Agraïo à bé jhaoûné.*

Le Choquart ou Choucas des Alpes, Buff.—Le Choquart des Alpes, Cuv. — Le Choquart des Alpes, *Pyrrhocorax Alpinus*, Vieill. —Le Pyrrhocorax Choquard, *Pyrrhocorax Pyrrhocorax*, Temm. — Le Choquart des Alpes, Roux.

Queue de forme un peu arrondie ; bec jaune ; iris brun ; pieds d'un rouge vermillon : plumage des *mâle*s et des *femelles adultes*. A la *première année*, le plumage est d'un noir sans reflets ; le bec n'est jaune qu'à la base de la mandibule inférieure, et les pieds sont d'un noir lustré.

Je n'ai jamais eu occasion de rencontrer le Choquart dans les pays en plaines de nos alentours ; mais je ne doute nullement qu'il ne s'y montre en hiver, quand le froid devient rigoureux, car l'espèce vit sédentaire sur quelques montagnes des Cevennes peu éloignées de notre territoire, et que même souvent on l'observe dans le voisinage de St-Jean-du-Gard. Les ornithologistes n'ont encore que peu de données sur les mœurs de ces oiseaux.

Les Choquarts habitent les Alpes, les Pyrénées, les Cevennes, l'Ardèche et la Toscane, toujours dans les montagnes, et de préférence dans celles où règnent des neiges perpétuelles. Les insectes, les vers, les baies et même les voiries composent leur nourriture. C'est dans les fentes des rochers, et surtout au fond des précipices ou dans d'anciennes Carrières, qu'ils nichent en grandes compagnies. Les œufs, au nombre de 4 ou 5, sont blancs avec des taches d'un jaune sale.

PYRRHOCORAX CORACIAS. — *PYRRHOCORAX GRACULUS*.

Nom vulg. : *Agraïo à bé roujhé.*

Le Crave ou le Coracias, Buff. — Le Coracias a Bec Rouge, *Coracia Erythroramphos*, Vieill. — Le Crave, Cuv. — Le Pyrrhocorax Coracias, *Pyrrhocorax Graculus*, Temm. — Le Coracias a Bec Rouge, Roux.

Un noir à reflets violets, verts et pourprés, colore entièrement le plumage de cet oiseau. Le bec et les pieds sont d'un rouge de carmin éclatant; iris brun, *mâle* et *femelle*. Le plumage des *jeunes* n'a point de reflets; le bec et les pieds sont noirs avant la première mue. Longueur, 15 à 16 pouces.

Le Coracias est un oiseau qui se montre peu souvent dans les plaines. Comme le Choquart, il se plaît sur les hautes montagnes, mais l'espèce en est plus répandue. Ces oiseaux habitent quelques contrées du département du Gard et de l'Hérault, les plus voisines des Cevennes ; ils sont très communs sur les montagnes des environs du Vigan ; il en descend quelques-uns dans les pays plats pendant les hivers rigoureux. J'en ai quelquefois rencontré dans le voisinage des marais ; plusieurs ont été tués près de St-Gilles et en Camargue.

On trouve cette espèce de Coracias dans les Hautes-Alpes de la Suisse, de l'Italie, du Tyrol, de la Bavière, de la Carinthie et dans les Pyrénées, ainsi que dans les Cevennes et en Provence. Sa nourriture consiste en insectes, vers, larves et en toutes sortes de baies ; niche entre les fentes de rochers escarpés, dans des carrières profondes, au fond des puits abandonnés et dans des précipices, quelquefois aussi dans les fentes des vieux bâtimens. Sa ponte est de 3 ou 4 œufs d'un blanc sale, parsemé de quelques taches brunes.

GENRE DIXIÈME.

JASEUR. — *BOMBICILLA* (Briss.)

Ce genre est composé de trois espèces connues, dont une seule se rencontre en Europe : c'est celle du Jaseur de Bohême, *Bombicilla Garrula* ; mais je ne pense point que, dans ses migrations, il arrive jusqu'ici, quoique *Roux* assure qu'il a été trouvé quelquefois en Provence pendant les gros hivers. Il fait son séjour habituel, pendant l'été, dans les régions du cercle arctique. Il est de passage dans les contrées orientales ; vit aussi au nord de l'Asie et au Japon, où il est rare.

Les deux autres vivent, l'une dans l'Amérique du Nord, et l'autre au Japon.

GENRE ONZIÈME.

ROLLIER. — *CORACIAS* (Linné.)

Caractères : Bec fort, comprimé vers le bout, dont la pointe est un peu crochue. Narines oblongues, placées au bord des plumes. Pieds courts et forts. Trois Doigts devant, un derrière, entièrement divisés. Ailes longues ; 1re rémige un peu plus courte que la 2me, qui est la plus longue.

Les Rolliers sont des oiseaux à plumage lustré, et nuancé de couleurs vives et variées. Leur principale nourriture consiste en insectes et vers de terre. Une seule espèce se trouve en Europe ; les pays étrangers en possèdent plusieurs qui diffèrent entr'elles par la forme de leur bec.

ROLLIER VULGAIRE. — *CORACIAS GARRULA.*

Le Rollier, Buff. — Le Rollier Commun, Cuv. — Le Rollier d'Europe, *Coracias Garrula*, Vieill. — Le Rollier Vulgaire, *Coracias Garrula*, Temm. — Le Rollier d'Europe, Roux.

Le vert d'aigue-marine et le bleu clair sont les couleurs qui dominent le plumage de cet oiseau. Le dos est fauve, ainsi que les scapulaires ; rémiges d'un noir bleu ; queue d'un blanc bleuâtre et de bleu clair ; iris brun et gris ; pieds jaunâtres ; bec un peu de cette couleur et noir. Longueur, environ 13 pouces. La *femelle* a du fauve tirant au gris, mêlé à son plumage. Les *jeunes* ont du gris lavé de verdâtre sous le corps, et du brun terne sur leurs parties supérieures.

Les *deux sexes* se distinguent de très bonne heure par les nuances de leur livrée.

Le Rollier Vulgaire est un oiseau qui égale, par la beauté de son plumage, plusieurs des brillantes espèces propres aux contrées chaudes de l'Amérique. C'est au printemps qu'il commence d'arriver dans notre pays ; les bois les plus épais lui servent de retraite, et c'est bien rarement qu'on le rencontre dans les champs. Le naturel du Rollier est farouche; aussi est-il toujours difficile de l'observer lors de ses passages.

Cette année dernière 1839, à l'époque du mois de mai, deux de ces oiseaux établirent leur nid dans le trou d'un mur d'une bergerie de nos alentours, abandonnée. Un paysan les ayant aperçus, les tua et m'apporta deux petits vivans qu'il leur avait enlevé. Je les conservai pendant quelque temps ; ils étaient devenus familiers comme des Geais, dont ils ont presque le même cri. Mais ce qui m'amusait et me parut fort singulier, c'était de voir avec quelle subtilité ces oiseaux faisaient sauter plusieurs fois de suite le morceau de chair que je leur donnais, avant de l'avaler.

Les Rolliers font un second passage dans le Midi durant le mois d'octobre ; mais à cette époque ils sont encore plus rares qu'au printemps. C'est en Afrique qu'ils s'en vont passer la saison d'hiver.

On rencontre cette espèce dans presque tous les pays d'Europe pendant l'été. Les insectes, les limaçons et quelquefois de plus petits mammifères, composent sa nourriture. C'est dans les trous des arbres et dans les fentes des vieux bâtimens que la *femelle* pond de 3 à 7 œufs d'un blanc lustré.

GENRE DOUZIÈME.

LORIOT. — *ORIOLUS.* (Linn.)

Caractères : Bec en cône, comprimé, tranchant. Mandibule supérieure avançant un peu dans les plumes du front, échancrée à sa pointe. Narines percées dans une membrane. Pieds à tarses nus, annelés. Doigt du milieu soudé à sa base avec l'externe. 2me et 3me rémiges de l'aile les plus longues. Queue à 12 rectrices.

On trouve des Loriots en Afrique, dans l'Inde et en Australagie. Une seule espèce vit en Europe pendant l'été. Son plumage ne le cède en rien à celui des autres espèces connues. Ils vivent dans les bois, et suspendent leur nid aux rameaux des arbres les plus hauts.

LORIOT. — *ORIOLUS GALBULA.*

Noms vulg. : *L'Aouriaou* ou *Figo-l'Aouriaou.*

Le Loriot, Buff. — Le Loriot d'Europe, Cuv. — Le Loriot d'Europe, *Oriolus Galbula*, Vieill. — Le Loriot, *Oriolus Galbula*, Temm. — Le Loriot proprement dit, Roux.

D'un beau jaune d'or, les ailes; une tache entre le bec et l'œil et une grande partie de la queue noires, mais celle-ci terminée de jaune; bec d'un rouge rembruni; iris d'un beau rouge; pieds d'un gris de plomb. Longueur, 9 pouces et quelques lignes.

La *femelle* et les *jeunes* se ressemblent assez : ils ont du vert olivâtre sur toutes les parties supérieures du corps, et du gris blanc nuancé de jaunâtre en dessous; les ailes sont d'un noir brun, bordées de couleur olivâtre; la queue est de cette dernière couleur, mais teinte de noirâtre.

Cette belle espèce, qui nous arrive d'Afrique, à l'époque du mois d'avril, se répand dans nos bois et y séjourne quelque temps, c'est-à-dire jusqu'à ce que chaque *mâle* ait rencontré une compagne qui partage ses amours. Dans nos alentours, le bosquet du bois de Campagne, les grands chênes du bois de Signau et les Buissières, sont les endroits où les Loriots semblent se donner rendez-vous. Leurs cris souvent répétés : *yo yo yo fi i yo yo*, annoncent de loin leur présence dans ces lieux, où sans cela il serait assez difficile de les soupçonner.

Les Loriots vivent en cage, mais plus difficilement que les *Merles* et les *Étourneaux*; leur chair est d'un goût recherché, surtout à l'époque de leur second passage, qui a lieu vers la fin du mois d'août.

On trouve ces oiseaux dans toutes les contrées de l'Europe et en Afrique. Leur nourriture habituelle se compose de baies, de figues et de raisins ; mais ils nourrissent leurs petits avec des insectes et des larves. Leur nid, artistement construit, est suspendu en forme de hamac à la cime des grands arbres.

La ponte est de 4 ou 5 œufs d'un beau blanc, avec quelques taches isolées, brunes et noires. Quelques-uns nichent dans le pays.

GENRE TREIZIÈME.

ÉTOURNEAU. — *STURNUS* (Linn.)

Caractères : Bec droit, un peu déprimé, à pointe obtuse et un peu aplatie. Mandibule supérieure plus longue que l'inférieure. Narines longitudinales, couvertes en dessus par une membrane voûtée. Tarses nus. Doigt intermédiaire réuni à sa base avec l'extérieur. Ailes longues; 2me et 3me rémiges excédant toutes les autres.

Les Etourneaux vivent en troupes dans un même lieu et voyagent en bandes serrées. Ils donnent facilement dans les piéges qu'on leur dresse. Deux espèces habitent l'Europe ; une d'elle entreprend de longs voyages, l'autre vit sédentaire en Sardaigne et en Corse. Leur principale nourriture se compose d'insectes qu'ils aiment à chercher dans les endroits humides et marécageux.

ÉTOURNEAU VULGAIRE. — *STURNUS VULGARIS.*

Nom vulg. : *Estournel.*

L'Étourneau ou Sansonnet, Buff. — L'Étourneau Commun, Cuv. — L'Étourneau Commun, *Sturnus Vulgaris*, Vieill. — L'Étourneau Vulgaire, *Sturnus Vulgaris*, Temm. — L'Étourneau Commun, Roux.

Tout le corps d'un noir lustré, changeant en vert brillant et pourpre. Les ailes et les parties inférieures, ainsi que le dos, ont des reflets pourpres et violets ; bec et pieds jaunâtres ; iris brun. Longueur, 8 pouces et demi, les *très vieux mâles*. La *femelle* ressemble beaucoup au mâle, mais elle a des mouchetures blanches dans son plumage, et les reflets sont moins purs.

En hiver, les *deux sexes* ont dans leur livrée beaucoup de taches blanches, et les *jeunes*, avant la première mue, ont le plumage d'un brun noirâtre, sans reflets et sans mouchetures.

Les Etourneaux arrivent dans notre pays dès les premiers jours du mois d'octobre, et ils y font un second passage qui a lieu au mois de mars ; à ces deux époques ils sont extrêmement nombreux dans la partie sud de nos contrées, et les personnes habituées à leur faire la chasse en prennent considérablement pourvu quelle soient munies d'un *Vanneau Huppé*, vivant, quelles font mouvoir au milieu de leurs filets, et c'est incroyable combien cet oiseau les attire à lui *.

C'est dans les marais que les Etourneaux se rassemblent le soir pour y passer la nuit, où ils dorment accrochés aux cannes des joncs ou des roseaux. Ces oiseaux se privent très bien, deviennent familiers, et leur chant quoique peu agréable, est très animé, ils le font entendre continuellement, répètent même les sons qui flattent leurs oreilles, et apprennent à parler.

L'Etourneau vulgaire se trouve dans une grande partie de l'Europe, dans le nord de l'Asie et en Afrique. Les insectes, les larves, les raisins et les olives ainsi que des

---

* Voir la remarque à l'article *Vanneau*.

petits rongeurs composent sa nourriture. C'est dans les trous des arbres et sous les toits des maisons que la femelle pond de 4 à 7 œufs d'un blanc bleuâtre sans taches.

GENRE QUATORZIÈME.

MARTIN. — *PASTOR*. (Temm.)

Caractères : Bec en cône, convexe en dessus, comprimé. Mandibule supérieure à pointe un peu inclinée ; l'inférieure plus courte, droite. Narines oblongues, à moitié fermées par une membrane. Pieds forts ; le doigt extérieur soudé à sa base à celui du milieu. Ailes, la 1re rémige presque nulle; la 2me et la 3me les plus longues. Queue à douze rectrices.

Les Martins sont des oiseaux doués d'un naturel vif et querelleur ; leur voix est forte ; ils chantent presque continuellement. Privés de leur liberté, ils deviennent familiers et apprennent à parler. Les sauterelles et d'autres insectes composent leur nourriture. Leurs voyages s'exécutent par grandes bandes ; ils ont été réunis aux *Etourneaux* et aux *Merles*, avec lesquels ils ont beaucoup d'analogie ; mais, dans ces derniers temps, Temminck et Vieillot les en ont séparés.

L'on en connaît une douzaine d'espèces environ ; une seule se montre en Europe à des époques plus ou moins éloignées.

MARTIN ROSELIN. — *PASTOR ROSEUS.*

Noms vulg. : *Merlé roso, Estournel d'Espagno.*

Le Merle Couleur de Rose, Buff.— Le Merle Couleur de Rose, Cuv. — Le Merle Rose, *Acridotheres Roseus*, Vieill. — Le Martin Rose, Roux. — Le Martin Roselin, *Pastor Roseus*, Temm.

Tête et huppe, cou et haut de la poitrine noirs, avec des reflets violets ; les ailes et la queue sont d'un brun violet ; dos, ventre et abdomen d'un beau rose ; iris noirâtre ; bec d'un rosé jaune et noir ; pieds jaunâtres. Longueur, 8 pouces. La *femelle* est un peu moindre ; les plumes de la huppe sont plus courtes, et les teintes moins pures, *au printemps et en été*.

En hiver, le rose prend une teinte enfumée qui est presque noirâtre sur le dos ; les parties noires n'ont plus de reflets, et toutes les plumes de la tête, du cou et de la poitrine sont terminées par du blanc grisâtre.

Les Martins Roses ne se montrent pas chaque année dans le midi de la France comme on l'a prétendu ; mais, en 1837 et 1838, nous en eûmes beaucoup à l'époque du printemps, et leur séjour parmi nous se prolongea plus d'un mois. Chaque matin j'allais les chercher et j'étais sûr de les rencontrer dans quelques luzernes, chassant des sauterelles pour s'en nourrir, ou bien posés sur quelques grands saules, faisant tous à la fois entendre leur chant qui est très éclatant et qu'ils accompagnent par de fréquens battemens de leurs ailes. Ces oiseaux sont très confians et se laissent approcher. J'en tuai plusieurs sans beaucoup de peine, et j'en pris de vivans que je conserve depuis trois ans dans mes volières*.

Ces Martins sont d'un naturel gai, pétulant et jaloux ; si je leur donne un insecte, ils s'en disputent la possession ; ils se poursuivent, en faisant entendre un cri très fort, et se livrent des combats. Du reste, ils sont très familiers. L'un d'eux est parvenu à prononcer quelques mots que mon épouse leur répète souvent ; ils ne cessent de chanter du matin jusqu'au soir, et dans toutes les saisons.

Cette espèce habite les parties chaudes de l'Asie et de l'Afrique, et se montre dans différentes contrées de l'Europe à l'époque de ses passages qui sont irréguliers ; se nourrit de sauterelles et de différens insectes qu'elle va chercher quelquefois sur le dos des bestiaux. On prétend que les Martins nichent dans les trous des arbres et dans les fentes des masures ; mais leur ponte est encore inconnue.

ORDRE TROISIÈME.

INSECTIVORES. — *INSECTIVORES.*

Caractères : Bec médiocre ou court, droit, arrondi, faiblement tranchant ou en aleine. Mandibule supérieure courbée et échancrée vers la

* Au mois de mai 1839, les ducs de Nemours et de Joinville ayant honoré mon établissement de leur visite, voulurent bien accepter l'offre que je leur fis de deux de ces beaux oiseaux. Un mois plus tard, je les apportai moi-même au Jardin des Plantes, où ils vivent en ce moment.

pointe, le plus souvent garnie à sa base de quelques poils raides, dirigés en avant. Pieds, trois doigts devant et un derrière, articulés sur le même plan ; l'intérieur soudé à sa base ou jusqu'à la première articulation au doigt du milieu (Temm.)

Toutes les espèces qui composent cet ordre ont généralement une voix douce, accentuée et harmonieuse. Leur nourriture principale se compose d'insectes, surtout à l'époque de la reproduction. Quelques espèces pourtant mangent des baies, mais seulement comme nourriture accessoire. Les unes habitent les bois, les haies et les buisssons ; d'autres vivent constamment dans les roseaux ou sur le bord des eaux.

GENRE QUINZIÈME.

PIE - GRIÈCHE. — *LANIUS.* (Linné).

Caractères : Bec triangulaire, robuste, garni de soies sur les côtés, convexe en-dessus. Mandibule supérieure dentée et crochue vers le bout ; l'inférieure plus courte, relevée à la pointe. Tarses nus. Doigts totalement divisés. Ailes courtes ; 2me et 3me rémiges les plus longues.

Les Pies-Grièches sont répandues dans tous les pays connus, excepté dans l'Amérique-Méridionale, où elles semblent être remplacées par les *Bataras* et les *Becardes*. L'Europe en produit cinq espèces ; elles se trouvent toutes dans notre pays. Vives, courageuses et cruelles, elles attaquent souvent les petits oiseaux dont elles déchirent la chair, après en avoir mangé la cervelle ; mais leur principale nourriture consiste eu gros insectes.

PIE - GRIÈCHE GRISE. — *LANIUS EXCUBITOR.*

Noms vulg. : *Tarnagas* * *dei gris* , *Margasso.*

La Pie-Grièche Grise , Buff. — La Pie-Grièche Grise , *Lanius Excubitor* , Vieill. — La Pie-Grièche Commune , Cuv. — La Pie-Grièche Grise , *Lanius Excubitor*, Temm. La Pie-Grièche Grise , Roux.

Elle est cendrée dessus le corps , blanche dessous; ailes, queue et une bande autour de l'œil noires; du blanc aux scapulaires, à la base des pennes de l'aile et au bord externe des pennes latérales de la queue ; bec et pieds d'un noir profond. Longueur, 9 pouces , les *vieux*.

Cette Pie-Grièche n'est pas commune dans notre pays , elle y est seulement de passage au printemps et en automne. Je ne pense pas qu'elle y reste l'hiver, quoique j'en aie tué quelquefois vers la fin de novembre.

Comme ses congénères , cette espèce a l'habitude de se percher à l'extrémité des branches des arbres, d'où elle fait entendre sa voix aigre et perçante. *Trroúi* , *trroúi* sont les syllabes qu'elle semble prononcer. Nos chasseurs aux petits oiseaux la prennent souvent dans leurs filets , parce qu'elle tombe sur leurs appeaux pour les dévorer.

* Le nom de *Tarnagas*, qui sert à désigner dans notre pays toutes les Pies-Grièches , s'applique aussi aux personnes d'un caractère stupide et peu pénétrant. Je ne sais pourquoi ces oiseaux ont reçu cette épithète , puisque leur naturel doit au contraire les faire regarder comme des êtres téméraires et surtout très rusés.

Cette Pie-Grièche est répandue en Europe, mais elle est rare en Hollande. Sa nourriture se compose de souris, mulots, musaraignes, de petits oiseaux et de beaucoup de gros insectes ; elle place souvent son nid sur les arbres, ou dans les buissons ; les substances qui le composent sont solides et moelleuses. Les œufs, au nombre de 5 ou 6, sont d'un blanc tirant au roux, marqués de taches grises et brunes, plus épaisses vers le gros bout, où elles forment une couronne.

PIE - GRIÈCHE MÉRIDIONALE.
LANIUS MERIDIONALIS.

Noms vulg. : *Tarnagas*, *Aoúsel dé Basty*, *Margasso*.

La Pie-Grièche Méridionale, *Lanius Meridionalis*, Temm. — La Pie-Grièche Boréale, *Lanius Boreala*, Vieill. La Pie-Grièche Méridionale, *Lanius Meridionalis*, Roux.

Toutes les parties supérieures, depuis le haut du front jusqu'au croupion, d'un cendré noirâtre pur ; une fine bande blanchâtre part du haut du bec, et passe au-dessus des yeux ; une autre beaucoup plus large, qui est noire, passe au-dessous et s'étend sur l'orifice des oreilles ; gorge d'un blanc lavé de couleur vineuse ; poitrine, ventre et flancs d'un vineux nuancé de blanchâtre, mais d'une teinte plus grisâtre près des cuisses ; du blanc aux rémiges et à l'extrémité des pennes secondaires, ainsi qu'aux couvertures de celles-ci ; les pennes caudales noires, excepté les latérales, qui sont comme dans l'espèce précédente ; leur couverture inférieure sont blanches.

La Pie-Grièche Méridionale de M. Temminck n'est point une production mixte, c'est une espèce très distincte, comme le pense ce savant naturaliste ; mais ce n'est point non plus la Pie-Grièche Boréale de Vieillot.

Depuis longtemps j'ai eu occasion d'étudier cet oiseau, qui est particulier à nos contrées, et je le crois plus répandu dans notre département que partout ailleurs, sans qu'il y soit commun cependant. Nous trouvons ici toutes les Pies-Grièches qui vivent en Europe, et toutes y sont de passage régulier, à l'exception de celle du présent article, qui ne nous quitte jamais. C'est dans les bois, sur le penchant des collines, les endroits pierreux et arides que se plaît d'habiter cette espèce. Je ne l'ai point observée dans les plaines cultivées, et je ne pense pas qu'elle y séjourne longtemps si elle s'y montre. Le vol de la Pie-Grièche Méridionale est ordinairement bas ; elle semble raser la terre, et ne prend de l'élévation qu'au moment où elle veut se percher à l'extrémité des petites branches des arbres, surtout sur celles qui sont défeuillées. C'est de là qu'elle veille à sa conservation ; car, dès qu'elle aperçoit le moindre danger, elle se hâte de fuir. Son cri ordinaire est : *Brrei*, *brrei* ; mais elle contrefait parfaitement le ramage de plusieurs oiseaux.

Audacieuse et cruelle à l'excès, cette espèce fait une grande destruction de petits oiseaux. Je l'ai vue dans le bois de Campagnole en emporter un qu'elle tenait à son bec. Nos chasseurs aux filets ne sauraient être trop attentifs, car souvent il arrive qu'elle leur tue leurs appeaux ; ce qui lui a valu de ces derniers l'epithète de *sagataïré*, que l'on peut traduire par assassin.

La Pie-Grièche Méridionale a été observée en Italie, en Dalmatie et en Egypte. L'espèce est la même dans le nord de l'Afrique. Elle se nourrit d'oiseaux, d'insectes ainsi que de petits mammifères ; niche dans les gros buissons des pays montueux ; construit un nid très épais : il est formé de brins d'immortelles sauvages et de graminées à l'extérieur, et garni intérieurement avec de la laine et du crin. La ponte est de 4 à 6 œufs un peu arrondis, d'un blanc grisâtre, parsemés de taches brunes et roussâtres.

PIE-GRIÈCHE A POITRINE ROSE.—*LANIUS MINOR.*

Noms vulg. : *Tarnagas-Grosso-Méno* , *Margasséto*.

La Pie-Grièche d'Italie , Buff. — La Petite Pie-Grièche d'Italie , Cuv. — La Pie-Grièche a Front Noir, *Lanius Minor* , Vieill. — La Pie Grièche a Poitrine Rose, *Lanius Minor*, Temm. — La Pie-Grièche a Front Noir, *Lanius Minor*, Roux.

Une bande qui couvre le front passe sur l'œil , et s'étend sur l'orifice des oreilles d'un noir profond ; ailes noires, une grande tache blanche sur les rémiges; poitrine et flancs d'une couleur rosée ; les autres parties inférieures blanches ; les quatre pennes du milieu de la queue noires ; les autres ont du blanc à leur partie inférieure ; iris noirâtre; bec d'un noir brun , un peu couleur de corne à sa base; pieds bruns. Longueur, 8 pouces, les *mâles* , au printemps.

La *femelle*, qui est un peu plus grosse que le *mâle*, a la couleur rose moins vive, et le noir moins pur.

Cette Pie-Grièche arrive dans nos contrées vers le milieu du mois d'avril, et en repart dans les premiers jours de septembre. Les bords des chemins, la lisière des bois, les avenues, les parcs et les jardins des habitations rurales, enfin les champs cultivés où se trouvent des arbres de haute futaie, sont les endroits qu'elle recherche pour y établir sa demeure tout le temps qu'elle doit rester parmi nous. Ces oiseaux ont l'habitude de chercher leur nourriture en volant ; on les voit souvent planer au-dessus des luzernes, ou des prairies, puis se rabattre tout-à-coup à terre. Le cri de la Pie-Grièche à Poitrine Rose est aigre ; il semble exprimer *Mrry, mrry, fit-vui, fit-vui.* Elle est plus confiante que l'espèce précédente, recherche la société de ses semblables. On voit souvent ces Pies-Grièches se poursuivre, puis se poser toutes ensemble sur l'extrémité du même arbre. Leur vol est souple, élevé et soutenu.

On trouve cet oiseau en Espagne, en Italie et dans plusieurs contrées de la France; il se nourrit de petits mammifères, de petits oiseaux et de beaucoup d'insectes ; niche avec propreté à la cime des grands arbres ; son nid est construit avec des herbes odoriférantes et un peu de laine. La ponte est de 5 ou 6 œufs un peu allongés, de couleur grisâtre ou verdâtre, marqués de taches brunes et violâtres qui se réunissent en couronne vers le gros bout.

PIE - GRIÈCHE ROUSSE. — *LANIUS RUFUS.*

Noms vulg. : *Tarnagas-dé-la-Testo-Rousso, Margasséto.*

La Pie-Grièche Rousse de France, Buff. — La Pie-Grièche Rousse, *Lanius Rutilus*, Vieill. — La Pie-Grièche Rousse, *Lanius Rufus*, Temm. — La Pie-Grièche Rousse, *Lanius Rutilus*, Roux. — La Pie - Grièche Rousse, Cuv.

Occiput et nuque d'un roux ardent ; front, région des yeux et des oreilles, ainsi que le dos et les ailes, d'un noir profond ; mais ces dernières sont coupées par un miroir blanc à la base des rémiges, et les scapulaires sont de cette couleur, de même que toutes les parties inférieures, excepté sur les flancs qui sont lavés de roux ; pennes de la queue blanches, avec une tache noire sur la barbe extérieure ; une tache sur les deux barbes de la seconde ; les autres blanches à leur origine et vers leur bout ; les deux du milieu noires ; queue faiblement arrondie. Longueur, 7 pouces.

La *femelle* a les couleurs moins pures ; le dessous du corps est coupé par des raies transversales brunes, en forme de lunules, que l'on distingue aussi dans la livrée des *jeunes*.

Cette Pie-Grièche arrive ici pendant le mois d'avril, se répand dans les bois, sur les côteaux et dans les champs d'oliviers. C'est surtout dans cette dernière localité qu'on la rencontre le plus souvent ; sa voix imite avec une surprenante fidélité le chant de plusieurs espèces d'oiseaux.

La Pie-Grièche Rousse s'acharne extraordinairement contre la *Chouette Chevêche*, lorsque des chasseurs *à la cabane* s'en servent pendant l'été pour prendre les *Traquets* et les *Fauvettes* ; cette hardiesse est cause que souvent on la prend dans un même piége que ceux-ci.

On rencontre cette espèce dans tous les pays de l'Europe, en Egypte et au Cap de Bonne-Espérance. Sa nourriture consiste en petits oiseaux et en divers insectes. Elle construit son nid avec des herbes odoriférantes. C'est dans l'embranchement des oliviers, ou dans des buissons, quelquefois aussi dans des haies près des métairies qu'elle le place. La ponte est de 5 à 6 œufs qui sont d'un blanc légèrement teint de roux, avec une zone vers le gros bout, formée par des taches brunes, verdâtres ou grisâtres.

PIE-GRIÈCHE ÉCORCHEUR. — *LANIUS COLLURIO*.

Nom vulg. : *Tarnagas dei picho (rapiuur)*.

La Pie-Grièche Écorcheur, Buff. — L'Écorcheur, Cuv. — La Pie-Grièche Écorcheur, *Lanius Collurio*, Vieill. — La Pie-Grièche Écorcheur, *Lanius Collurio*, Temm. — La Pie-Grièche Écorcheur, Roux.

Cette petite espèce a le dessus de la tête et du croupion cendrés ; dos et ailes fauves ; dessous du corps blanchâtre ; un bandeau sur l'œil ; les pennes des ailes noires, bordées de fauve, celles de la queue de la première couleur, mais les latérales blanches à leur base ; iris noisette ; pieds noirâtres. Longueur, 6 pouces, les *vieux*.

La *femelle* a les parties supérieures d'un roux terne ; le ventre est d'un blanc pur ; la bande qui s'étend derrière l'œil est d'un blanc jaunâtre.

La Pie-Grièche Écorcheur est la plus petite de celles qui se rencontrent en Europe. C'est au mois d'avril qu'elle arrive dans notre pays, elle en repart en automne. Cette espèce n'est pas nombreuse ici, et c'est presque toujours dans les bois, ou dans les lieux accidentés qu'on la trouve. On prétend qu'elle a le don d'attirer à elle les jeunes oiseaux en contrefaisant leurs cris et leur ramage, et pour les dévorer ensuite. Ces Pies-Grièches voyagent ordinairement en familles nombreuses. Cette espèce habite toute l'Europe. Les insectes et quelquefois de petits lézards font sa nourriture ordinaire. Elle construit son nid avec des immortelles sauvages et autres matières douces. Ce nid est placé dans les haies ou dans les buissons, toujours assez éloigné du terrain. Les œufs, au nombre de cinq à six, sont d'un blanc légèrement nuancé de roux, et marqués vers le gros bout par de taches brunes, verdâtres et grisâtres, qui y forment une couronne.

GENRE SEIZIÈME.

GOBE-MOUCHE. — *MUSCICAPA.* (Linné.)

Caractères : Bec déprimé horizontalement, garni de poils à sa base, plus ou moins large, à pointe dure, crochue et échancrée. Narines latérales, couvertes en partie et à claire-voie par des poils dirigés en avant. Trois Doigts devant et un derrière. Ongle postérieur très arqué.

L'Europe possède quatre espèces de Gobe-Mouches, dont trois sont de passage dans nos contrées ; mais les pays étrangers en fournissent un grand nombre. Ils varient beaucoup par la forme du bec.

Les Gobe-Mouches sont des oiseaux peu farouches, que l'on rencontre jusque dans nos jardins à l'époque de leur passage. Ils ont l'habitude de sautiller de branche en branche pour se saisir des insectes ailés dont ils se nourrissent exclusivement. Ils ne font qu'une ponte par an ; leur vie est triste et solitaire.

GOBE-MOUCHE GRIS. — *MUSCICAPA GRISOLA.*

Nom vulg. : *Bèquo - Figo,*

Le Gobe-Mouche proprement dit, Buff. — Muscicapa Grisola, Cuv. — Le Gobe-Mouche Grisâtre, *Muscicapa Grisola*, Vieill. — Le Gobe-Mouche Gris, *Muscicapa Grisola*, Temm. — Le Gobe-Mouche Grisatre, Roux.

Gris dessus, le dessous blanchâtre, avec quelques mouchetures de brun cendré; une raie longitudinale d'un brun foncé sur la tête; gorge et ventre blancs. Longueur, 5 pouces 2 ou 3 lignes.

La *femelle* est en tout semblable au *mâle*.

C'est ordinairement sur les grands arbres des forêts que se tient cet oiseau; perché à la cime des branches les plus hautes, il y chasse les mouches et les moucherons à la volée. On entend peu sa voix, et ce n'est que rarement qu'il jette un petit cri; il est ordinairement très silencieux. Ce Gobe-Mouche s'approche aussi des habitations, vole dans nos vergers, où il vit solitairement. C'est vers le milieu d'avril que cette espèce arrive dans nos contrées. Elle nous quitte dès le mois d'août.

On trouve cet oiseau dans tous les pays tempérés de l'Europe; il se nourrit uniquement d'insectes ailés. C'est dans les trous des murailles, des arbres, ou dans les buissons, qu'il fait un nid dont la forme est négligée; la mousse, les poils, les plumes et la laine sont les matériaux qui le composent; la *femelle* y dépose 4 ou 5 œufs blancs, tachetés de roussâtre.

GOBE-MOUCHE A COLLIER. — *MUSCICAPA ALBICOLLIS.*

Nom vulg. : *Bèquo-Figo (confondu avec l'espèce suivante).*

Le Gobe-Mouche a Collier de Lorraine, Buff- — Le Gobe-Mouche a Collier, *Muscicapa Streptophora*, Vieill. — Le Gobe-Mouche a Collier, *Muscicapa Albicollis*, Temm. — Le Gobe-Mouche a Collier, *Muscicapa Streptophora*, Roux.

Bec, pieds, tête, dos et queue d'un noir profond; front, demi-collier sur le dessus du cou et toutes les parties inférieures d'un blanc de neige ; croupion mélangé de noir et de blanc ; un miroir blanc sur l'aile ; couvertures blanches ; les dernières terminées de noir sur les barbes extérieures. Longueur, 5 pouces 2 ou 3 lignes, plumage des *vieux mâles* en été.

La *vieille femelle* diffère beaucoup du *mâle* au printemps.

Le Gobe-Mouche à Collier ressemble assez à l'espèce suivante, avec laquelle il a été confondu à cause de son changement de livrée d'automne ; mais les observations de Lotinguer, Vieillot et Temminck, ne permettent plus de se tromper à l'égard de ces deux espèces.

Cet oiseau vit de la même manière que ses congénères. Triste et solitaire, il habite les forêts. L'on assure que son ramage est assez agréable.

On trouve cette espèce communément dans les pays du centre de l'Europe ; il visite peu nos contrées. Sa nourriture se compose de mouches, de moucherons et de petits insectes ailés. Il fait son nid dans le trou des arbres ; c'est avec de la mousse et des poils d'animaux qu'il le forme. Ses œufs, au nombre de 5 à 6, sont d'un bleu verdâtre, pointillés au gros bout de fines taches brunes.

GOBE-MOUCHE-BEC-FIGUE. — *MUSCICAPA LUCTUOSA.*

Nom vulg. : *Bèquo-Figo.*

Le Bec-Figue, Buff. — Le Traquet d'Angleterre du même auteur est un *vieux mâle* de cette espèce en plumage de printemps. — Le Gobe-Mouche Noir, *Muscicapa Atri-*

capilla, Vieill., Roux. — Le Gobe-Mouche - Becfigue, *Muscicapa Luctuosa*, Temm.

Tout le dessus du corps d'un noir profond ; le front et toutes les parties inférieures d'un blanc pur ; queue et ailes noires ; celles-ci ont leurs couvertures blanches. Longueur, 5 pouces, le *vieux mâle* en été.

La *femelle* a les parties supérieures grisâtres, et tout le dessous du corps blanchâtre.

Ce Gobe-Mouche est excessivement commun à l'époque de son arrivée ; on le rencontre surtout sur les lisières des bois, le long des avenues, sur les bords des chemins, dans les champs d'oliviers et les jardins ; il se tient moins caché et moins élevé que l'espèce précédente. Peu méfiant, on l'approche de très près. Son cri, qu'il fait entendre en sautillant sur les plus basses branches des arbres, semble exprimer *Gouzit* ; il a aussi un petit ramage qu'il redit en été. Cet oiseau n'arrive ici que vers la fin d'avril, et repart dans les premiers jours de septembre.

Les contrées méridionales sont celles qu'il préfère ; il n'a point encore été trouvé en Hollande. Il se nourrit de mouches et autres petits insectes ailés, qu'il enlève de dessus les feuilles et les fruits mûrs. Le nid de cette espèce est souvent placé dans les rameaux unis de deux arbres rapprochés, ou dans les trous naturels des branches. Sa ponte est de 4 à 6 œufs d'un blanc verdâtre légèrement ondé de brun clair.

GENRE DIX-SEPTIÈME.

MERLE. — *TURDUS*. (Linné.)

Caractères : Bec à base glabre ou emplumé, aussi large que haut, comprimé latéralement, plus ou moins robuste, convexe en-dessus. Mandibule supérieure échancrée et courbée vers sa pointe ; l'inférieure droite et entière. Narines ovales, couvertes d'une membrane située vers l'origine du bec. Tarses nus, annelés. Le Doigt extérieur soudé à sa base à celui du milieu. 1re rémige des ailes presque nulle ou de moyenne longueur dans quelques espèces. C'est la 5me qui est la plus longue.

Les Merles forment un passage naturel au genre *Sylvia*, d'autant mieux prononcé, que quelques ornithologistes n'ont pas craint de comprendre ces oiseaux dans l'un et l'autre genres. En général, les Merles sont des oiseaux voyageurs, à l'exception de quelques espèces qui vivent sédentaires dans les mêmes pays. Les insectes composent leur principale nourriture ; mais ils mangent très bien les baies sauvages, surtout en hiver.

On appelle *Grives* ceux dont le plumage est marqué d'un grand nombre de petites taches lancéolées, et *Merles* les espèces dont les couleurs sont presques uniformes. Ce genre forme deux sections bien tranchées. Les espèces qui se rencontrent dans nos climats, ont une chair parfumée qui est très estimée.

Iʳᵉ SECTION. — LES SYLVAINS.

Ceux-ci nichent dans les endroits fourrés, vivent dans les bois et les champs, émigrent par grandes bandes ; les baies sauvages conviennent parfaitement à leur goût.

MERLE DRAINE. — *TURDUS VISCIVORUS.*

Noms vulg. : *Grivo*, *Sézéro.*

La Draine, Buff. — La Drenne, Cuv. — La Grive Draine, *Turdus Viscivorus*, Vieill. — Le Merle Draine, *Turdus Viscivorus*, Temm. — La Grive Draine, *Turdus Viscivorus*, Roux.

Tout le dessus du corps d'un gris brun cendré, un peu fondu avec du roux sur le croupion ; un espace d'un gris blanc entre le bec et l'œil ; la gorge blanchâtre ; toutes les parties inférieures lavées de jaune roussâtre, parsemées de taches brunes, triangulaires, en forme de fer de lance sur la poitrine, les flancs et jusque sur les couvertures inférieures de la queue. Les couvertures de celle-ci bordées et terminées de blanc. Longueur totale, 11 pouces.

La *femelle* a le dessus du corps plus nuancé de roussâtre.

Cette espèce présente beaucoup de variétés. On rencontre des individus plus ou moins mélangés de blanchâtre ou d'un blanc pur, souvent de couleur isabelle.

La Draine vit sédentaire dans nos contrées, mais nous en avons un passage en automne et au printemps. La voix de cet oiseau pénètre fort loin ; on l'entend souvent de grand matin durant les mois de mars et d'avril ; mais à cette époque il est difficile de l'approcher. Cette espèce niche de très bonne heure ; elle fait deux pontes par an ; le *mâle* et la *femelle* partagent l'incubation. On peut les élever en cage ; leur naturel est gai, tous leurs mouvemens sont agréables ; ils apprennent à siffler des airs.

La Draine vit dans plusieurs contrées de l'Europe et dans toute la France ; c'est de petits fruits sauvages et de divers insectes qu'elle compose sa nourriture. Son nid est placé à la bifurcation des arbres. La ponte est de 4 ou 5 œufs de couleur blanchâtre, tachés de roux, de brun et de violet.

MERLE LITORNE. — *TURDUS PILARIS.*

Nom vulg. : *Quo-Chacha* ou *Grivo dé Mountagno.*

La Litorne, Buff. et pl. enl. 490, sous le nom de Calendrotte. — La Litorne, Cuv. — La Grive Litorne, *Turdus Pilaris*, Vieill. — Le Merle Litorne, *Turdus Pilaris*, Temm. — La Grive Litorne, *Turdus Pilaris*, Roux.

Cette espèce a la tête, la nuque et la partie inférieure du dos de couleur cendrée ; haut du dos et couvertures des ailes châtains ; gorge et poitrine d'un roux clair parsemé de taches longitudinales brunes, qui sont nombreuses sur les côtés du cou ; plumes des flancs tachées de noir, bordées de blanc ; milieu du ventre d'un blanc pur ; un trait de cette couleur passe en dessus des yeux ; l'espace entre le bec et l'œil noir ; pieds et iris bruns. Longueur, 10 pouces.

La *femelle* varie à-peu-près comme l'espèce précédente, d'un blanc jaunâtre plus ou moins mélangé de cette couleur et de brun.

C'est en novembre seulement que la Litorne arrive dans nos contrées ; mais dès que le froid devient rigoureux, nous en voyons quelquefois des troupes nombreuses dans les champs d'oliviers et le long des fossés où sont des arbres ou des buissons ; mais les vallées situées au nord de notre pays paraissent mieux convenir aux goûts de ces oiseaux, car c'est dans ces localités qu'ils passent l'hiver. Le chant de la Litorne n'est pas connu : *chá*, *chá*, c'est le seul cri qu'on lui connaisse. Depuis trois ans je possède deux de ces oiseaux dans mes volières ; jamais je ne leur en entend exprimer d'autres. Ils le répètent souvent pendant la nuit.

Les Litornes habitent pendant l'été toutes les contrées du nord de l'Europe, qu'elles abandonnent aux approches de l'hiver pour se rendre dans les pays méridionaux. Leur nourriture se compose d'insectes, de vers de terre et de baies, surtout de graines de genévriers. Elles nichent dans le nord, toujours sur de grands arbres ; leur ponte est de 4 ou 6 œufs; on les dit lavés de gris, avec des taches rousses et violettes.

MERLE GRIVE. — *TURDUS MUSICUS.*

Nom vulg. : *Tourdré.*

La Grive, Buff. — La Grive des Vignes, *Turdus Musicus*, Vieill. — Le Merle Grive, *Turdus Musicus*, Temm. La Grive des Vignes, *Turdus Musicus*, Roux.

Toutes les parties supérieures du corps sont d'un gris brun ; les couvertures des ailes bordées par du jaune roussâtre ; une raie blanche s'étend depuis la racine du bec jusque sur les yeux ; la gorge est d'un blanc pur ; poitrine et côtés du cou d'un jaune roussâtre, avec des taches brunes triangulaires ou en forme de lunules ; ventre et flancs blancs, avec des taches ovales brunes ; tarses d'un gris jaunâtre ; pieds d'un gris brun ; iris noir. Longueur, 8 pouces 4 lignes.

La *femelle* est moins grande ; ses couleurs sont moins marquées.

Cette espèce offre plusieurs variétés, le plus souvent avec une partie de la tête d'un blanc parfait, ou tout le plumage de couleur isabelle.

Le Merle Grive arrive dans nos pays pendant les mois d'octobre et de novembre, et fait un second passage en mars, qui est ordinairement très considérable ; on le connaît ici sous le nom de *Tourdré*. Les bois, les buissons, les haies et les champs d'oliviers sont les endroits où l'on rencontre cet oiseau ; souvent aussi dans les jardins où croissent des lauriers et des lierres. Son cri décèle sa présence, c'est *zipp*, *zipp*, qu'il semble prononcer en volant ou lorsqu'il est posé. Sa chair, qui est un excellent manger, est très recherchée pour les tables.

Cet oiseau habite tout le nord de l'Europe ; en septembre il émigre vers le Midi. Les insectes, les vers et les baies composent sa nourriture. Son nid est ordinairement placé sur des arbres peu élevés, ou dans les buissons ; il est composé de mousse avec des herbes sèches à l'extérieur et garni à l'intérieur de quelques brins de paille liés ensemble avec de la terre grasse. La ponte que le *mâle* partage avec la *femelle* est de 5 ou 6 œufs, d'un blanc verdâtre, tachés de points noirs arrondis.

MERLE MAUVIS. — *TURDUS ILIACUS.*

Nom vulg. : *Tourdré roujhé.*

Le Mauvis, Buff. — La Grive Mauvis, *Turdus Iliacus*, Vieill. — Le Mauvis, Cuv. — Le Merle Mauvis, *Turdus Iliacus*, Temm. — La Grive Mauvis, Roux.

Toutes les parties supérieures d'un brun presque olivâtre ; l'espace entre l'œil et le bec noir et jaunâtre ; une large bande blanchâtre au-dessus des yeux ; couvertures inférieures des ailes et flancs rougeâtres ; côtés du cou, poitrine et côtés du ventre parsemés de nombreuses taches longitudinales noirâtres ; ventre d'un blanc pur ; pieds d'un gris clair. Longueur, 8 pouces.

La *femelle* ne diffère du *mâle* que par des teintes moins vives et par les taches de la poitrine qui sont d'un brun plus foncé.

Cet oiseau n'est pas aussi commun ici que ses congénères ; cependant nous en avons deux passages par an, au printemps et en automne ; il en reste quelques-uns dans le pays durant l'hiver, qui se réunissent dans les champs d'oliviers et dans les bois dès que le froid devient rigoureux. Son cri est *tau*, *tau*, *kau*, *kau* ; on dit que le *mâle* fait entendre un ramage agréable pendant les beaux jours du printemps.

Les Mauvis habitent très avant dans le nord de l'Europe pendant l'été ; leur nourriture est la même que celle des espèces précédentes. Ils nichent, selon Temminck, dans les touffes des sureaux et de sorbiers ou dans les buissons. Les œufs, au nombre de 4 à 5, sont d'un blanc verdâtre marqués de taches noirâtres.

LE MERLE A PLASTRON. — *TURDUS TORQUATUS.*
Nom vulg. : *Merlé dei Mountagno.*

Le MERLE A COLLIER, Buff., un *mâle*, une *femelle* ou un *jeune* sous le nom de MERLE DE MONTAGNE.—Le MERLE A PLASTRON, Cuv.— Le MERLE A PLASTRON, *Turdus Torquatus*, Vieill. — Le MERLE A PLASTRON, *Turdus Torquatus*, Temm. — Le MERLE A PLASTRON, Roux.

Parties supérieures d'un brun noirâtre; le ventre, l'abdomen et les couvertures inférieures de la queue noirs ; toutes les plumes de ces parties du corps et celles de la gorge sont bordées de blanc ; une large plaque d'un brun blanc sur le haut de la poitrine ; bec noirâtre ; iris couleur noisette. Longueur, 11 pouces environ.

La *femelle* a les teintes plus grises ; le plastron est plus étroit, moins apparent, teint de roux et de gris cendré.

Le Merle à Plastron habite constamment les bois des pays montueux, rarement il se montre dans ceux en plaine. Dans nos contrées, cette espèce n'est pas rare en automne et en hiver, surtout lorsqu'un froid rigoureux se fait sentir ; il en descend alors un grand nombre des montagnes voisines où l'espèce est très abondante dans cette saison. Son cri semble exprimer *er*, *er*, *er*; mais dans les beaux jours le *mâle* fait entendre un ramage qui est très agréable. Dès le mois de mars, ce Merle abandonne notre pays et n'y reparaît plus durant l'été.

Le Merle à Plastron habite dans presque toutes les contrées de l'Europe ; il est très commun en France sur les montagnes de la Lozère, de l'Auvergne et dans les Vosges. Il se nourrit d'insectes et de baies sauvages ; niche à terre aux pieds des buissons ou sur les rochers couverts de bruyères, quelquefois aussi sur les arbres ; son nid est grossièrement construit. La ponte est de 4 à 6 œufs d'un vert bleuâtre, mouchetés de petites taches brunes.

MERLE NOIR. — *TURDUS MERULA.*

Nom vulg. : *Merlé négré.*

Le Merle de France, Buff. — Le Merle Commun, Cuv. — Le Merle Noir, *Turdus Merula*, Vieill. — Le Merle Noir, *Turdus Merula*, Temm. — Le Merle Noir, *Turdus Merula*, Roux.

Plumage d'un noir profond dans toutes ses parties ; bec, intérieur de la bouche et tour des yeux jaunes ; iris et pieds noirs. Sa longueur est de 10 pouces.

La *femelle* diffère du *mâle* ; elle est d'un brun noirâtre ou couleur de suie ; la gorge et la poitrine sont plus ou moins tachetées de roux ou de brun foncé. Les *jeunes mâles* ont le bec brun jusqu'à l'âge d'un an.

Presque toutes les contrées de l'Europe sont fréquentées par les Merles Noirs. Dans nos pays, ils sont sédentaires, mais l'espèce est beaucoup plus nombreuse en hiver qu'en été, suivant la mauvaise saison ; ils fréquentent les buissons, les haies et les jardins. Dès qu'on les fait lever, ils jettent un cri : *ka, ka, ka, ka*. D'un naturel vif et léger, ils paraissent et disparaissent dans les broussailles les plus épaisses, en accompagnant d'un mouvement de queue les diverses sensations qu'ils éprouvent. Ce Merle s'apprivoise aisément ; il retient les différens airs qu'on veut lui apprendre et qu'il redit en sifflant. Le chant que le *mâle* fait entendre durant la belle saison est très éclatant.

Le Merle Noir voyage solitairement ; il visite en hiver plusieurs contrées du nord de l'Europe ; vit aussi en Morée. Sa nourriture se compose d'insectes et de baies sauvages. Il place son nid dans les bois et les buissons fourrés, quelquefois dans les fentes des grandes roches. La ponte est de 4 ou 5 œufs, qui sont d'un vert bleuâtre, quelquefois d'un blanc sale, mais toujours marqués de nombreuses taches brunes.

Le *Merle à Gorge Noire*, placé par l'auteur qui me sert de guide dans cet ouvrage à la suite du *Merle Noir*, n'a pas, que je sache, été observé dans nos alentours ; mais j'ai vu une *femelle adulte* de cette rare espèce qui fait partie de la collection de la ville de Marseille. Sa livrée est en tout conforme à la discription qu'en donne Temminck ; il est aisé de la confondre avec quelques variétés de la *Grive*. Cet oiseau fut tué aux environs de cette ville en 1834, par M. Meyer. C'est à M. Barthélemy que je dois ces renseignemens.

IIe SECTION. — SAXICOLES.

Ils vivent constamment dans les rochers et les endroits pierreux, nichent dans ces localités ou dans les trous des vieux édifices, quelquefois placés au sein des villes Ils sont plus insectivores que les espèces précédentes ; mais, dans la disette, ils s'accommodent de baies. L'Europe n'en possède que deux espèces ; les pays étrangers en fournissent plusieurs dont la plupart ont les pennes caudales semblables à celles de l'espèce suivante.

MERLE DE ROCHE. — *TURDUS SAXATILIS.*

Nom vulg. · *Merlé Rouquié. Grosso quoua rousso.*

Le Merle de Roche, Buff. — Le Merle de Roche, Cuv. Le Merle de Roche, *Turdus Saxatilis*, Vieill. — Le Merle de Roche, *Turdus Saxatilis*, Temm. — Le Merle de Roche, *Turdus Saxatilis*, Roux.

Tête, cou, gorge et petites couvertures des ailes d'un bleu cendré ; parties supérieures d'un cendré noirâtre ; sur le milieu du dos est un espace blanc ; les ailes et les deux pennes du milieu de la queue brunes ; poitrine, ventre, abdomen et les pennes caudales d'un roux ardent ; couvertures inférieures de la queue terminées de blanc ; iris et bec noirs. Longueur, 7 pouces 6 lignes, le *vieux mâle.*

La *femelle* a toutes les parties supérieures d'un brun terne, tacheté de roussâtre, et de quelques mouchetures blanches sur le dos et la gorge ; toutes les parties inférieures d'un roux vif, mais chaque plume étant lisérée de blanc.

Le Merle de Roche est un fort joli oiseau qui nous visite tous les ans au printemps et qui nous abandonne en automne. Les lieux les plus pierreux et montueux, ainsi que les grands rochers, sont ceux qu'il recherche pour en faire sa demeure habituelle. Ce qui paraîtra étrange, et que je puis affirmer, c'est que ce Merle choisit aussi pour s'y reproduire les vieux édifices placés au sein des villes ; c'est ainsi que les Arènes, la Tourmagne, et même le clocher de notre cathédrale, servent souvent de retraite à cette espèce. L'on m'a apporté plusieurs fois des petits et des œufs provenant de ces localités.

Le chant du Merle de Roche est doux et varié ; il ressemble assez à celui de la *Fauvette à tête noire*. C'est ordinairement sur un point très élevé que le *mâle* le fait entendre.

L'on rencontre cet oiseau dans presque toutes les contrées méridionales et tempérées de l'Europe. Il se nourrit d'insectes et de baies sauvages ; niche entre les fentes des rochers, dans les amas de grosses pierres et dans les trous des anciens édifices. La ponte estde 4 ou 5 œufs d'un bleu verdâtre sans taches.

MERLE BLEU. — *TURDUS CYANUS*.

Noms vulg. : *Merlé blu*, *Merlé rouquassié*.

Le Merle Bleu, Buff., un *vieux mâle*. — Le Merle Solitaire de Manille, Buff. ; c'est le même oiseau plus jeune. — Le Merle Bleu, Cuv. — Le Merle Bleu, *Turdus Cyanus*, Vieill. — Le Merle Bleu, *Turdus Cyanus*, Roux.

Toutes les parties supérieures (les ailes et la queue excéptées) d'un beau bleu foncé ; toutes les parties inférieures également bleues, mais d'une teinte plus claire ; la gorge et le devant du cou sans aucune tache ; mais sur toutes les autres parties inférieures se dessinent des croissans noirs très étroits, disposés vers le bout des plumes, qui sont terminées par un second croissant blanchâtre ;

ailes et queue d'un noir profond ; les pennes de cette dernière et les couvertures alaires, bordées de bleu foncé ; bec et pieds noirs. Longueur, 8 pouces et demi.

La *femelle* a le bleu des parties supérieures mêlé de brun et de cendré ; la gorge et le devant du cou sont couverts de taches roussâtres, et les autres parties inférieures ont des lignes transversales en forme de croissans.

Le Merle Bleu est un bel oiseau qui vit sédentaire dans nos pays ; les endroits les plus rocailleux et les plus déserts, peu éloignés des bois, conviennent parfaitement à ses goûts, jamais on ne le voit autre part ; s'il fait une absence ce n'est que lorsqu'il pourvoit à sa nourriture ou bien lorsqu'un froid trop rigoureux l'oblige de se choisir un abri plus favorable ; mais passé ce temps, il revient habiter la roche qui doit servir de berceau à sa progéniture. Ce Merle a une voix flexible et sonore, mais c'est moins pendant le jour que de grand matin, ou le soir que le *mâle* se fait entendre ; il a l'habitude de se placer à découvert et haut ; aussi, dès qu'on approche, il s'empresse de fuir. Cette espèce vit difficilement en captivité, si elle n'est pas prise au nid. La même nourriture qu'on donne aux rossignols lui plaît beaucoup.

Le Merle Bleu n'est point rare dans les contrées méridionales de l'Europe ; il habite ici les bords du Gardon et les montagnes qui avoisinent les Cevennes ; il est aussi répandu sur les hauteurs du voisinage du Pic-St-Loup dans l'Hérault. Il se nourrit de diverses espèces d'insectes et de baies sauvages ; niche dans les rochers et dans les fentes des vieux bâtimens isolés Ses œufs, au nombre de 5 à 6, sont d'un vert pâle, mouchetés de brun.

GENRE DIX-HUITIÈME.

CINCLE. — *CINCLUS*. (Temm.)

Caractères : Bec emplumé et arrondi à la base, grêle, droit, caréné en dessus, un peu comprimé vers le bout, finement dentelé sur les bords, incliné à la pointe de sa partie supérieure. Genoux nus. Ailes et Queue courtes. 3me et 4me rémiges les plus longues.

Ce genre a été quelquefois réuni aux *Merles* et aux *Etourneaux*, et Girardin en avait formé une tribu qui suivait celle du Rale-d'Eau, *Rallus Aquaticus*. Mais, dans ces derniers temps, les savantes observations de Vieillot, Cuvier et Temminck en ont fait un genre séparé que le premier a nommé *Hidrobata* et les derniers *Cinclus*. Les habitudes de ces oiseaux sont des plus extraordinaires, en comparaison de leur organisation.

On en connait trois espèces : l'une est commune en France, les deux autres viennent d'être découvertes par Brehm et Pallas ; mais M. Temminck pense que celle du premier n'est qu'une variété de notre *Cinclus Aquaticus*. Elles habitent l'une et l'autre les contrées orientales du nord de l'Europe.

CINCLE PLONGEUR. — *CINCLUS AQUATICUS*.

Le Merle d'Eau, Buff. — Le Cincle, Cuv. — L'Aguassière a Gorge Blanche, *Hydrobata Albicollis*, Vieill. — Le Cincle Plongeur, *Cinclus Aquaticus*, Temm. — L'Aguassière a Gorge Blanche, *Hydrobata Albicollis*, Roux.

D'un brun foncé, teint de cendré en dessus ; la gorge, le devant du cou et la poitrine d'un blanc pur ; ventre roux, bec noirâtre ; iris gris de perle ; pieds jaunâtres. Longueur, 7 pouces.

La *femelle* est d'un cendré brun en dessus ; moins de blanc sur la poitrine ; parties inférieures d'un roux jaunâtre.

Cet oiseau recherche les rivières et les ruisseaux dont le fond est pierreux et couvert de gravier ; et quoique son organisation soit opposée à celle des oiseaux aquatiques, il ne craint pas de se submerger, de marcher même au fond de l'eau, qu'il coupe dans tous les sens, pour y chercher les chevrettes et autres insectes, dont il fait sa principale nourriture.

Il est rare de voir les Cincles en société, excepté au temps des amours. D'un naturel solitaire, c'est presque toujours seuls qu'on les rencontre. J'en ai tué plusieurs le long du Gardon. Cet oiseau jette un cri en partant, à la manière du *Martin Pêcheur*. Pendant l'hiver de 1835, un individu passa une partie de la mauvaise saison dans les souterrains du bassin romain de notre Fontaine ; souvent il faisait entendre un chant qui avait quelque rapport avec celui du *Merle Noir*, lorsqu'il siffle. Je l'ai même vu marcher dans les rigoles des bains d'Auguste ; mais je n'ai pas remarqué cette couche de bulles d'air qui le rendent très brillant, et dont parle Vieillot.

Ce Cincle habite dans presque toute l'Europe, là où se rencontrent des rivières et des ruisseaux d'eau limpide ; il n'émigre point. Il n'est pas rare dans les pays élevés de nos contrées. Sa nourriture se compose de chevrettes et d'insectes aquatiques, ainsi que de ceux qui se multiplient au bord des eaux ; il cache son nid dans ces environs, le compose de mousse et lui donne la forme d'un four. Les œufs, au nombre de 4 ou 5, sont d'un blanc laiteux.

GENRE DIX-NEUVIÈME.

BEC-FIN. — *SYLVIA* (Temm.)

Caractères : Bec grêle, un peu déprimé ou comprimé à la base, ensuite étroit, quelquefois un peu fléchi, le plus souvent droit, entier ou échancré, et plus ou moins incliné à la pointe. Mandibule inférieure entière et droite. Pieds, trois doigts devant et un derrière. Ailes, la 1re rémige très courte ou presque nulle ; la 2me presque aussi longue que la 3me, ou égalant celle-ci.

Les oiseaux de ce genre sont les plus petits que l'on rencontre en Europe ; doués d'une voix flexible, ils animent par leur chant très varié les lieux qu'ils habitent ; un grand nombre d'espèces se répandent dans les bois, les champs, les haies et les jardins ; d'autres préfèrent les marais où elles vivent dans l'épaisseur des jonchaies, ou sur les bords des eaux ; mais le chant de ces dernières est monotone et peu varié ; les *mâles* le redisent sans cesse pendant le temps des amours. Leur nourriture se compose généralement d'insectes, de vers et quelquefois de petites baies sauvages. Quelques-uns vivent sédentaires dans le même pays, mais le plus grand nombre émigre en automne, et ne revient qu'avec le printemps. Dans beaucoup d'espèces, le plumage des *mâles* diffère peu de celui des *femelles*.

Ire SECTION. — LES RIVERAINS.

Les oiseaux compris dans cette section, escaladent les cannes de joncs qui croissent dans les marais et sur les bords des eaux courantes ; ils se nourrissent de toutes sortes d'insectes qui se propagent dans ces localités.. Leur nid est ordinairement fait avec art. Leur chant est peu varié.

BEC-FIN ROUSSEROLLE.—*SYLVIA TURDOIDES.*

Noms vulg. : *Cracra dei gros , Roussignóou d'aïguo.*

La Rousserolle, Buff. — La Rousserolle, Cuv. — La Grive Rousserolle, *Turdus Arundinaceus*, Vieill. — Le Bec-Fin Rousserolle, *Sylvia Turdoïdes*, Temm. — Le Merle Rousserolle, *Turdus Arundinaceus*, Roux.

Tout le dessus du corps d'un brun roux ; pennes des ailes et de la queue brunes , bordées d'une couleur plus claire ; gorge blanchâtre, un trait d'un blanc jaunâtre passe au dessus des yeux. Le bec est jaune à sa base, mais brun vers le bout ; iris noirâtre, entouré d'un cercle aurore ; queue arrondie. Longueur, 8 pouces. La *femelle* ressemble beaucoup au *mâle.*

Cette espèce a été quelquefois rangée avec les *Merles*, d'autres fois avec les *Fauvettes*, et c'est avec ces dernières que M. Temminck la comprend. Dès les premiers jours du printemps , la Rousserolle arrrive dans notre pays ; les marais , les bords des étangs et les jonchaies sont les endroits où elle se répand.

Le chant rauque et enroué de ces oiseaux annonce leur présence dans des lieux où il serait difficile de les découvrir, mais durant le jour , et même une partie de la nuit , le *mâle* ne cesse de répéter *Crau , crau , cra , crei, huy ,* trait qu'il accompagne d'un trémoussement de son corps, à la manière des *Martins* et des *Etourneaux*. On voit quelquefois cette Fauvette posée sur les saules ou les tamaris qui ont le pied dans l'eau, mais qu'elle abandonne a l'approche du moindre danger pour aller se cacher dans les joncs. C'est en automne que les Rousserolles quittent nos contrées.

On rencontre cette espèce dans toute l'Europe et au Japon ; elle est commune dans toute la partie sud de notre département, et le long du Lez et de la rivière de la Mousson, dans l'Hérault.

Ces oiseaux se nourrissent de libellules et de petits insectes aquatiques. Leur nid est artistement entrelacé dans les cannes des joncs ; les œufs, au nombre de 4 ou 5, sont d'un blanc verdâtre, maculés de taches cendrées et noirâtres.

BEC-FIN LOCUSTELLE. — *SYLVIA LOCUSTELLA*.

Nom vulg. : *Bisquerlo*.

L'Alouette Locustelle, Buff. et pl. enl. 581, fig. 3, sous le nom de Fauvette Tachetée. — La Fauvette Locustelle, *Sylvia Locustella*, Vieill. — Le Bec-Fin Locustelle, *Sylvia Locustella*, Temm. — La Fauvette Locustelle, Roux.

Tout le dessus du corps d'une couleur olivâtre, nuancé de brun et varié de taches d'un brun noir sur le milieu de chaque plume ; les rectrices et les rémiges sont brunes ; devant du cou et milieu du ventre blancs ou lavés de jaunâtre ; sous la gorge est une zone de très petites taches d'un brun clair ; couvertures inférieures de la queue d'un jaune roussâtre ; queue longue bien étayée. Longueur 5 pouces 2 lignes le *mâle* ; la *femelle* diffère peu.

La Fauvette Locustelle n'est pas abondante dans le Midi ; c'est durant les premiers jours du mois d'avril qu'elle se montre ici ; étant en chasse à cette époque, je l'ai souvent rencontrée dans les bois nouvellement défrichés, posée au pied des touffes épaisses ou dans les buissons, quelquefois même au milieu des luzernes. Si cette Fauvette est forcée de s'enfuir, elle vole en rasant la terre de près et s'empresse de se cacher non loin du lieu qu'elle vient d'abandonner ; mais il est rare de voir la Locustelle à découvert. Je ne pense pas que cet oiseau niche, dans notre pays, autre part qu'au milieu des roseaux ou dans leur voisinage ; du moins, malgré mes nombreuses excursions, je ne l'ai jamais rencontré que là, pendant le mois de mai, époque ordinaire des nichées. La voix de ce Bec-Fin est remarquable par les syllabes : *sr , sr , sr , sr*, qu'il répète longtemps sans s'arrêter, et que Vieillot compare avec raison au bruit que le grain fait entendre sous la meule. Le *mâle* a aussi un petit ramage assez agréable qu'il redit pendant le temps des amours.

Cette espèce habite plusieurs contrées tempérées de l'Europe, mais elle est rare partout. Elle se nourrit de petits insectes ailés ou de petits limaçons ; place son nid dans les buissons voisins des marais, ou dans les roseaux. Sa ponte est de 4 ou 5 œufs grisâtres ou verdâtres, maculés de taches obscures, olivâtres, qui se réunissent en zone vers le gros bout.

BEC - FIN AQUATIQUE. — *SYLVIA AQUATICA*.

Noms vulg. : *Sáouto bartas , Sáouto baras.*

La Fauvette Aquatique, Sonn., nouv. édit. de Buff. — La Fauvette des Marais, *Sylvia Paludicola*, Vieill. — Le Bec-Fin Aquatique, *Sylvia Aquatica*, Temm. — La Fauvette de Marais, Roux.

Une bande d'un blanc roux passe sur les yeux ; une autre de même couleur s'étend sur le dessus de la tête ; le dessus du corps est roussâtre, avec des taches d'un brun noir sur le centre de chaque plume ; gorge blanchâtre ; poitrine quelquefois avec un trait noir, de même que les flancs, qui sont lavés de roussâtre ; queue étayée ; iris noir. Longueur, 4 pouces 8 lignes. Les couleurs du *mâle* sont plus vives que celles de la *femelle*.

Cet oiseau ne nous quitte point à l'approche de l'hiver, comme Roux le prétend. J'en ai tué plusieurs, dans cette saison, au milieu des marais, et c'est le plus souvent dans les buissons et les tamaris situés au milieu des eaux, que je l'ai rencontré sautillant, tout en faisant entendre un petit cri : *tré-kre, tré-kre*. Le *mâle* a aussi un petit gazouillement fort doux, qui ressemble à celui du *Bec-Fin Melanopogon*.

On trouve le Bec-Fin Aquatique dans plusieurs contrées du centre et du midi de l'Europe. Les petits coléoptères et autres insectes qui se propagent dans les lieux humides, composent sa nourriture. Son nid est fait avec art ; il est entrelacé aux tiges des plantes aquatiques. La ponte est de 4 ou 5 œufs qui sont d'un cendré teint de jaunâtre, avec de faibles taches d'un gris un peu olivâtre.

BEC-FIN PHRAGMITE. — *SYLVIA PHRAGMITIS.*
Nom vulg. : *Bisquerlo.*

La Fauvette des Joncs, *Sylvia Chœnobaenus*, Vieill. — Le Bec-Fin Phragmite, *Sylvia Phragmitis*, Temm. — La Fauvette des Joncs, Roux.

Le Bec-Fin Phragmite a le sommet de la tête, le dos et les scapulaires d'un gris olivâtre marqué de taches brunes sur le centre de chaque plume ; gorge blanchâtre ; sourcils, poitrine et parties postérieures d'un blanc teint de jaunâtre ; queue d'un brun cendré ; les pennes arrondies (les plumes de dessus la tête sont toujours arrondies en forme d'écailles). Longueur, 4 pouces 6 ou 8 lignes.

Le Bec-Fin Phragmite est peu répandu dans nos départemens méridionaux. C'est toujours au milieu des marais que cet oiseau se plaît à vivre, selon le témoignage de plusieurs auteurs.

Je n'ai pas eu l'occasion d'observer moi-même ce Bec-Fin mais je l'ai trouvé deux fois mêlé dans des liasses d'autres petites espèces ; ce qui me fait croire que ce Sylvain visite les contrées marécageuses de notre pays.

L'espèce dont il s'agit se trouve en Hollande, en France et en Angleterre. M. Cantraine l'a vue sur les bords du lac Castaglione, en mars et en avril. Sa nourriture se compose de petits hannetons, de cousins, demoiselles et autres petits insectes des bords des eaux ; son nid est entrelassé dans les roseaux. Quelques auteurs disent qu'il est placé près de terre. La ponte est de 4 ou 5 œufs jaunâtres, marqués de petits points plus nombreux vers le gros bout.

BEC - FIN DE ROSEAUX ou EFFERVATTE.
SYLVIA ARUNDINACEA.

Nom vulg. : *Cracra dei picho.*

La FAUVETTE DES ROSEAUX, Buff., mais la pl. enl. 581, fig. 2, représente le Bec-Fin à Poitrine Jaune.—La PETITE ROUSSEROLLE ou EFFERVATTE, Cuv.—La FAUVETTE EFFERVATTE, *Sylvia Strepera*, Vieill. — Le BEC-FIN DE ROSEAUX ou EF-

FERVATTE, *Silvia Arundinacea*, Temm. — La FAUVETTE EFFERVATTE, *Sylvia Strepera*, Roux.

L'Effervatte porte un trait sur les yeux qui est blanchâtre ; la gorge est de cette couleur ; tout le dessus du corps d'une seule nuance de brun roussâtre ; les ailes sont brunes, bordées de brun plus clair ; tout le dessous du corps d'un blanc teint de roux ou de jaunâtre ; queue arrondie, mandibule supérieure brune ; l'inférieure est jaunâtre; iris d'un brun noir. Longueur, 5 pouces 2 lignes, le *mâle*.

La *femelle* ne diffère point du *mâle*. Les *jeunes* manquent de bande blanchâtre au-dessus des yeux, et les parties inférieures sont plus roussâtres.

Ce Bec-Fin est excessivement répandu dans tous nos marais, le long des bords du canal du Languedoc et de ceux du Vistre, vers le lieu où il termine son cours. Sans cesse en mouvement, ce petit oiseau escalade le long des tiges des roseaux, en faisant entendre un chant continuel : *tran, tran, trin, trin, kiri, kiri, hauys, hauys*, qu'il n'interromp pas même quand on le suit de près ; et si on le force enfin à s'envoler, à peine est-il posé qu'il recommence à chanter. C'est au printemps que cette espèce arrive ici ; elle nous quitte dans e courant du mois d'octobre. On la nomme Cracra d'après les sons continuels qu'elle exprime, même la nuit.

L'Effervatte habite plusieurs contrées de l'Europe, où elle est très commune. Sa nourriture se compose de limaçons, de petits hannetons, de cousins, de taons et autres insectes. Son nid est construit en forme de panier allongé, entrelacé à trois ou quatre tiges de roseaux. Les œufs, au nombre de 4 ou 5, sont d'un blanc verdâtre, avec des taches brunes et vertes, très épaisses vers le gros bout.

BEC-FIN VERDEROLLE. — *SYLVIA PALUSTRIS*.

Noms vulg. : *Picho Cracra*, *Tratra*.

Sylvia Palustris, Buchstein.—La Fauvette Verderolle, *Sylvia Palustris*, Roux. — Le Bec-Fin Verderolle, *Sylvia Palustris*, Temm.

Bec plus large que haut à sa base, coloré à l'intérieur d'une teinte orange, assez vive, chez l'*adulte*. Cette courte description, qui empêchera de confondre cette espèce avec la précédente, est empruntée à M. Temminck.

La couleur du plumage de cette Fauvette est généralement d'une teinte olivâtre ; le dos et le croupion, les ailes et les pennes de la queue sont bordées de cendré. Depuis la racine du bec jusqu'au-dessus des yeux s'étend une étroite bande d'un blanc jaunâtre ; toutes les parties inférieures sont de cette couleur ; le bec est aplati, brun en dessus, jaunâtre dessous ; iris noirâtre. Longueur, 5 pouces 2 lignes.

La *femelle* a les couleurs un peu moins foncées que le *mâle*.

La Verderolle a beaucoup de ressemblance avec l'*Effervatte*, avec laquelle on l'a longtemps confondue ; mais il est prouvé maintenant que ce sont deux espèces distinctes.

C'est dans les lieux humides et ombragés par des saules ou des peupliers, souvent le long des eaux un peu stagnantes, que l'on trouve le Bec-Fin de cet article; jamais il ne fréquente l'intérieur des marais, quoiqu'il vive dans leur voisinage. Le chant de la Verderolle est aussi plus varié et plus cadencé que celui de l'espèce précédente. C'est au printemps qu'elle se montre dans notre pays; elle nous quitte en automne.

On la rencontre le long du Pô et dans les autres contrées orientales de l'Europe, ainsi qu'en Allemagne et en Suisse; vit d'insectes ailés, de petits coléoptères, et y joint de petites baies. Cet oiseau construit artistement son nid et lui donne une forme sphérique, le place dans les buissons ou entre les racines des saules. Les œufs, au nombre de 4 ou 5, sont d'un cendré clair, parsemé de taches foncées avec d'autres moins nombreuses d'un cendré bleuâtre.

BEC-FIN CETTI. — *SYLVIA CETTI.*

Noms vulg. : *Bouscarido, Roussignóou bastar.*

La Bouscarle de Provence, Buff., fig. inexacte et point de texte. — La Fauvette Bouscarle, *Sylvia Fulvuscens*, Vieill., *Sylvia Cetti Marmora.* — Le Bec-Fin Bouscarle, *Sylvia Cetti*, Temm, — La Fauvette Cetti, Roux.

Toutes les parties supérieures de la tête, du corps et des ailes sont d'une seule teinte brune, foncée, légèrement nuancée de roux; un petit trait cendré s'étend depuis la racine du bec jusqu'au-dessus de l'œil; gorge, devant du cou et milieu de la poitrine d'un blanc pur; flancs, abdomen, couvertures de dessous la queue rousses, terminées de blanchâtre; le nombre des pennes caudales est de dix ; iris brun ; bec et pieds d'un brun clair. Longueur, 5 pouces.

La *femelle* ne diffère pas. Les *jeunes* de l'année sont d'une couleur un peu plus claire ; ils ont la mandibule inférieure du bec jaunâtre à sa base.

La Fauvette dont il sagit ici a été nommée *Bouscarle* de Provence par Buffon ; mais cet auteur ne fait point mention de cet oiseau dans son texte ni même dans aucune de ses citations. C'est ainsi que presque tous les Sylvains décrits par lui ont beaucoup embarrassé les ornithologistes.

Les noms de *Bouscarle* ou *Bousquerle* désignent ici plusieurs Becs-Fins, notamment le *Babillard* et la *Grisette* ; mais la *Fauvette* de cet article n'a reçu aucun nom vulgaire bien déterminé, quoiqu'elle soit sédentaire et très répandue dans certaines localités de notre pays.

C'est dans les gros buissons qui couvrent les fossés humides, dans ceux qui bordent les rivières ou qui avoisinent les marais, que l'on rencontre cet oiseau ; rarement il se montre à découvert ; c'est près de terre qu'il aime à se tenir caché. Dès qu'on le poursuit, il fait entendre un chant entrecoupé qu'il redit d'une voix forte en commençant, soit en paraissant à l'extrémité des petits rameaux, soit quand il change de place. Je suis surpris que Roux, dans ses savantes recherches, n'ait pas rencontré ce Bec-Fin en Provence, où il est pourtant très abondant dans plusieurs localités où j'aie eu l'occasion de l'observer.

On trouve la Fauvette Cetti en Sardaigne et dans toute l'Italie ; quelques individus ont été tués en Angleterre. Les petits vers, les mouches, les cousins et autres petits insectes forment sa nourriture ordinaire ; son nid est placé près de terre et ressemble assez à celui du *Rossignol*. La ponte est de 3 ou 4 œufs d'un rouge de brique, sans taches, et de forme arrondie.

BEC-FIN DES SAULES. — *SYLVIA LUSCINOIDES.*
Noms vulg. : *Bisquerlo*, *Bousquarido.*

La Fauvette des Saules, *Sylvia Luscinoïdes*, Roux. — *Salciojola*, *Sylvia Luscinoïdes*, Savi, *Ornith. de Tosc.* — Le Bec Fin des Saules, *Sylvia Luscinoïdes*, Temm.

Le dessus de la tête, l'occiput, le dos, les scapulaires, les ailes et la queue d'un châtain olivâtre, sans taches ; seulement les plumes du croupion et de la queue portent de très petites bandes transversales peu visibles ; les plumes des joues et des oreilles d'un blanc sale le long de leur tige ; les côtés du cou, le haut de la poitrine et les plumes des flancs sont comme lavées de roussâtre ; la queue est grande, étayée d'un brun roux. Longueur, 4 pouces 7 lignes, *mâle* et *femelle*.

A l'exemple de Polydore Roux, je comprends ce Sylvain parmi ceux qui visitent nos contrées, car, puisque l'espèce vit dans les marais de la Toscane pendant l'été, quelques individus peuvent bien pousser leur course jusqu'ici, comme le font plusieurs oiseaux d'été. M. Savi, qui l'a observé, dit que cet oiseau se tient caché dans les buissons des marais, et particulièrement parmi les saules et les tamaris qui croissent au bord des eaux. Cette espèce n'est pas craintive et se laisse approcher facilement. Elle voltige sur les branches basses, se promène à terre ou parmi des touffes de joncs, cherchant les vermisseaux dont elle fait sa nourriture.

Le Bec-Fin des Saules n'a encore été observé qu'en Toscane ; mais au printemps cet oiseau doit se répandre dans les marais de nos départemens que baigne la mer. Sa ponte est inconnue.

BEC - FIN A MOUSTACHES NOIRES.
SYLVIA MELANAPOGON.

Noms vulg. : *Bisquerlo*, *Tráouquo bartas.*

LA FAUVETTE A MOUSTACHES NOIRES, *Sylvia*, *Mélanopogon*, Roux. — BEC-FIN A MOUSTACHES NOIRES, *Sylvia*, *Mélanopogon*, Temm.

Dessus de la tête noir ; tout le dessus du corps est d'un brun châtain ; on voit sur le dos plusieurs taches longitudinales noires ; les ailes et la queue sont noirâtres ; la gorge et l'abdomen sont blancs ; une bande de cette couleur passe au-dessus des yeux ; une moustache noire couvre le *lorum*; la poitrine, les flancs, sont lavés de roussâtre, ainsi que les couvertures inférieures de la queue ; l'iris est noisette ; les pieds bruns. Longueur, 4 pouces 5 ou 6 lignes, *en hiver.*

Au printemps, les parties supérieures sont plus foncées, la moustache très noire, le devant du cou, la poitrine et le ventre d'un blanc pur; sur les flancs on voit toujours une faible teinte de roussâtre.

Le Bec-Fin à Moustaches Noires est une espèce qui est propre aux contrées méridionales et qu'on ne connaît que depuis peu d'années. Temminck, qui ne se trompe guère en pareille matière, pensait avec raison que cet oiseau devait vivre en Provence, quoique Roux regardât comme de passage accidentel le seul individu qui lui fut apporté tué dans ce pays. L'espèce dont il s'agit est sédentaire dans nos marais ; je l'ai tuée dans toutes les saisons de l'année, dans les endroits les plus inondés. Elle se cramponne aux cannes des joncs, les parcourt du bas en haut, aime à se tenir cachée aux pieds des tiges et de marcher sur les plantes aquatiques. Elle a un cri fort, qui peut se traduire par *kre, kre, kre* ; mais le *mâle* pendant l'été et durant les beaux jours d'hiver, fait entendre un petit ramage très agréable qu'il commence par les syllabes *kui*, *tui*, etc.

Le Bec-Fin à Moustaches Noires est très peu farouche ; plusieurs fois je l'ai tué avec du sable au lieu de plomb. Les mouches, les cousins ainsi que les petits coléoptères composent sa nourriture. Je n'ai pu encore trouver son nid, ni ses œufs qui ne sont pas connus, vu la difficulté qu'il y a à cette époque de pénétrer au milieu des pays inondés et couverts de roseaux.

BEC-FIN CISTICOLE. — *SYLVIA CISTICOLA.*

Noms vulg. : *Castagnolo*, Bisquerlo.

La Fauvette Cisticole, *Sylvia Cisticola*, Temm. — Le Bec-Fin Cisticole, *Sylvia Cisticola*, Vieill. — La Fauvette Cisticole, *Sylvia Cisticola*, Roux.

Jaunâtre, piqueté de noir en dessus, un trait noir sur l'œil ; gorge blanche ; ventre blanc-jaunâtre ; queue noire, étayée ; chaque penne terminée de fauve ; bec et pieds d'un brun très clair. Longueur, à-peu-près, 4 pouces.

C'est au commencement du mois de mai que la Cisticole arrive dans le Midi. A cette époque, nous en avons quelques-unes dans notre plaine, au milieu des pâturages ou dans les prairies, mais bientôt après elles vont se répandre dans le voisinage des bords de la mer, des étangs et dans les marais, lieux ordinaires de leur séjour parmi nous. Le cri de la Cisticole est perçant; on l'entend de loin, et avant même qu'il soit possible de l'apercevoir; car elle a l'habitude de s'élever haut; elle y reste souvent comme fixée à la même place, et se soutient alors en voletant de manière à décrire de petites ondulations. Son cri d'appel semble exprimer les syllabes *czin*, *czin*, qu'il répète constamment; mais le *mâle* a aussi un petit ramage qu'il redit en se posant à l'extrémité des petits buissons ou des tamaris que ce Bec-Fin affectionne beaucoup.

On trouve cette Fauvette en Portugal, en Espagne, dans le midi de la France et en Italie. Les plus petits insectes forment sa nourriture. Son nid est un des mieux travaillés; et comme elle fait trois pontes, celui des deux premières couvées est moins solide et moins élégant que celui qui sert à la troisième, vu le manque de matériaux aux deux premières époques; elle lui donne la forme d'une bourse ou d'une quenouille; il est attaché entre une touffe d'herbes du genre *carex* Les œufs, au nombre de 4 à 6, sont de couleur blanche, souvent lavés de rose ou de bleuâtre clair.

IIe SECTION. — LES SYLVAINS.

Le plus grand nombre habite les bois; quelques-uns fréquentent indifféremment les champs, les haies et les jardins. C'est parmi eux qu'on trouve les espèces dont la voix douce et harmonieuse salue avec amour le retour du printemps. Ils se nourrissent d'insectes, de vers et de petites baies sauvages.

BEC-FIN ROSSIGNOL. — *SYLVIA LUSCINIA.*
Nom vulg. : *Roussignóou.*

Le Rossignol, Buff. — La Fauvette Rossignol, Cuv. Le Bec-Fin Rossignol, *Sylvia Luscinia*, Temm. — La Fauvette Rossignol, *Sylvia Luscinia*, Vieill. — La Fauvette Rossignol, Roux

Toutes les parties supérieures sont d'un brun roux ; cette couleur est plus vive sur la queue ; devant du cou blanc ; parties inférieures d'un blanc sale ; bec brun foncé en dessus, plus clair en dessous ; pieds couleur de chair. Longueur, 6 pouces 2 ou 3 lignes.

Le Rossignol est celui de tous les oiseaux qui chante le mieux, et, comme dit Buffon, il réussit dans tous les genres ; il rend toutes les expressions, il saisit tous les caractères et sait en augmenter l'effet par les contrastes. C'est du 6 au 20 avril que ce *Sylvain* commence à se faire entendre dans notre pays ; mais depuis plusieurs jours il rôde pour se choisir un endroit convenable, et il est bien rare qu'un Rossignol ne vienne pas habiter le même lieu qu'un autre Rossignol avait précédemment choisi pour en faire sa demeure de printemps. Cet oiseau vit parfaitement en captivité ; pris à quelque piége il chante le même jour, et bientôt il semble oublier sa liberté. Je connais des personnes dans Nismes qui possèdent des Rossignols parfaitement apprivoisés, qui viennent à la voix de leur maître, qui le suivent même hors de la maison quoiqu'ils ne soient point privés de leurs ailes. Placés dans un lieu dont la température est chaude, ces oiseaux chantent durant l'hiver, mais leur voix a moins d'éclat qu'aux beaux jours. Ce Sylvain nous abandonne en septembre, émigre pendant l'hiver en Egypte et en Syrie.

On trouve le Rossignol dans presque toutes les contrées de l'Europe pendant l'été ; les bois, les champs, les jardins, sont les lieux qu'il fréquente. Il se nourrit d'insectes ailés, de vers de terre et de petites baies. Son nid est placé sur les arbustes qui sont adossés contre un mur, dans des gros buissons, ou de grosses touffes. La ponte est de 4 ou 6 œufs d'un vert olivâtre foncé.

BEC-FIN PHILOMÈLE. — *SYLVIA PHILOMELA.*

Nom vulg. : *Roussignóou gros.*

Sylvia Philomela, Bechstein.—Russignolo Forestiero, Savi. — Le Bec-Fin Philomèle, *Sylvia Philomela*, Temm.

Toutes les parties supérieures d'un gris tirant au brun terne ; la poitrine est d'un gris clair avec des teintes plus foncées ; gorge blanche, bordée de gris plus foncé ; la queue est moins colorée de roux que dans l'espèce précédente ; 1re rémige très courte ; la 2me égale presque en longueur la 3me et dépassant la 4me ; iris d'un châtain foncé ; pieds livides. Longueur du *mâle* et de la *femelle*, 6 pouces 5 ou 7 lignes.

Le Bec-Fin Philomèle arrive ici en même temps que le *Rossignol*; il se répand dans les lieux bas et humides, où croissent d'épais buissons dans lesquels il chante beaucoup. Rarement on le voit à découvert ; il se perche peu sur les branches des arbres voisins comme le fait l'espèce précédente, et souvent il court sur les feuilles des plantes aquatiques pour manger les insectes qui s'y trouvent. La voix de ce Sylvain est encore plus étendue que celle de l'espèce précédente, et ses sons durent plus longtemps. On élève ici cet oiseau de la même manière que le *Rossignol*, avec lequel on le confond.

Cette espèce, qui n'est pas bien commune en France, se trouve en Espagne, en Suisse, en Allemagne et dans une grande partie de l'Europe. Elle se nourrit de la même manière que le *Rossignol* ; niche comme lui, mais presque toujours dans le voisinage des eaux. La ponte est de 4 ou 5 œufs assez gros, d'un brun olive teint par du brun foncé.

BEC-FIN ORPHÉE. — *SYLVIA ORPHEA.*

Noms vulg. : *Grosso Testo-Négro*, *Grosso Mouscarello.*

La FAUVETTE, Buff., voyez sa planche 579, représentation peu fidèle d'une *femelle*. — La FAUVETTE proprement dite, Cuv. — La FAUVETTE GRISE, *Sylvia Grisea*, Vieill. — Le BEC-FIN ORPHÉE, *Sylvia Orphea*, Temm. — La FAUVETTE GRISE, Roux.

Cette Fauvette est la plus grande de celles comprises dans la deuxième section du genre. Elle a le dessus de la tête, le tour des yeux et les joues d'un gris noirâtre qui se fond sur le dos ; la gorge est d'un blanc pur ; une légère teinte de rose se dessine sur la poitrine, qui est blanche ; flancs roussâtres ; les pennes extérieures de la queue blanches ; les autres noires, la mandibule inférieure du bec est jaune à sa racine ; la supérieure est noire ; quelques poils longs à la base du bec ;

iris d'un jaune clair. Longueur, 6 pouces trois lignes.

Roux n'avait pas beaucoup étudié cette Fauvette en Provence, quoiqu'elle y soit très répandue. C'est dans les premiers jours du mois d'avril qu'elle commence à arriver dans le Midi ; les bois en plaine et en montagne, ainsi que les champs d'oliviers situés sur des élévations, sont les endroits qu'elle recherche parmi nous, pour y passer la saison d'été, et pour s'y reproduire. Méfiant et rusé, ce Bec-Fin se dérobe à nos poursuites en se cachant dans les lieux les plus touffus ; mais sa voix le fait souvent découvrir ; car il l'a très forte. C'est une espèce de sifflement qui ressemble à celui de la *Draine*. L'Orphée la fait entendre à chaque instant ; parfois elle semble venir de loin et d'un côté opposé ; ce qui m'a trompé maintes fois quand j'ai voulu me le procurer. Rarement il se pose dans les buissons ; c'est toujours sur les chênes qui bordent les bois, dans les touffes d'arbres et sur les oliviers qu'on le trouve.

Ce Bec-Fin se rencontre dans l'Italie, le Piémont, l'Espagne et dans les départemens méridionaux qui bordent la Méditerranée. Sa nourriture consiste en insectes et petites baies ; niche ici sur les arbres épais, le plus ordinairement entre les branches des oliviers, souvent à côté de la *Pie-Grièche à Tête Rousse*. Son nid est formé à l'extérieur par des herbes sèches et des graminées vers le haut, qui sont attachés par des toiles d'araignée et un peu de laine. La ponte est de 4 ou 5 œufs blancs, marqués de points cendrés et bruns, avec des taches jaunâtres.

BEC-FIN A TÊTE NOIRE. — *SYLVIA ATRICAPILLA*.

Noms vulg. : *Bouscarido, Testo négro, Ca négré.*

La Fauvette a Tête Noire, Buff. — La Fauvette a Tête Noire, Cuv. — La Fauvette a Tête Noire, *Sylvia Atricapilla*, Vieill. — Le Bec-Fin a Tête Noire, *Sylvia Atricapilla*, Temm. — La Fauvette a Tête Noire, Roux.

Le *mâle* de cette espèce de Fauvette a tout le dessus de la tête d'un noir profond ; espace entre l'œil et le bec, cou et poitrine d'un gris cendré ; les autres parties supérieures du corps, les ailes et la queue d'un cendré légèrement nuancé d'olivâtre ; ventre et gorge inclinant au blanchâtre ; rectrices et rémiges brunes ; bec et iris noirâtres ; tour des yeux d'un blanc pur ; pieds couleur de plomb. Longueur, 5 pouces 6 lignes.

La *femelle* ressemble beaucoup au *mâle*, à l'exception de la couleur de dessus la tête, qui est rousse chez celle-ci.

La Fauvette à Tête Noire est excessivement commune ici à ses doubles passages d'automne et de printemps ; il en reste aussi beaucoup en hiver dans le pays. Les bois, les broussailles et les jardins des habitations rurales sont les lieux favoris que fréquente ce Bec-Fin. Le *mâle* de cette espèce a un chant très agréable et varié ; mais dans notre pays on n'a pas l'habitude de le nourrir en cage comme on fait dans plusieurs contrées de la France, et l'on a tort, car la voix de la Fauvette à Tête Noire égale par sa douceur presque celle du *Rossignol*.

Cet oiseau habite dans presque toute l'Europe ; vit d'insectes, de larves, de chenilles, ainsi que des baies du sureau et du groseiller. C'est souvent dans les buissons d'aubépines et d'églantiers que cette fauvette fait son nid : il est composé d'herbes sèches à l'extérieur et de crins à l'intérieur. La ponte est de 4 ou 5 œufs marbrés de marron, sur un fond plus clair. Il niche dans les pays les plus élevés de notre département et de l'Hérault.

BEC-FIN MÉLANOCÉPHALE. — *SYLVIA MELANOCEPHALA.*

Noms vulg. : *Testo négro, Ca négré.*

SYLVIA MÉLANOCÉPHALA, Lathan. — La FAUVETTE DES FRAGONS, *Sylvia Ruscicola.*, Vieill.—BEC-FIN MÉLANOCÉPHALE, *Sylvia Melanocephala*, Temm.—La FAUVETTE DES FRAGONS, *Sylvia Ruscicola*, Roux.

Cette Fauvette ressemble beaucoup à la précédente ; mais on ne peut les confondre en faisant attention à la couleur rougeâtre qui entoure les yeux de la Mélanocéphale. La tête est noire : cette couleur s'étend sur les joues et l'occiput. Toutes les parties supérieures d'un gris ardoisé ; les ailes courtes ; queue étagée, noirâtre ; les trois rectrices extérieures ont du blanc : la gorge est de cette couleur ainsi que le devant du cou et le milieu du ventre. Pieds et bec noirâtres, iris chatain. Longueur, 5 pouces 5 lignes.

Ce Bec-Fin aime à vivre dans les lieux incultes de nos garrigues, les bois, les broussailles et les buissons des pays élevés. D'un naturel vif et remuant, jamais il ne reste un instant à la même place ; et comme il est méfiant, il est difficile de le tuer. Sa voix est forte, et outre le chant très agréable que le *mâle* fait entendre au printemps et dans les beaux jours d'hiver, ce Sylvain a aussi un cri un peu rauque qu'il redit souvent. *Cre, cre, cre, ce, ce*, vivement répétés, sont les syllabes qu'il semble prononcer. Quoique cet oiseau soit très commun dans notre département, je ne l'ai trouvé que bien rarement dans les pays en plaine.

Cette espèce, que Buffon n'a point connue, habite aux îles Canaries, en Espagne et dans toute l'Italie ; on ne l'a point encore observée dans le Nord. Vit sédentaire dans le midi de la France. Les insectes et leurs larves ainsi que de petites baies composent la nourriture de la Mélanocéphale. Niche dans les buissons écartés, quelquefois aussi dans ceux voisins des habitations rurales. Les œufs sont blancs, marqués de points noirâtres qui sont en forme de couronne vers le gros bout.

BEC-FIN GRISETTE.—*SYLVIA CINEREA*.

Noms vulg. : *Bousquerlo, Bouscarido, Mousquet*.

La Fauvette Grise ou la Grisette, Buff.—La Fauvette Grisette, *Sylvia Cinerea*, Vieill.— Le Bec-Fin Grisette, *Sylvia Cinerea*, Temm. — La Fauvette Grisette, Roux.

La Fauvette Grisette a le sommet de la tête et l'espace entre le bec et l'œil cendrés ; toutes les autres parties du corps sont d'un cendré fortement teint de roussâtre ; ailes d'un brun noirâtre. Toutes les couvertures sont bordées d'un roux très-vif ; gorge et milieu du ventre blanc pur. Au printemps, la poitrine a une légère teinte de rose.

Queue d'un brun foncé ; les deux pennes extérieures ont du blanc ; bec jaunâtre, iris brun. Longueur, 5 pouces 5 ou 6 lignes.

La *femelle* et les *jeunes* ont les couleurs du plumage moins vives.

Les bois, les champs, les haies, les bords des chemins ainsi que les lieux incultes sont les endroits où l'on rencontre la Grisette ; l'on dirait que ce Sylvain veut se répandre dans chaque canton pour en bannir la tristesse et la monotonie. Le chant du *mâle*, quoique peu varié, n'est pas désagréable ; il le fait souvent entendre en volant, et bientôt après il retombe en pirouettant et va se percher à l'extrémité d'un petit rameau, sans cesser de chanter. Plein de confiance, ce Bec-Fin ne redoute pas le voisinage de l'homme et se laisse aborder de près.

C'est au printemps que la Fauvette-Grisette arrive dans nos contrées ; elle nous quitte en septembre. C'est aussi l'espèce la plus répandue ; elle habite toute l'Europe pendant l'été. Elle vit de mouches et de moucherons, de petits scarabées, de larves et de chenilles rases. Niche dans les buissons, les haies et les taillis, souvent aussi sur les bords des fossés. Pond 4 ou 5 œufs d'un blanc nuancé de verdâtre ou de grisâtre, marqués de petites taches brunes et d'un roussâtre clair. Le nid est composé d'herbes sèches, de crins et de laine ; il n'est pas soigneusement construit.

BEC-FIN FAUVETTE. — *SYLVIA HORTENSIS.*

Noms vulg. : *Bisquerlo*, *Bouscarido.*

La Petite Fauvette, Buff. — La Fauvette Ædonie ou Bretonne, *Sylvia Ædonia*, Vieill.—La Fauvette Ædonie, *Sylvia Ædonia*, Roux. — Bec-Fin Fauvette, *Sylvia Hortensis*, Temm.

Toutes les parties supérieures du corps sont d'un gris cendré, lavé de vert olive; tour de l'œil blanc; gorge blanchâtre; poitrine et flancs, d'un gris roussâtre; les pennes alaires et caudales sont d'un brun clair : pieds et bec de cette couleur. Longueur, 5 pouces 5 ou 6 lignes, le *mâle*.

La *femelle* a les parties supérieures couvertes de teintes verdâtres; le dessous du corps est d'un cendré peu foncé.

C'est vers le milieu du mois d'avril que cette Fauvette arrive dans nos contrées, et elle nous abandonne en octobre pour aller hiverner en Asie et en Afrique; les endroits humides et ombragés par des saules, les taillis et les vergers, quelquefois même nos jardins, sont habités par ce Sylvain. Le chant du *mâle* est doux et varié par des sons agréables. C'est perché dans le plus fourré des arbres qu'il se plaît à le répéter, pendant que sa compagne veille au soin de sa progéniture.

Le Bec-Fin Fauvette ne se montre pas très avant dans le Nord; il préfère les pays tempérés. Ici nous le trouvons plus communément sur les bords du Rhône et du Gardon, dans les grands parcs et les vergers que partout ailleurs. Sa nourriture est la même que celle de plusieurs Becs-Fins : les insectes, les larves et quelques petites baies sauvages conviennent parfaitement à ses goûts. C'est sur les taillis, les charmilles, ou sur les arbrisseaux que cette Fauvette place son nid. Les œufs, au nombre de 4 ou 5, sont d'un blanchâtre un peu verdâtre, marqués sur toute leur surface de taches brunes et d'un roussâtre très clair, peu apparent.

BEC-FIN BABILLARD. — *SYLVIA CURRUCA.*

Nom vulg. : *Bousquerlo.*

La Fauvette Babillarde, Buff. — La Fauvette Babillarde, Cuv. — La Fauvette Babillarde, *Sylvia Curruca*, Vieill. — Bec-Fin Babillard, *Sylvia Curruca*, Temm. La Fauvette Babillarde, Roux.

Ce Sylvain a toutes les parties supérieures d'un joli gris tirant au bleuâtre, sombre sur la tête et derrière l'œil. Le dessous du corps est blanc, nuancé de grisâtre sur les côtés de la poitrine et du ventre. Ailes brunes bordées de cendré brun ; queue noirâtre ; du blanc sur les trois pennes extérieures ; bec et iris bruns. Longueur, 5 pouces 3 lignes.

La *femelle* diffère peu du *mâle.*

Ce Bec-Fin n'est pas autant répandu que l'espèce précédente et il s'approche moins des habitations. La voix du *mâle* est une sorte de babil continuel qu'il ne cesse de faire entendre durant la belle saison. C'est de là sans doute que lui vient le nom de Fauvette Babillarde que lui imposa Brisson. C'est en avril que ce Sylvain arrive dans nos contrées ; il recherche les bosquets fourrés, les taillis et les fossés qui sont couverts d'arbres et de gros buissons, et reste parmi nous jusqu'à la fin de l'été.

Cette Fauvette se trouve dans une grande partie de l'Europe, vit aussi en Asie ; se nourrit comme la *Grisette ;* niche dans les buissons à quelques pieds de terre. Son nid est composé de tiges d'herbes sèches, et se trouve garni à l'intérieur d'un peu de laine et de crins. La ponte est de

4 ou 6 œufs, qui sont d'un gris clair avec des taches olivâtres et noires ; les premières sont très rapprochées vers le gros bout.

BEC-FIN A LUNETTES.—*SYLVIA CONSPICILLATA.*

Noms vulg. : *Tréouco-Bartas, Bouscarido.*

Bec-Fin a Lunettes, *Sylvia Conspicillata*, Marmora.—
Bec-Fin a Lunettes, *Sylvia Conspicillata*, Temm.

Le *mâle*, au printemps, a le sommet de la tête et les joues d'un cendré pur tirant au bleuâtre ; espace entre l'œil et le bec noir : cette couleur entoure aussi le cercle blanc des yeux ; manteau et dos cendrés avec une légère teinte de roussâtre : cette teinte est plus prononcée chez les individus qui n'ont pas encore achevé leur changement de livrée ; on voit alors sur le front un certain nombre de plumes roussâtres qui disparaissent à mesure que l'on avance dans la saison. Ailes noirâtres : toutes leurs couvertures bordées d'un roux vif ; gorge et côtés du cou d'un blanc pur ; devant du cou d'un beau cendré bleuâtre ; toutes les autres parties inférieures d'une teinte vineuse, claire sur le milieu du ventre, mais roussâtre sur les flancs ; queue noirâtre ; la penne extérieure presque blanche ; la deuxième terminée par une grande tache de cette couleur, et la troisième par une très petite à sa pointe. Mandibule supérieure du bec noire, mais bordée de jaune sur ses bords, jusqu'aux deux tiers de sa longueur; l'inférieure est jaune à sa base et noire au bout. Pieds jaunâtres; iris brun. Longueur, 4 pouces 4 lignes.

La *vieille femelle* a le sommet de la tête d'un cendré moins pur; front roussâtre; espace entre l'œil, le bec et les joues d'un gris clair; nuque, cou et dos d'un cendré nuancé de roux; gorge blanche; toutes les parties inférieures d'une teinte vineuse, plus faible que chez le mâle. Milieu du ventre blanchâtre. Il n'existe presque point de différence entre le mâle et la femelle dans la distribution des couleurs des ailes et de la queue.

M. Temminck soupçonne, avec juste raison, que Roux ait fait servir une femelle de cette espèce pour son Bec-Fin *Passerinette*. Sa planche 217 est une figure exacte de cet oiseau, moins la tache blanche de derrière l'œil.

C'est du 10 au 15 avril que ce joli petit Sylvain se montre dans nos contrées; les lieux incultes et pierreux de nos garrigues ainsi que les revers des collines sont les endroits où il se répand dès son arrivée; cependant quelques paires vivent aussi entre les étangs de la mer, dans des espaces sablonneux où croissent quelques broussailles. Ce Bec-Fin aime à se placer sur l'extrémité des buissons, des amas de pierres et des murailles. Il jette un cri fort qu'il accompagne d'un mouvement de queue; il semble prononcer *trrhr, trrhr,* plusieurs fois de suite. Le *mâle* a un petit chant très doux qu'il redit quelquefois en se soutenant en l'air quelques instans par de petits battemens de ses ailes, puis il plonge tout-à-coup dans les buissons.

Cette espèce, que M. le chevalier de la Marmora a le premier fait connaître à l'académie de Turin, en 1819, n'a encore été observée qu'en Sardaigne et dans quelques contrées de l'Italie. Sa nourriture consiste en petits insectes, petites chenilles et quelques baies de ronces; niche au pied des petits buissons, les plus près des murailles. Son nid est composé de petits filamens d'herbes sèches, garni à l'intérieur par de la laine et du crin. La ponte, qui n'a pas encore été décrite, est de 4 ou 5 œufs d'un blanc grisâtre, marqués de taches brunes qui forment une zone vers le gros bout.

BEC-FIN PITCHOU. — *SYLVIA PROVINCIALIS*.

Noms vulg. : *Bisquerlo*, *Bouscarido*.

Le Pitchou, Buff. — La Fauvette Pitchou, *Sylvia Ferruginea*, Vieill. — Bec-Fin Pitchou, *Sylvia Provincialis*, Temm. — La Fauvette Pitchou, *Sylvia Ferruginea*, Roux.

La Fauvette dont il s'agit a toutes les parties supérieures, sans y comprendre la queue, d'un cendré foncé; gorge, poitrine et flancs rougeâtres, ou couleur lie de vin, en hiver (au printemps, cette couleur est d'un ferrugineux obscur); milieu du ventre blanc; queue très longue. étagée; les rectrices blanchâtres à leur extrémité; iris jaunâtre. Longueur 5 pouces.

La *femelle* a généralement des teintes un peu plus pâles; on voit sur la gorge de fines raies blanchâtres.

Les bois couverts de bruyères et de genêts, sont les lieux

où l'on trouve la Fauvette Pitchou. Vive et pétulante, on ne la voit pas un seul instant à la même place ; elle court à terre avec rapidité, et si elle paraît à l'extrémité des petites branches, ce n'est que pour s'enfuir aussitôt. Son cri est un son rauque ; il semble exprimer *cháá*, *cháá* ; le chant du *mâle* est doux et a quelque rapport avec celui de la *Mélanocéphale*. C'est, pour l'ordinaire, placé sur quelque chênes, qu'il le redit pendant les beaux jours. Le vol de ce Sylvain est très bas ; il l'exécute par petits mouvemens en relevant la queue ; et dès qu'il se pose, celle-ci se meut fortement du bas en haut. Cet oiseau n'abandonne pas nos alentours en hiver, ainsi qu'il est dit dans l'*Ornithologie Provençale*, *page* 338. Il vit sédentaire dans les mêmes lieux, dans toutes les saisons.

Quoique ce Bec-Fin soit particulier aux pays méridionaux, on le trouve aussi dans quelques autres contrées de la France et en Angleterre. Sa nourriture consiste en petits insectes et petites baies. Il niche dans les bruyères et les genêts ; construit un petit nid avec des brins d'herbes, garni en dedans par de la laine et du crin. La ponte est de 4 ou 5 œufs d'un blanc lavé de verdâtre avec de petits points bruns et cendrés, très épais vers le gros bout.

BEC-FIN PASSERINETTE. — *SYLVIA PASSERINA*.

Noms vulg. : *Bisquerlo*, *Bouscarido*.

La Passerinette, Buff. — La Fauvette Passerinette ou Bretonne, Cuv. — Le Bec-Fin Passerinette, *Sylvia Passerina*, Temm. — La Fauvette Passerinette, *Sylvia Passserina*, Vieill. — La Fauvette Passerinette, *Sylvia Passerina*, Roux.

Les ornithologistes ont commis beaucoup d'erreurs au sujet de cette Fauvette. Ce n'est que depuis quelque temps que Savi et Temminck en ont donné une bonne description ; je suis d'accord sur tous les points avec eux pour ce qui a rapport aux différens états du plumage de ce Bec-Fin.

Le *mâle* a toutes les parties supérieures d'un cendré couleur de plomb, inclinant au bleu ; toutes les parties inférieures, en général, d'un roux de brique avec une légère teinte de violet ; ventre et abdomen blancs ; deux petits traits blancs en forme de moustaches partent de la base du bec et descendent de chaque côté du cou ; queue noirâtre ; sur les trois pennes extérieures il y a plus ou moins de blanc ; tour des yeux d'un rouge couleur de brique ; iris jaune ; pieds couleur de chair jaunâtre. Longueur, à peu près 5 pouces.

La *femelle* a le dessus du corps d'un cendré clair avec une très légère teinte d'olivâtre ; les parties inférieures sont d'un gris roussâtre clair ou jaunâtre ; ventre d'un blanc tirant un peu au roux ; la bande blanche, à la commissure du bec, est peu apparente.

Vieillot a été induit en erreur en parlant des habitudes et du cri de la Passerinette ; et je soupçonne que Roux lui-même n'a pas eu l'occasion de l'étudier. C'est toujours dans les grands bois, surtout dans ceux des pays montueux, au milieu des grosses touffes d'arbres, particulièrement sur les chênes blancs qui sont à leurs pieds couverts de broussailles que se plaît à vivre ce joli Bec-Fin. Le chant du *mâle* est agréable, doux et étendu ; il ne cesse de le redire au printemps en se tenant caché au milieu des rameaux des arbres ;

et, comme il a l'habitude de sautiller, il finit par se montrer à découvert ; mais si quelque chose l'effraie, tout aussitôt il disparait au milieu des branches, sans discontinuer de chanter.

La *femelle* se tient presque toujours dans les fourrés d'où elle fait souvent entendre ce cri d'appel, auquel le *mâle* répond par les mêmes syllabes : *ke, ke, ke, ke, ke*. Je puis assurer que ce Sylvain ne reste pas dans nos contrées pendant l'hiver, ainsi qu'on le prétend ; je ne l'y ai jamais trouvé dans cette saison, malgré mes nombreuses courses. C'est vers la fin du mois de mars qu'il arrive dans nos départemens méridionaux. Il fait deux pontes par an.

On a observé cette espèce dans l'Italie, en Sardaigne, en Dalmatie et en Egypte. Elle se nourrit d'insectes et de très petites baies ; place son nid dans les broussailles épaisses. Pond 4 ou 5 œufs qui sont de forme arrondie, le fond est blanchâtre, couvert de taches brunes et roussâtres, très épaisses vers le gros bout.

BEC-FIN ROUGE-GORGE. — *SYLVIA RUBECULA.*
Noms vulg. : *Barbo Rousso, Rigáou, Papa Rous.*

La Rouge-Gorge, Buff. — La Rubiette Rouge-Gorge, Cuv. — La Rouge-Gorge, *Sylvia Rubecula*, Vieil. — La Rouge-Gorge, Roux. — Bec-Fin Rouge-Gorge, *Sylvia Rubecula*, Temm.

Cette Fauvette a toutes les parties du dessus du corps d'un gris brun, teint d'olivâtre ; le front, le tour des yeux, la gorge et la poitrine d'un roux ardent ; flancs d'un cendré olivâtre ; ventre blanc ; iris d'un noir brillant. Longueur, 5 pouces 8 ou 9 lignes.

La *femelle* diffère peu du *mâle*.

Cette espèce varie accidentellement, d'un blanc pur, le plus souvent avec du blanc ou de gris sur plusieurs parties de la tête ou du corps.

La Rouge-Gorge est un oiseau d'un naturel confiant ; il s'approche de nos habitations ; vit dans nos vergers et nos jardins ; souvent il visite les serres et les angars pour y chercher sa nourriture et s'y mettre à l'abri. Le chant du mâle est éclatant ; il semble rappeler certaines phrases de celui du Rossignol. Ce Sylvain est très matinal : dès la première aube du jour l'on entend son cri, *trit*, *tiretiti*, *tirit*, *tiretiti* ; il en a un autre qu'il exprime d'une voix plaintive, *uip*, *uip*, qu'il répète encore après le coucher du soleil.

Le Bec-Fin Rouge-Gorge ne quitte point la France pendant la saison d'hiver. C'est dans les premiers jours du mois d'octobre qu'il se montre en grand nombre dans le Midi ; mais dès le mois de mars, il se retire plus au Nord. Il en niche peu dans nos contrées les plus voisines des Cevennes.

Cette Fauvette se nourrit de vermisseaux, de mouches, de cousins et de baies ; on peut l'élever en cage en lui donnant de la graine de chanvre bien écrasée. Elle place son nid à terre, dans la mousse ou dans les herbes ; souvent entre les racines des arbres. Pond jusqu'à 7 œufs d'un blanchâtre tacheté de roussâtre.

BEC-FIN GORGE-BLEUE. — *SYLVIA SUECICA.*

Noms vulg. : *Bisquerlo*, *Papa Blû.*

La Gorge-Bleue, Buff. — La Rubiette Gorge-Bleue, Cuv. — La Fauvette Gorge-Bleue, *Sylvia Suecica*, Vieill. Bec-Fin Gorge-Bleue, *Sylvia Suecica*, Temm. — La Fauvette Gorge-Bleue, *Sylvia Suecica*, Roux.

Cette belle Fauvette a toutes les parties supé-
d'un cendré brun, mêlé d'un peu de roussâtre
sur les joues; gorge et devant du cou d'un bleu
d'azur; au centre de cette couleur est un grand
espace d'un blanc pur; au-dessus de la couleur
bleue s'étend une zone noire, ensuite une étroite
bande blanche qui est suivie d'une autre plus
large, de couleur rousse; le ventre et l'abdomen
blancs; la queue est rousse à sa partie supérieure
et noire à son extrémité. Longueur, 5 pouces 6 ou
8 lignes.

Les *très vieux mâles* n'ont point d'espace blanc
sur la gorge. La bande rousse de la poitrine est
beaucoup plus large; elle est d'un roux plus vif,
ainsi que l'origine des pennes de la queue.

Cette Fauvette est peu commune dans les environs de
Nismes ; aussi est-elle presque inconnue de nos chasseurs ;
cependant à chaque printemps nous en avons quelques-unes
le long des fossés de la plaine du Vistre, qui y sont de passage ; mais à cette époque ce Bec-Fin est quelquefois très
commun dans les buissons et les tamaris qui entourent nos
marais, souvent aussi dans quelques localités des bords du
Gardon. Le chant du *mâle* est très doux et varié ; on prétend que c'est en s'élevant droit en l'air qu'il le fait entendre. Comme le *Rouge-Gorge*, cet oiseau est peu farouche : on peut l'approcher sans qu'il paraisse s'en inquiéter beaucoup.

La Gorge-Bleue est moins répandue en France que l'espèce
précédente. Les mouches, les gros moucherons, les larves d'insectes et les vermisseaux composent sa nourriture.

Elle niche dans les saules, les osiers et les tamaris. Pond 6 œufs d'un bleu verdâtre sans taches.

BEC-FIN GORGE BLEUE A MIROIR ROUX.
MOTACILLA SUECICA.
SYLVIA SUECICA.

Plumage en tout semblable à celui de l'espèce précédente, mais la tache ou miroir est d'un beau roux ardent au lieu d'être blanche, et le bleu qui l'entoure est plus clair et plus brillant dans toutes ses parties ; le noir de la partie inférieure de la queue est plus profond.

Cette Fauvette n'est regardée par M. Temminck que comme une variété constante du nord de l'Europe. Cet auteur dit, d'après Meyer, que l'on pourrait laisser à cette espèce le nom de *Sylvia Suecica*, en donnant à la *Gorge-Bleue à Miroir Blanc* celui de *Sylvia Cyanecula*.

Cette Fauvette vit toujours dans le Nord ; elle ne se montre que rarement en Danemarck, et très accidentellement en Allemagne.

Je n'ai trouvé ici que deux sujets de cette jolie espèce ou variété : l'un me fut donné par M. Fémier fils qui l'avait tué dans le voisinage de Milhaud, l'autre tué par moi sur les bords du Vistre, près de la Tour de l'Evêque. Les habitudes de cet oiseau paraissent être les mêmes que celles de l'espèce précédente ; je n'ai jamais pu entendre son chant ni son cri d'appel. Elle niche dans le nord de l'Europe dont elle ne s'éloigne qu'accidentellement. Sa nourriture est la même que celle de l'espèce précédente.

BEC-FIN ROUGE-QUEUE. — *SYLVIA TITHYS.*

Noms vulg. : *Ramoûnur*, le mâle ; *Quo Rousso*, la femelle.

Le Rouge-Queue, Buff. — La Rubiette Rouge-Queue, Cuv. — La Fauvette, *Tithys*, *Sylvia Tithys*, Vieill. — Le Bec-Fin Rouge-Queue, *Sylvia Tithys*, Temm. — La Fauvette Tithys, *Sylvia Tithys*, Roux.

Ce Bec-Fin a les parties supérieures d'un cendré bleuâtre ; front, joues, gorge et poitrine d'un noir profond ; du blanc sur le bord extérieur des pennes secondaires ; couvertures supérieures et inférieures de la queue d'un beau roux, de même que les rectrices, qui ont leurs extrémités frangées de brun ; les intermédiaires sont entièrement de cette couleur ; iris, bec et pieds noirs. Longueur 5 pouces 3 lignes.

La *femelle* a généralement toutes les couleurs plus pâles, et n'a point de noir sur la poitrine.

Ce Bec-Fin arrive dans nos contrées dès les premiers jours d'automne ; il habite les endroits pierreux de nos garrigues ; souvent il se place sur les cheminées des petites habitations qui s'y trouvent, ce qui lui fait donner ici le nom de *Ramoûnur* (ramoneur) si ce n'est le plumage du *mâle*. J'ai quelquefois rencontré cet oiseau en grand nombre sur les rochers qui bordent le Gardon, pendant les gros froids d'hiver. Il est d'un naturel plus farouche que les deux espèces précédentes. Le ramage du *mâle* est assez agréable ; il semble exprimer *fit, fit, fit, tzuc,* qu'il varie sur trois tons différens.

Ce Sylvain est peu répandu dans les provinces septentrionales de la France; il est très rare en Hollande; il préfère les endroits rocailleux à ceux en plaine. Il se nourrit d'insectes, de vers et de quelques espèces de petites baies. Niche dans les trous des vieux édifices. Pond 5 ou 6 œufs d'un blanc pur et lustré.

BEC-FIN DE MURAILLES. — *SYLVIA PHŒNICORUS.*

Nom vulg. : *Quo Rousso.*

Le Rossignol de Murailles, Buff. — La Fauvette dite Rossignol de Murailles, Cuv. — Le Rouge-Queue ou le Rossignol de Murailles, *Sylvia Phœnicorus*, Vieill. — Le Bec-Fin de Murailles, *Sylvia Phœnicorus*, Temm. — La Fauvette Rossignol de Murailles, *Sylvia Phœnicorus*, Roux.

Le front et les sourcils sont d'un blanc pur; petite bande sur la racine du bec, espace entre celui-ci et l'œil, gorge et haut du cou d'un noir profond; tête et dessus du corps d'un cendré bleuâtre foncé; poitrine, flancs, croupion et rectrices, excepté les deux intermédiaires qui sont brunes, d'un roux vif; milieu du ventre blanc; les ailes sont brunes; iris noir. Longueur, 5 pouces 3 lignes.

La *femelle* ressemble beaucoup à celle de la Fauvette Tithys : une teinte généralement roussâtre domine sur son plumage; elle a les parties supérieures et les inférieures plus pâles.

Le Bec-Fin dont il s'agit n'est pas rare dans notre pays à l'époque de ses passages, surtout à celui du printemps; on le rencontre alors dans tous nos environs, le long des fossés de la plaine du Vistre, dans les bois et dans nos garrigues, où souvent il se place sur les petites maisons de campagnes dites *Mazets*. Le *mâle* a un ramage mêlé d'accens tristes, qu'il fait entendre dans la belle saison, surtout le soir et le matin. Il jette aussi un petit cri qu'il accompagne toujours d'un mouvement de queue.

Cette Fauvette se trouve dans toute l'Europe ; on la rencontre aussi au Sénégal. Elle se nourrit d'insectes ; de mouches, d'araignées, de chrysalides ainsi que de petites baies et de figues. Son nid est tantôt placé dans des trous d'arbres ou dans ceux des vieilles masures, tantôt sous les toits des maisons isolées. La ponte est de 6 à 8 œufs de forme très pointue, d'un bleu verdâtre.

III.º SECTION. — MUSCIVORES.

Leur nourriture consiste généralement en mouches et cousins qu'ils attrapent au vol ou qu'ils saisissent sur les feuilles ; ils se tiennent presque toujours sur les grands arbres, souvent sur ceux situés au sein des villes.

BEC-FIN A POITRINE JAUNE.—*SYLVIA HIPPOLAIS.*
Nom vulg. : *Tui-Tui.*

La Fauvette des Roseaux, Buff., pl. enl. 581. La description qu'en donne cet écrivain appartient à l'Effervatte. — La Fauvette Lusciniole, *Sylvia Polyglotta*, Vieill. — Le Bec-Fin a Poitrine Jaune, *Sylvia Hippolaïs*, Temm. — La Fauvette Lusciniole, *Sylvia Polyglotta*, Roux.

Parties supérieures d'un cendré légèrement nuancé de verdâtre ; les inférieures d'un jaune pâle tendant au gris sur les flancs ; les sourcils, les paupières et le pli de l'aile jaunes ; grandes couvertures des ailes d'un brun foncé, bordées de blanchâtre ; la queue brune et lisérée de gris verdâtre ; mandibule inférieure du bec blanche. Longueur, 5 pouces 4 ou 5 lignes.

Ce Sylvain arrive au printemps et nous quitte en automne ; il est commun ici dans nos champs d'oliviers et sur les bords des chemins, où il recherche les amandiers et les cerisiers, quoiqu'on le trouve aussi dans les taillis et dans les bois, mais jamais le long des fossés de notre plaine, et rarement sur les bords des marais. C'est placé à l'extrémité des arbres, que le *mâle* fait entendre un ramage qui imite parfois le chant de plusieurs oiseaux, comme, par exemple, celui de l'*Hirondelle de Cheminée*, de l'*Effervatte* et du *Moineau*. Ses cris d'amour semblent exprimer : *daque, daque, fidhoi, fidhoi*, et ceux de la crainte ou de l'inquiétude peuvent se rendre par *gre, gre, re, re, re, re*, prononcés d'un ton aigre. Souvent il s'élève par de petits battemens d'ailes, et retombe ensuite près de sa compagne.

Ce Bec-Fin habite plusieurs contrées de l'Europe ; vit d'insectes ailés et de petits coléoptères, ainsi que de leurs larves. Son nid est artistement construit ; il est composé avec divers matériaux solides et moelleux, et placé à l'angle des branches des buissons élevés, souvent dans les touffes des lilas et des sureaux. La ponte est de 5 ou 6 œufs de couleur de chair, marqués par des taches noires, ou d'un rouge sombre.

BEC-FIN SIFFLEUR — *SYLVIA SIBILATRIX.*
Noms vulg. : *Chichi, Tráouquo-Bouïssoun.*

Sylvia Sylvicola, Latham. — La Fauvette Sylvicole, *Sylvia Sylvicola*, Vieill. — Le Bec-Fin Siffleur, *Sylvia Sibilatrix*, Temm. — La Fauvette Sylvicole, *Sylvia Sylvicola*, Roux.

Cette Fauvette a toutes les parties supérieures d'un beau vert jaune ; les sourcils, le devant du front, les joues, la gorge et le haut de la poitrine jaunes ; tout le dessous du corps d'un blanc pur ; un trait brun passe à travers l'œil ; bec et pieds d'un brun jaunâtre ; iris noir. Longueur, 4 pouces 5 lignes.

Le Bec-Fin Siffleur habite nos bois et nos champs ; on le trouve aussi sur les saules qui bordent les ruisseaux de notre plaine. Il est reconnaissable à son chant, que Roux note ainsi, d'après Bechstein, naturaliste allemand : *s, s, s, s, r, r, r, r, fid, fid, fid.* Ces syllabes expriment exactement la voix de ce Sylvain. Le plus souvent il vole au-dessus de sa compagne ; il se soutient en l'air avec abandon, faisant entendre son petit ramage, et se jette ensuite sur quelques branches élevées où bientôt il chante encore. C'est au printemps que le Bec-Fin Siffleur arrive dans nos contrées, où il demeure jusqu'au milieu de l'automne.

Cette espèce est plus commune dans le centre et le midi de l'Europe que dans le Nord. Son nid, qu'elle place entre les racines des arbres et dans les vieux troncs ou à terre, est, selon Roux, construit en forme de petit four. C'est là que la *femelle* pond de 5 à 7 œufs blancs, couverts de taches et de points d'un roux foncé qui forment une couronne vers le gros bout. Sa nourriture consiste en mouches et moucherons

BEC - FIN POUILLOT. — *SYLVIA TROCHILUS.*

Noms vulg. : *Tuit-Tuit*, *Tráouquo-Bouïssoun.*

Le Pouillot ou Chantre, Buff. — La Fauvette Fitis, *Sylvia Fitis*, Vieill. — Le Bec-Fin Pouillot, *Sylvia Trochilus*, Temm. — La Fauvette Fitis, *Sylvia Fitis*, Roux.

Le sommet de la tête et les autres parties supérieures du corps sont d'un olivâtre clair ; depuis la racine du bec jusqu'au-dessus des yeux, est une raie d'un jaune pâle ; un jaune pur colore le fouet de l'aile ; tout le dessous du corps est nuancé ou lavé de jaune et de blanchâtre ; bec d'un brun jaunâtre ; pieds d'un brun couleur de chair ; iris brun. Longueur, 4 pouces 5 ou 6 lignes.

La *femelle* a des couleurs moins vives que le *mâle*. Les *jeunes* sont d'un verdâtre un peu rembruni en-dessus, et d'un blanc sale au dessous.

Cette petite espèce est très abondante ici au printemps ; elle habite les bois, les champs et les jardins : elle est surtout fort commune le long du Vistre, sur les grands saules et dans les buissons qui le bordent. Son chant, que plusieurs auteurs ont décrit, est exprimé par les syllabes : *didi, dihu, dehi, zia, zia,* et son cri d'appel peut se traduire par *chuits, chuits,* prononcés d'un ton plaintif.

On trouve ce Bec-Fin dans presque toute l'Europe, et les individus de l'Amérique septentrionale ne diffèrent pas des nôtres. Les mouches, les cousins et les petites chenilles rases forment sa nourriture ordinaire. Le nid de cette espèce est fait avec art et de forme sphérique; il est placé à terre parmi la mousse et les racines. Les œufs, au nombre de 5 ou 6, sont blancs et marqués de taches d'un rouge pourpré, plus nombreuses vers le gros bout.

Ce Sylvain quitte notre pays en automne, et revient avec les premiers beaux jours du printemps.

BEC-FIN VÉLOCE. — *SYLVIA RUFA.*

Noms vulg. : *Tuit-Tuit, Tráouquo-Bartas.*

La PETITE FAUVETTE ROUSSE, Buff., mais non la planche 581, qui paraît représenter un individu jeune de la FAUVETTE GRISETTE. — Le BEC-FIN VÉLOCE, *Sylvia Rufa*, Temm. — La FAUVETTE COLYBITE, *Sylvia Colybita*, Vieill. — La FAUVETTE COLYBITE, *Sylvia Colybita*, Roux.

Cette Fauvette est une des plus petites de celles qui se trouvent en Europe. Elle a le sommet de la tête et les parties supérieures du corps d'un gris brun nuancé d'olivâtre; gorge blanche; une étroite raie au-dessus des yeux d'un blanc jaunâtre; les paupières de cette couleur; ventre, flancs, abdomen et couvertures inférieures de la queue blancs, nuancés de jaune; de petits traits de cette couleur sur la poitrine; 1re penne de l'aile plus courte que la 5me. Longueur totale, 4 pouces 3 lignes.

La *femelle* et les *jeunes* se ressemblent. Ils se distinguent du *mâle* par la couleur du dessous du corps, qui est d'un jaune blanchâtre, tandis que chez le *mâle* il est d'un jaune prononcé.

Ce Petit *Muscivore* reste sédentaire dans nos pays; en automne, il s'approche de nos habitations, vit dans nos vergers et nos jardins, visite les rosiers placés devant la porte des maisons rurales, et se plaît aussi sur les arbres de nos promenades publiques. Le *mâle* a un ramage entrecoupé qu'il fait entendre d'une voix pénétrante et qui semble exprimer les syllabes : *zip*, *zap*, plusieurs fois de suite ; il chante l'été et l'hiver quand il fait beau. Dès les premiers jours de la belle saison, ce Bec-Fin se retire dans le feuillage des forêts avec la compagne qu'il a choisie.

Cette espèce se trouve dans tous les pays de la France et dans plusieurs contrées de l'Europe. Les petites mouches, les moucherons, les poux des bois et les petites araignées composent sa nourriture. C'est parmi les feuilles tombées et parmi les racines que cet oiseau place son nid. La *femelle* pond 4 ou 5 œufs blancs, avec quelques points d'un rouge plus ou moins foncé.

BEC-FIN NATTERER. — *SYLVIA NATTERERII*.

Noms vulg. : *Tráouquo-Bouïssoun*, *Fénouï*.

La FAUVETTE BONELLI, *Sylvia Bonelli*, Vieill. — La FAUVETTE BONELLI, *Sylvia Bonelli*, Roux. — Le BEC-FIN NATTERER, *Sylvia Nattererii*, Temm. — LUI BIANCO, Savi, *Ornithologia Toscana*.

Sommet de la tête et dos d'un cendré brun ; couvertures alaires, rémiges et rectrices brunes, bordées de vert jaunâtre ; les joues grisâtres. Un large sourcil blanc s'étend depuis la naissance du bec jusque derrière l'œil. Toutes les parties inférieures d'un blanc pur, lustré ; queue d'un cendré noirâtre, lisérée de verdâtre clair ; mandibule inférieure du bec blanche, la supérieure d'un brun clair. Pieds bruns ; yeux noirs. Longueur, 4 pouces 2 lignes.

La *femelle* a les couleurs ternes et plus claires.

C'est aux minutieuses observations de M. Bonelli et de M. Natterer, que nous devons la distinction de cette espèce. Sans doute qu'elle avait été confondue jusqu'alors avec la précédente, à laquelle elle ressemble ; d'ailleurs, les habitudes de ce Bec-Fin sont les mêmes que celles du Bec-Fin *Véloce*, avec lequel il se mêle à l'époque de ses passages d'automne et de printemps. Cet oiseau niche dans les montagnes des parties septentrionales de notre département.

On ne l'a point encore observé dans le Nord ; il préfère le Midi et le centre de l'Europe. Sa nourriture est la même que celle des autres muscivores.

C'est ordinairement sur les collines, à terre, parmi les herbes, qu'il établit son nid; il lui donne une forme sphérique. Sa ponte est de 4 ou 5 œufs glabuleux, blancs, parsemés de petits points de couleur rougeâtre.

GENRE VINGTIÈME.

ROITELETS. — *REGULUS*. (Temm.)

Caractères : Bec très grêle, court, droit, un peu comprimé. Mandibule supérieure finement entaillée vers le bout. Narines couvertes par des petites plumes décomposées et dirigées en avant.

Les Roitelets ont été séparés du genre *Fauvette* parce que leur bec n'est nullement déprimé à sa base, et parce qu'ils sont munis de petites plumes décomposées, qui se dirigent sur les narines. Cuvier fait la remarque que ces oiseaux ont le bec en cône, très aigu, à côtés un peu concaves. M. Temminck vient aussi de les séparer des *Sylains* pour en former son genre *Regulus*. Selon cet auteur, ils forment le passage des vrais *Sylvains* aux *Mésanges*.

Deux espèces de Roitelets sont connues en Europe, et deux autres seulement ont été trouvées en Amérique. Ce sont les plus petits oiseaux qui vivent dans nos bois et nos champs, toujours à la recherche des petits moucherons dont ils font leur principale nourriture.

ROITELET ORDINAIRE. — *REGULUS CRISTATUS.*

Noms vulg. : *Bénèri*, *Zizi*, *Ratatas.*

Le Roitelet, Buff. — Le Roitelet, Cuv. — Le Roitelet Huppé, *Regulus Cristatus*, Vieill. — Le Roitelet Ordinaire, *Regulus Cristatus*, Temm. — Le Roitelet Huppé, *Regulus Cristatus*, Roux.

Tête ornée d'une petite couronne aurore, bordée de noir sur chaque côté. Derrière de la tête et parties supérieures du corps d'un olivâtre nuancé de jaune, particulièrement sur les côtés du cou ; gorge et poitrine roussâtres ; abdomen et autres parties inférieures blanchâtres ; les rémiges et les rectrices brunes, bordées d'olivâtre ; deux bandes transversales blanches sur l'aile ; bec noir ; pieds jaunâtres. Longueur, 3 pouces 6 lignes.

La *femelle* a les teintes plus faibles ; sa huppe est d'un jaune citron.

Le Roitelet est le plus petit des oiseaux qui vivent en Europe : son naturel est vif et remuant ; il ne reste jamais un seul instant à la même place. On le voit parcourant toutes les branches, cherchant dans les gerçures des écorces, visitant chaque feuille, prenant toutes sortes de positions, quelquefois tenant la tête renversée. Son vol est léger, et ce n'est ordinairement qu'à une faible distance qu'il va se poser, quoiqu'on l'effraie. Il répète souvent un petit cri perçant : *zi, zi, zi, zi, zi, zi, zi*, qui le fait découvrir ; mais, durant la belle saison, le *mâle* fait entendre un ramage plein de sons agréables. Ce Roitelet est excessivement commun ici pendant l'hiver. Vit dans nos champs, dans nos bois, visite nos haies et nos jardins ; mais dès le mois d'avril, il se retire dans les pays situés plus au Nord ; il en reste dans les montagnes des pays limitrophes de notre département.

On rencontre cet oiseau dans toute l'Europe. Sa nourriture se compose de divers petits insectes et de beaucoup de leurs larves. Son nid est artistement fait ; il est attaché à l'extrémité de petites branches, tissu en dehors de mousses, de laine et de toile d'araignées ; il est garni intérieurement d'un duvet plus doux. La ponte est de 6 à 8 œufs d'un jaune couleur de chair, sans taches.

ROITELET TRIPLE - BANDEAU.
REGULUS IGNICAPILLUS.

Noms vulg. : *Bénèri, Chichi, Ratatas.*

Le Roitelet, Buff. — Le Roitelet a Triple-Bandeau, *Sylvia Ignicapilla*, Temm. — Le Roitelet a Moustaches, *Regulus Mystaceus*, Roux. — Le Roitelet a Moustaches, *Regulus Mystaceus*, Vieill.

Le *mâle* du Triple-Bandeau a le dessus de la tête d'un orangé couleur de feu ; les bords des plumes qui composent sa huppe sont noirs ; une bande roussâtre passe sur le front au-dessus de l'œil, et s'étend en blanc pur sur le côté de la tête ; un trait noir partant du bec traverse l'œil ; le dessous de cette partie est blanchâtre ; toutes les autres sont colorées comme chez le *Roitelet Ordinaire*. Longueur, 3 pouces 4 lignes.

La *femelle* a les mêmes bandes à la tête, mais le blanc est moins pur, et le noir est plus terne ; les autres parties du corps sont aussi moins colorées.

Le Roitelet dont il s'agit a été longtemps regardé comme une variété de l'espèce précédente ; Buffon la mentionne comme tel, mais la planche qu'en donne cet illustre écrivain n'est pas exacte. C'est M. Brehem, naturaliste saxon, qui a donné dans ces derniers temps des notices sur cette espèce inédite, que M. Temminck s'est empressé le premier de faire connaître.

Le Roitelet Triple-Bandeau est aussi abondant dans nos contrées que l'espèce précédente avec laquelle il se mêle souvent ; comme elle, il s'approche des maisons rurales, fréquente les vergers et les jardins, visite nos rosiers alors même qu'on en est peu éloigné. Son petit cri ne diffère point de celui du Roitelet Ordinaire, et ses allures seraient les mêmes s'il n'aimait à se tenir quelquefois caché dans les grands arbres des forêts. Il arrive et repart en même temps que le Roitelet Ordinaire.

On a observé cette espèce en Allemagne, en Angleterre,

en Belgique, en France et en Italie. Sa nourriture est la même que celle du Roitelet Ordinaire, il fait son nid comme celui-ci. Pond de 8 à 10 œufs couleur de chair avec des points rouges vers le gros bout.

GENRE VINGT-UNIÈME.

TROGLODYTE. — *TROGLODYTES.* (Cuv.)

Caractères : BEC très grêle, fin, sans aucune échancrure; pointu, faiblement arqué. MANDIBULES égales. NARINES ovales. PIEDS longs, grêles. AILES à pennes bâtardes, très courtes. 4me et 5me rémiges les plus longues.

La dénomination de Troglodyte explique parfaitement l'habitude qu'ont ces oiseaux de fréquenter les petites cavernes et les vieilles murailles, et dans les trous desquelles ils aiment à s'enfoncer, ainsi que dans les piles de bois et tous les endroits obscurs. Selon Temminck, ces oiseaux forment le passage gradué des *vrais Sylvains* à bec un peu recourbé (tels qu'il s'en trouve en Afrique), aux *vrais Grimpereaux* (Certhia). Les espèces connues ne sont pas nombreuses ; une seule se trouve en Europe. On soupçonne l'existence d'une seconde qui serait propre aux jonchaies des contrées méridionales de l'Italie.

TROGLODYTE ORDINAIRE.
TROGLODYTES VULGARIS.

Noms vulg. : *Castagnolo, Tráouquo - Bartas.*

Le TROGLODYTE, vulgairement ROITELET, Buff. — Le TROGLODYTE D'EUROPE, Cuv. — Le TROGLODYTE D'EUROPE,

Troglodytes Europœa, Vieill. — *Idem*, Roux. — Le Troglodyte Ordinaire, *Troglodytes Vulgaris*, Temm.

Parties supérieures d'un brun un peu roux, légèrement rayé de brun en travers ; une bande blanchâtre au-dessus des yeux et des joues ; parties inférieures généralement de cette couleur, mais rayées de brun sur le ventre et les cuisses ; queue de la couleur du dos, rayée de noirâtre ; rémiges marquées par de petites lignes transversales en dehors ; iris noisette ; pieds livides. Longueur, 3 pouces 8 ou 9 lignes.

La *femelle* est d'une couleur plus rousse que le *mâle* et les raies transversales sont moins prononcées.

Le Troglodyte descend en automne des montagnes voisines qu'il habite pendant l'été ; il s'approche, plein de confiance, de nos maisons rurales et jusque dans les jardins situés au milieu des villes, fouillant dans toutes les cavités, dans les piles de bois, sous nos hangars et le long des murs tapissés de verdure, ne cessant de faire entendre un petit cri d'appel, qui semble exprimer *tre, tre, tirit, tirit,* prononcés d'un ton grave. Au printemps, le *mâle* redit un ramage plein d'agrément.

Ce Sylvain habite toute l'Europe ; il est plus abondant dans le Nord que dans le Midi. Les petits insectes et les vermisseaux lui servent de nourriture. Quelques-uns nichent dans notre département, près de Saint-Jean-du-Gard. Le Troglodyte place son nid près de terre ou sur des rameaux épais, quelquefois sur les toits des maisons isolées ; le compose de mousse et de plumes ; pond de six à neuf œufs blanchâtres, pointillés de petits points rougeâtres au gros bout.

GENRE VINGT-DEUXIÈME.

TRAQUET. — *SAXICOLA*. (Temm.)

Caractères : Bec plus large que haut à la base, très fendu, dur, pointe des deux mandibules en alêne, la supérieure courbée à son extrémité; quelques poils à la racine du bec. Narines un peu ovales, couvertes d'une membrane. Tarses quelquefois fort longs. 2me et 3me régimes les plus longues.

L'Europe possède sept espèces de *Traquets* dont six se trouvent ici ; les pays étrangers en fournissent un assez grand nombre. Ils préfèrent vivre dans les lieux secs et pierreux, quoiqu'on en trouve aussi dans les endroits humides et dans les bois. Ils aiment à se tenir placés sur les éminences ou à l'extrémité des arbres, d'où ils font entendre leur ramage dès la première aube du jour. Ils vivent d'insectes qu'ils saisissent souvent à la volée.

TRAQUET RIEUR. — *SAXICOLA CACHINNANS.*

Nom vulg. : *Merlé dé la Qouëto blanco.*

Le Merle a Queue Blanche, Cuv.—Le Motteux Noir, *Alnanthe Leucura*, Vieill.—Le Traquet Rieur, *Saxicola Cachinnans*, Temm. — Le Motteux Noir, *Alnanthe Leucura*, Roux.

Le Traquet Rieur a toutes les parties du corps d'un noir profond. Les couvertures supérieures et inférieures de la queue sont d'un blanc pur, excepté la moitié des deux rectrices intermédiaires et l'extrémité de toutes les autres qui ont du noir. Les yeux, le bec et les pieds noirs.

La *femelle* et les *jeunes* de l'année sont d'un brun cendré ou couleur de suie, partout où le *mâle* est d'un noir profond.

Ce Traquet est le plus grand du genre; ses habitudes sont celles du *Merle de Roche* et du *Merle Bleu*. Comme eux il ne fréquente jamais les pays plats, ni les endroits cultivés. C'est toujours au milieu des grands rochers, sur le versant des collines arides et rocailleuses qu'il habite. Il est d'une méfiance extrême; aussi est-il très difficile de l'approcher; car, à l'aspect du moindre danger, il se hâte de fuir et va se poser à une grande distance, et presque toujours en des lieux inaccessibles. Ce Saxicole ne s'écarte pas de l'endroit qu'il a choisi pour demeure; car chaque soir il revient au même lieu qui lui sert de retraite, et souvent il brave même le danger pour y parvenir. Le cri qu'il fait entendre quand il est agité, et qui paraît être aussi celui d'appel, est : *kre-re*, *ke*, *ke*, fortement articulé. Le chant du *mâle* est éclatant et composé de sons très doux; il le répète en se posant à l'extrémité des grands rochers, ou bien sur une branche d'un de ces arbustes qui croissent entre leurs fentes et à l'entrée des cavernes.

Les Traquets Rieurs habitent les contrées méridionales de l'Europe. Nous les trouvons ici sur les escarpemens des rochers qui bordent le Gardon, et sur la plupart des montagnes de notre territoire. Ils paraissent être moins abondans dans l'Hérault que dans le Gard. Leur nourriture consiste en insectes et petites baies sauvages, lesquelles forment en hiver leur principale nourriture; nichent dans les petites cavernes des rochers, dans les vieilles murailles et dans les trous des vieux édifices isolés. C'est dans ces derniers lieux que j'ai découvert ses œufs, que je ne trouve décrits nulle part ; ils sont au nombre de 3 à 5, un peu oblongs ou arrondis, d'un blanc bleuâtre, marqués de quelques points rougeâtres, mais rapprochés vers le gros bout en forme de couronne. Ils sont déposés sur un peu d'herbe sèche, quelques plumes et du crin, qu'entourent quelquefois une quantité de petites pierres. Un nid et des œufs qui me furent envoyés par M. Valette des Claris, étaient en tout semblables à ceux trouvés par moi le long du Gardon.

TRAQUET MOTTEUX. — *SAXICOLA ÆNANTHE.*

Nom vulg. : *Quiôu-Blan.*

Le Motteux ou Vitrec, Buff. — Le Motteux ou Cul-Blanc, Cuv. — Le Motteux Vitrec, *Ænanthe Cinereus*, Vieill. — *Idem*, Roux. — Le Traquet Motteux, *Saxicola Ænanthe*, Temm.

Tête et toutes les parties supérieures du corps d'un gris cendré pur; *lorums*, joues, ailes et parties inférieures de la queue noirs; front, sourcils, gorge, parties inférieures blancs : cette couleur règne aussi sur les deux tiers de la queue, excepté les deux pennes du milieu qui sont noires. Poitrine roussâtre, bec iris et pieds noirs. Longueur, 5 pouces, les *vieux mâles*, en été.

La *femelle* a les parties supérieures d'un brun cendré; du blanc roussâtre sur le front; les sourcils sont blanchâtres; un trait brun derrière l'œil. Poitrine et cou roussâtres; ventre et abdomen blanchâtres. Les *mâles*, en automne, diffèrent peu de cette livrée ainsi que les *jeunes* à cette époque.

Ce Motteux est le plus commun du genre ; c'est au mois d'avril qu'il se montre ici ; il recherche à cette époque les endroits arides et montueux pour s'y reproduire ; mais dès le mois d'août, il descend dans les plaines, affectionne les terres labourées, court dans les sillons, dans les jachères et les friches où il cherche sa nourriture ; il choisit les petites éminences pour s'y placer, et fait à chaque instant un mouvement de bas en haut avec la tête et la queue. Cette espèce comme tous ses congénéres se précipite avec acharnement sur la *Chouette* que les chasseurs emploient pour les attirer. Il a une voix forte, et prononce en volant : *far-far*, *chá, chá*, vivement répété : il a aussi un cri d'appel qui semble exprimer *titren, titren*.

Ce Motteux visite toute l'Europe. Il se nourrit de divers insectes et de vermisseaux ; établit son nid sous les herbes, entre des pierres amoncelées, ou dans un trou de muraille. Il le compose de mousse, de brins d'herbes sèches et de crins. Pond 4 ou 5 œufs d'un bleu pâle sans taches. Il nous quitte en septembre pour passer en Afrique.

TRAQUET STAPAZIN. — *SAXICOLA STAPAZINA.*

Nom vulg. : *Reynaouby-Péro-Carmé.*

Le Cul-Blanc, Roux, Buff. — Le Traquet Stapazin, *Saxicola Stapazina*, Temm. — Le Motteux Stapazin, *Ælnanthe Stapazina*, Vieill. — *Idem*, Roux.

Gorge, joues, espace entre la région des yeux et des oreilles, ailes et parties inférieures de la queue, ainsi que les deux pennes intermédiaires de celle-ci, d'un noir profond ; sommet de la tête, croupion et les parties inférieures d'un blanc pur : cette couleur est celle des pennes caudales jusqu'aux deux tiers de leur longueur. Bec noir, iris et pieds noirâtres. Longueur, 5 pouces 8 ou 9 lignes, les *mâles, au mois de juin.* Avant cette époque, ils sont plus ou moins nuancés de brun.

La *femelle* ressemble à celle du *Traquet Moteux*; mais elle est toujours reconnaissable en ce qu'elle a la gorge et les joues d'un noirâtre nuancé de grisâtre ou de roussâtre.

Les lieux incultes et rocailleux des pays montueux de notre département, ainsi que les vignes en plaine couvertes de cailloux, ou voisines des bois, sont les endroits où l'on trouve le Traquet Stapazin durant la saison d'été ; le nom de *Reynaouby*, (*loquace*, *bavard*) que porte ici ce Saxicole, lui vient, je crois, de l'habitude qu'il a de contrefaire une partie du chant de tous les oiseaux qui vivent dans son voisinage. C'est de très grand matin qu'il commence à ramager; il se place ordinairement à découvert, soit à l'extrémité des branches des arbres, soit sur les amas de pierres ou sur les murailles ; mais il n'est pas facile à approcher, et pour se procurer cet oiseau, il faut le tirer de très loin ; encore s'il n'est que blessé peut-on le regarder comme perdu, par la subtilité qu'il met à se cacher au fond des trous des murailles, souvent très profonds, ou sous les tas de pierres.

Ce Traquet cherche les insectes en courant à terre, ou les prend à la volée; quelquefois il se soutient en l'air par de petits battemens de ses ailes, après quoi il va se poser sur quelque endroit élevé où il ne tarde guère à faire entendre les syllabes : *bhrouy, bhrouy.*

Ce Saxicole arrive dans nos contrées au commencement du mois d'avril, et nous quitte en septembre. On le trouve dans toutes les contrées méridionales de l'Europe. Il se nourrit d'insectes, de petites chenilles et de petites larves ; niche entre les pierres, dans les trous des murailles placés ras de terre ou entre des rocailles ; pond 4 ou 5 œufs d'un blanc verdâtre, avec quelques points à peine visibles, rougeâtres, dans un nid fait sans art, avec des brins d'herbes sèches, des crins et un peu de laine de mouton.

TRAQUET OREILLARD. — *SAXICOLA AURITA.*

Nom vulg. : *Reynáouby.*

Le Cul-Blanc Roussatre, Buff. — Le Traquet Oreillard, *Saxicola Aurita*, Temm. — Le Motteux Reynauby ou a Gorge Blanche, *Ænanthe Albicollis*, Vieill. — Le Motteux Reynauby, *Ænanthe Albicollis*, Roux.

Le *mâle* a une bande entre le bec et l'œil qui s'étend sur l'orifice des oreilles; ailes, pennes du milieu de la queue, ainsi que le bord de toutes les autres d'un noir profond ; le reste du plumage comme dans l'espèce précédente. A son arrivée ici, cet oiseau est presque entièrement d'une couleur nankin ; il blanchit au fur et à mesure que nous avançons dans la saison d'été.

La *femelle* ressemble à celle de l'espèce précédente, mais elle a toujours un peu de brun mêlé de roux ou de grisâtre sur le méat auditif. En automne, le plumage du *mâle* se colore de roux vif ;

les rémiges et les pennes secondaires sont bordées de cette couleur et de blanchâtre.

Le Traquet Oreillard ne diffère pas tant du *Traquet Stapazin* par ses habitudes, que parce qu'on ne le trouve pas en aussi grande quantité dans nos pays ; il recherche aussi de préférence les lieux accidentés et retirés. Comme l'espèce précédente, il contrefait le chant des autres oiseaux, soit en volant ou lorsqu'il est posé sur quelque éminence, et je crois sa voix plus forte.

Cette espèce arrive dans le Midi en même temps que celle de l'article précédent, et nous quitte à la même époque qu'elle.

On rencontre ce Traquet dans plusieurs contrées du midi de la France, de l'Espagne et de l'Italie. Sa nourriture est la même que celle du *Traquet Stapazin*. Niche comme lui. Ses œufs, que personne n'a encore fait connaître, sont d'un bleu pâle, avec quelques petits points rougeâtres qui sont plus serrés autour du gros bout.

TRAQUET TARIER. — *SAXICOLA RUBETRA.*

Nom vulg. : *Bistra-Tra.*

Le GRAND TRAQUET ou TARIER, Buff. — Le TARIER, Cuv. — Le TRAQUET TARIER, *Saxicola Rubetra*, Temm. — Le TARIER proprement dit, *Alnanthe Rubetra*, Vieill. — Le MOTTEUX TARIER, *Alnanthe Rubetra*, Roux.

Sourcils, un trait en forme de moustaches d'un blanc pur ; moitié supérieure des pennes de la queue et une tache sur le haut des ailes de cette couleur ; joues brunes ; parties supérieures variées de roux et de noir ; pennes de la queue d'un brun noirâtre à leur partie inférieure ; les deux du milieu de cette couleur dans toute leur longueur ; parties inférieures d'un roux clair ; bec et pieds noirâtres ; iris d'un brun foncé. Longueur, 4 pouces 9 lignes.

La *femelle* ressemble au *mâle*, mais elle a des couleurs plus ternes : le blanc pur est remplacé par du blanc jaunâtre. Les *jeunes* sont couverts de taches blanches et grises.

Les bois, les taillis, les lieux incultes et en pentes, sont les endroits où se plaît ce Traquet. Moins craintif que les espèces précédentes, il ne fuit pas l'approche de l'homme. De temps en temps, il jette un petit cri qu'il accompagne d'un mouvement de ses ailes. Souvent le *mâle* se place sur une taupinière où à l'extrémité d'un petit buisson où il fait entendre un chant qui n'est pas sans agrément.

Cet oiseau est très commun dans nos alentours, au printemps et en automne ; on le trouve dans toutes les contrées tempérées de l'Europe, et même dans le nord de la Russie. Les abeilles, les mouches, les petits coléoptères et les chenilles composent sa nourriture. Il fait son nid au pied d'une touffe, ou entre quelques pierres, et pond 4 ou 5 œufs d'un vert bleuâtre, avec quelques taches souvent peu apparentes ; il émigre en hiver dans des pays plus chauds.

TRAQUET RUBICOLE. — *SAXICOLA RUBICOLA*.

Nom vulg. : *Bistra-Tra*.

Le Traquet, Buff. — Le Traquet, Cuv. — Le Traquet Rubicole, *Saxicola Rubicola*, Temm. — Le Motteux

Traquet et le Traquet proprement dit, *Œnanthe Rubicola*, Vieill. — Le Motteux Traquet, Roux.

Ce Traquet a toute la tête, la gorge, le haut du dos d'un noir profond; côtés du cou, une tache sur l'aile et le croupion d'un blanc pur; poitrine d'un beau roux, qui se nuance en blanc roussâtre sur les parties inférieures; pennes des ailes et de la queue d'un brun noirâtre; bec et pieds noirs; iris noirâtre. Longueur, 4 pouces 6 ou 8 lignes, le *mâle* au printemps.

En hiver, le noir de la gorge est marqué par des plumes rousses, et celles de la nuque et du dos ont de larges bordures de cette couleur.

La *femelle* a des couleurs moins pures que le *mâle*, sur le dessus du corps; les ailes et la queue sont brunes, bordées de roux jaunâtre; le noir de la gorge est varié de taches blanchâtres et roussâtres.

Le Traquet Rubicole se trouve dans les bois, au milieu des broussailles épaisses et dans les buissons; il préfère les pays montueux et les revers des collines aux pays plats. D'un naturel vif et gai, on voit cet oiseau sautillant, s'élevant en l'air, retombant ensuite sur l'extrémité des arbres ou des buissons, accompagnant d'un mouvement de ses ailes et de sa queue son cri qui semble exprimer *ouis-tratra*, ou bien *vouis-chiarchia*. Chaque fois que j'ai rencontré un de ces oiseaux dans les lieux où habite le Bec-Fin *Pitchou*, j'ai été certain, malgré leur rareté, d'en trouver plusieurs réunis autour de lui, de manière que ce Saxicole m'a souvent guidé dans mes recherches, mais en hiver seulement.

Le Traquet Rubicole se trouve dans toute l'Europe et en Afrique, où l'espèce ne diffère pas de ceux tués en Russie. Sa nourriture est la même que celle de ses congénères. C'est entre les racines des buissons, entre les fentes des rochers et sous les pierres qu'il place son nid; Sa ponte est de 4 ou 5 œufs d'un bleu verdâtre, mouchetés de taches brunes et roussâtres.

GENRE VINGT-TROISIÈME.

ACCENTEUR. — *ACCENTOR.* (Temm.)

Caractères : Bec plus haut que large à sa base, droit, pointu, à bords recourbés en dedans. Mandibule supérieure échancrée et un peu fléchie à la pointe. Narines percées dans une membrane. Ailes médiocres, à pennes bâtardes. 1re rémige presque nulle; la 3me est la plus longue.

Les Accenteurs vivent dans les bois des pays montagneux; en hiver, ils se rapprochent des habitations voisines des champs. Leur nourriture se compose d'insectes; mais ils ne dédaignent pas les semences des plantes et les graines, qui forment leur principale nourriture en hiver. La voix de ces oiseaux est douce et cadencée; ils chantent dans toutes les saisons de l'année.

L'Europe en fournit quatre espèces, deux d'entre elles se trouvent ici pendant l'hiver.

ACCENTEUR DES ALPES. — *ACCENTOR ALPINUS.*

La Fauvette des Alpes, Buff. — Le Pégot des Alpes, Cuv. — Le Pégot proprement dit ou la Fauvette des Alpes, *Accentor Alpinus*, Vieill. — Le Pégot des Alpes, *Accentor Alpinus*, Roux. — L'Accenteur Pégot ou des Alpes, *Accentor Alpinus*, Temm.

Depuis le haut de la tête jusqu'au croupion d'un gris cendré, varié de mèches brunes ; flancs variés de roux, de blanchâtre et de gris ; gorge blanche et comme émaillée de brun ; petites et moyennes couvertures des ailes d'un brun noirâtre, avec des taches à leur bout ; queue grise, terminée de blanchâtre ; bec noir à sa pointe, jaunâtre à sa base ; pieds de cette dernière couleur. Longueur, 6 pouces 8 lignes.

La *femelle* ressemble au *mâle* ; elle n'en diffère que par des coulenrs plus pâles.

Cet Accenteur, le plus grand du genre, habite constamment les hautes montagnes, les plus arides et les moins fréquentées des Alpes et des Pyrénées ; les neiges et les frimats conviennent à ses goûts, et s'il abandonne quelquefois ces lieux ce n'est qu'en hiver, alors que quelques ouragans viennent à éclater ; c'est à ces causes, sans doute, que nous devons la présence de cet oiseau dans notre pays, mais il y est toujours bien rare ; je n'ai rencontré que quelques individus isolés sur les grands rochers qui bordent le Gardon, entre la Baume et Couillas, pendant les froids rigoureux d'hiver. En novembre 1836, j'en vis un sur les rocs escarpés de la Métropole d'Avignon ; je l'approchai d'assez près sans qu'il parût s'en inquiéter beaucoup. Ces oiseaux ont l'habitude de se réunir par petites troupes, courent à terre et se rappellent par un petit cri, semblable à celui de la *Bergeronnette Grise.*

Outre que cette espèce habite les Alpes et les Pyrénées, on la trouve aussi dans toutes les parties les plus montueuses de l'Allemagne et de la France. Sa nourriture consiste en insectes pendant l'été; en hiver, elle se contente de semences et de plantes alpestres. Ce Pégot niche entre les fentes des rochers, quelquefois sous les toits des maisons. La ponte est de 5 à 6 œufs verdâtres.

ACCENTEUR MOUCHET.—*ACCENTOR MODULARIS.*

Nom vulg. : *Passéro.*

Le Traine-Buisson, ou Mouchet, ou Fauvette d'Hiver, Buff. — Le Traine-Buisson, *Mot. Modularis*, Cuv. — Le Pégot Mouchet ou Fauvette d'Hiver, *Accentor Modularis*, Vieill. — *Idem*, Roux. — L'Accenteur Mouchet, *Accentor Modularis*, Temm.

Cet Accenteur est fauve, tacheté de noir en dessus, cendré, ardoisé en dessous ; flancs et croupion d'un gris roussâtre ; grandes et petites couvertures et pennes des ailes noirâtres, bordées de roussâtre ; couvertures inférieures de la queue brunes, avec une large bordure blanche ; ventre blanc ; queue d'un brun terne; iris brun. Longueur, 5 pouces 3 lignes.

Cette espèce d'Acccenteur n'est pas rare l'hiver dans notre département, ni dans les contrées voisines ; en automne elle s'approche des maisons rurales ; on la voit dans nos bosquets, nos vergers et nos jardins. Dès le grand matin, cet oiseau se place sur quelque petite branche, et commence à faire entendre un petit cri doux, tremblant : *tit*, *tit*, *trit*, *trit*, souvent répété ; le chant du *mâle* est peu varié, et, quoique plaintif, il charme, surtout dans une saison où la plupart des oiseaux chanteurs se taisent.

L'Accenteur-Mouchet est excessivement confiant : on peut l'aborder sans crainte de l'effrayer. Dans les bois, il fréquente les broussailles, et s'il se trouve sur votre chemin, il se cache à leurs pieds pour vous laisser passer, après quoi il reparaît. Dès la fin de l'hiver, il se retire dans les forêts des pays montueux ; un petit nombre restent pendant l'été dans quelques parties du nord de notre département.

On rencontre cet oiseau jusque très avant dans le nord de l'Europe, surtout en été. Les insectes, les vers, les chenilles, les petites baies et les semences composent sa nourriture. C'est dans les taillis des forêts qu'il place son nid. Sa ponte est de 5 ou 6 œufs d'un bleu d'azur, sans taches.

GENRE VINGT-QUATRIÈME.

BERGERONNETTE. — *MOTACILLA*. (Linn.)

Caractères : Bec cylindrique, grêle. Mandibule inférieure à bords comprimés. Narines un peu ovales, percées sur le bord d'une membrane. Tarses élevés, minces. Queue longue. Ailes médiocres. Plumes scapulaires amples. 1re rémige presque nulle ; 2me la plus longue.

Linné avait compris les Bergeronnettes parmi les *Fauvettes*, mais leurs mœurs et certains caractères ont dû les en faire séparer. Ces oiseaux se plaisent dans les prairies, les lieux humides, aux bord des ruisseaux et des rivières. Le nom de Bergeronnette ou Bergerette leur a été imposé de l'habitudes qu'ils ont de suivre les troupeaux, et celui de Hoche-queue, parce qu'ils accompagnent presque tous leurs mouvemens par un balancement de queue de bas en haut. Ils cherchent et poursuivent les insectes dont ils se nourrissent à terre, souvent dans les sillons, derrière la charrue du laboureur.

BERGERONNETTE GRISE. — *MOTACILLA ALBA.*

Noms vulg. : *Branla-Qouéto, Galla-Pastré.*

La Bergeronnette Grise, Buff., un individu en plumage d'hiver. — La Lavandière, Buff., le même oiseau au printemps, *Motacilla Alba* et *Cinerea*, Cuv. — Le Hoche-Queue Lavandière, *Motacilla Alba*, Vieill., Roux. — La Bergeronnette Grise, *Motacilla Alba*, Temm.

Occiput, nuque, gorge, poitrine, couvertures supérieures de la queue et pennes de celle-ci d'un noir profond ; front, joues, côtés du cou, parties inférieures et pennes latérales de la queue d'un blanc pur ; flancs et dos d'un gris foncé ; couvertures supérieures des ailes noires, bordées de blanc extérieurement ; bec, iris et pieds noirs. Longueur, 7 pouces, plumage du *mâle* au printemps.

La *femelle* a le blanc du front et des joues moins pur ; le noir de l'occiput est moins grand.

La livrée d'hiver diffère en ce que la gorge et

le devant du cou sont d'un blanc sans taches. Sur la poitrine est un hausse-col noir qui remonte de chaque côté de la gorge ; le dos est d'un cendré plus clair. On trouve quelquefois des individus qui sont entièrement blancs, ou variés de cette couleur dans plusieurs parties de leur plumage.

Les Bergeronnettes Grises arrivent dans nos contrées pendant l'automne ; elles forment de petites troupes dans notre plaine ; elles courent avec rapidité dans les sillons, se poursuivent, et parfois elles s'élèvent à quelques pieds de terre, se laissent retomber et se lancent de nouveau dans les airs, pour redescendre en pirouettant. Les bords des eaux et tous les endroits humides leur servent aussi de rendez-vous. Elles courent avec légèreté sur la grève, et, si elles s'arrêtent, leur queue fait plusieurs mouvemens du bas en haut. Le cri que ces Bergeronnettes font entendre en volant est *bist, bist. bist, bist* ; mais, indépendamment de celui-ci, elles en ont un autre précipité et clair, qui semble exprimer *guit guit, guit, guit*. Ces oiseaux aiment beaucoup à suivre les troupeaux, et souvent ils se posent même sur le dos des bestiaux, malgré la présence des bergers, d'où leur vient le nom qu'ils portent ; celui de *Gala-Pastré* par lequel on les désigne ici, explique très bien leurs habitudes ; car cette appellation patoise signifie : *qui cherche à plaire aux pâtres dans un but intéressé*.

Dès le printemps, les Bergeronnettes Grises quittent notre pays, à l'exeption d'un très petit nombre qui restent, pour se reproduire, sur les bords du Gardon et du Vidourle. On trouve cet oiseau depuis les contrées les plus méridionales, jusqu'en Sibérie, et au Kamtschatka. Sa nourriture consiste en mouches, cousins, mille-pieds, limaçons et autres insectes.

Niche entre les fentes des rochers, sous les ponts, dans les prairies et dans les trous des arbres ; pond 5 ou 6 œufs d'un blanc légèrement bleuâtre, tacheté de brun.

BERGERONNETTE JAUNE ou BOARULE.
MOTACILLA BOARULA.

Noms vulg. : *Berjheïretto*, *Branla-Quéto*,

La Bergeronnette Jaune, Buff. — Le Hoche-Queue Jaune, *Motacilla Boarula*, Vieill. — Le Hoche-Queue Jaune, *Motacilla Boarula*, Roux. — La Bergeronnette Jaune, *Motacilla Boarula*, Temm.

Gorge et devant du cou noirs; un trait blanc part de la racine du bec et descend de chaque côté du cou, en s'élargissant; croupion d'un jaune nuancé d'olivâtre ; sourcils d'un blanc jaunâtre ; poitrine, milieu du ventre et couvertures inférieures de la queue d'un beau jaune jonquille ; parties supérieures cendrées; queue longue; pennes de celle-ci noirâtres, frangées d'olivâtre ; les trois de chaque côté ont chacune plus ou moins de blanc sur leur longueur ; bec brun ; pieds rougeâtres, le *mâle* en plumage d'été. Longueur, 7 pouces 3 ou 4 lignes.

Les *mâles* et les *femelles* après leur mue d'automne n'ont plus la gorge noire ; cette teinte est remplacée par du blanc tirant un peu au rougeâtre ; le jaune de dessous le corps est plus pâle, et les parties supérieures sont d'un cendré teint d'olivâtre. A l'époque de leur mue, les *mâles* ont la gorge recouverte par des plumes noires et blanches.

Cette espèce de Bergeronnette arrive ici dans les premiers jours du mois d'octobre, se répand le long des eaux un peu stagnantes, dans les endroits fangeux et le long des ruisseaux, où elle recherche les vermisseaux, ne cessant d'agiter sa queue à chaque mouvement qu'elle fait. Il n'est pas rare d'en voir dans l'intérieur des villes, dans les jardins et sur les toits des maisons : nulle part plus abondante que dans le jardin de notre fontaine, où elle court souvent le long des parapets de ses bassins, ou bien sur les grands arbres qui s'y trouvent et où elle fait entendre un petit ramage assez éclatant ; elle a encore un cri d'appel qu'elle pousse en volant : bëst, bëst, bëst, sont les syllabes qu'elle paraît faire entendre

Les Bergeronnettes-Jaunes se réunissent le soir en petites troupes pour passer la nuit dans quelque fourré ; elles se séparent de très grand matin en se rapelant. A l'aproche de la belle saison, elles regagnent les contrées du Nord ; quelques-unes seulement restent dans nos environs.

On trouve ces oiseaux dans une grande partie de l'Europe ; partout ils fréquentent les mêmes localités. Leur nourriture consiste, comme pour l'espèce précédente, en divers insectes. Leur nid est placé entre des pierres amoncelées dans les trous de rivages et dans les trémies. Les œufs, au nombre de 6, sont pointus et larges vers le gros bout, de couleur blanc sale, tachés de rougeâtre. En 1837, une paire nicha ici entre les chapiteaux des colonnes des bains d'Auguste.

BERGERONNETTE PRINTANNIÈRE.
MOTACILLA FLAVA.

Noms vulg. : *Siblaïré*, *Bérjheïretto.*

La Bergeronnette de Printemps, Buff. — La Bergeronnette de Printemps, *Budytes Flavus*, Cuv. — Le Hoche-Queue de Printemps, *Motacilla Flava*, Vieill. et Roux.—La Bergeronnette Printannière, *Motacilla Flava*, Temm.

Tête d'un cendré bleuâtre pur; toutes les parties supérieures d'un vert olivâtre; une bande blanche part de la partie supérieure du bec et passe au-dessus des yeux; une autre passe au-dessous; toutes les parties inférieures sont d'un beau jaune; les deux pennes latérales de la queue blanches, les autres sont noirâtres, finement lisérées de blanc jaunâtre; l'ongle postérieur très long et peu arqué. Longueur totale, 6 pouces 6 lignes, le *mâle* au printemps. En automne, le jaune est moins brilllant.

La *femelle* a la gorge blanche et le jaune des parties inférieures est moins vif. Les *jeunes* ont toutes les parties de leur plumage généralement ternes; elles sont légèrement lavées de jaune ou de blanchâtre.

C'est au mois d'avril que les Bergeronnettes-Printannières commencent à opérer leur passage dans le Midi; on les voit alors arriver par petites troupes, poussant un cri aïgu : *fzit, fzit, fzit.* Elles se posent dans les champs découverts, au milieu des pâturages, recherchant les insectes, volant à petites distance, se réunissant par intervalles et paraissant ne point prendre garde à l'approche de l'homme. Ces oiseaux aiment leurs semblables et viennent à leurs cris ; il suffit d'en attacher un au milieu des filets, pour qu'aussitôt le plus grand nombre de ceux qui arrivent s'y précipitent sans défiance.

En été, les Bergeronnettes-Printannières sont très communes au bord de nos marais, où souvent elles se mêlent au milieu des troupeaux ; dès le mois d'août, elles abandonnent ces localités et commencent leur migration ; nous les revoyons encore dans nos plaines, jusque fin septembre.

Cette jolie espèce est très commune dans toutes les contrées de l'Europe. Elle se nourrit, comme ses congénères, de mouches, de phalènes, d'insectes d'eau et de petites chenilles. Niche sur le bord des marais, dans les prairies et dans les blés ; construit son nid avec des filamens d'herbes sèches et de petites racines, mais le garnit à l'intérieur avec des crins de chevaux et de la laine. La ponte est de 6 œufs arrondis, blanchâtres, nuancés de vert olivâtre, de brun clair et de couleur de chair.

BERGERONNETTE FLAVÉOLE.
MUTACILLA FLAVEOLA.

Noms vulg. : *Siblairé*, *Berjheïretto*.

MOTACILLA FLOVEOLA, Gould. — MOTACILLA FLAVA, Ray. — La BERGERONNETTE FLAVÉOLE, *Motacilla Flava*, Temm.

Cette nouvelle espèce, que Temminck a décrite d'après Gould, est regardée par ces deux auteurs comme étant propre à l'Angleterre ; mais ce n'est pas sans fondement que le premier pensait qu'elle pouvait vivre ailleurs. En effet, la Flavéole arrive dans nos pays vers la fin du mois d'avril ; mais la livrée des sujets qui nous visitent n'est pas la même de ceux que l'auteur anglais nous a fait connaître.

Front, bande au-dessus des yeux, joues, côtés du cou et toutes les parties de dessous le corps d'un très beau jaune jonquille; nuque, haut du cou, dos et croupion d'un jaune nuancé d'olivâtre ; cette couleur est peu foncée sur le milieu du dos ; ailes brunes ; grandes, moyennes et petites couvertures bordées de blanc jaunâtre; queue noire; les deux pennes latérales blanches, mais noires sur la moitié des barbes intérieures jusque près de leur bout; la troisième a sa pointe blanche, ainsi que la baguette ; les couvertures supérieures sont noirâtres, frangées de jaune olivâtre ; bec et pieds noirs ; iris brun foncé.

Je possède un individu tué en automne ; il diffère beaucoup des sujets tués au printemps : toute la tête, le cou et le dos sont d'un olivâtre tirant au blanchâtre ; croupion et couvertures supérieures de la queue d'un olivâtre clair; gorge, devant du cou et sourcils d'un blanc tirant au jaunâtre; quelques plumes nuancées de gris brun sur les côtés et le bas du cou ; la poitrine et les autres parties inférieures sont d'un assez beau jaune qui devient plus brillant vers l'abdomen et sur les couvertures inférieures de la queue; celle-ci comme au printemps.

Ls science doit à Gould la connaissance de cette nouvelle espèce, que l'auteur anglais a rencontrée de l'autre côté de la Manche, où elle arrive au printemps. M. Temminck déclare ne l'avoir jamais observée lui-même sur le Continent ; mais il présume qu'elle s'y trouve et qu'elle aura été confondue avec la précédente. Cette dernière assertion se trouve confirmée, car la Flavéole nous visite à l'époque du mois de mai, se répand dans nos champs, et niche dans nos départemens méridionaux. Ses habitudes ne diffèrent pas de celles de la *Printannière* avec qui elle se mêle lors de ses passages. Vers la fin du mois d'août, nous revoyons encore cette espèce, mais elle reste peu parmi nous.

La Flavéole n'a été observée qu'en Angleterre, dans le département du Gard et dans celui de l'Hérault, où mon ami Lebrun fils l'a connue, avant que je la trouvasse ici ; j'ai reçu plusieurs individus des environs de Perpignan où je la crois assez répandue en été. Cette Bergeronnette se nourrit de petites mouches, de larves et de chenilles. Selon Gould, elle niche à terre, dans les blés ; construit un nid de fibres lâches et d'herbes sèches entrelassées de poils ; pond 4 ou 5 œufs d'un blanc roussâtre, tacheté de brun jaunâtre. Je n'ai pu encore rencontrer son nid malgré mes recherches.

GENRE VINGT-CINQUIÈME.

PIPI. — *ANTHUS.* (Bechst.)

Caractères : Bec glabre à sa racine, grêle, droit, en forme d'alêne, à bords fléchis en dedans, à son milieu. Pointe légèrement échancrée. Narines à demi-fermées par une membrane. Tarses nus. Doigt intermédiaire soudé à sa base avec l'extérieur. Ongle postérieur plus long, plus ou moins arqué, quelquefois très long. Ailes à grandes couvertures, sans pennes bâtardes. 3me et 4me rémiges les plus longues.

Les Pipis ont été longtemps confondus avec les *Alouettes*, dont ils diffèrent cependant par plusieurs caractères et par leur manière de vivre ; c'est plutôt avec les *Bergeronnettes* qu'ils devraient être rangés, parce qu'ils ont beaucoup d'analogie avec ces oiseaux, tant par leurs habitudes que par leur nourriture, qui est la même.

C'est Bechstein et Meyer qui en ont les premiers fait un genre à part, et cette séparation a été approuvée et suivie par tous les naturalistes qui ont écrit après eux.

Sept espèces de Pipis habitent l'Europe ; elles sont toutes de passages dans nos contrées ; c'est ordinairement dans les champs cultivés et dans les lieux découverts qu'on les trouve. Ces oiseaux se perchent rarement sur les arbres.

PIPI RICHARD. — *ANTHUS RICHARDI.*

Nom vulg. : *Prioulo Grosso.*

Le Pipi Richard, *Anthus Richardi*. Vieill. — Le Pipi Richard, *Anthus Richardi*, Temm. — Le Pipi Richard, *Anthus Richardi*, Roux.

Toutes les parties supérieures sont brunes ; chaque plume est bordée de roussâtre ; les joues sont d'un brun roux ; un trait blanchâtre, partant de l'œil, s'étend au-dessus de la région des oreilles ; un tout petit trait brun entre le bec et l'œil, entouré par de petites plumes blanchâtres ; une petite série de taches noirâtres partent du coin du bec, descendent de chaque côté du cou et vont se fondre dans de semblables taches dont la poitrine est parsemée. La gorge, les côtés du cou et l'abdomen sont blancs, mais lavés de roux sur les flancs et les couvertures du dessous de la queue ; celle-ci noirâtre ; les deux intermédiaires sont un peu étroites et bordées de roux ; les deux de chaque côté blanches à l'extérieur et brunes à l'intérieur ; pieds couleur de chair ; tarses très longs ; ongle du doigt postérieur un peu arqué, plus long que le doigt du milieu ; bec couleur de corne à sa base, noir sur le reste de sa longueur ; iris noir. Longueur, 6 pouces 6 ou 7 lignes, les *vieux au mois d'octobre.*

La *femelle* a les parties inférieures moins rousses que le *mâle*.

Voici l'état du plumage des *jeunes* en mue d'automne : Sommet de la tête et dos noirâtres ; chaque plume bordée et terminée de roux ; nuque et cou roussâtres. Sur le centre de chaque plume est une petite tache brune ; ailes d'un brun tirant au noir ; grandes et petites couvertures bordées de roussâtre et de blanchâtre ; gorgerette blanche ; devant du cou, poitrine, flancs et couvertures du dessous de la queue roussâtres ; milieu du ventre blanc ; les taches de la poitrine et des côtés du cou sont d'un brun noirâtre ; le bec est d'un blanc jaunâtre à sa base ; pieds de couleur livide ; ongle postérieur blanchâtre et moins long d'une ligne et demie que chez les *vieux*.

C'est M. Richard, de Lunéville qui, le premier, a fait connaître ce Pipi à M. Vieillot; celui-ci lui donna ensuite le nom qu'il porte, pour en perpétuer le souvenir. Le Pipi Richard est le plus grand du genre ; sa voix, qui ressemble à celle du Pipi Rousseline, est forte. Comme tous ses congénères, il la fait entendre en volant, ce qui sert à le distinguer de loin. C'est vers le fin du mois de septembre et durant celui d'octobre que je l'ai toujours rencontré, mais en très petit nombre et toujours isolément. Je ne pense pas qu'il reste l'hiver dans nos alentours. Roux dit qu'il repasse en avril en Provence.

Cet oiseau ne se perche point, mais il court rapidement à terre ; il se blottit quelquefois derrière une motte pour s'y mettre à l'abri ; son naturel n'est pas farouche.

On rencontre le Pipi Richard en Espagne, dans le midi de l'Allemagne et en France, où il est plus commun dans le midi que dans le nord ; il est assez répandu dans les environs de Vienne, en Autriche, accidentellement ailleurs. Il se nourrit comme toutes les autres espèces de Pipis. Ses œufs, selon Roux, sont blancs, parsemés de nombreuses taches rougeâtres, irrégulières.

PIPI SPIONCELLE. — *ANTHUS AQUATICUS.*
Nom vulg. : *Cici dei Gros.*

L'Alouette Pipi, Buff. — Le Pipi Spipolette, *Anthus Aquaticus*, Vieill. — Le Pipi Spipolette, *Anthus Aquaticus*, Roux. — Le Pipi Spioncelle, *Anthus Aquaticus*, Temm.

Parties supérieures du corps d'un gris brun ; plus foncé au centre de chaque plume ; parties inférieures blanches ; côtés du cou et de la poitrine flammés de brun clair ; les deux rectrices moyennes d'un brun cendré ; l'extérieure en partie blanche ; pieds d'un brunâtre marron ; mandibule inférieure du bec livide. Longueur, 6 pouces 5 ou 6 lignes, les *vieux en plumage d'automne*.

La *femelle* se distingue seulement par les taches des parties inférieures, qui sont plus nombreuses.

Les *mâles au printemps* ont tout le dessus de la tête et la région des oreilles d'un beau gris bleuâtre, un peu verdâtre ; cette couleur règne encore, mais avec moins de pureté, sur toutes les parties supérieures ; la tache brune située au centre de chaque plume n'est apparente que sur le milieu du dos ; le croupion a plus de roussâtre. Gorge d'un blanc lavé de roux ; devant du cou, poitrine, ventre, d'un roux rougeâtre ; abdomen d'un roux plus clair ; couvertures inférieures de la queue d'un blanc pur ; une large bande au-dessus des yeux, couvrant le méat auditif, couleur de la poitrine.

Dès leur arrivée, qui a lieu au mois d'octobre, les Pipis Spioncelles se mêlent aux volées des *Pipis Farlouses* qui parcourent notre plaine ; mais ils sont toujours faciles à distinguer par leurs cris, *pipi*, *pipi*, prononcés d'une voix forte et grave. Le *mâle*, pendant les beaux jours, chante en s'élevant dans l'air à la manière des *Pipis des Buissons*. Les bords des étangs et des marais, sont les lieux qu'ils affectionnent pour faire leur demeure parmi nous ; ils sont souvent posés près des eaux ; ils courent sur la vase et sur les feuilles des plantes aquatiques pour y chercher les insectes ; ils sont plus farouches que la plupart de leurs congénères, car dès qu'on veut les approcher, ils s'envolent et vont se poser plus loin. Nous les voyons dans nos contrées jusque vers la du fin mois d'avril, mais je ne pense pas qu'ils y nichent.

Cet oiseau habite dans tous les pays de l'Europe. L'espèce est la même dans l'Amérique Septentrionale et au Japon. Comme ses congénères, il se nourrit d'insectes ailés et de petits coléoptères qui se propagent aux bords des eaux. Dans plusieurs contrées, ce Pipi établit son nid entre les fentes des pierres et des rochers qui bordent la mer ; dans d'autres, il recherche les montagnes, même les plateaux les plus élevés et les plus déserts. Sa ponte est de 4 ou 5 œufs d'un blanc sale, couverts de petits points bruns, qui sont très rapprochés vers le gros bout.

PIPI ROUSSELINE. — *ANTHUS RUFESCENS.*

Nom vulg. : *Prioulo*

La Rousseline, Buff., pl. enl. 661, fig. 1, sous le nom de l'Alouette de Marais, et son Fist de Provence, n'est autre qu'un *jeune individu* mal représenté. — Le Pipi Rousseline, *Anthus Rufus*, Vieill. — Le Pipi Rousseline, *Anthus Rufescens*, Temm. — Le Pipi Rousseline, *Anthus Rufus*, Roux.

Cet oiseau a, d'après Buffon, beaucoup embarrassé les auteurs qui ont écrit après lui ; mais Roux n'a pas hésité à éclaircir les doutes qui s'étaient élevés relativement à cette espèce. Je lui emprunte la description suivante, qui me paraît ne rien laisser à désirer : Tout le plumage est de couleur isabelle ; les parties supérieures sont brunes ; une teinte semblable, mais plus foncée, colore les rémiges et les rectrices ; les joues sont rousses ; une large bande blanchâtre passe au-dessus des yeux ; la gorge, le ventre et l'abdomen sont de cette couleur, sans taches chez quelques *individus vieux ;* mais on voit ordinairement de chaque côté de la gorge et sur la poitrine quelques petits traits bruns ; ce sont ceux de l'*année après la mue d'automne.* Trois raies brunes ornent les côtés de la tête ; l'une part du coin du bec et s'étend sur les yeux ; l'autre passe au-dessous de la joue, et la troisième descend le long du cou. Les couvertures des ailes et les deux pennes intermédiaires de la queue ont sur leur bord une large bande roussâtre ; 1re rectrice extérieure presque totalement blanche, à baguette de cette couleur ; 2me d'un blanc roussâtre sur la barbe extérieure, ainsi que sur une partie de la pointe ; la baguette en est brune ; l'ongle du doigt postérieur est souvent plus court que ce doigt.

Les *jeunes, avant la mue d'automne,* ont toutes les parties supérieures d'un brun foncé ; chaque plume est lisérée de blanchâtre ou de roussâtre. La poitrine et les côtés du cou sont couverts d'un grand nombre de taches brunes, allongées, ordinairement petites, quelquefois arrondies.

Nous avons dit que cette espèce avait beaucoup embarrassé les ornithologistes ; en effet, Buffon reçut de Provence un oiseau désigné sous le nom de *Fist*, qu'il lui conserve ; mais sa planche 654 n'était pas exacte : les auteurs firent la remarque que l'ongle postérieur était court et crochu et n'hésitèrent point à le regarder comme une espèce particulière. C'est ainsi que Linné, Latham et Vieillot l'ont rapporté à des genres différens. Il appartenait à un naturaliste exercé dans la connaissance des oiseaux de son pays à relever cette erreur, et c'est à quoi Roux n'a pas manqué en prouvant d'une manière irrécusable que l'oiseau appelé *Fist* en Provence n'était autre que le *Pipi Rousseline*, et que l'individu publié par Buffon était un oiseau jeune de cette espèce. Je ferai observer seulement que le cri qu'il jette en volant n'exprime pas *fits*, comme l'assure l'auteur provençal, mais bien exactement les syllabes *priou, priou, pripriou*. Tous nos chasseurs connaissent cette espèce sous le nom de *Prioúlo*, qui lui convient parfaitement sous le rapport de sa voix.

Ce Pipi se montre ici au commencement d'avril ; un bon nombre restent dans le pays pendant l'été ; il en niche dans nos garrigues et dans le voisinage des marais qui bordent la Méditerranée. Dès les premiers jours de septembre, nous en avons un second passage qui est abondant ; mais bientôt après nous n'en voyons pas un seul dans nos contrées.

La Rousseline habite les pays du midi de l'Europe pendant l'été. Elle se nourrit d'insectes ; niche au pied d'un buisson ou sous une motte de gazon ; pond 5 ou 6 œufs d'un blanc bleuâtre varié de petites lignes et de taches violettes d'un rouge rembruni.

PIPI FARLOUSE. — *ANTHUS PRATENSIS.*

Nom vulg. : *Cioi.*

Le Cujelier, Buff. — Le Pipi des Buissons, *Anthus Sepiarius*, Vieill. — Le Pipi Farlouse, *Anthus Pratensis*, Temm. — Le Pipi des Buissons, *Anthus Sepiarius*, Roux.

Tout le dessus de la tête et du corps d'un cendré olivâtre foncé, marqué par de grandes taches noirâtres qui suivent la direction de la baguette des plumes ; elles sont très prononcées sur le haut du dos ; ailes noirâtres, bordées d'olivâtre ; moyennes et petites couvertures terminées de blanchâtre et de noirâtre ; la penne extérieure blanche, avec une grande tache noire intérieurement, à partir de sa base; la deuxième a une tache blanche à son extrémité ; parties inférieures d'un blanc légèrement teint de jaunâtre, avec de grandes taches allongées sur les côtés du cou, la poitrine, les flancs et le milieu du ventre ; une bande au-dessus des yeux a une tache depuis la racine du bec, qui s'étend sous les joues, d'un blanc jaunâtre ; pieds de couleur livide ; iris noirâtre. Longueur, 5 pouces 4 ou 5 lignes, le *mâle* et la *femelle*.

Les *deux sexes* diffèrent peu ; ils ont les parties supérieures plus foncées en été qu'en hiver.

Le Pipi dont il sagit se montre ici dans les premiers jours du mois d'octobre et passe l'hiver dans le pays. Ces oiseaux se réunissent par petites troupes, et fréquentent nos bois couverts de bruyères, nos vignes, les champs de luzernes et tous les lieux humides voisins des marais. Dès qu'on les approche, ils s'élèvent en jetant un cri perçant *ci*, *ci*, *ci*, *ci*, *ci-ci-ci-ci*, que quelques auteurs traduisent par *pi*, *pi*, *pi*, *pi*; ils ne tardent pas à se poser à peu de distance, car leur naturel n'est pas sauvage. Souvent on rencontre ces oiseaux mêlés aux troupes des *Pinsons*, des *Bruants* et des *Verdiers*, recherchant avec eux leur nourriture à terre. Ce Pipi se rabat sur la *Chouette-Chevêche* * dont les chasseurs se servent, ainsi qu'il est dit ailleurs, pour attirer les *Alouettes*. Comme celle-ci, il plane sur le miroir qu'on fait mouvoir dans les champs et se laisse tuer à bout portant.

On rencontre cette espèce dans plusieurs contrées de l'Europe. Les insectes, les vermisseaux et différentes semences composent sa nourriture. Le Pipi Farlouse place son nid soit entre les touffes d'herbes ou au pied des buissons; ce nid est fait avec des tiges d'herbes sèches, de la mousse et de crins. Les œufs sont d'un blanc sale, marqués de brun, le nombre est de 5 ou 6. Cette espèce niche dans les montagnes des Cevennes voisines de notre département.

PIPI DES BUISSONS. — *ANTHUS ARBOREUS.*

Nom vulg. : *Grassé.*

La Farlouse ou l'Alouette des Prés, Buff. — La Pivote Ortolane de Provence, du même auteur, n'est qu'un *individu jeune* de cette espèce avant la mue. — Le Pipi des Arbres, *Anthus Arboreus*, Vieill. — Le Pipi des Buissons, *Anthus Arboreus*, Temm. — Le Pipi des Arbres, *Anthus Arboreus*, Roux.

* Tous les Pipis ont une aversion très prononcée pour cet oiseau nocturne.

Cette espèce, facile à confondre avec la précédente, a les parties de dessus le corps d'un cendré lavé d'olivâtre; des taches brunes s'étendent sur le centre des plumes de la tête, du cou et du dos; elles sont plus clairement semées sur le croupion; du blanc jaunâtre, à l'extrémité des petites et moyennes couvertures forme une double bande transversale sur l'aile; gorgerette d'un blanc pur; le reste des parties inférieures d'un beau roux jaunâtre ou couleur d'ocre; sur la poitrine sont de grandes taches noires, et sur les flancs des traits longitudinaux très étroits; milieu du ventre blanc sans taches. Longueur, 5 pouces 5 ou 6 lignes.

Roux dit que c'est à ce Pipi, connu en Provence sous le nom de *Pivo*, souvent *Pivo-Ortolane* ou *Pivoueto*, que doit être rapportée la *Pivote Ortolane* de Buffon, sur l'existence de laquelle divers auteurs n'ont pas osé se prononcer, sans doute pour n'avoir pas été à portée de l'étudier. Le même naturaliste n'hésite pas à reconnaître dans cet oiseau un individu jeune avant la mue du Pipi qui fait le sujet de cet article.

Cette espèce est très abondante ici, à l'époque de son passage d'automne; elle recherche de préférence les prairies humides et les champs de luzernes, où souvent elle se pose sur les arbres qui les bordent; elle est quelquefois si grasse qu'elle a de la peine à voler; sa chair devient alors un manger délicieux; aussi tous nos chasseurs, sans distinction, lui font une guerre acharnée.

Les Pipis Farlouses reparaissent au printemps, mais ils ne font que passer rapidement; quelquefois il arrive que des individus égarés hivernent dans notre pays, mais cela a lieu rarement.

Cet oiseau visite toute l'Europe. Sa nourriture est la même que celle de l'espèce précédente. C'est à terre, dans les marais et dans les petits buissons, qu'il place son nid. Sa ponte est de 3 ou 6 œufs d'un blanc sale marqué de brun.

ORDRE QUATRIÈME.

GRANIVORES. — *GRANIVORES.*

Caractères : BEC fort, court, gros, plus ou moins cônique. ARÊTE plus ou moins aplatie, s'avançant sur le front. MANDIBULE le plus souvent sans échancrures. PIEDS : trois doigts devant et un derrière; les trois antérieurs divisés. AILES médiocres.

Ces oiseaux, dit Temminck, vivent par couples et se rassemblent pour les voyages en grandes bandes; ils sont sédentaires ou de passage, suivant le climat qu'ils habitent; le plus grand nombre est de passage périodique ou accidentel dans les pays exposés aux frimats. Leur nourriture consiste principalement en grains et en semences; les insectes font leur principale nourriture pendant tout le temps destiné à élever leur progéniture. Ils peuvent être nourris en captivité; presque tous ont un chant agréable, ils se rapprochent volontiers de nos habitations.

GENRE VINGT-SIXIÈME.

ALOUETTE. — *ALAUDA*. (Linn.)

Caractères : Bec cylindrique plus ou moins long, plus ou moins arqué ou droit ; de petites plumes à sa base, raides, serrées, dirigées en avant. Tarses nus. Doigt du milieu soudé à sa base avec l'extérieur et séparé de l'interne ; première penne de l'aile très courte. 2me et 3me rémiges les plus longues.

On connaît environ trente espèces d'Alouettes ; toutes se nourrissent de semences, d'insectes, et de jeunes pousses d'herbes. Leur chant est agréable et varié ; elles le redisent en s'élevant dans les airs et de très grand matin. Les Alouettes habitent tous les continens ; onze espèces se trouvent en Europe, six d'entr'elles se rencontrent ici.

M. Temminck forme de ce genre trois sections qui sont basées sur la forme du bec, qui diffère beaucoup selon les espèces ; aucune de celles comprises dans la première de ces divisions n'a pas, que je sache, été rencontrée dans nos pays. Roux nous apprend cependant que *l'Alouette-Dupont*, a été vue au marché de la ville de Marseille. S'il en est ainsi, il serait probable que cette belle et rare espèce nous visite quelquefois dans ses migrations.

IIe SECTION.

Bec un peu grêle, à-peu-près droit, de forme longicone.

ALOUETTE A HAUSSE-COL NOIR.
ALAUDA ALPESTRIS *.

L'Alouette a Hausse-Col Noir, Buff. — *Idem*, la ceinture du prêtre, vol. 5, pag. 61, *Alauda Alpestris*, Linn. — L'Alouette a Hausse-Col Noir, *Alauda Alpestris*, Vieill. — L'Alouette a Hausse-Col Noir, *Alauda Alpestris*, Temm.

Un trait noir prend naissance sur le haut du bec, passe sous les yeux en s'élargissant sur les joues ; un hausse-col sur la poitrine et une bande sur le milieu de la tête de la même couleur ; les plumes les plus latérales de celle-ci *sont longues et minces, en forme d'aigrette;* gorge, sourcils, espace derrière les yeux d'un jaune clair; parties supérieures, haut de l'aile et côtés de la poitrine d'un cendré teint de rougeâtre ; rémiges noirâtres ; pennes de la queue noires; les deux latérales bordées de blanc pur en dehors ; les deux du milieu frangées de roussâtre ; parties inférieures d'un fauve blanchâtre, excepté le milieu du ventre, qui est blanc.

La *femelle* a du jaunâtre sur le front, du noir et du brun sur le haut de la tête ; les parties supérieures sont moins nuancées de rougeâtre. Les *jeunes de l'année* n'ont point de hausse-col.

* Malgré cette dénomination, cette espèce n'a jamais été observée dans les Alpes.

L'Alouette à Hausse-Col-Noir est très rare en France, et il n'est point encore parvenu à ma connaissance qu'elle ait été trouvée dans le Midi. Je possède pourtant un individu *mâle* qui fut pris aux filets dans les environs de Nismes, par M. Martin. Cette espèce d'Alouette vint se poser de sa propre volonté près des autres oiseaux qui servaient d'appeaux ; elle y resta assez longtemps, car le chasseur dédaignait de la prendre seule, ne sachant point que ce fût une espèce rare dans le pays. M. Martin conserva longtemps cet oiseau dans une volière ; son naturel n'était point farouche ; il parut ne pas regretter sa liberté ; il courait vite et, à chaque fois qu'il s'arrêtait, il redressait les petites plumes en forme d'aigrette qui ornent les côtés de sa tête. Il fait maintenant partie de ma collection.

L'Alouette à Hausse-Col-Noir se trouve dans le nord de l'Europe, de l'Asie et de l'Amérique ; se montre, à l'époque de son passage, en Allemagne, en Hollande et quelquefois en France. Elle se nourrit d'insectes, de semences et de plantes alpestres. Sa propagation est inconnue.

ALOUETTE DES CHAMPS. — *ALAUDA ARVENSIS.*

Noms vulg. : *Alouetto, Láouzetto.*

L'Alouette Ordinaire, Buff. — La Girole du même auteur appartient à cette espèce.—L'Alouette des Champs, Cuv. — L'Alouette Commune, *Alauda Arvensis*, Vieill. —L'Alouette des Champs, *Alauda Arvensis*, Temm.— L'Alouette Commune, *Alauda Arvensis*, Roux.

Parties supérieures d'un gris roussâtre ; chaque plume est noirâtre dans le milieu ; une bande blanchâtre au-dessus des yeux ; joues d'un brun gris ; gorge blanche ; cou, poitrine et flancs teints de roussâtre. Sur le centre de chaque plume une tache brune; sur les flancs, des lignes brunes, le long de la baguette; milieu du ventre blanc, légèrement nuancé de roussâtre; les deux pennes latérales de la queue ont du blanc sur une partie de leurs barbes extérieures. Longueur, 6 pouces 10 ou 11 lignes.

Cette espèce présente souvent des variétés accidentelles qui sont plus ou moins de couleur isabelle, quelquefois d'un blanc pur.

L'on a écrit avec beaucoup de goût et de raison que cette espèce est considérée comme le musicien des champs : son joli ramage et la facilité qu'elle a de retenir les airs de serinette, en font souhaiter la possession. Elle commence à chanter dès les premiers rayons de l'aurore; ses accens et ceux de l'*Alouette Cocheris*, sont les premiers qui frappent dans la campagne l'oreille du cultivateur vigilant et qui nous annoncent la lumière. Elle se tait au milieu du jour; mais lorsque le soleil s'abaisse vers l'horizon, le *mâle* remplit de nouveau les airs de modulations variées; s'élevant perpendiculairement et retombant tout-à-coup auprès de sa compagne, qui le suit des yeux et lui donne le prix de ses chansons d'amour.

Dès le mois d'octobre, les *Alouettes des Champs* sont très répandues dans notre pays; mais nulle part en aussi grand nombre que dans notre plaine et dans les environs des marais de la Camargue. Elles arrivent par petites bandes pendant tout le temps que s'opère leur passage; il en reste beaucoup l'hiver, mais à l'approche du printemps elles s'isolent, et, de communes qu'elles étaient, il n'en reste qu'une faible partie pour nicher dans nos alentours.

L'Alouette des Champs habite toute l'Europe ; on dit qu'elle traverse la Méditerranée, et qu'elle se rend en Syrie et en Egypte. Les insectes, les larves et plusieurs sortes de semences composent sa nourriture. C'est entre deux mottes de terre qu'elle place son nid, qui est de forme très négligée ; pond 4 ou 5 œufs, grisâtres, parsemés de taches brunes.

ALOUETTE LULU. — *ALAUDA ARBOREA.*

Noms vulg. : *Coutéloû, Pétourlino.*

Le Lulu, l'Alouette des Bois et le Cujelier, Buff. — L'Alouette des Bois, le Cujelier Lulu, Cuv. — L'Alouette Lulu, *Alauda Nemorosa*, Vieill. — L'Alouette Lulu, *Alauda Arborea*, Temm. — L'Alouette Lulu, *Alauda Nemoralis*, Roux.

Les plumes de la tête de cette espèce sont un peu allongées, tachées de noir et de roux ; joues brunes, avec une petite tache blanchâtre ; un trait de cette couleur part du front, passe au-dessus des yeux et entoure la tête ; toutes les parties supérieures rousses, avec une large tache noire au milieu de chaque plume ; queue carrée, courte ; les pennes du milieu d'un brun roussâtre ; une tache blanche au bout des quatre latérales ; les rémiges ont leur fine pointe de cette couleur ; parties inférieures d'un blanc roussâtre, avec des taches d'un brun noir sur le devant du cou et de la poitrine ; bec de cette dernière couleur ; iris brun ; pieds couleur de chair ; ongle postérieur jaune, marqué de brun dans le milieu de sa longueur. Mesure, 6 pouces de long.

La *femelle* se distingue peu du *mâle*; elle a quelquefois peu de taches sur la poitrine.

C'est dans les pays de broussailles et accidentés que les Alouettes Lulu aiment à fixer leur demeure; ici nous les trouvons plus particulièrement dans nos garrigues boisées et dans les vignes. Elles forment de petites troupes de quinze à vingt individus et quelquefois davantage; volent serrées en faisant entendre un cri exprimé d'un ton plaintif : *bédouli*, *bédouli*, et d'autres fois *lu*, *lu*, *lu*, *lu*, *lu*, *lu*, dit avec douceur, et d'où l'on a tiré son nom.

Le *mâle* se perche quelquefois, et fait alors entendre un ramage agréable, tandis que sa compagne s'occupe du soin de sa progéniture. Ces Alouettes sont de passage en automne; plusieurs familles demeurent pendant l'hiver ici; mais, à l'approche du printemps, à l'exception d'un petit nombre qui restent pour nicher, toutes nous abandonnent pour se retirer dans des pays plus élevés.

Cet oiseau se montre dans la plupart des contrées de l'Europe. Sa nourriture consiste en insectes et en graines huileuses. Il établit son nid sous quelques mottes de bruyères, ou auprès d'un buisson; il est composé de filamens d'herbes en dehors, et garni de matières douces et de crins en dedans. La ponte est de 4 ou 5 œufs blanchâtres, lavés de brun et piquetés de rougeâtre.

ALOUETTE COCHEVIS. — *ALAUDA CRISTATA.*

Noms vulg. : *Cáouquiado*, *Capéludo.*

Le Cochevis ou la Grosse Alouette Huppée, Buff. — La Coquillade du même auteur n'est qu'une variété de cette espèce. — Le Cochevis ou l'Alouette Huppée, Cuv. — L'Alouette Cochevis, *Alauda Cristata*, Vieill. — L'Alouette Cochevis, *Alauda Cristata*, Temm. — L'Alouette Cochevis, *Alauda Cristata*, Roux.

Les plumes de la tête allongées en forme de huppe, que l'oiseau peut redresser à volonté; parties supérieures d'un cendré roussâtre; pennes des ailes brunes, bordées de roux en dehors; les pennes du milieu de la queue roussâtres; les suivantes noirâtres; les deux latérales sont d'un roux clair extérieurement et à leur pointe; toutes les parties de dessous le corps d'un blanc lavé de jaunâtre, marquées sur la poitrine, ainsi que sur les côtés de la gorge, de taches d'un brun noirâtre; iris noirâtre; pieds couleur de chair; bec brun en dessus et jaunâtre en dessous. Longueur, 6 pouces 6 lignes.

La *femelle* est un peu moindre que le *mâle*. Celui-ci porte un plus grand nombre de taches noires sur la poitrine.

L'Alouette Cochevis vit sédentaire dans le Midi; elle habite indifféremment toutes les localités, mais plus particulièrement les plaines cultivées; on la voit souvent sur les chemins réunie aux *Moineaux* et aux *Pinsons*, cherchant avec eux les grains non digérés dans le crotin des chevaux. Dès qu'on l'approche, elle se hâte de fuir en jetant un petit cri plaintif, *pipi*, *pi*, *piou*, qui paraît être celui d'appel, car, aux premiers rayons de l'aurore, ces oiseaux le font encore entendre en se répondant, et bientôt après on les voit réunis par petites troupes. Après les couvées, les Cochevis vivent par familles ; les jeunes accourent de loin à la voix qui imite celle de leur mère ; aussi les chasse-t-on sans beaucoup de peine.

On trouve cette espèce d'alouette dans plusieurs contrées du midi de l'Europe ; vit aussi en Egypte et en Morée ; se nourrit d'insectes, mais plus particulièrement de graines et de semences. Son nid est déposé à terre sans beaucoup d'apprêts ; la *femelle* pond 4 ou 5 œufs d'un cendré clair, recouverts de taches brunes et noirâtres.

ALOUETTE CALANDRELLE.
ALAUDA BRACHIDACTYLA.

Noms vulg. : *Calandretto, Courentia.*

L'Alouette Calandrelle, *Alauda Arenaria*, Vieill. — L'Alouette a Doigts Courts ou la Calandrelle, *Alauda Brachidactyla*, Temm. — La Calandrelle, *Alauda Arenaria*, Roux.

Toutes les parties supérieures d'un beau roux isabelle, marqué d'une tache brune sur le centre de chaque plume ; queue noirâtre ; les deux pennes du milieu ont une large bordure de roux vif ; les suivantes sont finement bordées extérieurement et terminées de cette couleur ; les latérales sont d'un blanc roussâtre avec une grande tache noirâtre sur les barbes intérieures ; gorge, devant du cou, ventre, abdomen et couvertures inférieures de la queue blanchâtres ; poitrine lavée de roux ; quelques plumes brunes sur les côtés du cou ;

sourcils d'un blanc jaunâtre ; un trait brun derrière les yeux ; bec jaunâtre ; iris d'un brun foncé ; pieds couleur de chair. Longueur, 4 pouces 4 ou 5 lignes *en été.*

Le plumage du mois de septembre est moins nuancé de roussâtre, et les *jeunes de l'année* ont plus de cendré dans leur livrée.

C'est du 6 au 10 avril que les Calendrelles commencent à arriver dans nos contrées ; leur passage dure environ vingt-cinq jours ; il en reste un grand nombre dans le pays pour y passer l'été. Elles se répandent dans nos vignes, dans nos garrigues ; d'autres restent dans la plaine. Leur naturel est vif et léger : elles courent à terre avec rapidité. Comme les *Cochevis*, elles fréquentent les chemins. Le *mâle* a un chant qui est très agréable à écouter ; il le fait entendre dès la première aube du jour, posé à terre ou à une grande élévation, où il se soutient en décrivant des petits arcs-boutans. Le cri d'appel de la Calandrelle est *fi fi fi fi*, *vui vui* ; celles qui passent dans les airs ne tardent pas à se rabattre auprès de celles qui sont à terre, pourvu que celles-ci fassent entendre leur voix. Ces oiseaux voyagent par petites troupes, au printemps ; mais en automne ils se réunissent par grandes bandes, volant bas et poussant tous à la fois leur cri favori *fi fi fi fi*. Privé de sa liberté, le *mâle* devient familier, mais il chante rarement.

Les Calandrelles se rencontrent dans toutes les contrées du midi de l'Europe qui avoisinent la Méditerranée ; on prétend qu'elles émigrent en Afrique. Les graines et les insectes leur servent de nourriture. Cet oiseau niche à terre dans un sillon, sous une souche de vigne, ou bien entre deux mottes de terre. Son nid est très négligé. Les œufs, qui sont au nombre de 4 ou 5, sont blanchâtres, variés de petites taches irrégulières, grises et brunes.

III° Section.

Bec gros, fort, plus haut que large.

ALOUETTE CALANDRE. — *ALAUDA CALANDRA.*

Noms vulg. : *Calandro, Calandras.*

La Grosse Alouette ou Calandre, Buff.—La Calandre, Cuv. — L'Alouette Calandre, *Alauda Calandra*, Vieill. — L'Alouette Calandre, *Alauda Calandra*, Temm. — L'Alouette Calandre, *Alauda Calandra*, Roux.

Tout le dessus du corps d'un cendré roussâtre; une tache brune sur le milieu de chaque plume, plus large sur le haut du dos; gorge d'un blanc pur; côtés du cou d'un blanc jaunâtre, avec une espèce de demi-collier formé par deux grandes taches noires; poitrine lavée de jaunâtre, marquée par de petites taches brunes et noirâtres; ventre, abdomen et couvertures de dessous la queue blancs; flancs d'un cendré roussâtre; joues brunes; pennes du milieu de la queue et couvertures supérieures brunes et rousses; les deux de chaque côté sont blanches, un peu brunes intérieurement; les suivantes noirâtres, bordées et terminées de blanc jaunâtre; bec roussâtre, mais brun en dessus; iris brun; pieds d'un brun roux. Longueur, 9 pouces 5 ou 6 lignes., les *vieux*.

Les *femelles* sont moins grandes, et le noir du bas du cou est moins espacé.

Les Alouettes Calandre sont très abondantes dans notre pays ; elles vivent indistinctement dans les endroits élevés, comme dans ceux en plaine ; cependant, elles préfèrent ces derniers. Au temps des amours, les *mâles* ne cessent de chanter. Dès l'aube du jour, ils le font en se plaçant sur une motte de terre ; mais aussitôt que les rayons du soleil deviennent brûlans, ils s'élèvent à de grandes hauteurs, et c'est de là que leur forte voix continue à faire entendre une foule de sons divers, et contrefait souvent le ramage de plusieurs oiseaux ; mais ils ne s'écartent guère du lieu où leur compagne s'occupe du soin de leur progéniture. Une fois que les *jeunes* peuvent se réunir aux *vieux*, ils forment alors des troupes nombreuses. On les voit voler dans les champs découverts, rasant la terre de près et poussant des cris tous à la fois, à la manière des *Martinets*. Le plus grand nombre de ceux qui vivent dans la plaine s'en vont chaque soir coucher dans les garrigues, dans les endroits broussailleux, et en descendent de très grand matin par petites troupes, souvent en compagnie des *Bruants Proyer*.

Cette espèce habite seulement le midi de l'Europe. Les graines et insectes, surtout les sauterelles, lui servent de nourriture. Le nid de la Calandre est placé à terre sous les plantes d'herbes, dans les champs de fourrages et au pied des plantes odoriférantes. La ponte est de 4 ou 5 œufs d'un blanc jaunâtre, recouverts de taches grisâtres et de points un peu rougeâtres.

La Calandre vit longtemps. En captivité, elle retient facilement les airs qu'on lui apprend.

GENRE VINGT-SEPTIÈME.

MÉSANGE. — *PARUS*. (Linn.)

Caractères : Bec court, conique, subulé, droit, pointu, tranchant, garni à sa base par de petites plumes à barbes très fines, dirigées en avant. Narines arrondies, cachées par des plumes couchées sur le bec. Pieds forts. Doigts entièrement divisés. Ongle postérieur plus long que les extérieurs. Ailes à pennes bâtardes, ou de moyenne longueur. 4e et 5e rémiges les plus longues ; 2e moins longue que la 3e.

Les Mésanges recherchent la société de leurs semblables ; leurs mouvemens sont lestes et pleins de grâce. Vives et pétulantes, elles sont sans cesse en action, parcourant par petits vols brusques et courts les branches des arbres, furetant dans toutes les gerçures de l'écorce pour y chercher leur nourriture qui se compose d'araignées, de chenilles et d'insectes. Elles se rappellent souvent, en changeant de place, ou en se balançant à l'extrémité des rameaux des arbres ; et si c'est un cri de détresse, toutes s'empressent d'accourir et veulent partager le danger. Cette audace leur est quelquefois funeste, en les entraînant dans les piéges qu'on leur tend. Elles sont très fécondes, nourrissent leurs nombreuses familles avec un zéle et une activité infatigables. L'Europe en fournit douze espèces dont huit se trouvent dans notre pays.

Ire Section. — Sylvains.

Première rémige de leurs ailes de moyenne longueur.

Elles vivent dans les bois, les buissons et les haies ; émigrent en hiver.

MÉSANGE CHARBONNIÈRE. — *PARUS MAJOR.*
Nom vulg. : *Sarayé.*

La Charbonnière ou Grosse Mésange, Buff. — La Charbonnière, Cuv. — La Mésange Charbonnière, *Parus Major*, Vieill. — La Mésange Charbonnière, *Parus Major*, Temm. — La Mésange Charbonnière, *Parus Major*, Roux.

Un grand espace d'un blanc pur s'étend sur les joues ; du noir à reflet sur la tête, derrière les joues, sur la gorge, la poitrine, et s'étend sur le milieu du ventre ; les autres parties de dessous le corps jaunes ; manteau d'un vert olivâtre ; croupion et petites couvertures des ailes d'un cendré bleuâtre ; une bande blanche traverse les ailes ; les pennes de la queue noirâtres et cendrées ; du blanc sur les deux extérieures ; la 2ᵉ est seulement terminée de cette couleur. Longueur, 5 pouces 7 ou 8 lignes.

La *femelle* a le noir du haut de la tête peu brillant ; le jaune de dessous le corps moins foncé ; elle est aussi plus petite.

Cette espèce présente quelquefois des variétés accidentelles plus ou moins blanchâtres ou de couleur isabelle.

Les Mésanges Charbonnières vivent sédentaires dans notre pays, nichent de très bonne heure, au printemps, et sont très fécondes; en automne, elles sont beaucoup plus nombreuses, parce qu'il nous en arrive des pays septentrionaux. Vive, pétulante, toujours en mouvement, cette espèce voltige sans cesse d'arbre en arbre, grimpe sur l'écorce, gravit contre les murailles, s'accroche et se suspend à l'extrémité des plus faibles rameaux. D'un caractère féroce, elle attaque souvent les petits oiseaux malades et leur brise le crâne pour en manger la cervelle; cependant, elle ne fuit pas la société de ses semblables, car on la voit dans les champs, les vergers et les jardins, appelant celles de son espèce, qui s'empressent d'accourir à sa voix et s'en vont de concert. Si une de la troupe court quelque danger, toutes veulent le partager, et souvent elles sont victimes de leur témérité. La voix de la Charbonnière semble exprimer, *titipu*, *titipu*, *titipu*, ce qui lui a fait appliquer ici le nom de *Sarrayé* (serrurier); mais son cri favori est *stiti*, *stiti*.

Cette Mésange, la plus grande de celles qui se montrent en France, habite toute l'Europe. Elle se nourrit d'insectes, de larves, des bourgeons des arbres, de graines et de fruits. C'est dans les trous profonds des arbres et des murailles qu'elle place son nid; pond de 9 à 15 œufs blancs, tachetés de rougeâtre, surtout vers le gros bout.

MÉSANGE PETITE CHARBONNIÈRE.—*PARUS ATER*.
Nom vulg. : *Picho Sarayé*.

La Petite Charbonnière, Buff. — La Mésange Petite Charbonnière, Cuv. — La Mésange Petite Charbonnière, *Parus Ater*, Vieill. — La Mésange Petite Charbonnière, *Parus Ater*, Temm. — La Mésange Petite Charbonnière, *Parus Ater*, Roux.

Tête, gorge et partie supérieure du cou noirs; moustaches, joues et côté du cou blanc pur; deux petites bandes de la même couleur sur les ailes ; dessus du corps cendré ; dessous d'un blanc sale; queue rembrunie, légèrement fourchue ; bec et iris noirs ; pieds couleur de plomb, le *mâle*.

La *femelle* a moins de noir sur la gorge, et celui du côté du cou est moins étendu.

La petite Charbonnière descend des pays du nord à l'époque d'automne, et c'est alors que nous la trouvons ici ; mais l'espèce est loin d'être abondante ; ses habitudes sont les mêmes que celles de plusieurs de ses congénères ; elle grimpe et s'accroche aux branches des arbres et prend toutes sortes de positions. Cette Mésange ne manque pas de vrai courage, mais elle est peu rusée ou peut-être plus hardie, car elle donne dans tous les piéges qu'on lui tend. On peut la nourrir en cage avec de la graine de chanvre.

La Mésange Petite Charbonnière habite les pays du nord de l'Europe pendant la belle saison, et visite les contrées méridionales durant l'hiver. Elle aime à se nourrir de punaises des bois, de larves d'insectes et de petits bourgeons ; niche dans les trous naturels des arbres, ou dans des trous de muraille; pond 6 à 8 œufs blancs, couverts de petits points d'un rouge fauve.

MÉSANGE BLEUE. — *PARUS COERULEUS.*
Noms vulg. : *Sarayé, Bluï.*

La Mésange Bleue, Buff. — La Mésange Bleue, Cuv. — La Mésange Bleue, *Parus Cœruleus*, Vieill. — La Mésange Bleue, *Parus Cœruleus*, Temm. — La Mésange Bleue, *Parus Cœruleus*, Roux.

Cette jolie espèce porte une calotte azurée, bordée de blanc sur l'occiput ; le reste de la tête noir et blanc ; le dessus du corps est d'un cendré olivâtre, le dessous est d'un beau jaune ; ailes et queue bleuâtres, mais les grandes couvertures et les pennes moyennes terminées de blanc ; une bande transversale sur l'aile ; gorge et raie longitudinale du milieu du ventre d'un noir bleuâtre ; queue carrée. Longueur, 4 pouces 5 ou 6 lignes.

La *femelle* diffère peu du *mâle*, mais elle a les couleurs moins vives, et sa taille est un peu au-dessous.

La Mésange Bleue est, sans contredit, la plus jolie du genre. C'est au mois d'octobre qu'elle arrive en grand nombre dans nos contrées, se répandant dans toutes les localités où se trouvent des arbres ; recherchant les haies et les jardins où elle séjourne jusque vers le mois de janvier ; après cette époque, on la voit plus rarement seule ou par paires. Comme la Charbonnière avec laquelle elle se mêle, cette espèce est peu farouche et accourt à la voix de ses semblables ; il suffit d'en placer une dans un trébuchet pour en prendre considérablement ; mais il faut faire attention de ne pas les mettre dans une volière où se trouvent déjà des oiseaux faibles, sans quoi elles les tueraient à coup de bec. Le cri de la Mésange Bleue est fréquent ; elle le fait entendre tout en volant de branche en branche et lorsqu'elle change de place, *drididi*, *teridi di*, sont les syllabes qu'elle semble prononcer.

On trouve cette espèce dans toute l'Europe, sur la côte d'Afrique et aux Canaries. Elle se nourrit de chenilles, d'insectes et surtout de leurs œufs ; pince aussi les bourgeons des arbres fruitiers qu'elle emporte quelquefois dans un creux d'arbre pour les cacher et les manger après. C'est dans les trous naturels qui s'y trouvent qu'elle dépose une quinzaine d'œufs blancs, pointillés de rougeâtre, en plus grand nombre vers le gros bout.

MÉSANGE HUPPÉE — *PARUS CRISTATUS*.

La Mésange Huppée, Buff. — La Mésange Huppée, Cuv. — La Mésange Huppée, *Parus Cristatus*, Vieill. — La Mésange Huppée, *Parus Cristatus*, Temm. — La Mésange Huppée, *Parus Cristatus*, Roux.

Les plumes de la tête noires, blanches et longues ; l'oiseau peut les relever en forme de huppe ; gorge, un collier et une raie qui traverse les joues d'un noir profond ; dessous du corps d'un gris roussâtre ; poitrine, côtés du cou blanchâtres ; flancs roussâtres ; pennes des ailes et de la queue brunes, un peu bordées de roussâtre ; bec et iris noirâtres ; pieds couleur de plomb. Longueur, 4 pouces 6 ou 7 lignes.

La *femelle* diffère du *mâle* par sa huppe plus courte et par le noir de la gorge, qui est moins étendu.

Cette jolie espèce n'est pas commune en France, et ne se montre guère dans nos pays méridionaux : c'est toujours accidentellement qu'elle s'y trouve, ou bien durant les hiver très rigoureux. Son naturel est farouche ; elle se plaît dans les forêts noires et ne s'approche presque jamais des babitations ; et si on la met en cage, elle refuse tous les alimens qu'on lui présente et se laisse mourir de faim.

C'est dans les pays du Nord que se plaît à habiter la Mésange Huppée ; cependant, Temminck la dit fort rare en Hollande. Elle se nourrit d'araignées, de petites chenilles rases, d'insectes et de petites baies. Meyer dit que c'est dans un creux d'arbre, dans les fentes d'un vieux mur, dans les amas de pierres, quelquefois dans un trou d'écureuils abandonné qu'elle place son nid. Sa ponte est de 8 à 10 œufs blancs, tachetés de rouge sur le gros bout.

MÉSANGE NONNETTE. — *PARUS PALUSTRIS.*

La Nonnette Cendrée, Buff. — La Mésange Nonnette, Cuv. — La Mésange Nonnette, *Parus Palustris*, Vieill. — La Mésange Nonnette, *Parus Palustris*, Roux. — La Mésange Nonnette, *Parus Palustris*, Temm.

Buffon et d'autres naturalistes ont décrit comme étant des espèces différentes ou des variétés des oiseaux qui n'étaient autres que celui du présent article. Vieillot et Temminck ont encore ici relevé ces erreurs.

Cette Mésange a une calotte d'un noir profond, qui s'étend jusqu'au haut du cou ; la gorge est de cette couleur ; toutes les parties supérieures sont d'un gris brun ; les ailes d'un brun noirâtre, bordées de brun plus clair ; queue noirâtre ; poitrine et joues blanchâtres; milieu du ventre et flancs nuancés de brun ; bec et pieds noirâtres ; iris de cette couleur. Longueur, 4 pouces 3 ou 4 lignes.

La *femelle* a le noir de la tête moins profond,

et celui de la gorge est peu apparent ; il est marqué de petites taches grisâtres.

La Nonnette habite indifféremment les bois, les vergers et les endroits marécageux ; elle s'accroche par les pieds aux branches flexibles des arbres ou des buissons, et grimpe le long des roseaux. Son apparition dans le Languedoc n'a lieu qu'en hiver ; mais elle y est toujours fort rare ; sa véritable patrie est le nord de l'Europe où elle est commune dans plusieurs contrées.

Sa nourriture favorite est la graine de tournesol. Elle fait la guerre aux guêpes et aux abeilles, et ressemble beaucoup dans ses habitudes à ses congénères.

C'est dans les arbres creux, dans les trous des vieux pommiers ou des poiriers, qu'elle établit son nid ; les matériaux qu'elle emploie sont les plumes et la mousse. La ponte est de 5 à 7 œufs blancs, tachetés de rouge.

MÉSANGE A LONGUE QUEUE. — *PARUS CAUDATUS.*

La Mésange a Longue Queue, Buff. — La Mésange a Longue Queue, Cuv. — La Mésange a Longue Queue, *Parus Caudatus*, Vieill. — La Mésange a Longue Queue, *Parus Caudatus*, Temm. — La Mésange a Longue Queue, *Parus Caudatus*, Roux.

Tête, cou, gorge, poitrine d'un blanc pur ; dos, croupion, rectrices, moyennes couvertures noires ; scapulaires rougeâtres ; ventre, flancs, d'un blanc rougeâtre ; rémiges noires ; rectrices externes blanches ; queue très longue, uniforme. Longueur, 5 pouces 7 ou 8 lignes.

La *femelle* a les parties latérales du dessus de la tête noires ; le milieu en est blanchâtre.

La Mésange à Longue Queue vit dans l'épaisseur des bois pendant l'été ; mais en automne et en hiver elle s'en éloigne pour chercher une plus ample nourriture près des habitations, dans les jardins, les vergers et au bord des marécages.

Cette espèce est vive, pétulante et légère ; ennemie du repos, elle vole sans cesse d'arbre en arbre, appelant ses semblables qui se hâtent d'accourir près d'elle ; forment de petites troupes serrées, se quittent et bientôt se rallient encore. Mieux qu'aucune de leurs congénères elles s'accrochent à l'extrémité des plus faibles rameaux, et s'y balancent. Leur cri d'appel semble exprimer *tieyi*, *ti-ti-ti* ; elles en ont un autre plus grave, *guicheig*, *guicheig*, que jette celle qui veut entraîner les autres.

C'est en automne ou en hiver que les Mésanges à Longue Queue se montrent dans notre pays ; je les ai vues sur les arbres de notre Fontaine des journées entières, et j'en ai tué plusieurs fois sur les saules des bords du Vistre. Elles ne montrent aucune défiance, et le coup de fusil ne les effraie pas. Je ne pense pas qu'elles arrivent dans notre pays tous les hivers.

On trouve cette espèce dans presque toute l'Europe. Elle se nourrit de petits hannetons et autres menus insectes à élictres, ainsi que de punaises, d'araignées et de larves. Son nid est construit avec assez d'art ; il est quelquefois suspendu, ou bien c'est à quelque distance de terre qu'elle le place dans l'enfourchement des branches ; il est de forme ovale et allongé ; pond jusqu'à vingt œufs qui sont blancs, marqués de petits traits irréguliers d'un roussâtre pâle.

II° SECTION. — RIVERAINS.

La 1re rémige nulle ou presque nulle ; mandibule supérieure un peu recourbée sur l'inférieure.

Ils vivent dans les roseaux, dans les joncs, sur les arbres et dans les buissons situés à peu de distance des eaux.

MÉSANGE A MOUSTACHE. — *PARUS BIARMICUS.*

Nom vulg. : *Trïn-Trïn.*

La Mésange a Moustache, Buff. — La Moustache, Cuv. — La Mésange a Moustache, Vieill. — La Mésange a Moustache, *Parus Biarmicus*, Temm. — La Mésange a Moustache, *Parus Biarmicus*, Roux.

La taille de cette Mésange est svelte ; un grand trait en forme de moustache, de chaque côté de la gorge, d'un noir profond ; couvertures inférieures de la queue de cette couleur ; tête, nuque et côtés du cou d'un gris de perle ; gorge et devant du cou d'un gris un peu rosé ; cette teinte devient plus foncée sur la poitrine ; haut du cou et des flancs d'un roux vif ; pennes du milieu de la queue de cette couleur ; les latérales blanches avec un peu de noir près de leur base, étagée ; bec orangé ; iris jaune clair ; pieds et ongles noirs. Longueur, 6 pouces 2 ou 3 lignes, le *mâle.*

La *femelle* a la queue plus courte ; ses couvertures inférieures sont rousses ; elle n'a point de moustaches, et les autres parties de son plumage sont moins vives.

Roux, qui n'avait pas eu l'occasion d'observer cette Mésange, pense que sa présence dans le Midi n'est due qu'à quelques circonstances qui la font égarer

Les Mésanges-Moustaches restent sédentaires dans nos contrées, où elles ne sont pas rares dans plusieurs localités de nos marécages. Après les couvées, et en hiver, elles se réunissent par troupes, quelquefois nombreuses, et volent le long des roseaux qui n'ont pas été fauchés; elles en escaladent les tiges avec beaucoup de grâce et de vitesse, descendent sur le bord des eaux, courent sur les feuilles des plantes aquaques, ou sur la glace pour chercher leur nourriture. Les mœurs de ces jolis oiseaux sont douces et sociables ; l'approche de l'homme ne les effraie guère, et ce n'est que lorsqu'on les chagrine qu'elles se décident à s'envoler à peu de distance, en jetant tout-à-la-fois un petit cri qui est celui d'appel, *tryn*, *tryn*, d'où leur est venue la dénomination patoise de *Trïn-Trïn*. Ce cri peut se comparer au son que produisent les cordes d'une mandoline quand on la pince.

Ces Mésanges montrent beaucoup d'amour pour leurs semblables. Un jour que j'étais en chasse, j'en blessai une légèrement ; elle tomba dans un contre-canal et se soutint sur l'eau ; je cherchais à la faire venir de mon côté ; elle criait très fort, ce qui attira bientôt près d'elle une petite troupe d'individus de son espèce qui l'aidèrent à regagner le bord opposé, et ainsi elle m'échappa.

On trouve cette Mésange dans plusieurs contrées de l'Europe, toujours dans les marais. Elle vit d'insectes ailés et de petits coléoptères, ainsi que des semences des joncs et des roseaux ; niche parmi les jonchaies et dans les herbes des îlots, toujours en dessus de la crue des eaux ; pond de 6 à 8 œufs blancs, selon Roux, et rougeâtres, d'après Temminck, marqués de petites taches brunes.

III° SECTION. — PANDULINES.

Bec droit, effilé et aigu à la pointe.

Elles n'émigrent point. Leur nid est fait avec beaucoup d'art ; le suspendent aux rameaux flexibles des arbres.

MÉSANGE REMIZ. — *PARUS PENDULINUS.*

Noms vulg. : *Pigré**, *Débassaïré**.

Le REMIZ, Buff. — *Idem*, sous le nom de MÉSANGE DU LANGUEDOC, un *individu jeune*, au sortir du nid. — Le REMIZ, Cuv. — La MÉSANGE REMIZ, *Parus Pendulinus*, Vieill. — La MÉSANGE REMIZ, *Parus Pendulinus*, Temm. — La MÉSANGE REMIZ, *Parus Pendulinus*, Roux.

Parties latérales du bec couleur de corne ; le reste noir ; un grand espace de cette couleur, partant du front, entoure l'œil et couvre la joue ; une petite rangée de plumes rousses sur le haut du front ; le dessus de la tête et la gorge sont d'un blanc pur ; cou cendré ; les régions inférieures d'un roux rosé ; cette couleur plus prononcée sur la poitrine et les flancs ; haut du dos, couvertures des ailes et scapulaires

---

* Le nom de *Pigré*, que l'on donne à cette Mésange, signifie, dans la langue du pays, lent, paresseux, et celui de *Débassaïré* (faiseur de bas), parce que son nid a un peu la forme d'un bas. Cette dernière dénomination est mieux conçue que la première, excepté qu'on ait voulu faire allusion à son cri, qui est langoureux, et qui exprime *piir*, dont on aura formé *Pigré*.

d'un roux marron ; une fine raie de plumes de cette couleur entre le noir et le blanc pur de dessus la tête ; croupion d'un cendré roussâtre ; ailes et queue noirâtres, bordées de roux blanchâtre ; pennes caudales terminées de blanc ; pieds couleur de plomb. Longueur, 4 pouces 3 ou 4 lignes, le *mâle adulte, au printemps.*

La *femelle* a le noir des joues et du front moins large ; cette couleur est aussi moins pure. Le dessus de la tête et du cou cendré ; haut du dos d'un roux clair ; croupion cendré ; parties inférieures d'un blanc nuancé de roussâtre, un peu jaunâtre sur le milieu du ventre ; jamais de fine raie rousse sur le haut du front. *Les plumes de la Remiz s'usent vite au printemps par le frottement qu'elles éprouvent à l'étroite entrée de leur nid.*

La Mésange Remiz vit sédentaire dans nos contrées ; on la trouve pendant l'été dans le voisinage des eaux du Rhône et sur ses bords, quelquefois le long du Gardon, jusque près du Pont-du-Gard et dans les environs des étangs et des marais. En automne, ces Mésanges se répandent ailleurs ; on les voit par petites troupes de trois jusqu'à six individus ; mais elles ne s'arrêtent que dans les endroits humides. Cette espèce est moins vive et moins remuante que ses congénères ; elle aime à se tenir cachée sur les grands arbres ou dans les petits bois de saules. Son cri est faible et langoureux ; il semble exprimer : *piir, piir*, et lui seul annonce sa présence dans ces lieux, où on la chercherait en vain.

Les *mâles* paraissent être en plus grand nombre que les *femelles* ; j'en ai rencontré plusieurs à l'époque où tous les oiseaux sont unis, vivant séparés, ainsi que j'ai pu m'en convaincre, ce qui ne les empêche pas cependant de s'occuper de la construction de leur nid ; mais celui-ci demeure toujours inachevé. *

Les Mésanges Remiz habitent la Pologne, l'Autriche, le long des bords du Danube, l'Italie et même la Silésie ; jamais le centre ni le nord de la France. Elles se nourrissent d'insectes, de petites chenilles, de semences d'herbes et de roseaux.

Les Remiz travaillent sans interruption de dix-huit à vingt jours à la construction de leur nid qui est un des mieux faits. Elles le suspendent aux rameaux fléxibles des trembles, des saules ou des tamaris, l'attachent solidement avec du chanvre ou bien de la laine de mouton, lui donnent la forme d'une bourse ou plutôt d'une cornemuse dont l'ouverture, qui avance, est placée sur le côté qui fait face à l'eau. Les matériaux dont se servent ces intéressans oiseaux sont un mélange de chatons des saules et des peupliers, tressés avec de la laine et des crins déliés. La ponte est de 4 à 6 œufs de forme un peu allongée, d'un blanc de lait, sans tache. On trouve aussi ces Mésanges dans le département de l'Hérault, sur les bords de la rivière du Lez.

GENRE VINGT-HUITIÈME.

BRUANT. — *EMBERIZA*. (Linn.)

Caractères : Bec entier, court, conique, un peu comprimé latéralement. Mandibules à bords

---

* Sans doute qu'en se séparant des couples unis, ces oiseaux y sont contraints par leurs rivaux qui doivent chercher à les éloigner. Ils sont si amoureux, que si l'on imite leur voix, ils viennent se poser à peu de distance et se laissent tuer. J'en ai vu accourir de la rive opposée du Rhône, s'en retourner et revenir encore.

rentrés en dedans; l'inférieure plus large que la supérieure; celle-ci garnie d'un tubercule osseux intérieurement. Narines basales, arrondies, en partie cachées sous des plumes dirigées en avant. Pieds, doigts entièrement divisés; le postérieur est muni d'un ongle court et fléchi, et, selon les espèces, droit et long. Ailes, 2e et 3e rémiges les plus longues. Queue fourchue.

Les Bruants sont sédentaires ou de passage dans notre pays; ils vivent de semences qu'ils cherchent à terre et sont aussi insectivores. Les *mâles* sont parés de couleurs que les *femelles* ne partagent point. Leur chant, quoique agréable, n'est pas aussi varié que celui du genre *Gros-Bec*, et n'ont point, comme ceux-ci, la faculté de s'approprier celui des autres oiseaux. L'Europe en produit dix-sept espèces connues. Huit ont été trouvées dans nos alentours.

L'Afrique, l'Asie et l'Amérique fournissent aussi des Bruants.

Ire Section. — *Bruants proprement dits.*

L'ongle postérieur court et courbé.

Ils vivent dans les bois, dans les champs découverts et dans les jardins; un petit nombre habitent les lieux marécageux. Les *mâles* au printemps prennent des teintes pures qu'ils perdent après la mue d'été.

BRUANT JAUNE. — *EMBERIZA CITRINELLA.*

Noms vulg. : *Verdagno*, *Berdeyrola*.

Le Bruant de France, Buff. — Le Bruant proprement dit, *Emberiza Citrinella*, Vieill. — Le Bruant Commun,

Cuv. — Le Bruant Jaune, *Emberiza Citrinella*, Temm.—
Le Bruant Jaune, *Emberiza Citrinella*, Roux.

La gorge, le devant du cou, les joues, la tête et le milieu du ventre d'un beau jaune ; dos, croupion et couvertures supérieures des ailes de couleur marron ; chaque plume a une tache noirâtre à son centre ; poitrine et flancs tachetés de rougeâtre ; queue longue, noirâtre ; les deux pennes de chaque côté presque blanches ; les couvertures supérieures d'un beau marron, avec une bordure blanchâtre à chaque plume ; iris brun foncé ; bec brun ; pieds jaunâtres. Longueur, 6 pouces 3 ou 4 lignes.

La *femelle* est moins jaune ; elle est plus tachetée sur la tête, le cou, la poitrine et le ventre ; elle est aussi plus petite de taille.

Ce Bruant nous visite en hiver, et nous quitte à l'approche du printemps ; nous le voyons en grand nombre si le froid devient rigoureux ou s'il tombe de la neige dans les pays voisins. Ces oiseaux aiment à se répandre dans les alentours des fermes, sur les aires et dans les fumiers, pour y chercher des grains. Le *mâle* a un chant ou ramage assez éclatant ; il est composé d'une suite de sons qui semblent exprimer : *ti, ti, ti, ti, tii, tiii* ; les deux dernières syllabes plus aiguës et plus traînantes. Le cri qu'il jette en volant et qui paraît être celui d'appel est plus bref et plus dur : *chiriz, chiriz* ; il le fait entendre aussi lorsqu'on le chagrine. Cette espèce vit longtemps en cage et s'accommode de la graine de millet.

Le Bruant Jaune habite toute l'Europe, depuis la Méditerranée jusqu'en Suède. Il se nourrit de plusieurs sortes de graines et d'insectes. Le *mâle* partage l'incubation avec la *femelle*. Il fait jusqu'à trois pontes par an. C'est dans les buissons ou dans les haies, quelquefois dans les blés, selon la localité, qu'il établit son nid; il emploie à sa construction, du foin, de la mousse, des racines, de crins et de la laine en dedans. Les œufs, au nombre de 4 ou 5, sont d'un blanc un peu bleuâtre avec des lignes irrégulières en zigzag, plus ou moins noires, brunes et violettes.

BRUANT PROYER. — *EMBERIZA MILIARIA.*

Noms vulg. : *Térido, Chinchourla.*

Le Proyer, Buff. — Le Proyer, Cuv. — Le Bruant Proyer, *Emberiza Miliaria*, Vieill. — Le Bruant Proyer, *Emberiza Miliaria*, Temm. — Le Bruant Proyer, *Emberiza Miliaria*, Roux.

Toutes les parties supérieures d'un brun cendré; une tache, sur le milieu de toutes les plumes, qui suit la direction de la baguette; queue noirâtre, sans taches; milieu du ventre et abdomen d'un blanc jaunâtre; gorge blanchâtre, marquée par de petites taches noirâtres; de plus grandes sur les côtés du cou et sur la poitrine; bec fort, de couleur de corne; iris brun; pieds roussâtres. Longueur, 7 pouces 6 lignes.

La livrée de la *femelle* est plus terne; elle a quelquefois moins de taches sur la poitrine.

Cette espèce de Bruant est très commune dans nos contrées où elle vit sédentaire. Au printemps, chaque couple se choisit un endroit favorable pour nicher ; le *mâle* se perche alors à l'extrémité des plus hautes branches des arbres, où il ne cesse de répéter son chant composé des syllabes *tri, tri, tri, tritt*, en appuyant longtemps sur les dernières. Il vole de temps en temps au dessus de sa compagne, avec un mouvement de trépidation dans les ailes, et ne tarde pas à se poser près d'elle. A cette époque le naturel du Proyer est peu farouche ; il se laisse aborder de près, tandis que dans toute autre saison il est très méfiant. Après les couvées, ces oiseaux se réunissent en famille et se retirent dans les champs qui leur offrent une ample nourriture et un abri convenable. A l'approche de l'hiver ; ils forment de petites troupes et commencent leurs voyages, mais ils n'abandonnent jamais le Midi, ainsi que le dit Roux. Il est difficile de les élever en cage : ils se brisent la tête contre les barreaux, ou, s'ils vivent, il est bien rare de les entendre chanter.

On trouve cette espèce dans toute l'Europe, jusqu'en Morée. Les grains et les insectes forment sa nourriture ordinaire. C'est au milieu des champs ensemencés, ou sur les bords des fossés, près d'un buisson, qu'elle place son nid. La ponte est de 4 ou 5 œufs blanchâtres, obtus, couverts de taches, de points et de zigzags violâtres, bruns et noirs.

BRUANT DE ROSEAUX.
EMBERIZA SCHOENICULUS.

Noms vulg. : *Chic dëï Palus*, *Chinouais*.

L'Ortolan de Roseaux, Buff. — *Idem*, sous le nom de la Coqueluche, une variété du *mâle*. — Le Bruant de Roseaux, Cuv. — Le Bruant de Roseaux, *Emberiza Schœniculus*, Vieill. — Le Bruant de Roseaux, *Emberiza Schœniculus*, Temm. — Le Bruant de Roseaux, *Emberiza Schœniculus*, Roux.

Le Bruant de Roseaux a la tête, le bec, la gorge et le devant du cou d'un noir profond ; les joues brunes ; un collier blanc entoure les côtés et le derrière du cou, et vient se réunir à l'angle du bec ; le ventre, l'abdomen et les couvertures inférieures d'un blanc pur ; les flancs ont des traits bruns longitudinaux ; dos et ailes d'un beau roux ; une tache noire sur le milieu de chaque plume ; les deux pennes du milieu de la queue brunes, frangées de roux ; les deux latérales blanches au milieu de leur longueur ; iris et pieds noirs. Longueur, 5 pouces 8 ou 9 lignes, les *vieux mâles*.

La *femelle* a la gorge blanchâtre ; toutes les parties inférieures lavées de roux et parsemées, sur toute la poitrine, de traits bruns.

Les *jeunes mâles* et les *jeunes femelles* diffèrent beaucoup, selon l'âge.

Les Bruants de Roseaux ne sont pas rares en hiver dans nos contrées ; on les trouve sur la lisière des bois, au bord des fossés couverts de broussailles, dans les marais et dans les vignes où croissent des plantes de la panis rude, dont ils recherchent la graine. Cette espèce est peu méfiante ; ses mouvemens sont prestes, mais son cri est triste et monotone ; il exprime : *ifs, ifs, reis cholo ;* et le *mâle* fait entendre : *ti, tu, ti, reistsch, reitsch,* même pendant les nuits d'été. On peut le conserver en cage, mais s'il est avec d'autres oiseaux, il les inquiète. Cette espèce est très abondante dans toute la partie sud de notre pays, où souvent les chasseurs aux filets en prennent beaucoup. Elle nous abandonne entièrement à l'approche des beaux jours.

Ce Bruant se rencontre depuis le midi de l'Italie jusque dans les régions glacées de la Suède et de la Russie ; il est très répandu en Hollande. Se nourrit de graines et d'insectes ; niche dans les roseaux, près de terre ou entre les racines des arbustes qui croissent près des eaux. La ponte est de 4 ou 5 œufs d'un blanc terne avec des veines et des taches d'un brun violet.

BRUANT DE MARAIS. — *EMBERIZA PALUSTRIS*.

Nom vulg. : *Chic dèi Palus*.

EMBERIZA PALUSTRIS, Savi, *Ornith. de Tosc.*—LE BRUANT DE MARAIS, *Emberiza Palustris*, Temm. — Le BRUANT DE MARAIS, *Emberiza Palustris*, Roux.

Bec court, gros et fort, très courbé et un peu bombé ; dessus de la tête, occiput, région des oreilles et la gorge d'un noir très profond ; une bande qui prend naissance à la mandibule inférieure du bec, un collier qui entoure la nuque ainsi que toutes les parties inférieures, d'un blanc pur ; quelques plumes des flancs portent à peine l'indice d'un trait brun le long de leur baguette ; les plumes du haut du dos sont d'un noir profond, bordées d'un cendré bleuâtre ; celles du croupion de cette couleur, avec quelques fines raies noirâtres qui suivent la direction de la baguette ; grandes et petites couvertures des ailes brunes, bordées de roux vif ; les deux pennes du milieu de la queue sont d'un brun noir, bordées de roux ; les deux autres noires, excepté les deux latérales qui sont extérieurement lisérées de blanc pur, et qui ont la moitié de leurs barbes intérieures de cette couleur. Bec et pieds d'un brun noir; iris châtain. Longueur, 6 pouces 4 lignes, les *vieux*, *au printemps*. *

En automne et *en hiver*, toutes les plumes noires de la tête et du cou sont terminées de blanchâtre et de roussâtre; le collier blanc qui entoure le cou, les côtés de la poitrine et les flancs, sont nuancés de brun ou de couleur enfumée; les plumes du dos et des ailes sont d'un beau roux, avec de grandes taches noires sur leur centre.

La *femelle* est de couleur roussâtre; elle n'a point de noir sur la tête ni sur le devant de la gorge; les joues brunes; deux traits de semblable couleur de chaque côté du cou.

Cette nouvelle espèce est encore douteuse aux yeux de quelques ornithologistes. M. Temminck pense que les caractères qui la distinguent du *Bruant de Roseaux*, ne sont peut-être dus qu'à l'influence des climats qu'elle habite. Pour moi, je n'hésite pas à croire que ce sont deux oiseaux différens, et voici pourquoi : Les *Bruants de Roseaux* n'arrivent qu'en automne dans notre pays, et nous quittent au printemps; tandis que le Bruant de cet article reste sédentaire dans nos marécages d'où il ne s'écarte jamais; et c'est dans ces lieux qu'il se mêle parfois à l'autre espèce, surtout vers le soir quand elle y arrive pour coucher. Il m'est arrivé alors de tuer des uns et des autres du même coup de fusil.

La voix du Bruant de Marais est plus forte et plus brève;

* Cette livrée n'avait pas encore été décrite.

c'est *zic*, *zic*, qu'il prononce en volant. Il a encore un autre cri qu'il fait entendre tout en escaladant les joncs : *châ, châ, hoûri, hoûrari*. Ses mouvemens sont moins prestes et moins fréquens que chez le *Bruant de Roseaux*; il est aussi plus méfiant que lui; se pose souvent sur les tamaris et fuit de loin quand on veut l'approcher.

Cet oiseau n'a encore été trouvé qu'en Italie et dans le midi de la France. Il brise les tiges des roseaux avec son bec, pour en manger la semence, et recherche les insectes. Niche au bord des marais, sous les plantes de la *soude ligneuse*; il compose son nid de filamens, d'herbes sèches à l'extérieur, et de quelques crins à l'intérieur. La ponte est de 4 ou 5 œufs un peu oblongs, d'un blanc nuancé de grisâtre et marqués d'une multitude de petites taches brunes, plus nombreuses vers le gros bout.

BRUANT ORTOLAN. — *EMBERIZA HORTULANUS*.

Nom vulg. : *Ourtoulan*.

L'Ortolan, Buff. — L'Ortolan, Cuv. — Le Bruant Ortolan, *Emberiza Hortulanus*, Vieill. — Le Bruant Ortolan, *Emberiza Hortulanus*, Temm. — Le Bruant Ortolan, *Emberiza Hortulanus*, Roux.

Gorge et tour des yeux jaunes; tête, joues et cou olivâtres; poitrine d'un jaune verdâtre; les autres parties inférieures rousses; plumes du dos brunes et noires; queue noirâtre; les deux pennes extérieures blanches, avec une grande tache conique sur leurs barbes intérieures; bec et pieds roussâtres; iris brun. Longueur, 6 pouces 1 ou 2 lignes, les *mâles*, *au printemps*.

Les *femelles* ressemblent aux *mâles*, mais elles

ont des couleurs moins vives. Sur la poitrine l'on voit un grand nombre de taches brunes.

Les *jeunes avant la mue* ont le jaune de la gorge peu apparent et teint de grisâtre.

Les Ortolans sont communs ici à l'époque de leur arrivée, qui a lieu en avril ; ils semblent venir des côtes d'Espagne, par troupes de six jusqu'à vingt individus ; ils voyagent même durant la nuit, quand il fait clair de lune ; car il n'est pas rare d'entendre le cri d'appel qu'ils jettent en volant. Nous en avons beaucoup qui s'arrêtent dans nos alentours pour nicher ; les uns choisissent les bois, et on les nomme ici *Bouscatié* ; nos oiseleurs prétendent que c'est une espèce différente, *parce qu'ils ont moins de jaune dans leur plumage* que ceux qui se répandent dans les vignes et qu'ils désignent sous le nom de *Vigneïroûn*. Ces deux prétendues espèces n'en font qu'une ; mais ce qui me paraît en cela véritable, c'est que les individus moins avancés en âge semblent préférer, pour nicher, les bois et les endroits broussailleux aux vignes.

Malgré sa monotonie, le chant de l'Ortolan n'est pas sans agrément, surtout pendant la nuit ; il semble exprimer *wui-wui-wui, piû, wui-wui*. Ces oiseaux s'engraissent considérablement, lorsqu'on les tient renfermés dans des lieux obscurs, et qu'on ne leur donne pour toute nourriture que du millet, que l'on a eu soin de faire tremper un instant dans de l'eau bouillante. Quelques jours après, leur chair devient un mets délicieux et recherché.

Cette espèce commence à nous quitter dans le courant du mois d'août et de septembre. Les *jeunes* partent les premiers.

Les Bruants Ortolans sont plus répandus dans le midi que dans les provinces du centre de l'Europe. Quelques-uns cependant s'avancent jusqu'en Hollande et en Suède. Leur nourriture se compose de graines et d'insectes. Ils nichent au pied des souches des vignes ou sur les ceps. Ceux qui habitent les bois placent leur nid à terre ou sur quelques broussailles. La ponte est de 4 ou 5 œufs d'un blanc mat, un peu rougeâtre, avec quelques petits points isolés vers leur pointe et sur le milieu, et de beaucoup de grosses et de petites taches irrégulières, qui sont plus ou moins apparentes et sans ordre autour du gros bout, vineuses et noirâtres.

BRUANT CENDRILLARD. — *EMBERIZA CÆSIA*.

Le Bruant Fou, mâle, variété, Roux, *Ornith. Prov.*, *Emberiza Cœsia*, Cretschm. dans l'*Atlas des Voy. de Rupp.*, pl. 17, tab. 10, fig. 6, le *mâle au printemps*. — Le Bruant Cendrillard, *Emberiza Cœsia*, Temm.

Cette nouvelle espèce de Bruant a le sommet de la tête, la nuque, les joues, les côtés du cou et un large ceinturon sur la poitrine, d'un beau cendré bleuâtre; front, lorum, moustaches et gorge d'un roux clair; ventre et toutes les autres parties inférieures d'un roux de rouille; manteau, dos et couvertures d'un brun roussâtre, mais chaque plume marquée d'une mèche noire le long des baguettes, excepté le croupion, qui est brun, unicolore; ailes, couvertures et pennes de la queue noires, à larges bordures rousses; queue à-peu-près carrée; les deux pennes latérales marquées d'une très grande tache blanche, et la troisième d'une très petite ; baguettes brunes ; la première finement lisérée de blanc ; bec et pieds d'un rouge clair. Longueur, 5 pouces 1 ou 2 lignes, les *deux sexes, au printemps*.

Le plumage d'automne a des teintes moins pures; de petites stries brunes sont répandues sur le cendré bleuâtre de la tête; le roux de la gorge est moins vif et moins pur. (Temm.)

Ce Bruant visite quelquefois le midi de la France ; mais cette apparition n'est qu'accidentelle. Polydore Roux l'avait connu, comme le prouve la figure qu'il en a donnée sous le nom de *Variété du Bruant Fou*. Dans ces derniers temps, un autre individu a été capturé dans les environs de Marseille par M. Bosomier, qui en a fait hommage au muséum d'histoire naturelle de cette ville. M. Barthélemi, conservateur zélé de cet établissement, a bien voulu me le montrer, et me communiquer les renseignemens qui précèdent.

Les habitudes et les mœurs de cette espèce sont encore inconnues, ainsi que sa nourriture et son incubation.

M. Temminck dit que ce Bruant habite la Syrie et l'Egypte, et qu'il doit être plus commun dans le midi de l'Europe, qu'on ne le présume, vu que des individus isolés ont été pris pour des variétés, soit du *Bruant Ortolan*, soit du *Bruant Fou*. Il se montre accidentellement en Autriche. On en a pris un en 1827, près de Vienne. M. Ruppel l'a trouvé en Nubie, aux mois de décembre et de janvier. On prétend qu'il habite aussi en Barbarie.

BRUANT ZIZI ou DE HAIE. — *EMBERIZA CIRLUS.*

Nom vulg. : *Chic.*

Le Zizi ou Bruant de Haie, Buff. — Le Bruant de Haie, Cuv. — Le Bruant Zizi, *Emberiza Cirlus*, Vieill. — Le Bruant Zizi ou de Haie, *Emberiza Cirlus*, Temm. — Le Bruant Zizi, *Emberiza Cirlus*, Roux.

Une bande au-dessus des yeux, une autre au-dessous, d'un beau jaune ; une grande tache de cette couleur au bas du cou ; la gorge, le haut du cou, et une bande partant de l'angle du bec et passant sur l'œil, d'un noir profond ; poitrine et haut du dos de couleur olivâtre ; haut du ventre et flancs marron ; ventre et abdomen d'un jaune peu foncé ; tête olivâtre et noirâtre ; dos marron, marqué de taches noires qui suivent la direction des baguettes des plumes ; bec d'un brun bleuâtre ; iris brun ; pieds d'un brun jaunâtre. Longueur, 6 pouces 2 lignes, le *mâle*, en *été*.

En hiver, les plumes noires de la gorge sont bordées et terminées par du jaune clair.

La *femelle* a la poitrine, le devant du cou et la gorge mêlés de roux et de jaunâtre ; du brun sur les joues ; les autres parties, qui se rapprochent par les teintes de celles du *mâle*, sont généralement ternes.

C'est aux mois d'octobre et de novembre que les Bruants Zizi opèrent leur passage dans nos pays ; ils sont très matinals ; on entend leur voix dès l'aurore. Ils se réunissent par petites troupes de six à dix individus, et comme ils sont peu rusés, ils donnent facilement dans les filets, surtout si l'on est muni d'un bon appelant de leur espèce ; car si l'un d'eux s'y pose, les autres le suivent. Cet oiseau peut s'élever en cage, et aux beaux jours il fait entendre son ramage qui n'est pas dépourvu d'agrémens ; on peut le traduire par les syllabes *zis-zis-zis-zis*, *gor-gor-gor*. Son cri d'appel, qu'il fait entendre même la nuit, semble exprimer : *zits*, *zits*, *zir*. Ces Bruants ne sont pas rares ici pendant l'hiver ; ils se tiennent plus volontiers dans les bois et dans les endroits élevés que dans les plaines. Ils font un second passage au mois d'avril ; il en reste pour nicher dans les bois des pays montueux de notre territoire. Nous en avons le long du Gardon pendant l'été.

Cet oiseau se trouve dans les parties méridionales de l'Europe ; il est commun en Italie et en Suisse ; vit aussi dans les vignes de la Vallée du Rhin, jamais dans le Nord. Niche dans les haies et les broussailles. La *femelle* pond 4 ou 5 œufs grisâtres, marqués de longs zigzags, de raies et de points bruns et noirs, qui sont quelquefois très nombreux sur le gros bout.

BRUANT FOU ou DE PRÉ. — *EMBERIZA CIA*.

Noms vulg. : *Chic d'Aouvergné*, *Chic Gris*.

Buffon désigne cet oiseau sous les noms suivans : Le Bruant Fou, le Bruant de Pré de France, l'Ortolan de Lorraine et son Ortolan de Passage. — Le Bruant Fou, Cuv. — Le Bruant Fou, *Emberiza Cia*, Vieill. — Le Bruant

Fou ou de Pré, *Emberiza Cia*, Temm. — Le Bruant Fou. *Emberiza Cia*, Roux.

Tête, gorge, devant et côtés du cou, de même que la poitrine, d'un cendré bleuâtre ; sourcils blancs ; une bande noire passe sur les yeux, entoure la région des oreilles et vient se réunir à l'angle du bec ; tête cendrée avec des taches noirâtres qui descendent sur l'occiput ; ventre, flancs, abdomen et croupion d'un beau roux ; les deux pennes du milieu de la queue bordées de cette couleur ; les autres sont noires ; les deux latérales blanches, avec une grande tache noire sur les barbes intérieures ; plumes du dos et des ailes d'un roux sombre, avec des taches noires qui suivent la direction des baguettes ; bec grisâtre ; iris et pieds bruns. Longueur, 6 pouces 2 lignes, les *vieux mâles*.

Les *femelles* ont les couleurs ternes ; elles ont le cou et la poitrine parsemés de petites taches brunes, peu apparentes. Du reste, elles varient beaucoup.

Les Italiens appellent ce Bruant : Oiseau Fou, parce qu'il donne dans tous les piéges sans y prendre garde. L'espèce n'est pas commune en France et ne se montre pas dans toutes ses parties ; ici nous les voyons en automne et pendant l'hiver si le froid est rigoureux ; ils sont alors très abondans dans certains cantons, tels, par exemple, que les lisières des bois, dans les endroits fourrés et en pente et dans les vignes. Le cri que cet oiseau fait entendre en volant : *zi, zi, zi*, est très perçant ainsi que son chant : *zir, zir, zir, zirre.* Nos oiseleurs nomment cette espèce de Bruant *Chic d'Aouvergné*, parce qu'ils pensent généralement qu'il descend des montagnes de l'Auvergne.

On trouve le Bruant Fou en Italie, en Espagne ; niche en Allemagne ; il est assez commun sur les bords du Rhin. Il a même été observé en Sibérie et au Japon, où il porte le nom de *Cozume* dans cette partie de l'Asie. Sa nourriture consiste en insectes et en graines farineuses. C'est dans les haies et dans les buissons près de terre que la *femelle* place son nid; elle pond 4 ou 5 œufs grisâtres, parsemés de taches, de points et de raies cendrés et noirâtres.

BRUANT RUSTIQUE. — *EMBERIZA RUSTICA.*

Emberiza Rustica, Pallas. — Le Bruant Rustique, *Emberiza Rustica*, Temm. — Emberiza Rustica, Latham.

L'individu que j'ai eu occasion de voir est en tout conforme à la description suivante, qui appartient à M. Temminck :

Sommet de la tête noir, coupé par trois bandes blanches, l'une sur la ligne moyenne du crâne, qui est faiblement marquée, les autres de chaque côté en forme de larges sourcils; la bande du centre aboutit vers l'occiput à une petite plaque blanchâtre ; les deux autres vont en s'élargissant en arrière des yeux ; plumes du méat auditif d'un brun noirâtre ; un grand collier rouge de brique ceint la région thorachique ; cette couleur couvre toute la nuque et forme de larges mèches tout le long des flancs ; milieu du ventre et abdomen d'un blanc pur ; ailes et dos couverts de grandes mèches noires, bordées de rouge de brique ; deux petites et fines bandes blanchâtres sur les deux ailes ; queue noire, mais les deux pennes extérieures portent dans toute leur longueur une bande blanche plus petite et moins large sur la seconde penne ; pieds jaunes ; bec jaunâtre, à bande noire sur l'arête supérieure, Longueur, 5 pouces 2 ou 3 lignes.

Temminck a donné, d'après Pallas, cette nouvelle espèce qui, au dire des naturalistes du Nord, ne se montre qu'accidentellement dans leur pays et dans l'orient des limites européennes ; mais, grâce à la position heureuse de nos contrées, il nous est permis quelquefois de rencontrer des oiseaux qui vivent dans des pays lointains. C'est ainsi que l'espèce dont il est ici question a été capturée il y a peu de temps, dans les environs de Marseille, par M. Mourer, qui la donna à M. Barthélemy, lequel j'ai déjà eu l'occasion de citer, et qui la conserva vivante pendant deux ans ; ce naturaliste fit la remarque que cet oiseau est d'un naturel vif et gai. Son cri d'appel ressemble à celui de tous ses congénères : *zir*, *zir*, sont les syllabes qu'il prononce, et son ramage, qui est mélodieux, a quelque rapport avec celui de la *Fauvette à Tête Noire*; mais il tiendrait plutôt le milieu entre celui de ce *Bec-Fin* et celui du Rossignol. En 1838, il fit entendre ce chant d'amour depuis le mois d'avril jusqu'à la fin du mois d'octobre sans discontinuité. Les mues de ce Bruant n'ont présenté rien de notable ; sa livrée pâlissait tant soit peu pendant l'hiver.

Les pays qu'habite le Bruant Rustique sont les parties

orientales, telles que l'Asie, le Japon, la Douarie et la Crimée, dont il habite les saussaies. Sa nourriture, en captivité, consiste en millet et graine de chanvre. Sa propagation est inconnue.

BRUANT MITILÈNE. — *EMBERIZA LESBIA.*

Nom vulg. : *Chic.*

Le Mitilène de Provence, Buff.—Le Bruant Mitilène, *Emberiza Lesbia*, Vieill. — Le Bruant Mitilène, *Emberiza Lesbia*, Roux. — Le Bruant Mitilène, *Emberiza Lesbia*, Temm.

Parties supérieures d'un roussâtre cendré, varié de grandes taches noirâtres disposées sur le milieu des plumes ; front, sourcils et méat auditif d'un roux clair; trois petites bandes d'un brun noir sont disposées longitudinalement sur les côtés du cou ; gorge et parties inférieures blanchâtres, légèrement lavées de roux sur la poitrine et sur les flancs ; queue un peu fourchue ; les deux pennes latérales ont une bande blanchâtre, disposée en longueur sur la baguette ; elles sont bordées de brun ; les autres pennes sont brunes, lisérées de blanchâtre ; bec d'un brun clair ; pieds et ongles jaunâtres. Longueur, 4 pouces 9 lignes, les *vieux*. (Temm.) Signalement conforme à la livrée de l'individu adulte que j'ai examiné.

Les *jeunes de l'année* ont plus de taches sur les

parties supérieures ; leur poitrine est variée de mèches brunes.

Malgré ses nombreuses et savantes recherches, Roux (Polydore) ne put jamais rencontrer le Bruant Mitilène en Provence, et cet auteur avait raison de croire que celui que Buffon avait reçu de M. Guys, provenant de ce pays, ne pouvait être qu'un individu égaré; car, en effet, cet oiseau ne s'y montre que très accidentellement et en bien petit nombre.

Dans ces derniers temps, deux sujets ont été trouvés dans les pays voisins de notre département. L'un fut chassé dans les environs de Marseille par M. Bosomier, qui le montra vivant à M. Barthélemy. Il figure aujourd'hui dans la collection de cette ville. Le second est un jeune qui fait partie de celle de mon obligeant ami, M. Lebrun fils, de Montpellier ; il fut tué dans le voisinage du territoire de Maguelonne ; ainsi, il n'est pas douteux que cet oiseau nous visite quelquefois ; mais songeant à sa rareté et trompés par le cri qu'il jette, nos chasseurs l'auront toujours confondu avec d'autres espèces de Bruants.

Le Mitilène habite les parties orientales du midi de l'Europe ; on le dit commun en Grèce et en Crimée. Des captures de quelques individus égarés ont eu lieu en Allemagne. Ce Bruant vit jusqu'au Japon, où il porte le nom de *Jumazuzune*. Sa nourriture est la même que celle de ses congénères : elle se compose de graines farineuses et d'insectes. On ne connaît ni son nid ni ses œufs.

IIe SECTION. — BRUANTS ÉPÉRONNIERS.

L'ongle postérieur est long, faiblement arqué.

L'Europe en fournit deux espèces.

BRUANT MONTAIN. — *EMBERIZA CALCARATA.*
Nom vulg. : *Chic.*

Le Grand Montain, Buff. — Fringilla Calcarata, Pallas. — Fringilla Laponica, Gml. — Le Bruant Montain, *Emberiza Calcarata*, Temm. — Le Bruant de Laponie ou Grand Montain, Cuv.

Le *mâle en été* a la gorge et la poitrine noirs; les flancs blancs, marqués de noir; haut du cou d'un beau roux vif; dos et ailes nuancés de noir et de brun; du blanc aux petites couvertures; ventre et couvertures inférieures de la queue d'un blanc sale; queue noirâtre, lisérée de blanc; les pennes de chaque côté ont une tache blanche conique; celle-ci un peu fourchue; bec un peu jaune à sa base, brun à sa pointe. Longueur, 6 pouces 5 ou 6 lignes.

La *femelle* a le sommet de la tête, le dessus du cou, le dos et les scapulaires d'un gris roux marqué de taches noirâtres; gorge et devant du cou blancs; le haut de la poitrine est varié de roux et de noir; flancs roussâtres et tachetés de taches longitudinales brunes.

Les *jeunes de l'année* ont toutes les parties supérieures, depuis le dessus de la tête jusqu'au croupion, de couleur isabelle, mais marquées de raies longitudinales et de taches noirâtres, qui sont plus nombreuses sur la tête et sur le haut du dos que partout ailleurs ; un large espace de marron peu foncé sur les ailes, terminé de blanchâtre ; petites couvertures noires, bordées de blanc roussâtre ; rémiges et pennes caudales noirâtres, bordées d'un blanc lavé de roux ; la penne extérieure de celle-ci blanche, avec une longue tache brune sur le haut des barbes intérieures, ainsi qu'une plus petite vers le bout, placée au milieu de la baguette ; sur la deuxième une tache blanche qui remonte le long de la baguette en s'affaiblissant ; leurs couvertures supérieures marron, avec une tache longitudinale noire sur leur milieu ; joues d'un brun clair, mais entourées de brun noirâtre ; gorge, devant et côtés du cou d'un blanc lavé d'isabelle ; sur le bas de celui-ci quelques faibles stries brunes.

Toutes les parties inférieures, y compris les couvertures de dessous la queue, d'un blanc roussâtre, plus foncé sur la poitrine, où se trouvent un grand nombre de taches d'un brun noirâtre, qui remontent de chaque côté du cou, jusque près de la mandibule inférieure du bec ; les flancs sont aussi nuancés de roux, avec des taches allongées sur le centre des plumes ; bec jaune, noir à sa pointe ; pieds bruns ; l'ongle postérieur plus long que le pouce.

Les Bruants Montains sont excessivement rares en France, et plus encore dans nos contrées, car, à l'exception d'un individu jeune chassé dans les environs de Montpellier, et que mon ami M. Lebrun a bien voulu me communiquer, je ne pense pas que ces oiseaux y aient été observés. Pourtant il pourrait bien se faire que, pendant les gros hivers, les *jeunes* qui se montrent en Suisse poursuivissent leur course jusque chez nous. Le cri d'appel du Bruant Montain ressemble assez à celui de tous ses congénères, et le *mâle* a, d'après Vieillot, l'habitude de chanter en volant.

M. Temminck fait la remarque que cet oiseau a subi le sort d'avoir été rejeté d'un genre à l'autre ; qu'on en a fait tantôt une *Fringille*, tantôt un *Pinson*, et même une *Alouette*; mais ce savant démontre d'une manière irrécusable qu'il ne peut être séparé du *Bruant de Neige*, et que par ses caractères extérieurs on ne peut convenablement le classer, que dans le genre *Embériza*.

Les Bruants Montains habitent pendant l'été et nichent en Laponie, au Groënland et en Sibérie, d'où ils émigrent en hiver et se répandent alors jusqu'en Allemagne; mais les jeunes étendent leurs courses jusqu'en Suisse et en Angleterre, et sans doute ailleurs. Leur nourriture consiste en semences des plantes alpestres et en insectes. Ils nichent à terre dans les champs marécageux où se trouvent de petites élévations ; pondent, selon Temminck, jusqu'à six œufs d'un jaune roussâtre, avec des ondes brunes, et d'un gris léger, selon Vieillot.

GENRE VINGT-NEUVIÈME.

BEC - CROISÉ. — *LOXIA.* (Briss.)

Caractères : Bec médiocre, fort comprimé latéralement, crochu à la pointe de ses deux mandibules, qui sont croisées l'une sur l'autre. Narines étroites, cachées sous des petites plumes couchées en avant. Pieds, trois doigts devant et un derrière. Doigts antérieurs entièrement séparés. Ongles très crochus. 1re rémige la plus longue.

Les Becs-Croisés sont des oiseaux qui se reproduisent dans le Nord durant les gros froids d'hiver; pendant l'été, ils émigrent en bandes nombreuses vers les régions du cercle arctique ou dans le Midi. Leur plumage varie à l'infini par la distribution des couleurs; leur bec de forme extraordinaire, leur sert à arracher les semences de dessous les écailles des pommes de pin dont ils sont friands. On en connaît trois espèces en Europe.

BEC-CROISÉ COMMUN ou DES PINS.
LOXIA CURVIROSTRA.

Nom vulg. : *Bé-Crousa.*

Le Bec-Croisé, Buff. — Loxia Curvirostra, Cuv. — Le Bec-Croisé Commun ou des Pins, *Loxia Curvirostra*, Vieill. — Le Bec-Croisé des Pins, *Loxia Curvirostra*, Temm. — Le Bec-Croisé Commun ou des Pins, *Loxia Curvirostra*, Roux.

Bec large à sa base, ayant la pointe de ses mandibules croisées l'une sur l'autre. Les teintes du *mâle* sont souvent d'un rouge de brique ou d'un rouge vermillon ; toujours le milieu du ventre blanchâtre. Dans leur premier âge, ils sont d'un rouge sombre, varié ou nuancé de jaunâtre ou de verdâtre ; quelquefois presque en entier d'un jaune pâle, nuancé de brun ; iris et pieds bruns ; bec d'une couleur de corne. Longueur, 6 pouces.

Les Bec-Croisés ne passent pas tous les ans en France, et leur apparition chez nous n'a lieu qu'à des époques plus ou moins éloignées. Nous en eûmes beaucoup en 1836, 1837 et 1839, tandis que dans l'espace de dix années l'on ne m'avait présenté qu'un seul individu. Ces oiseaux paraissent doués d'une grande confiance ; ils se laissent aborder sans témoigner la moindre inquiétude, et s'y on leur tend des filets, pourvu qu'ils y aperçoivent un de leurs semblables, ils s'y jettent sans hésiter. C'est de cette manière que j'en ai pris autant que j'en ai voulu, pour ainsi dire, dans les allées des pins de notre Fontaine, et même devant la porte de mon habitation. Les Bec-Croisés vont par troupes nombreuses, volent serrés, et ne cessent de pousser un petit cri d'appel qui exprime *priou, priou, priou.* Si un de la bande vient à se poser, tous le suivent aussitôt. Ils recherchent les pins, dont ils mangent la graine, ce qui ne les empêche pas de causer beaucoup de dommage aux pommiers et aux poiriers en lacérant leurs fruits pour se nourrir des pepins. Ces oiseaux vivent en cage et paraissent ne point regretter leur liberté ; ils deviennent bientôt très familiers. Le *mâle* a un petit ramage qu'il redit en grasseyant. Parmi ceux que j'avais conservés dans une volière, il y en eut un qui était parvenu à articuler quelques mots que mon épouse et mon fils lui répétaient souvent ; l'on m'a assuré que les Bec-Croisés apprenaient à répéter les airs de serinettes. Ils ont l'habitude de s'accrocher par les pieds aux barreaux de leur cage et d'y marcher dans toutes les positions.

Ces singuliers oiseaux habitent le nord de l'Europe où ils nichent durant l'hiver ; leur apparition dans nos climats n'est peut-être due qu'aux intempéries des régions où ils vivent et qui les forcent à s'éloigner à des époques indéterminées ; c'est en été ou en automne que je les ai toujours observés chez nous. Leur nourriture se compose des semences du pin, de l'aune et du cormier, de noyaux de fruits et des bourgeons des arbres ; en captivité, ils sont avides des graines du chenevis. C'est dans l'enfourchure des branches qu'ils placent leur nid. La ponte est de 4 ou 5 œufs blanchâtres, piquetés et tachetés de raies rouges et brunes.

GENRE TRENTIÈME.

BOUVREUIL. — *PYRRHULA*. (Briss.)

Caractères : Bec fort, court, conique, bombé sur les côtés, comprimé à la pointe, à arête s'avançant un peu sur le front, à mandibule supérieure courbée ; l'inférieure un peu relevée. Narines arrondies, latérales. Ailes courtes. 4e rémige la plus longue. Queue un peu arrondie ou carrée.

Les Bouvreuils sont restés longtemps confondus parmi les *Gros-Becs*, avec lesquels ils ont beaucoup de ressemblance. Ce n'est que dans ces derniers temps qu'ils en ont été séparés.

Ce sont des oiseaux faciles à reconnaître à leur air de famille. Les semences les plus dures, dont ils brisent aisément l'enveloppe, leur servent de nourriture. On en connaît cinq espèces ; une seule nous visite en hiver.

BOUVREUIL COMMUN. — *PYRRHULA VULGARIS*.

Noms vulg. : *Pivoino*, *Siblur*.

Le Bouvreuil, Buff. — Le Bouvreuil Ordinaire, Cuv. — Le Bouvreuil proprement dit, *Pyrrhula Europœa*, Vieill. — Le Bouvreuil Commun, *Pyrrhula Vulgaris*, Temm. — Le Bouvreuil d'Europe, *Pyrrhula Europœa*, Roux.

Sommet de la tête, bec, gorge, ailes et queue d'un noir lustré de violet ; tout le dessous du corps d'un beau rouge minium, excepté le bas-ventre et les couvertures inférieures de la queue qui sont blancs ; nuque et manteau cendré ; iris noir ; pieds brun. Longueur, 6 pouces 3 lignes.

La *femelle* a toutes les parties inférieures d'un brun roussâtre.

Ce charmant oiseau est doué des plus aimables qualités ; il joint à la beauté de son plumage la facilité de retenir les airs qu'on lui siffle ; il apprend à parler et montre beaucoup d'attachement pour son maître dont il reconnaît la voix.

Le Bouvreuil a un chant qui est composé de trois cris distincts, qui paraissent exprimer les syllabes : *tui*, *tui*, *tui*, comme s'il sifflait ; à ces trois cris succède un gazouillement enroué et finissant en fausset. Il a en outre un cri doux et plaintif, qui est une sorte de roucoulement fort doux.

Cette espèce n'est pas très connue ici comme oiseau du pays ; cependant tous les ans elle s'y montre à l'époque d'automne et reste l'hiver dans les bois des contrées montagneuses, où souvent on la rencontre dans les vallons; il en passe quelquefois dans les environs de Nismes ; moi-même, dans mon jardin, j'en ai chassé quelques individus que je possède encore vivans dans mes volières. Le Bouvreuil peut s'appareiller avec la femelle du *Serin;* M. Vieillot y est parvenu.

On rencontre cet oiseau dans toute la France et dans plusieurs contrées du Nord. Il se nourrit de plusieurs sortes de baies, de bourgeons des arbres et de graines. Il établit son nid dans les enfourchemens élevés des arbres ; pond de 3 à 6 œufs obtus, d'un blanc bleuâtre, marqués de quelques taches violâtres et d'autres plus sombres vers le gros bout.

GENRE TRENTE-UNIÈME.

GROS - BEC: — *FRINGILLA.* (Temm.)

Caractères : Bec robuste, bombé, épais, conique. Mandibule supérieure droite ou inclinée à la pointe, entière ou munie vers le milieu d'une dent obtuse, souvent s'avançant dans les plumes du front. Narines basales, rondes et, en partie, cachées par les plumes du front. Pieds à tarse plus court que le doigt du milieu. Ailes courtes. 3e et 4e rémiges les plus longues.

On connaît en France dix-huit espèces de Fringilles, dont quinze se trouvent dans notre pays ; les unes y vivent dans toutes les saisons, les autres s'y rendent en hiver. Leur voyage s'exécute par bandes nombreuses. Elles se nourrissent de toutes sortes de semences et de graines, qu'elles ouvrent avec leur bec en rejetant l'enveloppe. On trouve des Fringilles dans toutes les contrées de la terre ; la plupart de celles qui habitent l'Europe ont une voix douce et variée qu'elles font entendre quoiques privées de leur liberté.

Ire SECTION.

Bec gros, bombé, plus ou moins rentré sur les côtés, laticones.

GROS-BEC VULGAIRE.
FRINGILLA COCCOTHRAUSTES.

Noms vulg. : *Gros-Bé*, *Pinsoûn Royal*.

Le Gros-Bec, Buff. — Le Gros-Bec Commun, Cuv. — Le Gros-Bec, Temm. — Le Gros-Bec d'Europe, *Coccothraustes Vulgaris*, Vieill. — Le Gros-Bec d'Europe, *Coccothraustes Vulgaris*, Roux.

Le *mâle* a le croupion, la tête et les joues d'un brun roux ; tour du bec, espace entre celui-ci et l'œil, ainsi que la gorge, d'un noir profond ; un collier cendré sur la nuque ; manteau d'un brun foncé ; une tache blanche sur l'aile ; pennes secondaires coupées carrément ; elles ont des reflets violets ; parties inférieures d'un roux vineux ; iris roussâtre. Longueur, 7 pouces environ.

Plus les hivers sont rigoureux, plus nous voyons les Gros-Becs abonder dans nos contrées ; si le froid est peu sensible, nous n'en avons presque point. C'est ordinairement dans les endroits montueux et dans les vignes de nos garrigues que ces oiseaux se plaisent d'habiter ; ils recherchent les aliziers dont ils brisent le fruit pour en manger l'amande. Le cri du Gros-Bec est vif; il exprime : *zir*, *zir*, semblable au cri d'une lime ; quelquefois il le fait entendre pendant la nuit. Mis en cage avec d'autres oiseaux, il arrive qu'il leur brise les pattes avec son bec. Le *mâle* a un chant faible, qu'il redit aux beaux jours. Il n'est susceptible d'aucune éducation. Son caractère est sauvage et silencieux. Il est dur d'oreille, dit Buffon; peut-être ce défaut contribue-t-il à ce que son intelligence a de borné. Il s'approche quelquefois des maisons rurales; il se perche à l'extrémité des branches les plus hautes des arbres et fuit dès qu'on l'approche. Nos oiseleurs en prennent souvent pendant l'hiver, pourvu qu'ils soient munis d'un bon appeau pour placer dans leurs filets. Au printemps, les Gros-Becs s'en vont nicher dans des pays peu, éloignés au nord de notre territoire.

On trouve le Gros-Bec dans toute la France ; il est de passage accidentel en Hollande. Il se nourrit de la semence de plusieurs arbres et des amandes des cerisiers. C'est sur les grands arbres qu'il place un nid artistement construit. La ponte est de 3 à 5 œufs d'un gris cendré ou un peu bleuâtre, parsemés de traits bruns.

GROS-BEC VERDIER. — *FRINGILLA CHLORIS.*

Nom vulg. : *Verdun.*

Le Verdier, Buff. — Le Verdier, Cuv. — Le Verdier, *Fringilla Chloris*, Vieill. — Le Gros-Bec Verdier, *Fringilla Chloris*, Temm. — La Fringille Verdier, *Fringilla Chloris*, Roux.

Le *mâle* a toutes les parties supérieures du corps, la gorge et la poitrine d'un vert jaunâtre ; du jaune sur le dessous du ventre, les rémiges et les pennes latérales de la queue. *Après la pre-*

mière mue, la couleur du plumage est généralement d'un cendré verdâtre, un peu brunâtre. La *femelle* a le dessus du corps d'un cendré légèrement nuancé de verdâtre ; milieu du ventre et gorge lavés de jaunâtre ; flancs cendrés ; le bord extérieur des pennes alaires et caudales jaunâtre vers la base.

Cette espèce de Fringille est d'un naturel doux et sociable ; à peine a-t-elle perdu sa liberté qu'elle se met à manger dans la cage qui la renferme, et commence bientôt à faire entendre son ramage qui est éclatant et composé de sons variés ; si l'on renferme un *mâle* et une *femelle* dans une volière un peu vaste, ils finissent par se reproduire ; on peut aussi les appareiller avec le *Serin des Canaries*. Les Verdiers vivent sédentaires dans nos départemens méridionaux ; mais il en passe un grand nombre en automne qui se dirigent vers le Sud ; ceux qui restent ici l'hiver se réunissent par grandes troupes, se mêlent aux *Pinsons* et aux *Linottes*, et vivent ensemble jusque vers l'approche du printemps ; il n'est peut-être point d'oiseaux aussi faciles à prendre à quelque piége que ce soit.

La Fringille Verdier habite presque tous les pays d'Europe ; partout elle recherche, en été, les parcs ombragés, la lisière des bois, les saussaies et les jardins. Sa nourriture se compose de différentes graines, et quelquefois de baies, ainsi que d'insectes. C'est sur les arbres que la *femelle* construit son nid, ou bien dans les gros buissons ; elle le compose d'herbes sèches, de mousse, de laine, de poils et de plumes. La ponte est de 4 ou 5 œufs blancs, tachetés de roux ou de rouge vers le gros bout, sur un fond d'un gris cendré.

GROS-BEC SOULCIE. — *FRINGILLA PETRONIA.*

Noms vulg. : *Mountagnar, Favar.*

La Soulcie ou Moineau des Bois, Buff. — La Soulcie, Cuv. — Le Gros-Bec Soulcie, *Fringilla Petronia*, Temm. — La Fringille Soulcie, *Fringilla Petronia*, Vieill. — La Fringille Soulcie, *Fringilla Petronia*, Roux.

Une tache d'un jaune citron sur le haut de la poitrine ; tout le fond du plumage d'un brun cendré, mêlé de blanchâtre sur les parties inférieures ; sourcils d'un blanc roussâtre, suivi d'une bande brune plus large ; toutes les plumes des parties supérieures terminées de blanchâtre ; une tache arrondie de blanc pur vers le bout des pennes de la queue ; la mandibule supérieure du bec est brune, l'inférieure jaunâtre ; iris brun ; pieds couleur de chair.

Cette Fringille mesure 5 pouces 8 ou 9 lignes.

La *femelle* ressemble beaucoup au *mâle.*

Les Soulcies arrivent dans nos contrées dans le courant du mois d'octobre, mais elles n'y sont abondantes qu'autant que le froid devient rigoureux, ou bien s'il tombe de la neige dans les montagnes voisines ; dans ce dernier cas, nous en voyons des bandes nombreuses rôder dans tous nos alentours, jetant quand elles volent un cri aigre qui semble exprimer *gnée, gnée, gnée*; elles en ont aussi un autre qui ressemble au *piou piou* du moineau domestique, et qu'elles font entendre quand elles sont retenues en captivité. Ces oiseaux ne sont pas farouches et sont moins rusés que les *Moineaux* avec lesquels ils ont beaucoup de ressemblance quant à leurs habitudes. J'ai pu faire la remarque suivante sur une paire que je nourris depuis trois ans dans une volière : Le *mâle* se place presque toujours au dessus du trou où sa *femelle* est renfermée, fait continuellement entendre son cri, et s'oppose à ce qu'aucune autre espèce l'approche, ou bien, les saisissant avec son bec par l'aile ou par la patte, il finit toujours par les blesser très grièvement. Chaque année, la *femelle* pond 4 ou 5 œufs qu'elle couve.

Cette Fringille habite les pays méridionaux de l'Europe ; elle vit sédentaire en Italie et en Grèce ; se nourrit de toutes sortes de graines et de semences. Elle ne fait qu'une couvée par an, et c'est dans les trous naturels des arbres qu'elle établit son nid. Ses œufs sont blanchâtres, recouverts de taches d'un brun vineux, très serrées sur le gros bout.

GROS-BEC MOINEAU. — *FRINGILLA DOMESTICA.*
Nom vulg. : *Passéroun d'Estéoûlé.*

Le Moineau, Buff. — Le Moineau Franc de France et le Moineau Franc Jeune, du même auteur. — Le Moineau Domestique, *Pyrgita Domestica*, Cuv. — La Fringille Domestique, *Fringilla Domestica*, Vieill. — Le Gros-Bec Moineau, *Fringilla Domestica*, Temm. — La Fringille Moineau, *Fringilla Domestica*, Roux.

Espace entre l'œil et le bec ; gorge, devant de la poitrine d'un noir profond : cette dernière partie est un peu blanchâtre ; dessus de la tête d'un cendré foncé ; joues et parties inférieures blanchâtres ; côtés du cou blancs ; une bande d'un joli marron passe au-dessus des yeux et s'étend sur l'occiput ; plumes du dos marron, avec des taches noires ; ailes noires dans leur milieu, bordées de marron ; queue brune ; bec noir. Longueur, 5 pouces, les *vieux mâles*.

La *femelle* n'a pas de bande marron, et manque aussi de bande cendré foncé sur la tête ; elle n'a point la gorge, le cou et le devant de la poitrine noirs ; son bec est brun. Quant aux autres parties de son plumage, elles sont plus ternes.

Cette espèce varie accidentellement d'une couleur café au lait et au blanc pur.

C'est par troupes nombreuses que les Moineaux habitent les champs et les villes ; ce sont des oiseaux incommodes qui partagent malgré nous notre domicile, mangent nos premiers fruits, et dévorent nos récoltes. Impudens parasites, ils suivent l'homme dans tous les lieux et conservent toujours leur indépendance ; rusés et malins, ils savent éviter les différens piéges qu'on leur dresse ; et si l'approche de l'homme paraît ne point les troubler au sein des villes, car à peine s'ils daignent tourner la tête pour le voir passer, c'est qu'ils connaissent la sécurité qu'on leur accorde ; mais il n'en est pas de même dans la campagne, où, sans cesse l'œil aux aguets, ils se laissent difficilement approcher, et fuient de fort loin.

Tout le monde connaît l'habitude qu'ont les Moineaux de se réunir le soir, pendant la belle saison, sur les grands arbres des promenades, pour y piailler tous ensemble, et, comme on dit, il semble que c'est à cette heure que se plaident et se vident leurs querelles de la journée.

Cette espèce est excessivement rare en Italie, où elle est remplacée par la suivante ; mais depuis nos contrées jusque dans les régions du cercle arctique, on la trouve partout. Les semences, les fruits mous, les chenilles et les sauterelles composent sa nourriture : ces dernières lui servent pour alimenter ses petits. Le naturel des Moineaux est lascif : le *mâle* s'approche jusqu'à vingt fois de suite de sa *femelle*, et toujours avec la même vigueur. Ils font plusieurs pontes par an. Les œufs, au nombre de 5 ou 6, sont tantôt blancs, tantôt gris, plus ou moins couverts de taches brunes ; ils sont gros et varient beaucoup.

GROS-BEC CISALPIN. — *FRINGILLA CISALPINA.*

Nom vulg. : *Passéroun.*

La Fringille a Tête Marron ou d'Italie, *Fringilla Italiæ*, Vieill. — Le Gros-Bec Cisalpin, *Fringilla Cisalpina*, Temm. — La Frangille a Tête Marron ; *Frangilla Italiæ*, Roux.

C'est à MM. Temminck et Vieillot que la science doit la connaissance de cette espèce, que l'on avait toujours confondue avec le *Moineau Domestique*, que, du reste, il est facile de prendre pour l'espèce dont il s'agit dans cet article.

Roux, qui a bien examiné cet oiseau, en donne une bonne description que je lui emprunte ici en entier : « En effet, dit ce naturaliste, leur taille est absolument semblable, ainsi que la distribution de leurs couleurs ; les différences essentielles sont dans le brun marron qui s'étend sur le dessus du cou, entoure seulement la tête de la *Fringille Moineau*, en laissant un espace gris en dessus, tandis qu'il couvre entièrement le vertex, l'occiput et la nuque de l'espèce dont il s'agit. En outre de cette dissemblance, j'ai remarqué que les parties inférieures du corps et les flancs étaient lavés de teintes brunes dans la Fringille à Tête Marron, tandis que le *Moineau Domestique* a ces parties blanchâtres; le noir de la poitrine du *mâle* occupe peut-être un peu moins d'espace, et la *femelle* est ordinairement d'un brun plus roux que celle de l'autre espèce. »

Le Gros-Bec Cisalpin a toujours été confondu avec le *Moineau Domestique*; ce sont MM. Vieillot et Temminck, qui les premiers en ont observé la différence. Ces deux savans ont, par leurs travaux approfondis, fait connaître une foule d'espèces qui étaient restées confondues avec d'autres, en même temps qu'ils en ont rayé qui formaient double emploi; ils ont par là rendu un grand service à l'étude de l'ornithologie.

C'est au mois de septembre que les Cisalpins se montrent dans nos contrées, et se mêlent aux troupes des *Moineaux*, avec lesquels ils voyagent et dont il est toujours impossible de les distinguer, sans les tenir à la main : Roux dit que la voix du Cisalpin est plus faible que celle du *Moineau Domestique*, et que les chasseurs provençaux préfèrent les tenir en cage comme appelant, parce que les uns et les autres arrivent à sa voix. Les habitudes de cette espèce diffèrent peu de celles de l'espèce précédente. Nos oiseleurs n'ont point encore fait attention à cet oiseau quoique nous le trouvions ici assez fréquemment en automne.

Ce Gros-Bec se trouve sur les Alpes Cottiennes, sur le Mont-Cenis, au nord de la Dalmatie, en Piémont, dans toute l'Italie et dans l'Archipel. Il se nourrit de la même manière que le *Moineau Domestique*. Sa ponte n'a point encore été décrite.

GROS-BEC FRIQUET. — *FRINGILLA MONTANA*.

Noms vulg. : *Sáouzin*, *Passéroun dé trâou*.

Le Friquet, Buff. — Le Hambouvreux, tom. 5, pag. 131, *id*. — Le Friquet ou Moineau des Bois, Cuv. — La Fringille Friquet, *Fringilla Montana*, Vieill. — Le Gros-Bec Friquet, *Fringilla Montana*, Temm. — La Fringille Friquet, *Fringilla Montana*, Roux.

La gorge et le devant du cou d'un noir profond ; cette couleur est la même entre le bec et l'œil et sur les plumes de l'orifice des oreilles ; les joues, les côtés du cou et un demi-collier d'un blanc pur ; dessous du corps blanchâtre ; queue noirâtre, bordée de roux ; le dos et les scapulaires sont noirs et roux ; deux bandes transversales blanches sur l'aile ; iris brun ; pieds roussâtres. Longueur, 5 pouces.

La *femelle* a les teintes généralement plus claires ; le noir de la gorge n'est pas aussi étendu, et le collier blanc est moins tranché.

On a donné à cet oiseau le nom de Friquet, parce que étant perché sur un arbre ou un buisson il ne cesse de se tourner, de frétiller, de hausser et de baisser la queue. Dans notre pays, on le désigne sous le nom de *Sáouzin*, parce qu'on le trouve le plus souvent sur les saules situés près des eaux et dans les champs voisins ; rarement il s'approche des habitations des villes ; mais on le voit rôder autour des métairies dont souvent il fréquente les trous des murailles. Ces oiseaux vont par troupes nombreuses, se mêlent avec les *Moineaux*, les *Verdiers* et les *Pinsons*. Ils sont friands de la graine de millet, et quand ils en trouvent un champ ensemencé ils y occasionnent de grands préjudices, car il est impossible de les en chasser; le seul moyen est de tendre des filets tout auprès, et si l'on est muni d'un des leurs pour appelant, ils s'y jettent tous ensemble; mais ils sont si lestes, que souvent ils passent à travers les mailles, ou glissent entre les doigts. La voix de cette espèce ressemble à celle du *Moineau*, mais elle est plus précipitée et moins monotone. Privé de sa liberté il ne perd rien de sa vivacité et de ses mouvemens pleins de gentillesse.

Le Gros-Bec Friquet habite toutes les contrées du midi et du nord de l'Europe, depuis le Portugal jusqu'en Sibérie et en Laponie. Il reste sédentaire dans le midi de la France. Sa nourriture consiste en plusieurs sortes de graines et de semences; en été, il mange beaucoup d'insectes et de chenilles.

C'est dans les trous naturels des arbres, ou dans ceux des vieilles murailles des métairies, que la *femelle* pond 5 ou 6 œufs grisâtres, recouverts par des taches très serrées, d'un brun lie de vin, qui les font paraître de cette teinte.

GROS-BEC CINI. — *FRINGILLA SERINUS*.

Nom vulg. : *Sarazin* ou *Sarazine*.

Le Cini et le Serin de Provence, Buff. — Le Cini, Cuv. — Le Cini, *Fringilla Serinus*, Vieill. — *Idem*, le *Faune Franc*, sous le nom de Fringille Venturon. — Le Gros-Bec Serin ou Cini, *Fringilla Serinus*, Temm. — La Fringille Cini, *Fringilla Serinus*, Roux.

Le front, les sourcils, une bande qui entoure la nuque, la gorge, le cou, la poitrine et le ventre d'un jaune jonquille; sur les côtés de la poitrine et sur les flancs, qui sont grisâtres, se trouvent des taches longitudinales noirâtres; parties supérieures olivâtres, avec des taches noirâtres et cendrées; croupion de la même couleur que la poitrine; une tache d'un brun jaunâtre et l'autre d'un jaune verdâtre, coupent l'aile en travers; rémiges et pennes de la queue brunes, bordées de verdâtre; le bec, qui est court et bombé, est gris brun; pieds couleur de chair; iris noirâtre. Longueur, 4 pouces 4 ou 5 lignes.

Au printemps et *en été*, le *mâle* et la *femelle* ont le jaune de leur plumage plus brillant et plus pur qu'*en hiver*.

Ce charmant petit oiseau n'est pas rare dans nos contrées, et indépendamment de ceux qui y restent sédentaires, nous en avons deux forts passages, un qui a lieu dans les premiers jours du mois de novembre, et l'autre en mars; c'est par troupes nombreuses qu'ils ont l'habitude de voyager; ils volent serrés, et en faisant tous ensemble entendre leur cri : *trirli-rli*, *trirli-rlirli*; mais leur ramage est plein d'agrémens : il est composé de sons forts et variés; le *mâle* le redit souvent en se soutenant dans les airs, près du lieu où il a placé son nid, ou bien posé à l'extrémité des rameaux des arbres. Cette Fringille est peu farouche et donne facilement dans les piéges qu'on lui tend. En captivité, on peut appareiller le *mâle* avec la *femelle* du *Serin des Canaries*, et les métis qui en résultent sont d'excellens chanteurs. Le plumage du Cini est susceptible de changer en noir après une longue captivité, et par l'effet d'une nourriture constante de la graine de chanvre.

On rencontre cette Fringille dans tout le midi de l'Italie et en Allemagne où elle est répandue dans les vignes et les vergers de la vallée du Rhin; elle est rare dans le nord de la France, et ne se montre jamais dans les contrées du nord de l'Europe. C'est sur les arbres fruitiers, les ormes, les hêtres, les chênes et les cyprès que le Cini place son nid; il est composé de tiges d'herbes, de petites racines; souvent aussi il y mêle un peu de laine et quelques crins. Les œufs, qui sont au nombre de 5 ou 6, sont arrondis, bleuâtres, tachés de petits traits un peu violâtres, en plus grand nombre vers le gros bout.

IIᵉ SECTION. — BRÉVICORNES.

Le bec est de forme conique, plus ou moins court, droit et cylindrique, souvent conique partout.

GROS-BEC PINSON. — *FRINGILLA COELEBS.*

Nom vulg. : *Quinsar.*

Le Pinson, Buff. — Le Pinson Ordinaire, Cuv. — Le Fringille Pinson, *Fringilla Cœlebs*, Vieill. — Le Gros-Bec Pinson, *Fringilla Cœlebs*, Temm. — Le Fringille Pinson, *Fringilla Cœlebs*, Roux.

Front noir; haut de la tête et nuque d'un bleu cendré pur; dos et scapulaires châtains, avec une légère nuance olivâtre; croupion vert; toutes les parties inférieures couleur lie de vin un peu roussâtre; deux bandes transversales blanches sur les ailes; bec d'un bleuâtre foncé; iris châtain; pieds bruns.

Longueur, 6 pouces 2 ou 3 lignes, le *vieux mâle au printemps*. La *femelle* est moins grande ; elle est fortement nuancée d'olivâtre et de cendré blanchâtre ; elle n'a point de noir sur le front.

En automne et *en hiver*, la livrée du *mâle* a des teintes plus claires ; le bec est blanchâtre ; le bleu cendré du front est recouvert par des teintes rousses qui bordent les plumes.

On trouve des variétés dont le plumage est mélangé de blanc sur diverses parties du corps.

Les Pinsons commencent à arriver chez nous dans les premiers jours d'octobre. Ce sont les *femelles* qui se montrent les premières, les *mâles* viennent après. A cette époque ils sont peu méfians, et se laissent facilement prendre aux filets de nos oiseleurs, sans doute parce qu'il s'y trouve beaucoup de *jeunes* qui n'ont pas encore acquis la connaissance du danger ; mais une fois le passage terminé, ils deviennent plus rusés, et ceux qui doivent hiverner ici se réunissent par troupes et vont de concert chercher leur nourriture dans les vignes, dans les vergers ou dans les jardins en se mêlant aux *Bruants*, aux *Verduns* et aux *Linottes*. Ils jettent en volant un petit son : *schieu, schieu, schieu*, suivi de leur cri éclatant : *chuin, chuin, chuin*, qui retentit au loin. Au mois de mars, les Pinsons font entendre un ramage plein de force qui se termine par des roulades agréables ; leur voix et leur gaîté font qu'on aime à les conserver en cage ; mais si on les y garde longtemps ils finissent par devenir aveugles et bientôt après ils meurent. A l'approche du printemps ils opèrent leur retour dans les régions plus élevées ; il en reste un petit nombre dans notre territoire pour nicher ; ils préfèrent la partie du Nord à la partie du Sud.

Cette Fringille habite presque toute l'Europe, elle vit sédentaire dans les contrées du Midi, tandis qu'elle n'est que de passage dans la plupart de celles du Nord. Sa nourriture consiste en toutes sortes de petites graines des plantes ; mais les *jeunes* sont nourris d'abord avec des chenilles et des insectes. C'est sur les arbres que le Pinson place son nid. La ponte est de 5 ou 6 œufs d'un gris rougeâtre, semés de quelques taches arrondies. La *femelle* travaille seule à la construction du nid, tandis que le *mâle* lui prodigue son ramage amoureux.

GROS - BEC D'ARDENNES.
FRINGILLA MONTIFRINGILLA.

Noms vulg. : *Quinsar-Rouquié, Quinsar d'Espagno.*

Le Pinson d'Ardennes, Buff. — Le Pinson de Montagne, Cuv. — La Fringille d'Ardennes, *Montafringilla*, Vieill. — Le Gros-Bec d'Ardennes, *Fringilla Montifringilla*, Temm. — La Fringille d'Ardennes, *Fringilla Montifringilla*, Roux.

Le *mâle* a en été la gorge, le devant du cou, la poitrine et le haut de l'aile d'un beau roux ; toute la tête, les joues, les côtés du cou ainsi que le dos d'un beau noir luisant; ventre et flancs blancs ; sous le pli de l'aile quelques plumes d'un jaune d'or ; queue noire ; les deux pennes du milieu bordées de blanchâtre ; les deux extérieures lisérées de blanc à leur base ; bec bleuâtre, noir à la pointe ; pieds bruns ; iris noisette. Les *mâles*, tels que nous les trouvons ici en automne et en hiver, ont du brun, du roussâtre mêlés aux plumes noires de la tête et du dos ; les flancs sont variés de même ; le bec est jaunâtre avec la pointe brune ; ils ont plus ou moins de noir dans leur plumage, selon l'âge.

La *femelle* a toutes les parties de son plumage plus ternes ; la tête est grise, avec deux bandes noirâtres qui, partant de dessus les yeux, s'étendent au-delà de l'occiput ; les plumes de dessous le pli de l'aile sont tant soit peu d'un jaune doré.

Le chant du Gros-Bec d'Ardennes est faible et peu varié ; son cri d'appel a du rapport avec celui du Traquet : il semble exprimer *teu teu teu teu* ; il en a encore un autre qui s'approche de celui de la *Soulcie*. Moins farouches que les *Pinsons*, ces oiseaux sont bientôt accoutumés à vivre en cage. Leur passage est régulier, mais ils ne sont pas toujours abondans, car si les hivers sont doux, nous n'en voyons que très peu ; tandis que si le froid est rigoureux ou s'il tombe de la neige, ils deviennent fort communs. C'est par petites troupes que les Gros-Becs d'Ardennes voyagent ; les *mâles* et les *femelles* se mêlent indistinctement ; ils volent serrés, et si l'un d'eux se pose quelque part, toute la bande s'empresse de le suivre. Ils ne font point un second passage chez nous ; nous les voyons plus ou moins longtemps durant l'hiver, selon les intempéries de la saison. Cette espèce paraît être excessivement abondante chaque année dans les environs de Toulouse, puisque on en apporte de ce pays des masses sur notre marché, en même temps que les *Alouettes des Champs* dont on ne sait que faire, en quelque sorte.

Les Gros-Bec d'Ardennes ne nichent point en France ; Roux prétend savoir que c'est dans la forêt de Northende ;

qu'ils se multiplient, et M. Temminck les dit très communs dans les régions polaires, où ils font leurs nids sur les pins et les sapins ; les matériaux qu'ils emploient sont la longue mousse de ces arbres pour en former l'extérieur, et les plumes, la laine et les crins pour en garnir le dedans. La ponte est de 4 ou 5 œufs semblables à ceux du *Pinson*. Ils se nourrissent de diverses graines, et se plaisent à attaquer les bourgeons des arbres fruitiers.

GROS-BEC NIVEROLLE. — *FRINGILLA NIVALIS*.

Le Pinson de Neige ou la Niverolle, Buff., la *femelle*. Le Pinson de Neige ou Niverolle, Cuv. — Le Pinson de Neige, *Fringilla Australis*, Vieill. — Le Gros-Bec Niverolle, *Fringilla Nivalis*, Temm. — La Fringille Niverolle, *Fringilla Nivalis*, Roux.

Le *mâle* a le cou gris ; cette teinte est plus foncée sur la tête ; les deux rectrices intermédiaires de la queue sont noires ; les pennes secondaires des ailes et les caudales d'un blanc pur ; l'abdomen, le ventre et la poitrine blanchâtres ou blancs, suivant l'âge. Les grandes couvertures des ailes et le dos d'un brun foncé ; pieds noirs ; iris brun ; le bec jaune en hiver ; en été le bec est noir et les pieds sont bruns. Longueur, 7 pouces. La *femelle* diffère du *mâle* par le cendré de la tête, qui est nuancé de roussâtre, et en ce que les parties inférieures sont d'un blanc moins pur.

Ce n'est que bien rarement que le Gros-Bec Niverolle se montre dans nos alentours. C'est ordinairement dans les montagnes les plus élevées, dans le voisinage des neiges éternelles qu'il se tient. En hiver, il en descend dans les contrées plus basses, et c'est alors que des individus égarés arrivent jusqu'ici. Je n'ai jamais pu m'en procurer que deux, tués dans le département du Gard; mais des chasseurs m'ont assuré en avoir vu voltigeant sur les oliviers de nos garrigues, et d'après la description qu'ils m'en ont faite, je n'ai pas hésité à croire que ce ne fussent des oiseaux appartenant à cette espèce, et qu'ils avaient pris pour des *Pinsons Blancs*.

C'est sur les plus hautes montagnes de l'Europe, telles que les Alpes suisses, les Pyrénées et les Alpes du Nord, que se plaît d'habiter le Gros-Bec Niverolle; Roux assure qu'il se rencontre presque tous les ans sur les montagnes du département des Basses-Alpes. Sa nourriture se compose de beaucoup d'insectes, des semences du sapin, de celles du pin et des plantes aquatiques. Il établit son nid sur les rochers ou dans les crevasses des rocs. Sa ponte est de 3 à 5 œufs d'un vert clair.

GROS-BEC LINOTTE. — *FRINGILLA CANNABINA.*

Nom vulg. : *Lignotto.*

La LINOTTE, Buff., et la GRANDE LINOTTE DE VIGNE, un *vieux mâle*. — La GRANDE LINONETTE, Cuv. — La FRINGILLE LINOTTE, *Fringilla Linotta*, Vieill. — Le GROS-BEC LINOTTE, *Fringilla Cannabina*, Temm. — La FRINGILLE LINOTTE, *Fringilla Linotta*, Roux.

Dessus de la tête, occiput et côtés du cou d'un brun cendré; le milieu du ventre, l'abdomen et les couvertures de la queue blanchâtres; la poitrine et le front d'un beau rouge cramoisi; flancs d'un brun rougeâtre; le dos et les couvertures des ailes à-peu-près de cette couleur; queue fourchue, noire; iris brun; mandibule supérieure du bec brune; l'inférieure bleuâtre; iris brun; pieds d'un brun roussâtre. Longueur, 5 pouces, le *vieux mâle*, *au printemps*.

Je possède dans ma collection plusieurs variétés de la Linotte : j'en ai une d'un beau blanc, ayant seulement quelques taches brunes sur le dos; une seconde de couleur isabelle, et deux autres qui sont variées de brun, de blanc et d'isabelle, avec quelques parties du plumage d'un brun noirâtre ou roussâtre.

Les Linottes restent sédentaires dans nos contrées; mais en automne et au printemps nous en avons un fort passage. Elles volent par bandes souvent très nombreuses, en poussant toutes ensemble un petit cri flûté, que nos oiseleurs imitent avec la bouche; c'est ainsi que ceux d'entr'eux qui le savent bien contrefaire les attirent dans leurs filets. Le chant du *mâle* est agréable; il se compose d'une suite de sons soutenus, de cadences et de modulations variées qu'il fait entendre presque toute l'année. Ces oiseaux vivent longtemps en cage, deviennent d'une douceur extrême et sont susceptibles d'apprendre plusieurs petits exercices; ceux que l'on prend au nid parviennent même, dit-on, à prononcer quelques mots.

La Linotte se trouve dans une grande partie de l'Europe; on la rencontre aussi au Cap de Bonne-Espérance. C'est de diverses espèces de graines et de bourgeons des arbres qu'elle compose sa nourriture; en cage, elle vit de graine de chanvre et de millet. Les vignes, les bois, les buissons, les haies et les charmilles conviennent à cette espèce pour y placer son nid; la *femelle* seule s'occupe de sa construction; mais pendant tout le temps que durent les travaux, le *mâle* lui apporte les alimens, et cherche à l'égayer par son ramage continuel. La ponte est de 5 ou 6 œufs blancs, avec des taches rousses et quelques points rougeâtres vers le gros bout.

IIIe Section. — Longicones.

Ils ont le bec en cône droit, long et comprimé, terminé en pointe très aiguë.

GROS-BEC VENTURON.—*FRINGILLA CITRINELLA*.

Nom vulg. : *Vidoulounaïré*.

Le Venturon de Provence, Buff. — Le Venturon, Cuv. — Le Venturon, *Fringilla Serinus*, Vieill. — Le Gros-Bec Venturon, *Fringilla Citrinella*, Temm. — La Fringille Venturon, *Fringilla Citrinella*, Roux.

Cette espèce a été confondue quelquefois avec le *Cini*. Cette erreur vient de l'inexactitude de la planche que Buffon en a donnée; mais ces deux espèces ne peuvent point être prises l'une pour l'autre si l'on veut se donner la peine de les examiner. Celui du présent article a le front, le sommet de la tête, le tour des yeux et toutes les parties de dessous le corps d'un vert jaunâtre, sans indice de taches; l'abdomen est blanchâtre; les côtés du cou et la nuque sont cendrés; cette teinte se trouve mêlée aux plumes des flancs; dos vert et croupion jaunâtre; ailes noirâtres, bordées de jaunâtre avec des taches transversales de cette couleur ; queue noirâtre, bordée de verdâtre. Longueur, 4 pouces 6 ou 7 lignes.

Les *femelles* et les *jeunes* se font distinguer par des couleurs moins pures ; le gris de derrière le cou s'étend jusque sur la poitrine.

Les Venturons passent tous les ans dans nos contrées à l'époque du mois de novembre, mais il est des années où ils sont très rares ; ils vont par troupes plus ou moins nombreuses volant avec légèreté, et ne cessant de faire entendre leur voix : *térin, térin*, comme si l'on pinçait la chanterelle d'un violon monté au diapason, et c'est à cause de ce cri que nos oiseleurs lui ont donné le nom de *Vidoulounaïré*, joueur de violon. Le *mâle* a un petit ramage qu'il redit en cage ; il est peu distinct, et les syllabes *térin* s'y trouvent souvent mêlées. Cette espèce est peu farouche et donne facilement dans les piéges qu'on lui dresse. On peut l'appareiller avec le *Serin des Canaries*.

On trouve les Venturons en Turquie, en Allemagne, dans le Tyrol, en Suisse, en Italie et en Grèce. Niche dans ces derniers Etats. Sa nourriture consiste en semences des arbres, en plantes alpestres et en pousses de graminées. C'est dans les arbres touffus, tels que les cyprès et les sapins, que la *femelle* place son nid, le compose de laine, de plumes et de crins ; elle pond 4 ou 5 œufs blanchâtres parsemés de grandes et de petites taches d'un rouge de brique.

GROS-BEC SIZERIN. — *FRINGILLA LINARIA.*

Nom vulg. : *Lucré.*

Le CABARET, Buff. — Le SIZERIN ou PETITE LINOTTE, Cuv. — Le FRINGILLE CABARET, *Fringilla Rufenscens*, Vieill. Le GROS-BEC SIZERIN, *Fringilla Linaria*, Temm. — Le SIZERIN CABARET, *Linaria Rufenscens*, Roux.

Sommet de la tête d'un cramoisi foncé ; parties latérales de la gorge, poitrine et côtés du ventre d'un cramoisi plus clair ; croupion de cette couleur ; gorge, espace entre le bec et l'œil noirs ; ventre d'un blanc rosé ; sur les flancs et sur les couvertures inférieures de la queue des taches allongées, noirâtres ; parties supérieures d'un roux brun, avec des taches noires qui suivent la direction de la baguette ; pennes des ailes et de la queue, qui est fourchue, noirâtres ; les pennes légèrement bordées de cendré roux ; deux bandes d'un blanc roussâtre traversent l'aile ; bec jaune, noir à la pointe ; il est en cône, effilé et très pointu ; pieds bruns.

La *femelle* est entièrement variée de roux et de brun ; la gorge noire, mais point entre l'œil et le bec ; un peu de cramoisi sur la tête ; ventre blanchâtre. Les *très vieilles* ont la poitrine un peu rosée.

L'oiseau dont il s'agit ici n'est pas régulièrement de passage dans le midi de la France ; ce n'est qu'à des intervalles de trois à quatre ans qu'il s'y montre, et l'espèce n'y est pas toujours abondante. C'est dans les mois de novembre et décembre que leur apparition a lieu ; ils vont par petites troupes de six à douze individus ; préfèrent les bois aux champs découverts ; se posent souvent à la cime des arbres, s'accrochent à l'extrémité des petites branches et parcourent toutes les sommités avec une vivacité qui surprend. Leur allure, en cela, se rapproche beaucoup de celles des *Mésanges*. La gaîté de ces oiseaux ne se dément jamais, car, si on les met en cage, ils sont toujours en mouvement et ne cessent de s'accrocher aux barreaux supérieurs, s'y tenant les pieds en haut et la tête en bas. Leur cri d'appel a beaucoup de rapport avec celui du *Tarin*, et Vieillot compare son ramage à celui de la *Fauvette à Tête Noire*. Il est très fort pour une si petite espèce.

C'est dans les pays tempérés et dans les environs du cercle polaire que se retirent les Sizerins à l'approche des beaux jours. Diverses espèces de graines et de semences composent leur nourriture; en hiver, ils y joignent les bourgeons de l'aune. C'est sur les rameaux des arbrisseaux que la *femelle* place son nid ; elle le compose de mousse, d'herbes et de petites racines, et le garnit de crins en dedans : y pond 5 ou 6 œufs d'un blanc bleuâtre, moucheté de rouge, avec quelques zigzags bruns.

GROS-BEC TARIN. — *FRINGILLA SPINUS*.

Nom vulg. : *Turyn*.

Le Tarin, Buff. — Le Tarin Commun, Cuv. — La Fringille Tarin, *Fringilla Spinus*, Vieill. — Le Gros-Bec Tarin, *Fringilla Spinus*, Temm. — La Fringille Tarin, *Fringilla Spinus*, Roux.

Tout le dessus de la tête et gorge d'un noir profond un peu varié de verdâtre sur la nuque ; une bande jaune derrière les yeux qui s'élargit sur les côtés du cou ; dos et scapulaires verts, nuancés de brun noirâtre ; croupion, base des pennes de la queue et des ailes d'un beau jaune ; poitrine et ventre de cette couleur ; abdomen blanchâtre ; flancs gris, nuancés de vert ; deux bandes ou taches noires sur l'aile; pennes de celle-ci et le bout de la queue noirs ; iris noir ; bec et pieds d'un brun clair, le *vieux mâle*.

La *femelle* a les côtés du cou, les flancs et toutes les parties supérieures d'un vert cendré, parsemé de taches noires qui sont longitudinales ; dessous du corps blanchâtre, varié de taches noirâtres qui sont allongées ; la bande transversale de l'aile est d'un jaune blanchâtre.

Les Tarins sont de charmans oiseaux que nous voyons plus ou moins nombreux dans notre pays à l'époque du mois de novembre et une partie de l'hiver ; quelquefois ils font un second passage au mois de mars. Ils sont si peu méfians qu'ils donnent dans tous les piéges. A peine sont-ils mis en cage qu'ils commencent à manger, et quelques jours après le *mâle* fait entendre sa voix, qui n'est pas très mélodieuse, mais qui n'est pourtant pas dépourvue d'agrémens. Son cri d'appel est monotone et pénètre fort loin; car, quoique ces oiseaux volent haut, on les entend encore; ils semblent exprimer *tirrly, tirrly*. Les Tarins vivent longtemps en volière ; leur naturel est vif et gai, et leurs mœurs sont fort douces ; ils s'appareillent facilement avec le *Chardonneret* et le *Cini* ; mais ils préfèrent le *Canari*. Ce dernier accouplement produit d'excellens chanteurs.

Cette espèce, qui est de passage périodique en France, habite les pays septentrionaux, où elle paraît nicher, excepté cependant en Sibérie où on ne l'a point encore observée ; elle vit aussi au Japon. La semence de l'aune, du pin, du chardon et surtout la graine de chanvre composent sa nourriture. C'est ordinairement sur les rameaux les plus élevés des pins que le Tarin place son nid. La *femelle* pond 4 ou 5 œufs d'un blanc grisâtre, tachétés de petits points rougeâtres.

GROS-BEC CHARDONNERET.
FRINGILLA CARDUELIS.

Nom vulg. : *Cardounio.*

Le Chardonneret, Buff. — La Fringille Chardonneret, *Fringilla Carduelis*, Vieill. — Le Chardonneret Ordinaire, Cuv. — Le Gros-Bec Chardonneret, *Fringilla Carduelis*, Temm. — La Fringille Chardonneret, *Fringilla Carduelis*, Roux.

Du rouge cramoisi sur le front et sur la gorge ; du noir autour du bec, sur l'occiput et la nuque, ailes noires, variées de jaune et de blanc ; joues, devant du cou et parties inférieures d'un blanc pur ; poitrine brune ; dos brun ; queue noire, avec une tache blanche sur les deux pennes latérales. Quelques individus en ont trois de chaque côté ; bec blanchâtre, noirâtre à sa pointe ; iris châtain. Longueur, 3 pouces 4 ou 5 lignes.

Le Chardonneret est un de nos plus beaux oiseaux d'Europe ; à l'éclat de la parure il joint d'excellentes qualités : il se plie facilement à l'esclavage, devient familier, reconnaît la voix de ses maîtres, et comme il veut de l'occupation dans son étroite demeure, on peut lui apprendre divers petits exercices très amusans. Je ne parlerai pas de son chant que tout le monde connaît et que chacun aime à entendre ; j'ajouterai qu'il ne manque vraiment à cet oiseau que d'être plus rare pour en faire vivement désirer la possession.

Les Chardonnerets sont sédentaires dans notre pays, et en habitent toute la surface ; on les trouve même jusque dans nos vergers et nos jardins, et souvent ils choisissent pour satisfaire leurs amours les arbres placés les plus près de nos maisons. En automne, ils se réunissent par petites troupes et parcourent divers quartiers ; ils s'abritent l'hiver dans les buissons, et se mêlent souvent aux *Pinsons*, aux *Linottes* et aux *Verdiers*. Ils jettent en volant un petit cri qui les fait distinguer ; ils semblent prononcer : *bzibiz*, *bzibiz*. Le naturel de ces oiseaux étant peu méfiant, ils donnent facilement dans les piéges qu'on va leur tendre, pourvu qu'on soit muni d'un bon appeau, à la voix duquel ils accourent.

Nos oiseleurs prétendent que les individus qui sont marqués de blanc sur les trois pennes extérieures de la queue et qu'ils désignent à cause de cela par le nom de *Cizen*, sont les meilleurs chanteurs ; mais cette distinction n'est pas fondée, car souvent le même sujet qui avait six pennes portant une tache blanche, ne les a quelquefois plus après la mue d'été, ou bien il n'en a que quatre ; le même changement a lieu chez les *femelles*. On nomme encore *Rayolo* ou *Moûntagnardo*, les individus un peu plus gros et qui ont le rouge cramoisi de la tête un peu plus éclatant, en laissant à ceux qui ne réunissent point ces conditions le nom de *Cardoúnio* ; de sorte que cela formerait trois espèces ; mais il est bien établi qu'elles n'en font qu'une seule.

On trouve les Chardonnerets depuis le Midi jusqu'en Sibérie, mais ils ne sont pas sédentaires dans tous les pays. Ils font leur nourriture de plusieurs sortes de graines ; ils recherchent celles des chardons et de la chicorée sauvage. Leur nid est fait avec art et propreté ; il est ordinairement placé sur les branches flexibles des arbres, souvent sur les cyprès et sur les arbres fruitiers placés près des chemins. La ponte est de 5 à 6 œufs d'un blanc un peu vert, marqués de taches rougeâtres, surtout vers le gros bout.

ORDRE CINQUIÈME.

ZYGODACTYLES.—*ZYGODACTYLI*.

Leur bec est de forme variée, plus ou moins arqué, quelquefois très crochu ; le plus souvent deux doigts devant et deux derrière, ou l'extérieur réversible.

Cet ordre se compose, selon Temminck, de quelques espèces dont le doigt externe peut, à volonté, se diriger en arrière ou en avant, et d'un grand nombre qui ont les doigts par paires, c'est-à-dire, deux devant et deux derrière. Cet auteur fait remarquer avec raison qu'il résulte de cette conformation un appui plus solide que quelques genres mettent à profit pour se cramponner et pour escalader le tronc et les branches des arbres ; tandis que d'autres s'en servent comme moyen de préhension: ce sont les espèces du genre PERROQUET *Psittacus;* ceux de cet ordre qui vivent en Europe nichent pour la plupart dans les trous des arbres perforés, ou les creusent avec leur bec solide et tranchant. On a divisé cet ordre en deux familles eu égard à la forme de leur bec.

Première Famille.

Bec plus ou moins fléchi en arc, un peu comprimé sur les côtés. Doigts antérieurs réunis à leur base ; l'extérieur réversible. Ailes longues et pointues.

GENRE TRENTE-DEUXIÈME.

COUCOU. — *CUCULUS.* (Linn.)

Bec médiocre, lisse, arrondi, entier, un peu fléchi en arc. Tarses plus courts que le doigt le plus long. Ailes longues, pointues.

L'Europe en fournit trois espèces ; deux visitent notre pays.

COUCOU GRIS. — *CUCULUS CANORUS.*

Nom vulg. : *Couqû.*

Le Coucou, Buff. — Cuculus Canorus, Cuv. — Le Coucou Gris, *Cuculus Canorus*, Temm. — Le Coucou Cendré, *Cuculus Canorus*, Vieill. — Le Coucou Cendré, *Cuculus Canorus*, Roux.

Toutes les parties de dessus le corps, le cou et la poitrine d'un cendré bleuâtre ; ventre, cuisses, abdomen et couvertures inférieures de la queue blanchâtres, avec des raies transversales d'un brun noirâtre ; pennes de la queue noirâtres, avec quelques petites taches blanches ; bords du bec et des yeux d'un jaune orangé ; iris et pieds jaunes. Longueur, 10 à 11 pouces.

Dès leur arrivée, qui a lieu dans les premiers jours du mois d'avril, les Coucous se répandent partout dans nos environs : les bois, les garrigues et les arbres de la plaine deviennent leurs habitations. Leur voix forte pénètre au loin ; méfians à l'excès, il est difficile de pouvoir les approcher ; ils fuient entre les branches des arbres et sans qu'il soit possible de les apercevoir. Ils diffèrent de tous les oiseaux d'Europe en ce qu'ils ne font point de nid, et qu'ils laissent à d'autres espèces plus faibles le soin d'élever leurs petits.

La *femelle* pond le plus souvent un seul œuf dans un nid étranger. Elle choisit de préférence celui des *Fauvettes*, des *Pipis*, des *Alouettes*, des *Bergeronnettes*, des *Rossignols*, des *Grives* et des *Merles*. On ne peut concevoir comment ceux-ci peuvent se charger de couver des œufs plus gros que les leurs, et donner ensuite tous leurs soins à l'éducation des petits qui naissent. L'on a longtemps regardé comme une espèce distincte le Coucou à plumage coloré de roux ; mais il est bien prouvé maintenant que ce n'est qu'une différence d'âge et que ce sont les individus âgés d'un an qui portent cette livrée, ainsi que M. Temminck l'a fait remarquer le premier.

Les Coucous sont maigres à leur arrivée ; de là vient cette façon de parler, qui a passé en proverbe, *maigre comme un Coucou*. Mais vers la fin du mois d'août, ils sont gras et leur chair est alors un bon manger.

On trouve cet oiseau dans toute l'Europe, durant l'été ; mais en hiver il émigre en Afrique. Sa nourriture se compose de diverses sortes d'insectes, ainsi que d'œufs d'oiseaux. Les œufs qu'il pond sont gros, de couleur blanc sale, tachetés d'un brun clair et de violet.

COUCOU GEAI ou TACHETÉ.
CUCULUS GLANDARIUS.

Cuculus Pisanus, Linn. — Le Coucou Huppé Noir et Blanc et Grand Coucou Tacheté, Buff. — Le Coulicou Noir et Blanc, *Coccysus Pisanus*, Vieill. — Le Coucou Geai, *Cuculus Glandarius*, Temm. — Le Coulicou Noir et Blanc, *Coccysus Pisanus*, Roux.

Cette belle et rare espèce a la huppe, toute la tête et les joues d'un cendré plus ou moins pur; les baguettes des plumes de ces parties sont brunes; une large bande d'un cendré noirâtre s'étend depuis la région des oreilles sur le derrière du cou et le dos, celui-ci ainsi que le croupion et les scapulaires bruns avec un léger reflet verdâtre; le bout de toutes ces plumes est blanc; les pennes de la queue sont d'un brun noirâtre, terminées de blanc; les parties inférieures du cou et de la poitrine ont une teinte d'un blanc jaunâtre; le ventre, les cuisses de même que les couvertures de dessous la queue d'un blanc plus ou moins pur, selon l'âge; iris jaune; bec noir, un peu rougeâtre à la base de la mandibule inférieure; pieds verdâtres. Longueur, 15 à 16 pouces. Cet oiseau a les couleurs plus ou moins foncées, cela dépend de l'âge des individus.

Cette belle espèce est de passage accidentel en France, et c'est toujours en bien petit nombre qu'elle s'y montre. J'ai eu l'occasion d'en tuer un individu en mai 1837, après l'avoir poursuivi pendant quelque temps entre les grands arbres d'un parc des bords du Rhône. Son naturel ne paraît pas être aussi farouche que celui du *Coucou Gris*; il se montre à découvert et se laisse approcher. Son attitude est fière, et lorsqu'il fait un mouvement ou quand il s'apprête à changer de place, les plumes de sa huppe se redressent fortement. Il ne me fut pas possible d'entendre sa voix, ce que j'aurais bien désiré; mais craignant de le perdre, je m'empressai de l'abatre d'un coup de fusil. Le lendemain, non loin de là, le fermier Paulet, de la métairie appelée *Mas de Laborde*, en aperçut deux qui étaient posés sur un saule peu éloigné de la ferme; il eut le temps d'aller chercher une arme à feu et d'en tuer un, qu'il m'envoya, ce qui semblerait prouver que ces oiseaux ne voyagent pas isolément, et qu'ils ont des mœurs plus sociables que les autres espèces de *Coucous*.

Selon M. Temminck, le Coucou Geai habite la côte barbaresque, la Syrie, l'Egypte et le Sénégal; vit en Andalousie et dans le Levant; accidentellement ailleurs. Sa nourriture est la même que celle de l'espèce précédente. La propagation est inconnue.

Un individu a été tué dans ces derniers temps près de Montpellier; il fait partie de la collection de M. Lebrun.

Deuxième Famille.

BEC droit, en forme de coin. PIEDS, deux doigts devant et deux derrière. QUEUE à pennes raides; les deux du milieu dépassant en longueur toutes les autres.

GENRE TRENTE-TROISIÈME.

PIC. — *PICUS.* (Linn.)

Caractères : Bec long, droit, anguleux, comprimé en coin à son extrémité. Narines cachées par des poils dirigés en avant. Pieds forts. Ongles aigus, arqués. Ailes courtes; la 1re rémige presque nulle; la 3e ou la 4e la plus longue. Queue composée de douze pennes à tiges raides et élastiques, un peu étagées. Quelques espèces n'en ont que dix.

Les Pics habitent les grandes forêts, et dans les endroits où se trouvent des arbres de haute futaie. Ils sont sans relâche occupés au travail pénible qui pourvoit à leur existence, et paraissent ignorer les délices du repos. Dépourvus d'une voix agréable, les *mâles* ne prodiguent à leur compagne que des sons aigres et durs; ainsi, leur vie triste et solitaire ne trouve aucune de ces compensations qu'éprouvent la plupart des autres oiseaux. Les Pics établissent leur nid dans les trous des arbres qu'ils creusent eux-mêmes à l'aide de leur bec qui est propre à ce travail; ils grimpent aux troncs et aux branches en s'y tenant accrochés avec leurs pieds, et s'appuyant de l'extrémité de leur queue, en frappant l'écorce avec leur bec, afin d'en faire sortir les insectes qui y sont cachés pour s'en nourrir. Huit espèces de Pics se trouvent en Europe; quatre d'entr'elles se montrent dans notre pays. Les *mâles* et les *femelles* partagent l'incubation; ils ont tous les œufs d'un blanc pur et lustré.

PIC NOIR. — *PICUS MARTIUS.*
Nom vulg. : *Pi négré.*

Le Pic Noir, Buff. — Le Grand Pic Noir, Cuv. — Le Pic Noir, *Picus Martius*, Vieill. — Le Pic Noir, *Picus Martius*, Temm. — Le Pic Noir, *Picus Martius*, Roux.

Ce Pic est le plus grand de ceux qu'on rencontre en Europe. Tout le corps est d'un noir profond ; le front, le dessus de la tête et l'occiput d'un beau rouge cramoisi ; le bec est d'un cendré foncé, blanchâtre sur les côtés, noir au bout de ses deux mandibules ; les pieds gris de plomb ; iris d'un blanc jaunâtre. Longueur, 16 à 17 pouces.

La *femelle* n'a du rouge que sur l'occiput. Les *jeunes mâles* ont les parties supérieures de la tête marquées de taches rouges et noires.

Le Pic Noir est extrêmement rare dans nos alentours ; il préfère les pays montagneux à ceux en plaine où on ne le voit presque jamais. Son naturel est farouche ; il crie souvent quand il change de place ; il porte un grand préjudice aux arbres en les creusant avec son énorme bec.

Cet oiseau, qui ne m'a été présenté qu'une seule fois comme ayant été tué dans le Gard, se trouve plus souvent sur les hautes montagnes boisées des départemens voisins de notre territoire, sur celles des Alpes et des Pyrénées ; mais il n'est nulle part aussi abondant que dans le nord de l'Europe, jusqu'en Sibérie. Il se nourrit d'abeilles, de guêpes, de fourmis et de chenilles. Dans le temps de disette, il mange des noix, des semences et des baies. Le Pic Noir niche dans les trous naturels des arbres, comme dans ceux qu'il y pratique. Ses œufs, au nombre de trois, sont d'un blanc lustré.

PIC VERT. — *PICUS VIRIDIS.*

Nom vulg. : *Pivert.*

Le Pic Vert, Buff. — Le Pic Vert, *Picus Viridis*, Cuv. — Le Pic Vert, *Picus Viridis*, Vieill. — Le Pic-Vert, *Picus Viridis*, Temm. — Le Pic Vert, *Picus Viridis*, Roux.

Tout le dessus de la tête, l'occiput et les moustaches d'un rouge brillant ; parties supérieures d'un beau vert ; croupion jaune verdâtre ; parties inférieures d'un blanc jaunâtre ; rémiges marquées de blanchâtre ; queue nuancée de brun et de verdâtre, rayée transversalement ; bec noirâtre ; base de la mandibule inférieure jaunâtre ; iris blanc. Longueur, 12 pouces 5 ou 7 lignes.

La *femelle* a les moustaches noires, moins de rouge sur la tête, et les parties inférieures sont plus nuancées de verdâtre.

Les Pics Verts ne sont pas rares dans nos contrées où ils vivent sédentaires ; nous les trouvons dans les bois des pays montueux, quelquefois dans ceux en plaine, et le plus souvent dans les parcs ombragés par des arbres de haute futaie, tels qu'il s'en trouve sur les limites méridionales de notre département. La voix de cet oiseau est forte et pénètre au loin ; souvent il m'est arrivé de le croire bien près de moi quand il était sur les arbres de la rive opposée du Rhône ;

les syllabes *tiacacan*, *tiacacan*, qu'il prononce en chevrotant, sont celles qu'il semble exprimer. Il jette encore un cri qui paraît être celui d'amour, et qui peut se comparer à un éclat de rire. On l'a traduit par *tiô*, *tiô*, *tiô*, *tiô*, *tiô*. Il le redit un grand nombre de fois de suite. Le Pic-Vert n'a pas un vol gracieux : c'est toujours par élans et par secousses qu'il se transporte d'un lieu à un autre ; il grimpe avec une étonnante facilité le long des branches des arbres, en ayant soin de se tenir du côté opposé à celui du chasseur ; aussi l'entend-on plus souvent qu'on ne le voit.

On trouve cette espèce dans toutes les contrées de l'Europe. Temminck nous apprend qu'il est peu abondant en Hollande. Il se nourrit de fourmis, de larves d'insectes, d'abeilles et quelquefois de noix. Le *mâle* et la *femelle* travaillent de concert à creuser un trou oblique dans les arbres tendres, où la *femelle* dépose jusqu'à 8 œufs blancs.

PIC ÉPEICHE. — *PICUS MAJOR.*

L'Épeiche ou Pic Varié, Buff. — L'Épeiche ou Grand Pic Varié, *Picus Major*, Cuv. — Le Pic Épeiche, *Picus Major*, Vieill. — Le Pic Épeiche, *Picus Major*, Temm. — Le Pic Épeiche, *Picus Major*, Roux.

Le dessus de la tête et du cou, le dos, le croupion, les couvertures supérieures des ailes et de la queue d'un noir lustré ; une large bande transversale rouge sur l'occiput ; front roussâtre ; les côtés de la tête blancs ; sur les côtés du cou une tache de la même couleur ; une bande noire, qui part du coin du bec, passe au-dessous des joues, et s'étend sur la poitrine. Cette bande se divise en deux et va se perdre sur le cou. Dessous du corps gris roussâtre ; bas du ventre et couvertures inférieures de la queue rouges ; des taches blanches sur les deux barbes des pennes alaires ; les trois pennes latérales de la queue sont en partie blanches , avec quelques taches noires ; les quatre du milieu noires ; iris rouge. Longueur , 9 pouces.

La *femelle* n'a point de rouge sur l'occiput.

Je possède un sujet de ce sexe qui a les taches des pennes alaires roussâtres , et le blanc des pennes latérales de la queue est remplacé par cette couleur.

C'est dans les montagnes de la Lozère , dans celles de l'Ardèche et de l'Aveyron, que le Pic Epeiche habite. Nous le trouvons aussi , mais en plus petit nombre , dans les bois des pays situés au nord de notre territoire, et quelquefois même dans ceux des bords du Gardon, durant l'été ; mais en hiver on le rencontre assez souvent dans les champs. Les habitudes de ce joli oiseau ont la plus grande analogie avec celles du *Pic Vert* ; mais il diffère par son cri : *tre re re re re* , qu'il semble prononcer d'une voix enrouée ; on dit qu'il frappe contre les arbres des coups plus vifs et plus secs, et que si quelque chose lui porte ombrage , il se tient caché derrière une grosse branche , toujours l'œil fixé sur l'objet qui l'inquiète. L'on ajoute que pour attirer ce Pic sur un arbre quelconque d'une forêt , il suffit de frapper sur la crosse de son fusil avec un œuf de bois creux.

Cette espèce habite assez avant dans le Nord. Les hannetons , les guêpes , les abeilles , les sauterelles et les fourmis composent sa nourriture ; en hiver , il y joint des semences des noix et des noisettes. L'Epeiche ne creuse point de trous pour nicher ; c'est dans ceux qui se trouvent naturellement dans les arbres que la *femelle* dépose 4 ou 6 œufs blancs.

PIC MAR. — *PICUS MEDIUS.*

Nom vulg. : *Pi.*

Le Pic Varié a Tête Rouge , Buff.—Le Moyen Épeiche, Cuv. — Le Pic Varié a Tête Rouge, *Picus Medius*, Vieill. — Le Pic Mar, *Picus Medius*, Temm. — Le Pic Varié a Tête Rouge, *Picus Medius*, Roux.

Front tirant au gris roussâtre ; du rouge sur la tête et sur l'occiput , mais d'une teinte moins vive que chez l'*Épeiche ;* gorge blanche ; poitrine un peu lavée de roux et de rougeâtre, qui descend sur le bas du ventre et sur les couvertures inférieures de la queue ; derrière du cou et dessus du corps noir ; côtés de la tête gris blanc , avec une bande d'un gris rembruni ; flancs roses , avec des taches longitudinales ; couvertures supérieures des ailes noires , avec quelques taches blanches ; les quatre pennes intermédiaires de la queue entièrement noires ; sur les autres , de bordures et de taches d'un blanc sale ; bec, pieds et iris brun. Longueur, 8 pouces 2 ou 3 lignes , les *mâles.*

La *femelle* diffère peu ; les teintes de son plumage sont plus ternes.

Ce Pic a été quelquefois pris pour l'espèce précédente à laquelle il ressemble d'ailleurs ; Buffon était dans l'erreur en reprochant à Brisson de l'avoir séparé de l'Épeiche, car il est bien prouvé maintenant par toutes les personnes qui font une étude sérieuse de l'histoire des oiseaux, que ces deux Pics ne pouvaient être confondus.

Le Pic Mar fréquente les collines boisées et les champs plantés de châtaigniers des pays montagneux voisins du Gard, d'où il descend quelquefois dans nos environs ; mais cette espèce n'est pas aussi commune que la précédente ; elle est même rare dans nos départemens méridionaux. Ses habitudes sont les mêmes que celles de l'Epeiche. M. Temminck la dit plus répandue dans le Midi que dans le Nord ; d'où il faudra conclure que le Pic Mar n'est commun nulle part. Cet auteur ajoute qu'il se montre rarement et accidentellement en Hollande, et qu'il se nourrit de fourmis et d'autres insectes qu'il prend dans les fentes de l'écorce des arbres, et au besoin de noisettes, de noix, de hêtre et de semences. Comme ses congénères, il niche dans les trous naturels des arbres. Sa ponte est de 3 ou 4 œufs d'un blanc lustré.

PIC ÉPEICHETTE. — *PICUS MINOR.*

Le Petit Épeiche, Buff. — Le Petit Pic, *Picus Minor*, Vieill. — Le Petit Épeiche, *Picus Minor*, Cuv. — Le Pic Épeichette, *Picus Minor*, Temm. — Le Petit Pic, *Picus Minor*, Roux.

Front roussâtre ; sommet de la tête rouge ; occiput, dessus du cou et des ailes noirs ; une tache blanchâtre derrière l'œil ; moustaches noires ; parties inférieures d'un blanc terne, avec de fines raies sur la poitrine et sur les flancs ; pennes latérales de la queue terminées de blanc et rayées de noir ; iris rouge. Longueur, 5 pouces 6 ou 7 lignes.

La *femelle* n'a point de rouge sur la tête, mais elle a un plus grand nombre de taches et de raies sur le corps.

Ce Pic, le plus petit de ceux qui habitent l'Europe, descend rarement dans les environs de Nismes, quoiqu'il soit quelquefois assez commun à l'époque de son passage d'automne dans les bois de notre département qui avoisinent la Lozère. M. de Lapierre, conseiller à la Cour royale de Nismes, en vit et en tua dans les bois de pins de la commune de Roquedolle près Meyrueis. Quoique cette petite espèce ne se montre pas à découvert, elle n'est ni farouche ni rusée, et on peut la tuer sans beaucoup de peine.

L'Epeichette n'est pas commune en France ; elle paraît être plus répandue dans le Nord que dans le Midi, toujours dans les grandes forêts de pins et de sapins. Elle se nourrit de toutes sortes d'insectes et de leurs larves qu'elle saisit sous l'écorce des arbres et sous la mousse. On dit qu'elle niche dans les pays froids et choisit les trous naturels des arbres, qu'elle dispute souvent à la *Mésange Charbonnière*. Ses œufs, au nombre de 4 ou 5, sont d'un blanc lustré, un peu verdâtre.

GENRE TRENTE-QUATRIÈME.

TORCOL. — *YUNX*. (Linn.)

Caractères : Bec à-peu-près rond, sans angle, effilé vers la pointe et garni à sa racine par de petites plumes dirigées en avant. Narines larges, un peu concaves. Pieds, deux doigts devant soudés à leur base; deux derrière entièrement séparés. Ailes courtes, 1re rémige un peu plus courte que la 2e, qui est la plus longue. Pennes de la queue flexibles, arrondies à leur bout.

Les Torcols tiennent de près au genre *Pic*; comme eux ils se nourrissent d'insectes qu'ils saisissent avec leur langue qu'ils ont extensible; mais ils ne grimpent pas aux arbres, quoique la position de leurs doigts soit la même, et leur bec trop faible ne peut leur servir à percer les branches. Le nom de *Torcol* leur a été imposé de l'habitude qu'ils ont de porter leur bec en ligne perpendiculaire sur le dos. On n'en connaît que deux ou trois espèces; une seule vit en Europe et en habite toute la surface.

TORCOL ORDINAIRE. — *YUNX TORQUILLA.*

Noms vulg. : *Tiro-Léngo*, *Fourmié*.

Le Torcol, Buff. — Le Torcol, Cuv. — Le Torcol d'Europe, *Yunx Torquilla*, Vieill.—Le Torcol Ordinaire, *Yunx Torquilla*, Temm. — Le Torcol d'Europe, *Yunx Torquilla*, Roux.

Tout le dessus du corps d'un cendré roux et couvert d'une multitude de taches brunes et noires; une bande d'un brun noirâtre s'étend depuis la nuque le long du dos; les pennes de la queue sont traversées par cinq bandes noires qui deviennent plus étroites vers le bas; gorgerette grise; devant du cou roussâtre, avec des petites raies en travers; les autres parties inférieures blanchâtres, parsemées de taches en forme de piques ; iris d'un brun jaunâtre. Longueur, 6 pouces 6 ou 8 lignes

La *femelle* diffère en ce que les teintes sont plus faibles ; la bande du dos descend moins bas.

Le Torcol fait deux passages dans notre pays, un au printemps et l'autre durant les mois de septembre et octobre. Cet oiseau, quoique pourvu de pieds semblables à ceux des *Pics*, ne grimpe pas aux arbres ; il s'accroche aux troncs, se pose sur les grosses branches, où le plus souvent il se tient le corps appuyé ; mais c'est à terre qu'il préfère vivre pour y chercher des fourmilières ; il y enfonce sa langue qu'il retire ensuite chargée des fourmis, qui s'y trouvent attachées par la matière gluante dont elle est enduite. Cet oiseau est d'un naturel lent et peu farouche ; il se laisse approcher, et s'il s'envole, c'est pour se poser à peu de distance. Le Torcol est curieux à voir de près ; il retourne sa tête et son cou par des mouvemens lascifs et onduleux, semblables à ceux des serpens ; il ouvre sa queue en forme d'éventail, tourne ses yeux et redresse les plumes du haut de sa tête. Si le Torcol pouvait s'élever en cage, il deviendrait fort amusant pour ses maîtres.

On trouve ce singulier oiseau à partir des contrées méridionales jusqu'en Suède, durant l'été. Le *mâle* et la *femelle* ne font point de nid ; la *femelle* se contente de déposer dans les trous naturels des arbres environ 8 œufs qui sont d'un blanc d'ivoire.

ORDRE SIXIÈME.

ANISODACTYLES.-*ANISODACTYLI.*

Caractères : Bec droit ou un peu arqué, pointu, déprimé sur les côtés ou un peu arrondi, couvert à sa base par de petites plumes dirigées en avant. Pieds, trois doigts devant et un derrière; l'extérieur soudé à sa base à celui du milieu. Pouce très long, muni d'un ongle long et courbé.

Les Sitelles ne sont pas nombreuses ; deux seulement habitent l'Europe, une seule se trouve en France; les autres espèces connues vivent dans l'Ancien et le Nouveau-Monde. Les habitudes de ces oiseaux ont les plus grands rapports avec les *Pics*; comme eux, ils grimpent le long du tronc et des branches des arbres, ou se cramponnent fortement aux pans verticaux des rochers. Leur vie est triste et solitaire. Les insectes et les graines composent leur nourriture.

GENRE TRENTE-CINQUIÈME.

SITELLE. — *SITTA.* (Linn.)

Caractères : Bec droit, cylindrique. Narines recouvertes à claire-voie de poils dirigés en avant. Pieds, trois doigts devant ; l'extérieur soudé à sa base à celui du milieu. Le Doigt de derrière très long. L'Ongle arqué. Queue composée de douze pennes à baguettes faibles. Ailes médiocres. 3ᵉ et 4ᵉ rémiges les plus longues.

SITELLE TORCHEPOT. — *SITTA EUROPÆA.*

Noms vulg. : *Piqué*, *Pi Blû*.

La Sitelle ou Torchepot, Buff. — Le Torchepot Commun, Cuv. — La Sitelle d'Europe, *Sitta Europœa*, Vieill. — La Sitelle Torchepot, *Sitta Europœa*, Temm. — La Sitelle d'Europe, *Sitta Europœa*, Roux.

Toutes les parties supérieures sont d'un cendré bleuâtre ; gorge blanche ; une bande blanche sous l'œil ; face d'un roux jaunâtre ; flancs et cuisses d'un roux marron ; les quatre pennes du milieu de la queue ont une tache blanche ; bec d'un cendré bleuâtre ; pieds gris ; iris noisette. Longueur, 5 pouces 6 lignes.

La Sitelle grimpe le long des arbres, les frappe avec son bec, à la manière des *Pics*, pour en faire sortir les insectes cachés sous l'écorce. Le cri qu'elle fait entendre est fort, et semble exprimer : *tuî*, *tuî*, *tuî*, *tuî*, *tuî*, et le repète surtout en parcourant les branches avec une grande vivacité.

Cet oiseau se rencontre quelquefois, pendant la mauvaise saison, dans les environs de Nismes ; mais il vit sédentaire dans plusieurs localités de notre département les plus voisines des Cevennes. Comme plusieurs *Mésanges*, les Sitelles font un amas de provisions, telles que noisettes et différentes graines, qu'elles cachent dans les trous des arbres qui leur servent de retraite. Elles les cassent à coups de bec après les avoir fixés entre leurs pattes.

On trouve cette espèce dans une grande partie de l'Europe. Elle vit sédentaire dans tous les climats. C'est dans les trous naturels des arbres qu'elle établit son nid *. On dit que si l'ouverture est trop grande, elle a soin de la retrécir avec de la terre grasse; elle y pond 5 ou 7 œufs de couleur roussâtre, pointillés de petites taches rouges.

GENRE TRENTE-SIXIÈME.

GRIMPEREAU. — *CERTHIA*. (Temm.)

Caractères : Bec médiocrement long, plus ou moins arqué, triangulaire, comprimé, effilé, aigu. Narines basales, à moitié fermées par une membrane. Ailes courtes. 4e rémige la plus longue. Queue à rectrices raides, un peu arquées, pointues.

Ce genre a reçu, de la part de Gmelin, Linné, Brisson et Latham, bien des espèces qui en ont ont été ensuite séparées; de sorte que le genre *Certhia* se trouve aujourd'hui réduit à quatre ou cinq espèces, dont une seule habite l'Europe.

Les Grimpereaux escaladent les arbres en s'appuyant sur les pennes fortes et élastiques de leur queue.

---

* M. Carrière, docteur-médecin à St-Jean-du-Gard, me marque que la Sitelle pratique deux trous parfaitement ronds, qu'elle perce à coups de bec, avec beaucoup de patience.

GRIMPEREAU FAMILIER. — *CERTHIA FAMILIARIS.*

Le Grimpereau, Buff. — Le Grimpereau, *Certhia Familiaris*, Vieill. — Le Grimpereau, *Certhia Familiaris*, Temm. — Le Grimpereau d'Europe, Cuv. — Le Grimpereau Familier, Roux.

Cette petite espèce est noirâtre, roussâtre et tachetée de blanc en dessus ; de cette dernière couleur en dessous; croupion roux; sourcils blancs; rémiges brun foncé, œillées de jaune blanchâtre ; pennes de la queue d'un cendré roussâtre, terminées en piquans ; la mandibule supérieure est brune ; l'inférieure est jaunâtre ; iris couleur noisette. Longueur, 5 pouces 3 ou 4 lignes.

La *femelle* est un peu plus petite ; elle manque de jaunâtre sur le dessus du corps ; les parties inférieures sont blanches.

C'est au printemps que le Grimpereau Familier arrive chez nous, et comme le désigne son nom, ce petit oiseau n'est nullement farouche ; il se laisse approcher à quelques pas sans cesser de continuer ses exercices. A la manière de la *Sitelle*, il grimpe le long des arbres en tournant autour du tronc, s'aidant de sa queue qui, comme chez les *Pics*, lui sert de point d'appui. Il aime à fréquenter les bois, les vergers, les bords des ruisseaux et les arbres touffus. Il a un cri éclatant qui semble exprimer : *zir*, *zir* ; il le fait entendre le plus souvent en s'élevant par petits bonds, et se portant ensuite sur des branches plus basses pour recommencer à grimper, en furetant dans toutes les fentes et les gerçures qu'il rencontre. Il n'est pas rare de voir cette espèce au moment de ses passages dans les bosquets des bois de Campagne et de Signan, souvent sur les saules qui bordent le Vistre, et surtout sur les chênes qui couvrent le ruisseau du mas de Charlot, situé sur la rive du Gardon. Les Grimpereaux Familiers abandonnent notre pays dans le courant des mois de septembre et d'octobre.

Cet oiseau se trouve dans toute l'Europe jusqu'en Sibérie, où il est rare. C'est de punaises, d'insectes, de larves et de cocons, qu'il saisit sous l'écorce des arbres, qu'il compose sa nourriture. Le trou d'un arbre sert aussi à la *femelle* pour déposer de 5 à 7 œufs qui sont blancs, parsemés de taches claires et foncées d'un brun roussâtre.

GENRE TRENTE-SEPTIÈME.

TICHODROME. — *TICHODROMA*. (Temm.)

Caractères : Bec plus long que la tête, triangulaire à la base, légèrement fléchi, arrondi, entier, à pointe déprimée. Narines horizontales. Pieds, trois doigts devant ; l'extérieur soudé à sa base au doigt du milieu ; le postérieur muni d'un ongle très long. Queue arrondie, à baguettes faibles. Ailes amples. 5e et 6e rémiges les plus longues.

Cet oiseau, que Buffon nomma, non sans juste raison, Grimpereau de Muraille, a, depuis cet auteur, reçu différens noms : Vieillot et Roux l'ont appelé Pichion de Muraille, et Temminck le désigne sous celui de Tichodrome Echelette, *Tichodroma Phœnicoptera*. Tous ce que le Grimpereau fait sur les arbres, cette espèce le fait contre les pans des rochers ou contre les vieilles murailles apres lesquelles il se cramponne fortement. Ce genre n'est, selon

Temminck, composé que de la seule espèce européenne ; Linné et Latham avaient confondu cet oiseau dans le genre *Certhia*.

TICHODROME ÉCHELETTE.
TICHODROMA PHOENICOPTERA.

Noms vulg. : *Grimpo - Roc, Parpaillou.*

Cet oiseau a le sommet de la tête et la nuque d'un cendré foncé ; bas du cou, dos et scapulaires d'un cendré clair, un peu rosé ; gorge et devant du cou d'un noir profond ; parties inférieures d'un cendré noirâtre ; couvertures des ailes et parties supérieures des barbes extérieures des pennes d'un rouge vif ; extrémité des pennes alaires noire ; les trois premières ont deux taches blanches ; la troisième une seule ; les quatre suivantes n'en ont point, et sur les quatre autres qui suivent il y a une tache d'un jaune foncé ; ces taches ne paraissent point lorsque l'aile est ployée ; queue noire, terminée de blanchâtre et de cendré ; bec, iris et pieds noirs. Longueur, 6 pouces 6 lignes, les *vieux mâles*, seulement *en été*.

La *femelle* ressemble au *mâle*, mais la gorge et le devant du cou sont d'un blanc teint de cendré dans toutes les saisons.

Voici encore une de ces espèces dont l'existence est pour ainsi dire ignorée de notre population. Cependant, on peut rencontrer le Tichodrome dans notre pays, depuis l'automne, époque à laquelle il arrive, jusque vers le milieu du mois de mai, où il nous quitte pour se rendre dans les parties tempérées de l'Europe. Cet oiseau ne grimpe jamais aux arbres ; c'est sur les pans des rochers taillés à pic, le long des remparts et des murailles qu'on le trouve ; ici nous le voyons sur les grandes roches qui bordent le Gardon, quelquefois dans les carrières les plus rapprochées de la ville, et même le long de la Tourmagne. Son vol s'exécute par bonds, et s'il lui arrive de se suspendre quelques instans devant une fente ou le trou d'un rocher pour y chercher sa nourriture, il fait mouvoir ses ailes à la manière des papillons ; elles laissent entrevoir alors les taches rouges, jaunes et blanches dont elles sont parées ; de sorte que les personnes qui le voient pour la première fois, le prenent souvent pour un de ces insectes. On ne rencontre guère cet oiseau réuni à ses semblables ; il voyage ordinairement seul et silencieusement. Son vol est peu élevé et ne paraît pas être soutenu ; mais comme il n'abandonne jamais les rochers, ses migrations sont faciles. J'ai vu des Tichodromes et j'en ai tué ; mais je n'ai jamais entendu leur voix ; quelques auteurs assurent qu'ils ont un chant gai et agréable.

On trouve le Tichodrome en Italie, en Espagne, sur les Alpes et sur les Pyrénées ; en Provence et dans les pays qui avoisinent notre département ; jamais il ne se montre dans le Nord. Les insectes, les larves, les araignées, et surtout leurs œufs, composent sa nourriture. C'est dans les fentes et les crevases de rochers, ou dans les trous des masures, que la *femelle* pond 4 ou 5 œufs d'un blanc pur.

GENRE TRENTE-HUITIÈME.

HUPPE. — *HUPUPA*. (Linn.)

Caractères : Bec plus long que la tête, faiblement arqué, grêle, triangulaire. Narines basales , latérales, situées à la base du bec, surmontées par les plumes du front. Doigt intermédiaire réuni à la base avec l'externe. Ailes à pennes bâtardes, très courtes. 3e et 4e rémiges les plus longues. Queue à douze rectrices.

L'on ne connaît que deux espèces de ce genre : l'une est propre à l'Afrique, qu'elle ne quitte jamais ; l'autre se trouve dans presque toute l'Europe au printemps et en été. Du reste, ces deux espèces se ressemblent beaucoup entr'elles.

HUPPE. — *UPUPA EPOPS.*

Noms vulg. : *Pupu*, *Lipéga*.

La Huppe, Buff. — La Huppe, Cuv. — Le Puput d'Europe, *Upupa Epops*, Vieill. — La Huppe, *Upupa Epos*, Temm. — Le Puput ou Huppe, *Upupa Epos*, Roux.

Une belle huppe formée par deux rangées de longues plumes ; ces plumes sont rousses, terminées de noir ; le restant de la tête, le cou, le haut du dos, la poitrine et le ventre d'un roussâtre vineux ; abdomen d'un blanc pur, avec quelques taches longitudinales noirâtres sur les flancs ; les ailes et la queue noires ; les premières portent cinq bandes transversales d'un blanc lavé de jaune, et la seconde une bande blanche ; pieds et iris bruns. Longueur, 11 pouces, le *vieux mâle*.

La *femelle* est moins grande ; sa huppe est plus courte et ses teintes plus ternes.

C'est d'Afrique que nous arrivent les Hupes ou Puputs. Dès les premiers jours du mois de mars, elles commencent à se montrer dans notre pays, et se répandent jusque très avant dans les contrées du Nord. Ces oiseaux vivent solitairement; ils choisissent les lieux humides et ombragés par des arbres, où cependant ils se perchent moins qu'ils ne courent à terre, et c'est là qu'ils cherchent leur nourriture. Selon Vieillot, la Huppe a divers cris; l'un, qui semble exprimer *zi-zi*, est celui de ralliement, et lorsqu'elle est perchée, elle prononce les syllabes *poour* d'une voix forte et grave, presque toujours trois fois de suite, en ramenant son bec sur sa poitrine. Le *mâle* a un autre cri qu'on lui entend répéter alors qu'il est caché dans quelque touffe épaisse, et qui peut être traduit par *bou, bou, bou*. Nous trouvons ici les Hupes dans les bois, les vignes, les taillis, ainsi que dans les parcs couverts par de grands arbres. Il en niche dans plusieurs contrées de notre département. C'est en septembre et octobre que ces oiseaux effectuent leur retour en Afrique. A cette époque, ils sont extrêmement gras, et leur chair est un manger délicieux; ils sont aussi moins farouches qu'à leur arrivée. On réussit difficilement à les élever en cage.

Ce joli oiseau est plus abondant dans le Midi que dans le Nord; partout il est de passage périodique. Sa nourriture consiste en vermisseaux, en scarabées et en frai de grenouille; il est très friand des chrysalides des vers-à-soie, mange aussi des fourmis. Les trous des arbres, les crevasses des rochers et des masures, sont les endroits où il construit un nid composé de matières dégoûtantes. La ponte est de 4 jusqu'à 7 œufs d'un blanc grisâtre.

ORDRE SEPTIÈME.

ALCYONS. — *ALCYONES.*

Caractères : Bec médiocre ou long, droit ou arqué. Pieds courts. Jambes dénuées de plumes sur leur partie inférieure. Doigts extérieurs réunis jusqu'au-delà du milieu de leur longueur.

Cet ordre, formé par M. Temminck, comprend les Guêpiers, (*Merops*), et les Martins Pêcheurs, (*Alcedo*). Il est très nombreux en espèces, et toutes sont généralement parées de belles couleurs et de teintes vives. Quatre seulement se rencontrent en Europe ; encore deux d'entr'elles y sont excessivement rares. Notre pays en fournit trois.

Les oiseaux de cet ordre volent avec une grande vitesse, marchent peu et ne grimpent jamais. Ils s'emparent de leur nourriture en volant ou à la surface des eaux. Ils sont voyageurs.

GENRE TRENTE-NEUVIÈME.

GUÊPIER. — *MEROPS.* (Linn.)

Caractères : Bec médiocre, tranchant, pointu, un peu courbé, à arête convexe. Narines nues, ovoïdes, un peu cachées par des poils dirigés en avant. PIEDS courts ; trois doigts devant ; le pouce soudé jusqu'à la seconde articulation au doigt du milieu, qui est lui-même réuni avec l'intérieur, jusqu'à la première articulation. 2e et 3e rémiges les plus longues, la 1re la plus courte.

GUÊPIER VULGAIRE. — *MEROPS APIASTER*.

Nom vulg. : *Séréno*.

Le GUÊPIER, Buff. — Le GUÊPIER COMMUN, Cuv. — Le GUÊPIER D'EUROPE, *Merops Apiaster*, Vieill. — Le GUÊPIER VULGAIRE, *Merops Apiaster*, Temm. — Le GUÊPIER proprement dit ou D'EUROPE, *Merops Apiaster*, Roux.

Ce bel oiseau a le front couleur d'aigue-marine ; dessus de la tête, nuque et haut du dos marron ; la gorge est d'un jaune doré, entourée d'un collier noir ; poitrine et ventre de la couleur du front ; rémiges d'un vert bleuâtre ; queue de la même couleur ; les deux pennes du milieu plus longues que les autres ; iris rouge ; bec et pieds bruns. Le *mâle* et la *femelle* diffèrent peu. Longueur, 10 pouces.

Le Guêpier Vulgaire est un superbe oiseau qui, abandonnant l'Afrique à l'époque du mois d'avril, se répand ensuite dans le Midi. C'est par troupes nombreuses que les Guêpiers entreprennent leurs voyages. Leur vol est rapide, mais on les voit quelquefois tournoyer longtemps à la même place, en jetant ces cris : *grul-grul*, *proui*, *proui*. Ils s'abattent volontiers dans les vergers où se trouvent des ruches, et font une grande destruction des abeilles et des guêpes qu'ils rencontrent. Ils ne sont point farouches, et se laissent tuer les uns après les autres, sans chercher à s'enfuir. Quoique les Guêpiers soient de passage périodique dans notre pays, ils n'y sont pas également abondans tous les ans. En avril 1839, nous en eûmes beaucoup dans plusieurs localités de la plaine du Vistre ; on en tua quelques-uns au mas de Galoffre, et on en vit aussi dans les jardins du château de M. Viviez, appelé la Bastide, où ils restèrent plusieurs jours. Ces oiseaux effectuent leur retour dans les mois de septembre et d'octobre ; mais nous les voyons alors en bien petit nombre et comme isolés.

Les Guêpiers se trouvent pendant l'été dans les parties méridionales de l'Allemagne, en Suisse, en Italie et en Espagne où ils sont très communs. Les Guêpes, les abeilles, les mouches, les cousins, les sauterelles et les cigales leur servent de nourriture. Ils établissent leur nid dans les trous des rives sablonneuses et escarpées des fleuves, ainsi que dans les monticules éloignés des eaux ; il en niche ici quelquefois près de Générac, de Beauvoisin et aux environs du grand mas de Seynes. La ponte est de 5 ou 6 œufs d'un blanc pur.

GUÊPIER SAVIGNY. — *MEROPS SAVIGNII.*

Nom vulg. : *Séréno.*

Merops Persicus, Pallas. — Le Guêpier Savigny, Levaill. — Le Guêpier Savigny, *Merops Savignii*, Temm. — Meropa Egiziano, Bonap. Faun., Ital.

Front un peu blanchâtre, surmonté d'une bande d'une belle couleur d'aigue-marine, nuancée d'azur, qui s'étend au-delà des yeux ; une bande de pareille couleur, mais plus étroite, part de la commissure du bec, passe au-dessous d'une bande noire dans laquelle est comprise l'orbite et se prolonge avec l'autre jusqu'à la hauteur de l'occiput; toutes les autres parties supérieures sont d'un beau vert nuancé de bleuâtre et d'aigue-marine; les rémiges et les pennes de la queue sont fortement nuancées d'olivâtre; les deux filets de cette dernière, qui dépassent les autres pennes d'environ 2 pouces et demi, sont, ainsi que le bout des rémiges, d'un olivâtre brun; gorgerette jaune; cette teinte se fond dans le marron vif qui s'étend sur la gorge; toutes les autres parties inférieures sont d'un vert plus ou moins vif, qui change, ainsi que les parties supérieures, en jaunâtre, en verdâtre et en olivâtre, selon l'aspect de la lumière; dessous des pennes caudales gris tendre; bec plus grêle que dans le *Guêpier Vulgaire*, pointu et noir; iris rouge; pieds couleur de corne. Longueur, 9 pouces 6 à 10 lignes, *sans y comprendre les filets des pennes mitoyennes.*

Telle est la livrée du *mâle* et de la *femelle* à l'état adulte. *

* Un chasseur qui habite les bords de la mer, m'a assuré, en voyant cette espèce, qu'en 1831, à l'époque du printemps, il avait tiré sur un vol de *Séréno*, Guêpiers, qu'il en avait abattu plusieurs de ses deux coups de fusils, et qu'il en avait remarqué trois qu'il croyait, disait-il, être des *jeunes* qui n'avaient pas encore acquis du jaune à la gorge. Ce ne pouvaient être, je pense, que des *Guêpiers Savigny*.

Voici encore un bel oiseau qui vient tout récemment d'être publié par M. Temminck comme ayant pris rang parmi les espèces européennes ; cette citation repose sur la capture faite de deux individus dans les environs de Gênes ; ils font partie de la collection du marquis de Durazzo. Je suis heureux de pouvoir dire qu'une semblable rencontre a eu lieu le 11 mai 1832, dans les environs de Lattes, près de l'embouchure du Lez, dans le département de l'Hérault, à la suite d'un orage qui survint à l'horison sud, du côté de la mer. Lorsque le temps se fut calmé, il apparut un grand nombre de *Guêpiers Vulgaires*; l'on en tua plusieurs, et dans le nombre étaient deux Guêpiers Savigny, dont un, que j'ai sous les yeux, fut apporté à M. Lebrun fils, l'autre resta en la possession d'un chasseur qui le mangea, comptant avoir tué la *femelle* du *Merops Apiaster*.

Cette jolie espèce de Guêpier habite l'Afrique ; elle est répandue dans la Nubie et l'Egypte ; les individus apportés du Sénégal diffèrent un peu par les teintes du plumage et par les filets qui sont un peu plus longs. Sa nourriture doit être la même que celle des autres *Guêpiers* ; quant à sa manière de se reproduire, on l'ignore complètement.

GENRE QUARANTIÈME.

MARTIN PÊCHEUR. — *ALCEDO*. (Temm.)

Caractères : Bec long, quadrangulaire, droit, pointu, à bords tranchans, à mandibules égales. Narines basales latérales, presque entièrement fermées par une membrane nue. Pieds courts, nus au-dessus du genou. 3e rémige la plus longue.

MARTIN PÊCHEUR ALCYON. — *ALCEDO ISPIDA.*

Noms vulg. : *Argné* *, *Varlé dé Vilo.*

Le Martin Pêcheur ou l'Alcyon, Buff. — Le Baboucard, *idem.* — Le Martin Pêcheur d'Europe, Cuv. — Le Martin Pêcheur, *Alcedo Ispida*, Vieill. — Le Martin Pêcheur Alcyon, *Alcedo Ispida*, Temm. — Le Martin Pêcheur proprement dit, *Alcedo Ispida*, Roux.

Ce bel oiseau a le dos, le croupion et les couvertures supérieures de la queue d'un bleu d'azur éclatant ; cette couleur forme des mouchetures sur la tête ; un espace roux au-dessous des yeux, suivi d'un autre espace d'un blanc pur ; depuis l'angle du bec jusqu'à l'insertion des ailes s'étend une bande d'un blanc d'azur ; la gorge et le devant du cou d'un blanc parfait ; dessous du corps d'un roux de rouille ; pieds rouges ; iris brun. Longueur, 7 pouces, le *mâle.*

La *femelle* a des teintes plus foncées, et la couleur azurée de sa livrée est moins éclatante que celle du *mâle.*

Les *jeunes* ont les pieds couleur de chair ; le dos est d'un vert bleuâtre foncé.

* Le nom d'*Argné*, qui signifie *Teigne*, *Dermestre*, lui a été imposé parce qu'on pense généralement ici qu'il suffit de placer cet oiseau (après lui avoir enlevé les entrailles) dans une garde-robe, où on le laisse dessécher, pour que les draps et les étoffes de laine soient à l'abri des insectes rongeurs. Mais cela n'est qu'imaginaire.

Le Martin Pêcheur est un des plus beaux oiseaux qui visitent l'Europe, car son plumage ne le cède en rien pour la vivacité des nuances aux plus riches espèces des tropiques. Son naturel est triste et solitaire ; rarement on voit ces oiseaux deux à deux, si ce n'est au moment où la nature leur fait sentir le besoin de se rapprocher pour la propagation. Nous en avons ici deux passages, un en automne et l'autre au printemps ; plusieurs passent l'hiver chez nous ; et quelques-uns nichent au nord de notre département. Le vol du Martin Pêcheur est droit et rapide ; ce qui ne l'empêche pas de suivre tous les contours des ruisseaux. Il jette un cri perçant dès qu'il part, mais il se tait bientôt et va se poser sur une branche sèche, de préférence sur celles qui avancent sur l'eau ; souvent aussi il se pose sur les racines des arbres, sur une pierre ou sur le gravier ; c'est de là qu'il guette les petits poissons dont il se nourrit ; tombe sur eux d'aplomb, après s'être élevé quelques pieds plus haut. Nous trouvons ici les Martins Pêcheurs le long du Vistre, aux bords du Rhône et du Gardon, et même souvent le long des bassins de notre belle Fontaine ; ils sont aussi fort communs sur les rives du Lez et de l'Hérault.

Les Martins Pêcheurs sont plus rares dans le Nord que dans le Midi. Indépendamment des petits poissons dont ils sont friands, ils joignent à leur nourriture des frais, des insectes aquatiques, des vers, des sangsues et des limaçons. Ils nichent dans les trous des rats et des écrevisses, souvent entre les racines et dans les creux des arbres. La ponte est de 6 à 8 œufs d'un blanc luisant.

ORDRE HUITIÈME.

CHÉLIDONS. — *CHELIDONS.*

Caractères : Bec petit, déprimé à sa base, glabre et presque triangulaire. Mandibule supérieure courbée vers le bout; l'inférieure droite est plus courte. Narines situées à la base du bec. Bouche très ample. Pieds courts, nus. Le Doigt de derrière souvent réversible. Ailes longues; la 1re rémige la plus longue. Queue le plus souvent crochue.

Les Chelidons sont des oiseaux pourvus de grandes ailes qui leur permettent de se soutenir longtemps dans les airs; leurs mouvemens sont brusques; leur vue perçante, et leur bec est très fendu; il leur est facile de saisir en volant les insectes ailés dont ils se nourrissent exclusivement.

GENRE QUARANTE-UNIÈME.

HIRONDELLE. — *HIRUNDO.* (Linn.)

Caractères : Bec court, large à sa base, déprimé, fendu jusque près des yeux. Mandibule supérieure entaillée, un peu crochue à sa pointe. Narines basales closes en arrière par une membrane. Pieds courts, nus, quelquefois emplumés. Ongles grêles. Ailes longues. Queue composée de douze pennes, souvent fourchue.

Les Hirondelles sont des oiseaux timides et confians. Toutes sont de passage périodique en Europe. Elles se réunissent par bandes nombreuses pour leur départ. Leur vol est puissant et longtemps soutenu ; elles mettent beaucoup d'art dans la construction de leur nid, et font ordinairement deux pontes dans nos climats. Le plumage des *mâles* et des *femelles* n'est marqué que par de légères différences. C'est en rasant la surface de l'eau qu'elles étanchent leur soif, et c'est même en plein vol qu'on les voit se baigner. Toutes abandonnent nos climats à l'approche de l'hiver, pour passer dans des pays plus chauds. Six espèces visitent l'Europe, cinq se rencontrent chez nous.

HIRONDELLE DE CHEMINÉE.— *HIRUNDO RUSTICA.*

Nom vulg. : *Hiroundello.*

L'Hirondelle de Cheminée ou Domestique, Buff. — L'Hirondelle de Cheminée, Cuv. — L'Hirondelle de Cheminée, *Hirundo Rustica*, Vieill. — L'Hirondelle de Cheminée, *Hirundo Rustica*, Temm. — L'Hirondelle de Cheminée, *Hirundo Rustica*, Roux.

L'Hirondelle de Cheminée a le front et la gorge d'un marron roux ; le dessus du corps entièrement noir, à reflets violets ; cette couleur est la même sur la poitrine ; les barbes extérieures de la queue ont une tache blanche ; les deux du milieu n'en ont point ; pennes extérieures de chaque côté très longues et effilées ; ventre et abdomen d'un blanc terne ou roussâtre. La *femelle* ne diffère du *mâle* que par des couleurs un peu moins vives. Longueur, 6 pouces 6 lignes.

Elle varie quelquefois d'un blanc pur ou d'un

blanc jaunâtre ; souvent leur plumage est plus ou moins tapiré de blanc.

Cette Hirondelle arrive dans nos climats avec le retour des beaux jours ; c'est elle aussi qui se plaît le plus dans le voisinage de l'homme, recherche sa société jusqu'à construire son nid dans sa demeure. Le mâle et la femelle ont l'un pour l'autre une grande tendresse, car, tandis que celle-ci couve, le mâle, qui dort peu, passe la nuit en sentinelle, placé sur le bord du nid après avoir voltigé jusqu'à la dernière heure du jour ; et dès le grand matin, il commence à gazouiller, prodigue ses caresses à sa compagne, et cherche ainsi à l'égayer. Fidèles à leurs souvenirs, plusieurs Hirondelles retournent dans le même nid qu'elles avaient déjà occupé l'année précédente.

A l'approche de leur départ, ces intéressans oiseaux deviennent très abondans dans nos alentours ; ils sont quelquefois par essaims nombreux dans notre plaine ; surtout à la suite d'une pluie suivie d'un soleil chaud. Dans les pays situés plus au sud, on les trouve souvent réunis sur un arbre sec, attendant un vent favorable pour passer les mers ; il paraît certain qu'ils vont en Asie et en Afrique.

On trouve les Hirondelles de Cheminée dans tous les pays de l'Europe où l'homme a fixé sa demeure. Elles se nourrissent d'insectes ailés qu'elles saisissent tantôt dans les airs, tantôt en rasant la terre ou à la surface des eaux ; souvent aussi elles s'emparent des mouches qui sont retenues entre les toiles d'araignées fixées aux murs des maisons. Leur nid est placé sur le haut des cheminées, mais le plus souvent sous les corniches de nos toits, dans les granges et sous les hangars ; il est formé à l'extérieur avec de la terre gâchée qu'elles ont apportée dans leur bec, mélangée de paille et de crins ; ce nid est garni en dedans d'herbes sèches et de plumes. La ponte est de 3 à 5 œufs blancs, marqués par de petites taches brunes et violettes.

HIRONDELLE ROUSSELINE. — *HIRUNDO RUFALA.*
Nom vulg. : *Hiroundello.*

Hirundo Capensis, Gmel., Lath., *id.*, *Ornith.*, v. 21, pag. 574. — L'Hirondelle a Tête Rousse, Buff. — L'Hirondelle Rousseline, **Hirundo Rufala**, Levaillant, oiseaux d'Afrique. — L'Hirondelle Rousseline, *Hirundo Rufala*, Temminck.

La Rousseline a sur le sommet de la tête une calotte d'un noir bleuâtre à reflets d'acier poli ; raie sourcillaire, les joues, la nuque et cinciput d'un roux de rouille ; un petit trait noir entre le bec et l'œil ; parties postérieures du cou, manteau et couvertures de la queue d'un noir bleuâtre à reflets ; croupion d'un beau roux, qui devient de couleur isabelle pâle près de l'origine des pennes caudales ; dessous du corps d'un blanchâtre lavé de roussâtre, plus foncé sur les flancs ; chaque plume porte une fine raie brune le long de la baguette, excepté celles des couvertures de dessous la queue ; les ailes et la queue noires ; cette dernière très fourchue ; les pennes latérales longues, larges et subulées ; bec et iris noirs ; pieds brun noirâtre, Longueur, 7 pouces, les *vieux mâles.*

La *femelle* ne diffère du *mâle* que par l'absence de la calotte noire bleuâtre du sommet de la tête ;

chez elle, cette partie est en entier d'un roux de rouille.

Il n'y a que peu de temps que cette Hirondelle est incorporée parmi les oiseaux européens ; il paraît néammoins qu'elle se montre quelquefois dans l'Archipel et en Sicile où quelques individus ont été tués. Depuis 15 années d'études et de recherches suivies sur les oiseaux qui visitent nos contrées, l'Hirondelle Rousseline ne m'a été apportée pour la première fois qu'en 1835 ; depuis lors, j'en ai obtenu cinq en deux fois différentes, et en 1839, il s'en est tué une aux alentours de Montpellier ; c'est la seule qu'on ait encore vue dans ce pays là. M. Temminck a donc été mal informé quand on lui a dit que cette espèce visitait chaque année les environs de Nismes, tandis que son apparition ici est toute accidentelle. Tous les individus que j'ai eu occasion de voir étaient des *mâles*, et c'est toujours dans le mois de mai que je les ai rencontrés.

Cette Hirondelle habite l'Afrique, surtout dans ses contrées méridionales. On l'a trouve aussi en Egypte d'où probablement proviennent celles qui visitent le midi de l'Europe. Sa nourriture est la même que celle des autres Hirondelles. Elle niche au Cap de Bonne-Espérance à la manière de l'Hirondelle de Cheminée. Ses œufs, au nombre de 4 ou 5, sont blancs et pointillés de brun.

HIRONDELLE DE FENÊTRE. — *HIRUNDO URBICA*,

Noms vulg. : *Barbajhôou*, *Hiroundello Quiôu-Blanc*.

L'Hirondelle a Croupion Blanc ou Hirondelle de Fenêtre, Buff. — L'Hirondelle de Fenêtre, Cuv. — L'Hirondelle de Fenêtre, *Hirundo Urbica*, Vieillot. — L'Hirondelle de Fenêtre, *Hirundo Urbica*, Temm.

— L'Hirondelle de Fenêtre, *Hirundo Urbica*, Roux.

La tête, la nuque et le haut du dos d'un noir à reflets bleuâtres ; ailes, queue et couvertures supérieures de cette partie du corps d'un noir mat ; gorge, poitrine, ventre, abdomen, couvertures inférieures de la queue et croupion blanc pur ; queue fourchue ; bec et iris noirs ; pieds couleur de chair, couverts de petites plumes blanches. Longueur, 5 pouces. La gorge de la *femelle* a du blanc sale.

Elle varie quelquefois comme l'*Hirondelle de Cheminée*.

L'Hirondelle de Fenêtre arrive chez nous quelques jours après l'*Hirondelle de Cheminée* ; c'est l'espèce la plus commune de celles qui visitent l'Europe. Comme l'explique son nom, elle aime à placer son nid sous la corniche des maisons, et des grands édifices ; mais une remarque, que chacun peut avoir faite ici, c'est que déjà depuis longtemps cette espèce semble moins se plaire à établir sa demeure dans notre cité ; car, à l'exception d'un petit nombre, on les trouve toutes dans d'autres lieux autour de nous. Les Hirondelles de Fenêtre recherchent les endroits voisins des eaux, où elles volent constamment à leur surface, soit pour y saisir les insectes ailés qui s'y trouvent, soit pour s'y rafraîchir. J'en ai rencontré des nuées le long du canal du Languedoc, entre St-Gilles et Aiguesmortes ; elles y arrivent à certaines heures du jour ; mais elles ne sont nulle part plus abondantes que sur le Gardon, lieu de leur résidence favorite. Les pans des rochers qui font face au Midi sont dans plusieurs endroits garnis de leurs nids entassés les uns sur les autres, quelquefois même placés à l'entrée d'un trou où le *Faucon Cresserelle* a établi son aire ; il n'est même pas rare de voir celui-ci voler au milieu d'elles sans que cela paraisse les inquiéter beaucoup ; mais si l'une de la troupe devient la proie de cet *Accipitre*, toutes alors volent en tournoyant auprès du ravisseur en poussant des cris, elles cherchent à lui fermer le passage et le poursuivent jusque dans sa demeure.

On rencontre cette espèce dans toute l'Europe ; on dit qu'elle ne pousse point ses migrations au-delà des tropiques. Sa nourriture est partout la même que celle des autres Hirondelles. Son nid est formé de terre et de quelques filamens d'herbes sèches ; l'intérieur est matelassé d'une forte quantité de plumes qu'elle a l'habitude de saisir en l'air. Sa ponte est de 4 à 5 œufs blancs, sans taches.

Quoique cette Hirondelle arrive ici après celle de *Cheminée*, elle repart avant.

HIRONDELLE DE RIVAGE. — *HIRUNDO RIPARIA.*

Noms vulg. : *Barbajholé*, *Grisé.*

L'Hirondelle de Rivage, Buff. — L'Hirondelle de Rivage, Cuv. — L'Hirondelle de Rivage, *Hirundo Riparia*, Vieill. — L'Hirondelle de Rivage, *Hirundo Riparia*, Temm. — L'Hirondelle de Rivage, *Hirundo Riparia*, Roux.

Cette Hirondelle est la plus petite de celles qui se trouvent en Europe. Elle a toutes les parties supérieures, les joues et une large bande sur la poitrine d'un cendré brun ou gris de souris ; la gorge, le devant du cou, le ventre et les couvertures de dessous la queue d'un blanc pur ; celle-ci fourchue ; tarses et doigts nus, garnis seulement quelquefois de quatre ou cinq plumes placées à l'insertion du doigt postérieur ; iris noisette. Longueur, 5 pouces.

Les couleurs de la *femelle* sont plus ternes. Elle varie accidentellement comme l'espèce précédente.

Cette petite espèce ne fait que passer chez nous ; elle arrive en même temps que l'*Hirondelle de Cheminée*, avec laquelle elle se mêle ; nous la voyons en assez grand nombre vers la fin de septembre, dans notre plaine, surtout à la suite d'un temps pluvieux. Quoique l'Hirondelle de Rivage n'habite pas au milieu des villes, elle n'est pas plus farouche que toutes ses congénères, des habitudes desquelles elle diffère cependant. Elle ne vit que sur le bord des eaux, sur les terrains sablonneux dont elle rase continuellement la surface d'un vol rapide, en allant et revenant sans cesse sur les mêmes traces pour chercher les insectes qui lui servent d'unique nourriture. On ne voit jamais cette Hirondelle se poser ailleurs que sur les rochers où elle s'accroche au moyen de ses ongles longs et aigus.

On a cru longtemps que cette espèce passait l'hiver engourdie au fond des lacs et des marais ; mais ce n'était là qu'une fable faite à plaisir. Spaltanzani, observateur profond et d'autres savans, ont combattu cette assertion et en ont prouvé l'impossibilité.

L'Hirondelle de Rivage vit sédentaire dans l'île de Malte ; elle se trouve dans toute l'Europe. Elle niche, selon M. Temminck, dans les trous des berges et des lits des rivières, souvent aussi dans les fentes des rochers qui en couvrent les bords, quelquefois dans les trous des arbres. La ponte est de 5 ou 6 œufs blancs, légèrement transparens, un peu oblongs.

HIRONDELLE DE ROCHERS.--*HIRUNDO RUPESTRIS*.

Nom vulg. : *Hiroundèlo Griso*.

L'Hirondelle Grise des Rochers, Buff. — L'Hirondelle de Rochers, *Hirundo Montana*, Vieill. — L'Hirondelle de Rochers, *Hirundo Rupestris*, Temm. — L'Hirondelle de Rochers, *Hirundo Montana*, Roux.

Les parties supérieures du corps de cette espèce sont d'un brun clair; les rémiges ont une teinte plus foncée ainsi que les rectrices qui sont presque d'égale longueur; les deux du milieu sont de la couleur du dos, les quatre suivantes ont une grande tache ovale d'un blanc pur; les deux plus extérieures n'en ont point; gorge, devant du cou et poitrine blancs très légèrement lavés de roux clair; ventre et abdomen d'un gris terne; pieds garnis d'un léger duvet brun; iris de couleur aurore; bec noirâtre. Longueur, 5 pouces, le *mâle*.

Les jeunes de l'année ont le bord des plumes d'un roux clair.

Les rochers qui bordent le Gardon et ceux du Vidourle près de St-Hippolyte, sont les lieux où se rencontre de préférence cette Hirondelle dans le Gard; l'espèce est loin d'être commune; on n'en trouve guère que quelques paires dans chaque localité qu'elles ont choisie pour faire leur demeure d'été. Leur vol est peu rapide, les ondulations qu'elles décrivent dans les airs sont peu fréquentes ; souvent elles se posent sur les corniches des roches, près de leur nid, et quand les petits en sont sortis, ceux-ci s'y tiennent en ligne avec leurs parens qui ne les quittent que fort tard.

L'Hirondelle de Rocher arrive chez nous avant toutes ses congénères ; nous l'y voyons dès le mois de mars, et elle en repart des dernières. Elle est ordinairement très grasse. Elle mue durant l'été.

On ne rencontre jamais cette espèce dans le Nord ; elle vit dans les contrées méridionales, telles que les Alpes, les Pyrénées-Orientales, l'Espagne, la Suisse, la Savoie et le Piémont. Sa nourriture se compose d'insectes volans, qu'elle saisit dans les airs et à la surface de l'eau. C'est entre les fentes des rochers qu'elle place son nid ; il est formé de terre gâchée, mêlée d'un peu de paille. La ponte est de 5 à 6 œufs qui sont blancs, marqués par de petits points bruns.

GENRE QUARANTE-DEUXIÈME.

MARTINET. — *CYPSELUS.*

Caractères : Bec très fendu, déprimé et trigone à sa base ; mandibule supérieure courbée vers le bout ; l'inférieure un peu plus courte. Narines larges, couvertes par de petites plumes ; Tarses très courts, à demi-vêtus ; quatre doigts dirigés en avant, entièrement divisés. Queue composée de dix pennes. Ailes très longues ; la première rémige un peu plus courte que la deuxième.

MARTINET A VENTRE BLANC. — *CYPSELUS ALPINUS.*

Noms vulg. : *Grand Balustrié , Hiroundello dé mar.*

Le Grand Martinet a Ventre Blanc, Buff. et Cuv. —
Le Martinet a Ventre Blanc, *Cypselus Melba*, Vieill. —
Le Martinet a Ventre Blanc, *Cypselus Alpinus*, Temm.
— Le Martinet a Ventre Blanc, *Cypselus Melba*, Roux.

Cette grande espèce de Martinet, que nos chasseurs aux filets nomment, mais improprement, *Hiroundello dé mar* (Hirondelle de mer) est d'un gris uniforme sur toutes les parties supérieures du corps : cette couleur forme une grande bande sur la poitrine, descend le long des flancs, sur l'abdomen et les couvertures inférieures de la queue ; la gorge et le ventre d'un blanc pur ; pieds garnis de petites plumes brunes ; iris noisette. Longueur totale, 9 pouces environ. La *femelle* se reconnaît par son collier qui est moins large, et par la couleur de son plumage qui est moins foncé.

Le Martinet à Ventre Blanc est un oiseau dont le vol est d'une rapidité étonnante ; aussi sa vie est tout aérienne. Les plus grands rochers des bords du Gardon dont la face est taillée à pic, lui servent de retraite durant la nuit et pour se multiplier. C'est là qu'on le voit voler à une grande hauteur au-dessus de leurs sommités, d'où il ne s'abaisse près de terre que dans les mauvais temps. Vers la fin du mois de septembre, ces Martinets sont plus abondans chez nous qu'à tout autre époque de l'année ; souvent le Pont-du-Gard leur sert de lieu de rendez-vous ; mais si un orage vient à éclater, il faut, dès que le soleil paraît, aller les chercher dans notre plaine ou dans certaines localités. Ils sont quelquefois en très grand nombre, allant et venant sans cesse sur leur trace en rasant la terre de près, à la manière des *Hirondelles*, avec lesquelles ils sont mêlés, sans paraître plus farouches qu'elles ; ils y sont attirés par l'appât des fourmis ailées qui sortent de terre par myriades, et dont ils sont très avides. Mais cette subite apparition, qu'ils ont annoncée par des cris, n'est que de courte durée ; tandis que les *Hirondelles de Cheminées*, *de Fenêtres* et *de Rivage*, y restent plusieurs heures. Rarement on y voit celle de *Rocher*.

On trouve ce Martinet en Espagne, dans l'Italie, dans les îles de l'Archipel, dans le Tyrol et en Sardaigne, ainsi qu'à l'île de Malte et aux îles d'Hyères, où je l'ai rencontré en très grand nombre, à l'époque du mois de mai. C'est dans les vieux édifices isolés, dans les fentes des rochers inaccessibles et sur ceux qui s'élèvent sur le bord de la mer, qu'il place son nid, qu'il forme avec de la mousse et de la paille réunies ensemble avec une matière gluante qui, en séchant, devient très solide. Les œufs, au nombre de 3 ou de 4, sont oblongs et d'un blanc d'ivoire.

MARTINET DE MURAILLE. — *CYPSELUS MURARIUS*.

Nom vulg. : *Balustrié*.

Le Martinet Noir, Buff. — *Hirundo Apus*, Cuv. — Le Martinet Noir, *Cypselus Apus*, Vieill. — Le Martinet de Muraille, *Cypselus Murarius*, Temm. — Le Martinet Noir, *Cypselus Apus*. Roux.

Gorge d'un blanc cendré ; tout le reste du plumage est d'un brun noirâtre, légèrement reflété de vert ; la queue très fourchue. La *femelle* ne diffère du *mâle* que par le blanc de la gorge, qui est moins étendu. Sa longueur est de 7 pouces 8 lignes.

Les Martinets de Murailles ne font pas un long séjour en France ; ils y arrivent vers la fin du mois d'avril et en repartent vers la fin de juillet ou dans les premiers jours d'août. Nous les voyons ici, comme partout, en très grande quantité, autour des vieux édifices, et surtout dans les Arènes, où le soir et le matin ils font un grand bruit par les cris qu'ils jettent tous à la fois en se poursuivant sans relâche. On assure que ces oiseaux retournent tous les ans dans le même trou qui leur a déjà servi de gîte. On ajoute que leur vue est si perçante qu'ils peuvent apercevoir un objet de cinq lignes de diamètre à la distance de trois à quatre cents pas. Ces Martinets abandonnent la ville dans le courant de la journée et vont dans les champs ; ils ont le vol si facile qu'ils peuvent en peu de temps parcourir beaucoup de pays ; ils ne rentrent guère que le soir. Jamais ils ne se posent à terre, et si par accident ils viennent à y tomber ils ne peuvent plus se relever, vu la brièveté de leurs pieds et l'extrême longueur de leurs ailes.

Les Martinets Noirs visitent toute l'Europe. Des voyageurs en ont vu au cap de Bonne-Espérance et sur la côte nord-ouest de l'Amérique. C'est entre les fentes et les trous des vieux édifices qu'ils aiment à placer leur nid, qu'ils ont soin de rendre très solide par la consistance des matériaux qui le composent. La ponte est de 3 ou 4 œufs d'un blanc pur, de forme très allongée. Ces oiseaux se nourrissent d'insectes ailés qu'ils engloutissent en volant dans leur large bec.

GENRE QUARANTE-TROISIÈME.

ENGOULEVENT. — *CAPRIMULGUS.* (Linn.)

Caractères : Bec petit, très déprimé, garni à sa base de soies divergentes, comprimé et crochu vers la pointe. Mandibule inférieure retroussée vers le bout. Narines larges, fermées par une membrane. Bouche très fendue. Tarses courts, en partie emplumés. Doigts antérieurs réunis à leur base par une petite membrane. Le Doigt de derrière réversible. Tête aplatie. Yeux grands. Ailes longues. 1re rémige plus courte que la 2e. Queue arrondie ou fourchue, formée de dix rectrices.

ENGOULEVENT ORDINAIRE. — *CAPRIMULGUS EUROPOEUS.*

Noms vulg. : *Nichoûlo, Chaoûcho-Grâpaou.*

L'Engoulevent, Buff. — L'Engoulevent d'Europe, Cuv. — L'Engoulevent Commun, *Caprimulgus Vulgaris*, Vieill. — L'Engoulevent Ordinaire, *Caprimulgus Europœus*, Temm. — L'Engoulevent Commun, *Caprimulgus Vulgaris*, Roux.

Cet oiseau est recouvert de plumes longues et soyeuses qui forment un mélange de points, de taches et de lignes longitudinales et transversales, plus ou moins cendrées, noirâtres, brunes et jaunâtres ; mais sur les bords de la mandibule inférieure du bec, sur les côtés de la gorge, ainsi que sur le bas des deux pennes extérieures de la queue est une tache blanche; le haut de l'aile est marqué par une tache d'un roux vif; les rémiges sont noires, coupées par du roux; les trois extérieures ont une tache blanche vers les deux tiers de leur longueur; la queue est bariolée comme les ailes; les couvertures inférieures sont rousses, traversées par des raies noires; depuis le haut du front jusque derrière la nuque on voit des traits longitudinaux noirs qui se manifestent encore sur le haut du dos; les parties inférieures sont rayées transversalement; iris noir; bec de cette couleur, avec de longs poils raides sur les bords de la mandibule supérieure; pieds bruns; l'ongle du doigt du milieu fort et dentelé intérieurement. Longueur, 10 pouces 6 lignes, le *mâle*.

La *femelle* a toutes les nuances plus claires et manque de taches blanches sur les rémiges et sur les deux pennes extérieures de chaque côté de la queue.

L'aspect de cet oiseau n'est pas gracieux : son plumage sombre, ses grands yeux et son large bec, lui donnent un air singulier; aussi a-t-il reçu en général des noms assez bizarres en divers pays. On le nomme *Tète-Chèvre*, parce qu'on supposait qu'il avait l'instinct de téter les chèvres; d'autres le désignent par celui de *Coche-Branche*, de l'habitude qu'il a de se poser sur une branche longitudinalement, et qu'il semble cocher une poule comme le fait le coq. Enfin, celui de *Crapeau Volant*, parce qu'on trouve de la ressemblance entre un de ses cris et la voix de ce reptile. Chez nous, il a reçu les dénominations patoises de *Nichoûlo* et de *Chaoûcho-Grapáou* (Traîne Crapeau).

C'est au printemps que les Engoulevents arrivent dans nos contrées, où ils ne sont pas rares ; mais il est peu ordinaire d'en voir plusieurs ensemble. On peut les rencontrer dans les endroits pierreux, dans les bois et dans les champs; on ne les voit point voler pendant le jour ; ce n'est qu'après le coucher du soleil et au crépuscule du matin qu'ils commencent leurs courses ; et à la manière des *Hirondelles* et des *Martinets*, ils poursuivent les insectes en volant, et ils les engloutissent dans leur large bec, dont l'intérieur est enduit d'une matière gluante qui sert à les retenir.

Les Engoulevents sont plus communs dans le Midi que dans le Nord ; on les trouve dans presque toute l'Europe. C'est de hannetons, de guêpes, de bousiers et de phalènes qu'ils font leur principale nourriture. Comme ces oiseaux ne font point de nid, un trou à terre, le creux d'un arbre, une fente de rocher leur suffisent pour déposer 2 ou 3 œufs blancs, oblongs, parsemés de taches régulières brunes et cendrées.

Cette espèce émigre en automne ; à cette époque, leur chair, qui est fort grasse, est un excellent mets.

ENGOULEVENT A COLLIER ROUX. — *CAPRIMULGUS RUFICOLLIS.*

Noms vulg. : *Nichoûlo, Châoucho-Grapaou.*

L'Engoulevent a Collier Roux, *Caprimulgus Ruficollis*, Temm. — L'Engoulevent a Collier Roux, *Caprimulgus Rufitorquatus*, Vieill. — L'Engoulevent a Collier Roux, *Caprimulgus Rufitorquatus*, Roux.

Cette espèce se distingue de la précédente par

le devant du cou, qui est blanc, par un large collier roux qui, entourant la nuque, descend de chaque côté du cou, et passant sous les yeux s'étend sur la gorge qui est de la même couleur; la tête est gris-clair, avec des traits longitudinaux noirs; les couvertures des ailes et toutes les parties inférieures sont plus nuancées de roux que dans l'*Engoulevent Ordinaire*; les trois rémiges extérieures et les deux pennes latérales de la queue ont une grande tache blanche; ces dernières sont bordées de roussâtre en dehors; bec noir; iris et et pieds bruns. Sa taille excède celle de l'espèce précédente.

L'Engoulevent à Collier Roux est un oiseau qui nous arrive accidentellement du Nord de l'Afrique, où l'espèce n'est pas très rare; je n'ai qu'un exemple à citer de son apparition chez nous; et une semblable capture, faite il y a peu de temps, près de Montpellier, par M. Lebrun fils, de cette ville. L'un et l'autre ont été pris à l'époque du mois de mai. Il pourrait bien se faire que cet Engoulevent fût moins rare dans nos contrées qu'on le suppose généralement; mais comme il ne vole point le jour, et que son cri n'a pu le faire distinguer, joint au peu de différence qui existe entre sa livrée et celle de l'Egoulevent Ordinaire, il aura toujours été pris pour ce dernier, dont il ne diffère point aussi par les habitudes.

L'Engoulevent à Collier Roux se trouve dans les parties septentrionales de l'Afrique et dans le midi de l'Espagne; il n'est pas extrêmement rare près de Perpignan, où l'on m'a assuré qu'il se montrait presque tous les printemps. Sa nourriture est la même que celle de l'espèce précédente; il se la procure de la même manière, au crépuscule du soir. Sa propagation est encore inconnue.

ORDRE NEUVIÈME.

PIGEONS. — *COLUMBÆ*.

Bec voûté ; les Narines percées dans un large espace membraneux et couvertes d'une écaille cartilagineuse, qui forme même un renflement à la base du bec. Pieds, trois doigts antérieurs, un postérieur ; totalement divisés.

Les oiseaux compris dans cet ordre sont monogames ; leurs mœurs douces et familières les rapprochent des Gallinacées et ils forment le passage des Passereaux à ces derniers.

GENRE QUARANTE-QUATRIÈME.

PIGEON. — *COLUMBEA*. (Linn.)

Bec médiocre, comprimé latéralement, couvert à sa base d'une membrane voûtée. Mandibule supérieure plus ou moins renflée vers le bout, crochue, ou seulement inclinée à sa pointe. Narines oblongues, situées au milieu du bec, dans la peau molle qui les recouvre. Pieds, trois doigts devant et un derrière, entièrement divisés. Ailes médiocres ou courtes. Chez toutes les espèces connues en Europe, la deuxième rémige est la plus longue.

C'est par troupes souvent nombreuses que les Pigeons entreprennent leurs voyages ; ils vivent par couples et ne forment qu'une seule alliance dans le cours de leur vie, si quelque accident ne vient y apporter obstacle. Le *mâle* et la *femelle* montrent un grand attachement l'un pour l'autre. Les uns nichent sur les grands arbres, d'autres choisissent les taillis ou les bosquets ; il en est qui préfèrent les lieux secs et rocailleux. Ce genre est extrêmement nombreux ; l'Europe n'en possède que trois espèces, qui sont de passage dans notre pays.

Les Pigeons sont granivores ; cependant dans l'état de sauvage ils se nourrissent assez souvent de baies sauvages.

COLOMBE RAMIER. — *COLUMBA PALUMBUS.*

Nom vulg. : *Pouloumbo.*

Le Ramier, Buff. — Le Ramier, Cuv. — Le Pigeon Ramier, *Columba Palumbus*, Vieill. — La Colombe Ramier, *Columba Palumbus*, Temm. — Le Pigeon Ramier, *Columba Palumbus*, Roux.

Ce pigeon a la tête cendrée ; côtés et dessus du cou d'un vert doré changeant en bleu et en couleur de cuivre rosette, selon les effets de la lumière ; un croissant blanc sur chaque côté du cou ; dos et ailes d'un cendré brun ; poitrine et le haut du ventre d'une belle couleur vineuse, à reflets chatoyans sur les côtés du cou ; pennes de la queue terminées par un espace noir ; ventre et abdomen cendrés blanchâtres ; pieds rouges ; peau du bec comme saupoudrée de blanc ; iris jaunâtre. Longueur, 17 pouces 6 ou 8 lignes.

Le blanc des côtés du cou est moins étendu chez la *femelle* ; elle a les couleurs généralement plus pâles.

Aux mois d'octobre et de novembre les Ramiers font un passage qui est assez nombreux dans nos contrées ; mais il n'en reste que très peu dans notre pays durant l'hiver ; en février, ils reparaissent encore par petites troupes ou par paires, quelquefois seuls ; ils choisissent les bois et les forêts de haute futaie, de préférence ceux où se trouvent de grands chênes dont ils mangent les glands ; leur roucoulement est plus fort que celui de tous les Pigeons, et leur nature est très sauvage ; aussi ne peut-on réussir que très difficilement à les faire propager en captivité. Les anciens cependant possédaient ce secret qui nous manque aujourd'hui.

Les Ramiers sont plus abondans dans les pays méridionaux que dans le Nord. Toutefois, pendant l'été, il s'en trouve en Suède, en Russie et même jusqu'en Sibérie. Les graines, les semences, les noix du hêtre, autrement dit les faines, composent leur nourriture, laquelle ils joignent encore de jeunes pousses de plantes. C'est à la cîme des grands arbres que ces oiseaux placent leur nid, qu'ils composent avec de buchettes. La ponte est de 2 œufs qui sont blancs ; il y en a rarement 3.

COLOMBE COLOMBIN. — *COLUMBA ÆNAS.*

Nom vulg. : *Bisé.*

Le Pigeon Commun, Buff. — Le Colombin ou Petit Ramier, Cuv. — Le Pigeon Sauvage, *Columba Ænas*, Vieill. — La Colombe Colombin, *Colomba Ænas* Temm. — Le Pigeon Sauvage, *Columba Ænas*, Roux.

Tête et gorge, ailes et parties inférieures cendrés; dessus et côtés du cou à reflets vert doré; poitrine et devant du cou de couleur lie de vin. Le haut du dos cendré tirant au brun; sur les deux derrières pennes secondaires des ailes, et sur quelques couvertures, une tache noire; croupion d'un cendré bleuâtre; queue de cette couleur, mais terminée de noir; pieds rouges; l'iris est d'un rouge brun. Longueur, 13 à 14 pouces.

Les *jeunes de l'année* avant leur première mue, manquent de couleur chatoyante sur les côtés du cou, et n'ont point de taches noires sur les ailes; ils ont toujours le croupion d'un bleu cendré, tandis que, dans les *jeunes* de l'espèce précédente, il est d'un blanc pur.

C'est par bandes composées de plusieurs centaines d'individus, que les Colombins entreprennent leurs voyages; leur vol est haut, puissant et longtemps soutenu. C'est en octobre, et ordinairement à la suite des gros vents du Nord, qu'ils se montrent chez nous; mais si dans leur trajet ils sont surpris par un vent en face, nous les voyons voler bas, se rapprocher de terre ou se relever selon le niveau du terrain, dont ils suivent toutes les sinuosités pour y chercher un abri; si l'on se trouve alors sur leur passage, souvent ils ne se donnent pas la peine de changer de direction; cette sécurité leur devient quelquefois funeste, en ce qu'elle les expose au fusil du chasseur.

Cette espèce est de passage régulier en Allemagne et dans quelques parties de la France ; elle est très répandue en Afrique ; on assure que dans cette partie du monde on ne la voit pas au-delà du Tropique. Les graines, les semences et quelquefois les baies lui servent de nourriture.

COLOMBE BISET. — *COLUMBA LIVIA*.

Nom vulg. : *Bisé.*

Le Pigeon Biset, Buff. — Le Biset ou le Pigeon de Roche, Cuv. — La Colombe Biset, *Columba Livia*, Temm. — Le Pigeon Biset, *Columba Livia*, Roux.

Le cou d'un vert doré à reflets violâtres chatoyants ; croupion d'un blanc pur ; parties supérieures et inférieures d'un cendré bleuâtre ; deux bandes transversales sur les ailes ; pennes de la queue d'un cendré plus foncé que le corps ; noires dans les deux tiers de leur extrémité ; bec noirâtre ; iris et pieds rouges. Longueur, 12 pouces.

C'est à cette espèce que Buffon fait remonter la souche des nombreuses variétés de Colombiers, et d'une grande partie de celles de nos volières ; depuis, l'on est parvenu à faire croiser des races qu'il n'a pas connues.

Le Pigeon Biset existe rarement en état de sauvage dans les contrées peuplées de l'Europe. Il vit parmi nous en une sorte de captivité volontaire, dans les gîtes que nous lui construisons et que nous appelons colombiers. Il y a plusieurs années que nous en avions beaucoup dans quelques localités rocailleuses et désertes de notre département ; encore aujourd'hui il en niche quelques paires entre les fentes du Pont-du-Gard et celui de St-Nicolas ; ils étaient surtout très nombreux dans ce dernier endroit, à cause du voisinage des individus que l'on nourrissait dans l'ancien couvent, peut-être même que ceux-ci nichaient indifféremment dans ces colombiers, comme dans les trous du pont ou dans les grands rochers qui l'avoisinent. M. Temminck dit qu'on trouve cette espèce vivant dans l'état de sauvage dans quelques contrées rocailleuses des îles de la Méditerranée, aux îles Féroé et sur les bords de la Kerka, où on les voit par bandes, nichant dans les fentes des rochers. La ponte du Biset est de deux œufs blancs. Il se nourrit de graines et de semences ; on dit qu'il y ajoute du gravier et des hélix, comme cela arrive à plusieurs *Gallinacées*.

COLOMBE TOURTERELLE. — *COLUMBA TURTUR.*

Noms vulg. : *Tourtourèlo dei chans* ou *sauvajho*.

La Tourterelle, Buff. — La Tourterelle, Cuv. — Colombe Tourterelle, Temm. — Le Pigeon Tourterelle, *Columba Turtur*, Vieill. — Le Pigeon Tourterelle, *Columba Turtur*, Roux.

Le dessus du cou et couvertures supérieures de la queue brunes ; du roux sur les rectrices des ailes ; sur les côtés du cou un espace composé de plumes noires terminées de blanc ; devant du cou, poitrine et haut du ventre d'un vineux clair ; dos cendré ; abdomen, couvertures inférieures de la queue d'un blanc pur ; pennes de la queue d'un cendré noirâtre ; toutes, à l'exception de celles du milieu, terminées de blanc ; latérales, blanches en dehors ; tour des yeux et pieds rouges ; iris rougeâtre. Mesure environ 11 pouces de longueur.

La *femelle* n'a point de blanc sur le front ; le roux des couvertures n'est pas aussi vif ; les rémiges sont bleuâtres, tandis qu'elles sont noirâtres chez le *mâle*.

A leur arrivée d'Afrique, les Tourterelles sont si fatiguées que souvent sur nos côtes elles se laissent tuer sans chercher à prendre la fuite. Il en reste beaucoup dans nos bois et dans les parcs ombragés des bords du Rhône ; elles passent ici la belle saison et s'y reproduisent. Ces oiseaux recherchent les endroits les plus ombragés et les plus frais pour se livrer à leurs transports amoureux. Leur monotone roucoulement précède leurs caresses, et c'est en suivant pas à pas la *femelle* dans tous ses détours que le *mâle* le fait entendre, jusqu'à ce qu'un baiser donné et rendu en ait été le prix. Quoique d'un naturel sauvage, cette Tourterelle s'apprivoise vite, surtout si on la prend au nid. Elle s'appareille avec la *Tourterelle à Collier* ; mais les individus qui naissent de cet accouplement demeurent toujours stériles, quelque moyen qu'on ait employé pour en connaître les produits.

Cette espèce se trouve jusque fort avant dans le Nord. Toutes sortes de graines et de semences conviennent à ses goûts. C'est sur les branches des arbres, quelquefois peu élevées, souvent dans les buissons, qu'elle place son nid, qui est presque plat, formé de petites buchettes. La ponte est de 2 et rarement de 3 œufs blancs.

ORDRE DIXIÈME.

GALLINACÉE. — *GALLINÆ.*

Bec convexe, à mandibule supérieure recourbée, et à bords recouvrant l'inférieure ; une cire le plus souvent ; les Narines à demi-recouvertes par une membrane ; les Doigts séparés ou seulement unis à la base par une petite membrane, se prolongeant le plus souvent en un léger rebord sur les côtés des doigts ; rectrices au nombre de quatorze et quelquefois de dix-huit. (Linn.)

Les oiseaux de cet ordre ont le vol élevé et court, ils sont polygames ; le *mâle* ne prend aucun soin de la *femelle* quand elle couve. Leur ponte est nombreuse ; les petits courent et cherchent leur nourriture au sortir de l'œuf. Ils aiment à gratter la terre et à s'y rouler. Leur naturel est farouche ; aussi s'approchent-ils peu des habitations ; on les trouve dans les bois et les champs. Leur chair est généralement estimée.

GENRE QUARANTE-CINQUIÈME.

DINDON SAUVAGE. — *MELEAGRIS GALLAPAVO.* (Temm.)

Ce genre est nouveau pour les oiseaux européens ; il repose sur des données qui ont été fournies à M. Gantraine par des habitans de la Sicile, que des Dindons Sauvages se rencontraient accidentellement dans cette île. M. Temminck regarde ce fait comme douteux, jusqu'à ce que de plus amples renseignemens lui soient parvenus de source certaine.

GENRE QUARANTE-SIXIÈME.

FAISAN.—*PHASIANUS*. (Linn.)

Caractères : Tête arrondie. Bec robuste, convexe en dessus, un peu épais. Mandibule supérieure voûtée, courbée vers la pointe, dépassant l'inférieure. Narines placées à la base du bec, latérales, recouvertes par une membrane voûtée. Joues garnies d'une peau verruceuse, qui se prolonge jusqu'à la base du bec. Pieds, trois doigts devant réunis à la base par une membrane; un doigt derrière. Queue composée de dix-huit pennes; étagée.

FAISAN VULGAIRE. — *PHASIANUS COLCHICUS*.

Nom vulg. : *Fésan*.

Le Faisan Vulgaire, Buff., pl. enl. 12 et 122. — Le Faisan Commun, Cuv., tome I, pag. 444. — Le Faisan Vulgaire, *Phasianus Colchicus*, Temm. — Le Faisan Vulgaire, *Phasianus Colchicus*, Vieill. — Le Faisan Vulgaire, *Phasianus Colchicus*, Roux.

Joues, tour des yeux garnis de parpelles rouges; tête et cou d'un vert doré à reflets bleus et violets; des côtés de l'occiput partent deux petits faisceaux de plumes d'un vert doré; bas du cou, poitrine et flancs d'un marron pourpré très brillant, chaque plume bordée et terminée de violet sombre un peu verdâtre, selon le jour; dos, scapulaires bordés de marron, suivi de brun, de blanchâtre et de brun dans leur milieu; ailes variées de brun, de blanchâtre et d'olivâtre; pennes de la queue, qui est longue, d'un gris olivâtre, frangées de marron, et traversées par des taches noires uniformes; iris d'un beau jaune; bec couleur de corne; pieds d'un gris brun, éperonnés. La *femelle*, qui est plus petite, a son plumage mélangé de brun, de gris, de roussâtre et de noirâtre.

Bien des naturalistes ont avancé que le Faisan Vulgaire avait été apporté de la Chine en Europe; mais M. Temminck nous apprend qu'il ne se trouve pas dans cette contrée et que le lieu de son origine primitive est la Grèce. Quoiqu'autrefois, lorsque notre pays était couvert de grandes forêts, le Faisan s'y rencontrât fréquemment, ce ne serait point une raison pour me déterminer à le comprendre parmi les oiseaux qui nous visitent, si de temps à autres il ne s'en tuait quelques-uns chez nous. Seraient-ils des individus échappés des faisanderies de quelques particuliers, ou bien doit-on les prendre pour des sujets égarés de ceux qui vivent encore dans les montagnes du Dauphiné, ou dans d'autre pays de la France? Nimporte; le fait est que ce bel oiseau m'a été présenté plusieurs fois, comme ayant été tué dans notre département; c'est ce qui m'a déterminé à le comprendre dans cet ouvrage.

Les Faisans Ordinaires sont d'un naturel farouche et méchant. En captivité, il faut au *mâle* plusieurs *femelles*, et s'il arrive que celles-ci se refusent à ses désirs, il les tue, en leur ouvrant le crâne à coups de bec. On prétend que les Faisans ne sont point polygames en état de sauvage. Leur nourriture consiste en graines, en semences, en baies et en bourgeons, souvent en gros insectes et en limaçons. C'est au pied d'un arbre ou dans un buisson, que la *femelle* dépose depuis 12 jusqu'a 24 œufs d'un gris olivâtre clair. Tout le monde sait que la chair de ces oiseaux est d'un goût très délicat.

GENRE QUARANTE-SEPTIÈME.

TÉTRAS. — *TÉTRAO*. (Linn.)

Caractères : Bec court, fort, convexe en dessus, courbé. Narines à demi-fermées par une membrane et cachées sous les plumes avancées du front ; dessus de l'œil nu et garni de mamelons charnus, rouges. Doigts, trois devant réunis à leur base, ceux-ci, ainsi que le pouce, ayant un rebord. Tarses emplumés jusqu'aux doigts ou jusqu'aux ongles ; seize ou dix-huit rectrices à la queue. Ailes courtes, 3e et 4e rémiges les plus longues.

On connaît huit espèces de Tétras en Europe ; une seule nous visite quelquefois. Ces oiseaux vivent en polygamie ; dès que les *femelles* sont fécondées les *mâles* les abandonnent ; les petits restent auprès de leur mère à peu près un an. Ils vivent dans les grandes forêts des pays montagneux.

TÉTRAS GELINOTTE. — *TETRAO BONASIA*.

Nom vulg. : *Ghélinoto*.

La Gelinotte, Buff. — La Gelinotte Poule des Coudriers, Cuv. — Le Tétras Gelinotte, *Tetrao Bonasia*, Temm. — Le Tétras Gelinotte, *Tetrao Bonasia*, Vieill. — Le Tétras Gelinotte, *Tetrao Bonasia*, Roux.

Plumes de la tête un peu allongées; gorge noire, entourée d'une bande blanche qui remonte entre le bec et l'œil; le dos et le croupion sont variés de gris cendré, de points bruns et roussâtres; la poitrine et le ventre couverts de larges taches brunes qui occupent le centre de chaque plume; abdomen et couvertures inférieures de la queue blancs; ailes variées de noir et de roux. Une bande noire traverse la queue; toutes les rectrices, excepté les deux du milieu, terminées de cendré; iris brun; un petit espace rouge au-dessus des yeux; pieds et bec noirâtres. Longueur, de 13 à 14 pouces.

La *femelle* n'a point de tache noire sur la gorge.

Les Gelinottes sont rares dans nos contrées, et leur apparition n'y a lieu qu'à des époques plus ou moins éloignées, toujours durant l'automne ou dans l'hiver seulement. En 1839, on en a vu beaucoup dans l'Hérault, qui s'étaient sans doute égarées. Des chasseurs en tuèrent plusieurs du même coup de fusil. Ces Tétras recherchent la solitude; c'est dans l'épaisseur des grands bois de sapins et de mélèzes qu'on les trouve ordinairement, car c'est aussi dans ces lieux qu'ils se reproduisent, sans jamais s'en éloigner. Ces oiseaux volent moins qu'ils ne marchent, et si quelque danger les menace, il leur arrive de se cacher au lieu de fuir. La mère prend grand soin de ses petits, et ceux-ci se rallient bien vite autour d'elle au moindre cri qu'elle jette.

Le Tétras Gelinotte se trouve sur les hautes montagnes des Pyrénées, du Dauphiné, de la Provence et de quelques autres contrées de la France. Les baies de bruyères, de myrtilles, les mûres sauvages et les bourgeons de divers arbustes lui servent de nourriture. C'est à terre, au milieu des bruyères et des buissons, que ces oiseaux placent leur nid, où la *femelle* pond depuis 10 jusqu'à 15 œufs, qui sont, selon Temminck, d'un jaune terne, parsemés de grandes et de petites taches rousses.

GENRE QUARANTE-HUITIÈME.

GANGA. — *PTEROCLES.* (Temm.)

Caractères : Bec médiocre, comprimé, courbé vers la pointe. Narines cachées par les plumes du front ; à demi fermées par une membrane. Tarses garnis en partie par de petites plumes, trois devant réunies à leur base ; le pouce presque nul. Queue en pointe ; quelques espèces ont les deux plumes mitoyennes longues, effilées. Ailes larges, pointues. 1re rémige la plus longue.

Ces oiseaux vivent dans les plaines désertes ou sablonneuses des contrées méridionales ; quelques pays du sud de l'Europe en possèdent seulement. Quoiqu'ils soient lourds, ils sont voyageurs ; quelques espèces se réunissent en bandes nombreuses, d'autres se contentent de vivre en famille. Les Gangas construisent leurs nids à terre, au milieu des hautes herbes ou des broussailles.

L'Europe en fournit deux espèces, dont une vit sédendaire dans nos contrées. Les Gangas sont restés longtemps confondus avec les Tétras et les Perdrix ; on les en a séparés depuis peu.

GANGA CATA. — *PTEROCLES SETARIUS.*

A Arles, on lui donne le nom de *Grandáulo*.

Le GANGA, vulgairement la GELINOTTE DES PYRÉNÉES, Buff. — L'ATTAGAS et L'ATTAGAS BLANC, du même Auteur, ne sont que des variétés. — Le GANGA ou la GELINOTTE DES PYRÉNÉES, Cuv. — GANGA CATA, *Pterocles Setarius*, Temm. — Le GANGA CATA, *OEnas Cata*, Vieill. — Le GANGA CATA, *OEnas Cata*, Roux.

La gorge et un trait noir derrière l'œil d'un noir profond ; côtés de la tête et tour de la gorge d'un beau roux ; côtés et devant du cou, d'un cendré teint de jaunâtre ; un large ceinturon sur la poitrine, d'un roux foncé, bordé en dessus comme en dessous par deux bandes noires ; toutes les parties inférieures blanches ; tête, nuque, bas du cou d'un olivâtre un peu jaunâtre. Les plumes du haut et les scapulaires ont une tache d'un cendré bleuâtre, ronde vers leur bout ; moyennes couvertures des ailes couleur de chocolat, lisérées de jaune ; bas du dos et couvertures supérieures de la queue, traversés par de petites bandes en zigzags, noirs et jaunes d'ocre; rémiges cendrées, un peu brunes à leur bout; deux longs filets à la queue, fermés par deux pennes intermédiaires qui dépassent les autres d'environ 3 pouces; pieds couverts de petites plumes blanchâtres sur leurs parties supérieures; bec, tour nu des yeux et doigts d'un cendré bleuâtre; iris brun. Longueur, 11 pouces; les *vieux mâles au printemps*.

La *femelle* diffère du *mâle*, en ce qu'elle a la gorge blanche; elle porte un double collier noir; les moyennes couvertures des ailes ne sont pas d'une couleur de chocolat; elles sont traversées de jaunâtre, de noir et de cendré bleuâtre. Ceci suffira pour la faire reconnaître. Du reste, ces oiseaux varient à l'infini, selon l'âge, le sexe et la saison.

Les Gangas Catas se trouvent quelquefois sur notre territoire, mais ce sont des sujets que quelque intempérie a forcés de fuir les plaines incultes et arides de la Crau, qu'ils habitent en grand nombre toute l'année. Ces oiseaux sont d'un naturel sauvage, que l'aspect du moindre danger effraie; aussi, ne les trouve-t-on jamais dans les champs cultivés, dans les bois, ni dans les montagnes. Leur vol, favorisé par leurs ailes longues et pointues, est très rapide, élevé et soutenu. Le cri que cet oiseau fait entendre dans les airs est *kaak kaak*, prononcé d'une voix forte. Roux, qui avait pris de très bonnes informations sur l'histoire des Gangas, ainsi que j'ai pu m'en convaincre par moi-même, dit: «Pendant les chaleurs de l'été, on les attend à l'affût, au bord des étangs et des ruisseaux où ils ont coutume de venir boire». C'est ordinairement de sept à huit heures du matin, et de trois à quatre heures de l'après-midi, qu'ils viennent sa-satisfaire à ce besoin ; après ces heures-là, on les attendrait vainement. Il faut se garder, pour ramasser les Gangas qu'on a tués, de sortir du lieu où l'on s'est embusqué, pendant que d'autres viennent s'abreuver ; car ceux-ci fuiraient tous pour ne plus revenir. La vue de la compagne, du petit ou du père que le plomb meurtrier vient de tuer ne paraît pas les inquiéter ; il en est cependant qui, lorsqu'ils ont essuyé quelques coups de fusil, ne reviennent boire qu'avec une sorte de précaution craintive, cest-à-dire en rasant dans leur vol la surface de l'eau. Ces renseignemens, que j'ai empruntés à M. Roux, sont exacts : toutes les personnes que je connais, qui font la chasse à ces *Gallinacés*, et que j'ai consultées, m'ont tenu le même langage. Depuis plusieurs années je possède des Gangas Catas dans mes volières, où ils vivent parfaitement. Quelques *femelles* pondent des œufs pendant l'été. Ces oiseaux sont très familiers, reconnaissent la voix de mon épouse qui les soigne, et lui répondent par les syllabes *kaak*, *kaak*, *hoat*, *koat*, *ka ka ka ka*. Ils sont taquins et jaloux; ils se poursuivent. Celui qui mange cherche à chasser celui qui s'approche. Dans leurs momens de colère, il baissent la tête près de terre en tenant la queue épanouie et relevée, poussant leurs cris favoris. Quoiqu'ils soient depuis long-temps en captivité, si quelque chose les effraie ils se jettent contre les murs, contre les grillages ou contre le plafond de leur volière, et souvent ils tombent étourdis et comme morts.

On trouve cette espèce en Provence, dans les Pyrénées-Orientales, en Espagne, à Tunis de Barbarie, où ils sont abondans. Leur nourriturre consiste en graines et surtout en différentes espèces d'herbes, telles que luzernacées, orbiculaire, résidula et autres. La *femelle* pond ses œufs à terre, dans un petit creux ; ils sont au nombre de 2 ou 3, oblongs et presque aussi gros d'un bout que de l'autre, jaunâtres, marqués de petites et de grandes taches rousses, cendrées et qui forment une couronne vers le gros bout ; quelquefois cette couronne n'existe pas ; tels sont particulièrement ceux pondus par des *femelles* captives.

GENRE QUARANTE-NEUVIÈME.

PERDRIX. — *PERDIX.* (Lath.)

Caractères : Bec court ; comprimé, fort ; base nue. Mandibule supérieure fortement voûtée, couvrant les bords de l'inférieure, courbée vers sa pointe. Narines latérales à moitié fermées par une membrane voûtée et nue. Pieds trois devant et un derrière ; ceux de devant réunis par des membranes jusqu'à la première articulation. Queue composée de 18 ou de 14 pennes. Ailes courtes ; 4e et 5e rémiges les plus longues.

Les Perdrix sont très abondantes dans certaines contrées. Elles préfèrent les pays tempérés et chauds aux glaces du Nord. Elle passent la plupart de leur vie à terre, et ne volent guère que lorsqu'on les poursuit. Dès que les petits ont brisé leur coquille, ils se mettent à courir et sont en état de pourvoir eux-mêmes à leur nourriture. Ils naissent couverts d'un duvet ; la mère les conduit avec amour et s'expose souvent pour les sauver du danger.

On divise les Perdrix en trois sections, la première comprend les *Francolins*. Aucun de ces oiseaux ne se montre chez nous.

IIe SECTION.—*PERDRIX proprement dites.*

PERDRIX BARTAVELLE. — *PERDIX SAXATILIS.*

Noms vulg. : *Bartavello*, *Perdigal*.

La Perdrix Bartavelle, Buff. — La Bartavelle ou Perdrix Grecque, Cuv. — Perdrix Bartavelle, *Perdix Saxatilis*, Temm. — La Perdrix Bartavelle, *Perdix Saxatilis*, Roux.

Une bande noire prend naissance sur le front, passe au-dessus des yeux et s'étend au-delà, descend ensuite sous la gorge qui est blanche ainsi que les joues ; le dessus de la tête, le haut et les côtés du cou, la poitrine, le bas du dos et les couvertures inférieures de la queue d'un gris cendré ; le milieu du dos de cette couleur, mais un peu teint de roussâtre ; les flancs émaillés de cendré bleuâtre-clair, de blanc jaunâtre, de noir et de roux ; les rémiges bordées, vers leur extrémité, de jaune d'ocre ; ventre et abdomen d'un jaune roussâtre ; bec et tour des yeux rouges. Longueur totale, de 13 à 14 pouces.

La *femelle* est un peu moins grande ; le cendré du plumage est moins pur, et le noir qui entoure la gorge est plus étroit que chez le *mâle*.

La Bartavelle est rare dans nos alentours ; on assure qu'autrefois elle y était assez commune ; M. Delapierre m'a assuré qu'elle existait encore près de Sauve, dans les bois du Coutach, où il l'a trouvée réunie en compagnie de plusieurs individus. Il en a tué à diverses reprises, ainsi que dans les bois situés au dessus de Roquedure, près du Vigan. Cette Perdrix est celle du genre qui est le plus ardent en amour ; les *mâles* se livrent des combats meurtriers lorsqu'il s'agit de la possession d'une *femelle* qui ne doit appartenir qu'au vainqueur. On traduit le cri de la Bartavelle, par les syllabes *cok-cok cokrro*. Brisson dit qu'elle s'exprime par le mot *chavabis*. Cette espèce est plus grande que la *Perdrix Rouge*, et sa chair passe pour être d'un goût plus exquis.

On trouve des Bartavelles en Grèce, dans quelques contrées méridionales de l'Allemagne, du Tyrol, de la Suisse, de l'Italie, et jusqu'en Turquie. Elle se nourrit de graines, de semences, d'herbes et d'insectes ; dans la disette d'hiver, elle mange des bourgeons et des baies. La ponte est de 10 à 16 œufs blancs, marqués de points rougeâtres.

PERDRIX ROUGE. — *PERDIX RUBRA.*

La Perdrix Rouge d'Europe, Buff. — La Perdrix Rouge, Cuv. — La Perdrix Rouge d'Europe, *Perdix Rufa*, Vieill. — La Perdrix Rouge, *Perdix Rubra*, Roux. — La Perdrix Rouge, *Perdix Rubra*, Temm.

Gorge et joues d'un blanc pur ; une bande noire qui prend naissance derrière les yeux entoure ce blanc et se répand sur la poitrine par des taches et des points de la même couleur; une petite bande blanche au-dessus des yeux ; haut de la tête d'un cendré roussâtre ; nuque et côtés de la poitrine d'un roux de brique ; poitrine d'un cendré bleuâtre ; les plumes des flancs sont d'un bleuâtre clair, suivi d'une ligne blanche, une noire et d'un croissant roux ; ventre, abdomen et couvertures inférieures de la queue roux ; parties supérieures d'un verdâtre bleuâtre et centré ; pennes des ailes d'un gris tirant au brun, bordées d'un jaune d'ocre pâle ; 16 pennes à la queue, les 4 du milieu grisâtres, les autres rousses. Bec, pieds et tour des yeux rouges ; iris d'un brun rougeâtre. Longueur, 1 pied 6 à 9 lignes, le *mâle*. Celui-ci porte un tubercule au milieu de la partie postérieure du tarse, que la *femelle* n'a jamais ; elle est aussi moins grande, et les teintes de son plumage sont moins vives.

On trouve des variétés plus ou moins blanches, quelquefois couleur café au lait, assez souvent avec le milieu du ventre blanc.

Les Perdrix Rouges sont abondantes dans nos départemens méridionaux ; les pays montueux, couverts de broussailles, le revers des collines, et même les plaines, sont les lieux où on les trouve. Dès le mois de février, chaque paire commence à s'unir et à s'isoler ; et vers le milieu du mois de mars, il arrive que la *femelle* a déjà pondu plusieurs œufs ; mais, aussitôt qu'elle commence à couver, le *mâle* l'abandonne, et se réunit quelquefois à d'autres *mâles*. Lorsque les petits sont éclos, la mère les conduit et veille avec un soin extraordinaire à leur conservation. Si le chien du chasseur les surprend, c'est alors qu'elle use de tous les moyens que son instinct lui fournit : elle feint de ne pouvoir s'envoler, se traîne près de terre, va et vient d'un côté et d'autre, afin de l'attirer à elle, cherchant à lui donner le change et à laisser ainsi à sa progéniture le temps nécessaire de se soustraire au danger. C'est ordinairement alors entre deux mottes de terre, dans un trou, sous les pierres ou au pied des broussailles que se cachent les petits, en s'y plaçant la tête la première; ils restent de la sorte immobiles tant qu'ils entendent du bruit autour d'eux, et finissent souvent par tromper les yeux les plus exercés, parce que leur couleur est alors de celle de la terre. Dès le mois d'août les jeunes sont en état de se soustraire aux poursuites des chasseurs, et ont bientôt acquis assez de ruse pour se préserver, autant que cela est en eux, des embûches de toute espèce qu'on ne tarde pas à leur dresser (*). A cette époque, on les trouve principalement dans les vignes, où ces oiseaux se réunissent en famille pour vivre ensemble. Là, ils ont de la fraîcheur et une nourriture abondante avec le raisin qu'ils aiment beaucoup.

C'est dans les lieux couverts de broussailles au milieu des bruyères, et dans les blés que les Perdrix se plaisent à nicher. Les *femelles* se contentent d'un trou peu profond, où elles réunisssent quelques brins d'herbes sèches, pour déposer 10 à 15 œufs d'un blanc plus ou moins jaunâtre, recouverts d'un grand nombre de taches plus ou moins rousses, qui sont très variées.

PERDRIX GRISE. — *PERDIX CINEREA.*

Noms vulg. : *Perdigal gris, Perdris griso.*

La Perdrix Grise, Buff. — La Perdrix de Montagne, du même auteur, ainsi que la Petite Perdrix, ne sont que des variétés. — La Perdrix Grise, Cuv. — La Per-

---

(*) Nos chasseurs les mieux exercés connaissent assez les différentes manœuvres auxquelles il faut avoir recours pour chasser la Perdrix rouge; ils savent combien ce Gallinacé sait souvent éviter la mort et déjouer leurs calculs les mieux combinés.

drix Grise, *Perdix Cinerea*, Temm. — La Perdrix Grise, *Perdix Cinerea*. Roux.

Cette espèce de Perdrix porte une large plaque de couleur marron, qui a la forme d'un fer à cheval, sur le haut du ventre; la face d'un roux clair; les flancs sont cendrés avec des zigzags noirs et de grandes taches d'un roux rougeâtre ; parties supérieures d'un cendré brun à zigzags et de taches noires ; un espace nu, rouge, derrière les yeux ; 18 pennes à la queue, dont les latérales sont rousses; bec brun; pieds gris; iris noisette. Longueur 12 pouces.

Chez la *femelle*, la plaque du ventre est moins bien marquée ; sur le haut de la tête sont de petites taches blanches, et les grandes qui sont sur les plumes des flancs sont d'un roux noirâtre.

Les Perdrix Grises, très répandues en d'autres lieux, sont rares chez nous, mais moins toutefois que les *Bartavelles*; car on m'en a apporté plusieurs en hiver, et j'en ai trouvé maintefois sur notre marché qui provenaient des pays situés au nord de notre département. Cette espèce a longtemps divisé les auteurs qui l'on désignée sous des noms différens ; tels, par exemple, que ceux de *Perdrix de Montagne*, de *Perdrix de Passage* et de *Perdrix Grise* et *Blanche*. Il résulte de toutes ses dénominations que les Perdrix Grises présentent beaucoup de variétés, et que la *Perdrix de Montagne* serait un métis de la *Perdrix Rouge* et de la *Grise*. Un grand nombre de l'espèce qui fait le sujet de cet article entreprennent de grands voyages en automne ; on les voit par bandes, composées quelquefois de 100 à 200 individus, qui, dit-on, parcourent beaucoup de pays. Leur naturel est farouche ; ces Perdrix fuient de loin à l'aspect du danger. Leur vol est plus élevé et plus soutenu que celui de leurs congénères.

On trouve la Perdrix Grise jusque très avant dans les contrées septentrionales ; Sonnini la vit en grand nombre dans les sables de l'Egypte. Elle reste sédentaire dans plusieurs pays, tandis que dans d'autres elle ne fait que passer. Elle se nourrit comme la plupart des autres espèces du genre. C'est dans les champs, au milieu des blés, dans les prairies et dans les maïs qu'elle niche ; la ponte est de 15 à 18 œufs d'un gris verdâtre.

III° SECTION. — CAILLES.

M. Temminck caractérise ainsi cette section. QUEUE très courte, penchée vers la terre et cachée par les plumes du croupion ; la 1re rémige des ailes est la plus longue.

On trouve des Cailles, dans les pays étrangers, qui diffèrent entr'elles par plusieurs caractères qui les rapprochent des *Perdrix*, ou des *Francolins*. Quelques auteurs ne les séparent point des premières. Une seule espèce se trouve en Europe. Les Cailles ne se réunissent en bandes que pour opérer leurs voyages.

LA CAILLE. — *PERDIX COTURNIX.*
Nom vulg. : *Caïo.*

La CAILLE, Buff. — La CAILLE COMMUNE, Cuv. — La CAILLE, *Perdix Coturnix*, Temm. — La CAILLE, *Perdix Coturnix*, Vieill. — La PERDRIX CAILLE, *Perdix Coturnix*, Roux.

Le haut de la tête est varié de noir et de rougeâtre et porte trois bandes longitudinales ; les parties supérieures sont d'un cendré brun, avec des taches noires et de petits traits jaunâtres ; la gorge a du roux entouré de deux bandes d'un brun noirâtre; poitrine et flancs d'un roux clair, avec des raies blanches le long de la baguette; le ventre est blanchâtre ; le queue est composée de quatorze pennes ; bec et pieds couleur de chair. Longueur, 7 pouces 4 lignes, les *vieux*. La *femelle* a la gorge blanche sans taches et n'a point de bandes qui l'entourent ; le dos est plus foncé et les flancs d'un roux plus clair.

Les Cailles sont voyageuses ; elles arrivent dans nos contrées dès la première huitaine d'avril, après un long trajet ; aussi ne se pressent-elles pas de nous quitter, et, dès lors, ne se montrent-elles que plus tard dans le nord de la France. On donne ici le nom de *Cailles Vertes* à celles qui apparaissent les premières, parce qu'à cette époque la campagne est déjà couverte de verdure. Les *mâles*, qui sont ardens en amour, courent dans les champs de blé ou de luzerne, et leur présence dans ces lieux est annoncée par leur cri *piapaya piapayac*, ou *paspaya paspaya*, précédé des syllabes *miaou ouan, miaou ouan*. Ils sont alors faciles à chasser, et donnent vite dans les piéges qu'on va leur tendre de grand matin et le soir : il ne s'agit que de savoir bien imiter la voix de la *femelle*. Les Cailles sont plus ou moins nombreuses ici, selon l'humidité qui règne dans nos campagnes. Quelquefois dès le 15 mai nous trouvons des petits Cailleteaux. Ceux-ci, au sortir de l'œuf, sont couverts d'un duvet, et peuvent aussitôt pourvoir à leur subsistance, et au besoin se passer de leur mère. Vers le milieu des mois d'août et de septembre, les Cailles font un second passage ; c'est alors que nos chasseurs s'en vont les chasser dans les luzernes et dans les vignes ; et comme elles sont fort grasses, elles sont très faciles à tuer ; leur chair est alors un mangé délicieux. Lorsque l'on fait lever une Caille, on entend le bruissement de ses ailes, et un faible cri qu'elle jette qui paraît prononcer *ke ke ke*, surtout si elle est surchargée de graisse. Plusieurs passent l'hiver ici ; on prétend que ce sont celles qui sont blessées ou qui proviennent des pontes tardives.

On trouve ces oiseaux dans plusieurs contrées de l'Europe pendant l'été ; en hiver, ils émigrent en Egypte ou se répandent en Asie, en Syrie et dans d'autres pays de l'Orient. Leur nourriture consiste en graines, semences et beaucoup d'insectes et de vers de terre. C'est dans un petit trou à terre, le plus souvent au milieu des blés, que la *femelle* pont de 8 à 14 œufs obtus, d'un verdâtre plus ou moins clair, parsemé de petits points ou de tâches brunes ; ces points et ces taches varient beaucoup par leur forme et par leur distribution.

Les Cailles effectuent leur voyage pendant la nuit, quand il fait clair de lune, ainsi qu'au crépuscule.

GENRE CINQUANTIÈME.

TURNIX. — *HEMIPODIUS*. (Temm.)

L'Europe ne fournit qu'un oiseau de ce genre ; c'est le Turnix Tachydrome, *Hemipodius Tachydromus*. Quoique cette espèce habite le midi de l'Espagne et la Sicile, il n'est pas encore parvenu à ma connaissance qu'on l'ait jamais rencontrée dans nos alentours.

ORDRE ONZIÈME.

ALECTORIDES. — *ALECTORIDES.*

Caractères : Bec plus court que la tête ou de la même longueur, robuste, fort et dur. Mandibule supérieure courbée, convexe, voûtée, souvent crochue à la pointe. Pieds à tarse long, grêle ; trois doigts devant et un derrière ; le doigt postérieur articulé, plus haut sur le tarse que ceux de devant.

Cet ordre, que M. Temminck divise en *Campestres* et *Riverains*, se compose, dit cet auteur, tous d'oiseaux (à l'exception d'un seul) étrangers à l'Europe. Les premiers habitent les déserts où ils poursuivent les reptiles et autres animaux amphibies ; les seconds vivent d'insectes ou de vers, rarement de poissons.

GENRE CINQUANTE-UNIÈME.

GLARÉOLE. — *GLAREOLA.* (Briss.)

Caractères : Bec court, convexe en dessus, très fendu. Mandibule supérieure crochue à son extrémité, plus longue que l'inférieure. Doigts extérieurs réunis à leur base par une petite membrane ; postérieurs ne portant à terre que sur le bout. Ongles très courts, faibles. Ailes longues, pointues. La 1re rémige la plus longue.

Les Glaréoles ont été ballottées dans différens genres ; on en a fait une *Hirondelle* et même une *Perdrix*, parce qu'on a cru lui trouver quelque analogie avec ces *Gallinacés*. Elles ont le vol rapide, et leur course à terre est d'une grande vitesse. Elles se plaisent dans le voisinage des étangs, des lacs et des marécages. Les insectes et les vers forment leur nourriture.

GLARÉOLE A COLLIER. — *GLAREOLA TORQUATA*.

Nom vulg. : *Piquo én Terro.* *

La Perdrix de Mer, Buff.—Glareola Austriaca, Cuv. — Glaréole dite Perdrix de Mer, *Glareola Austriacæ*, Vieill. — Glaréole a Collier, *Glareola Torquata*, Temm. — La Glaréole ou Perdrix de Mer, *Glareola Austriaca*, Roux.

Plumage généralement d'un gris brun ; une bande noire, partant du coin des yeux, descend sur le cou en forme de collier. L'espace qui y est encadré est d'un blanc lavé de roussâtre ; rémiges noires ; couvertures supérieures et inférieures de la queue, ainsi que l'origine des pennes qui la composent, d'un blanc pur ; celles-ci sont d'un brun noirâtre sur le reste ; elle est très fourchue ; milieu du ventre et abdomen d'un blanc roussâtre ; base du bec rouge, noir sur le reste ; tour des yeux rouge ; iris et pieds d'un brun roussâtre. Longueur, 9 pouces 4 ou 5 lignes, les *vieux*. Les *jeunes* ont la gorge et le devant du cou marqués de taches noirâtres. De pareilles taches plus ou moins rapprochées donnent l'indice du collier

* De l'habitude qu'elle a de frapper la terre avec son bec, en courant pour saisir les insectes.

qui existe chez les *vieux*. Le restant du plumage est moins foncé.

Les Glaréoles à Collier ne sont pas rares dans nos environs ; les bords des marécages et des étangs salés sont les lieux où elles se réunissent pour nicher. C'est vers le milieu du mois d'avril qu'elles commencent de nous arriver, et elles nous quittent dans les premiers jours d'août ; elles voyagent ordinairement par petites troupes de quinze à vingt individus et volent serrées. Les Glaréoles aiment à vivre en société, car ici nous les trouvons toujours réunies dans les endroits qu'elles ont choisis pour leur reproduction. Leur vol est rapide, haut et soutenu ; il a du rapport avec celui des *Hirondelles*. Si l'on approche de leur nid, elles crient beaucoup et viennent passer et repasser sur votre tête, ou bien elles se baissent près du chien qui suit le chasseur, et ne le quittent que lorsque celui-ci s'est bien éloigné. Si l'une d'elles est blessée, toutes viennent auprès en poussant des cris éclatans, et voudraient l'entraîner. Un jour j'en abattis six sur le même lieu et en un seul instant, parce que j'en avais démonté une qui criait beaucoup en courant à terre.

On trouve cette Glaréole dans tous les environs des vastes marais et des lacs salés, en Asie, en Hongrie et en Sardaigne ; elle est de passage dans quelques autres contrées de l'Europe ; jamais dans le Nord. Elle se nourrit d'insectes ailés qu'elle saisit en volant, mais surtout de petits coléoptères qu'elle cherche à terre. J'ai constamment trouvé dans l'œsophage des *Calandres du blé*. La ponte de cette espèce n'est pas encore connue, quoique plusieurs auteurs en aient fait mention : il paraît qu'ils étaient mal informés. La Glaréole niche à terre, dans les endroits secs mais peu éloignés des eaux. C'est sous des salicornes ligneuses, dans un petit trou qu'elle creuse son nid avec ses pieds ; il est recouvert de quelques brins d'herbes sèches, sur lesquelles la *femelle* dépose 2 ou 3 œufs qui sont d'un jaune d'ocre, recouverts par de grandes et de petites taches irrégulières noires et brunes et de quelques marbrures de la même couleur.

ORDRE DOUZIÈME.

COUREURS. — *CURSORES*.

Ils ont le bec médiocre ou court ; tarses longs, nus jusqu'au dessus du genou ; les yeux grands. Point de pouces ; seulement deux ou bien trois doigts dirigés en avant.

Dans cet ordre se trouvent placés des oiseaux d'un naturel farouche, et qu'on ne voit jamais près des habitations ; les endroits sablonneux et déserts conviennent à leur goût. Ils se réunissent le plus souvent en petites troupes pour voyager, mais tous ne s'élèvent pas également haut ; il y en a qui volent en rasant la terre, courent avec une grande rapidité, et se tiennent rapprochés. Leur nourriture consiste en herbes, graines et insectes.

GENRE CINQUANTE-DEUXIÈME.

OUTARDE. — *OTIS*. (Linn.)

Caractères : Bec droit, conique, médiocre, comprimé, courbé vers le bout, convexe en dessus. Mandibule supérieure couvrant l'inférieure. Narines ovales, ouvertes, situées vers le milieu du bec. Tarses nus au-dessus du genou, trois doigts devant, courts, réunis à leur base, bordés par une membrane. Ailes médiocres, 3e rémige la plus longue.

Ce genre contient, d'après Vieillot, onze espèces; trois seulement se trouvent en Europe; deux se montrent chez nous pendant l'hiver. Ce sont des oiseaux lourds, qui volent peu. Les *mâles* diffèrent des *femelles* par des ornemens autour de la tête et du cou. Leur chair est délicate et estimée. Ils se nourrissent d'herbes, de graines et d'insectes.

Temminck les divise en deux sections; nous n'avons que ceux compris dans la première à décrire.

OUTARDE BARBUE. — *OTIS TARDA.*

Nom vulg. : *Oustardo.*

L'Outarde, Buff. — La Grande Outarde, Cuv. — Outarde Grande, *Otis Tarda*, Vieill. — Outarde Barbue, *Otis Tarda*, Temm. — L'Outarde Grande, *Otis Tarda*, Roux.

Un bouquet de plumes longues, à barbes déliées à la naissance de la mandibule inférieure; la poitrine, la tête et le cou cendrés; dessus du corps roux jaunâtre, traversé d'une multitude de traits noirs; ventre et abdomen blancs; la queue est blanche, mais elle a du roussâtre vers les deux tiers de sa longueur; iris châtain clair; pieds noirs; bec bleuâtre. Mesure jusqu'à 3 pieds 3 ou 4 pouces; souvent d'une taille moindre, suivant la localité. Le *mâle.*

La *femelle* manque de longues plumes à la

mandibule inférieure; elle est aussi plus petite.

Les Outardes Barbues visitent nos contrées pendant l'hiver, elles y sont même abondantes si la saison est rigoureuse ; mais si la température est douce, il est rare de les rencontrer, et souvent on n'en voit point du tout. C'est dans les parties basses qui avoisinent nos étangs et nos marécages qu'elles se répandent de préférence ; et, comme ces lieux sont découverts et qu'elles ont la ruse de placer une des leurs en sentinelle pour avertir la troupe en cas de danger, il n'est pas facile de les surprendre ; mais, si l'on y parvient, on peut aisément les tirer, car ces oiseaux ont besoin de courir en écartant les ailes afin de se préparer à prendre l'essor. Quoique cette Outarde soit volumineuse, son vol est très élevé et rapide, et c'est presque toujours de nuit qu'elle voyage. La chair de l'Outarde Barbue est un excellent mets ; on prétend qu'elle a différens goûts, selon les parties; le fait est qu'elle présente plusieurs couleurs et plusieurs degrés de finesse, ce qu'on peut apercevoir en la découpant. Ces oiseaux varient beaucoup par la taille. On trouve des individus d'une grosseur extraordinaire, et qui pèsent jusqu'à 30 livres, tandis que d'autres, aussi adultes, sont d'un tiers moindres; cela dépend des localités qu'ils choisissent et de la nourriture qu'elles leur offrent.

On trouve cette espèce dans quelques parties de la France, de l'Italie et de la Dalmatie, où elle niche, ainsi qu'en Allemagne. Elle est rare en Hollande et en Angleterre.

C'est d'herbes, de grains, de semences, de choux, d'insectes et de vers qu'elle se nourrit. Les champs de seigles, de blés, sont les lieux où la *femelle* pond 2 ou 3 œufs d'un brun peu foncé, lavé d'olivâtre, couverts de taches irrégulières d'un roux sale et d'un brun foncé.

OUTARDE CANEPETIÈRE. — *OTIS TETRAX.*

Nom vulg. : *La Fumello daou Faisan.*

La Petite Outarde ou Canepetière, Buff. — La Petite Outarde ou Canepetière, Cuv. — Outarde Canepetière, *Otis Tetrax*, Vieill. — L'Outarde Canepetière, *Otis Tetrax*, Temm. — L'Outarde Canepetière, *Otis Tetrax*, Roux.

Côtés de la tête, gorge et devant du cou, d'un cendré teint de noirâtre, entouré dans sa partie inférieure par du blanc pur; cette couleur est suivie par un large espace d'un noir profond qui entoure le cou, remonte sur la nuque; les plumes de cette partie sont du double plus longues que les autres. Sur la poitrine, se dessinent deux colliers, l'un blanc et l'autre noir. Le reste des parties inférieures est d'un blanc plus ou moins pur; dessus de la tête, marqué de jaunâtre et de noirâtre; toutes les parties supérieures couvertes de zigzags jaunâtres, noirâtres et blanchâtres; la queue est blanche à sa base et couverte de zigzags, pareils à ceux des parties supérieures, avec trois lignes transversales noires; pieds gris; bec couleur de corne; iris jaune orange. Longueur, 18 pouces environ. Le *mâle.*

Les *femelles* et les *jeunes mâles* n'ont point de noir autour du cou, et manquent de collier sur la poitrine; la gorge est blanche; les côtés de la tête, le cou et la partie supérieure de la poitrine d'un jaune d'ocre, coupé de raies noirâtres ; les plumes de la poitrine sont jaunâtres, avec des demi-croissans noirs qui se prolongent presque sur le ventre et les flancs ; sur cette dernière partie ils se transforment en taches lancéoles ; les parties supérieures sont fortement nuancées de noirâtre sur un fond d'un jaune ocracé.

Comme l'espèce précédente, la Canepetière ne se montre dans notre pays qu'en hiver ; elle y arrive régulièrement chaque année, mais elle est toujours rare ; c'est dans les prairies humides des contrées méridionales de notre département, ou dans les endroits sablonneux qui s'y trouvent que cette Outarde se plaît à vivre. Elle a toute la méfiance et la ruse de l'Outarde Barbue ; comme celle-ci, elle fuit de loin et vole bas, après quoi elle se met à courir avec une extrême vitesse. La chair de l'Outarde Canepetière est succulente et d'un bon goût, ce qui la fait rechercher pour les tables. Nos chasseurs de la campagne donnent à cet oiseau le nom de *Femelle du Faisan*. Tous les individus que j'ai reçus de nos contrées, étaient des *jeunes* ou des *femelles* ; je n'ai jamais reçu de *mâles adultes*.

C'est dans les lieux arides et découverts que se plaît cette espèce ; on la trouve en Espagne, en Italie, en Sardaigne où on la dit commune au printemps, ainsi que dans quelques pays de la France, tels que la Beauce et le Berry. Elle se nourrit d'insectes, de vers, de limaçons, de graines et de semences. On trouve son nid à terre, dans les herbes, au milieu des champs. Sa ponte est de 3 ou 4 œufs d'un vert uniforme, luisant.

GENRE CINQUANTE-TROISIÈME.

COURE-VITE. — *CURSORIUS.* (Temm.)

Caractères : Bec court, déprimé à la base, un peu voûté à la pointe, un peu courbé, aigu. Narines ovales; tarses, longs, grêles, trois doigts, presque entièrement divisés. Ongles faibles, pointus. Ailes médiocres; 2ᵉ rémige la plus longue.

Les Coure-Vites ne sont pas nombreux en espèces; ce genre n'en renferme que trois qui sont propres aux contrées chaudes de l'Asie et de l'Afrique. Une seule se montre accidentellement en Europe. Ces oiseaux volent par petites troupes, en rasant la terre de près, ou courant avec rapidité sur les sables des plages maritimes.

COURE-VITE ISABELLE.-*CURSORIUS ISABELLINUS.*

Le Coure-Vite, Buff. — Le Coure-Vite d'Europe, *Trachydromus Gallicus*, Vieill. — Le Coure-Vite Isabelle, *Cursorius Isabellinus*, Temm. — Le Coure-Vite d'Europe, *Tachydromus Gallicus*, Roux.

Front, dessus de la tête, cou, dos et couvertures alaires d'un beau roux isabelle; gorge blanchâtre; poitrine, ventre et flancs d'un isabelle clair; abdomen et couvertures inférieures de la queue d'un blanc pur, une bande blanche et une bande noire partent de derrière les yeux et vont se joindre sur le haut du cou; une autre bande noire surmonte la blanche sur l'occiput seulement; elle est en partie recouverte de plumes un peu longues, d'un cendré pur, qui prennent naissance sur la nuque. Les pennes de la queue sont de la couleur du dos, mais toutes, excepté les deux du milieu, ont une tache noire vers leur extrémité, et sont terminées de blanchâtre; iris noisette; bec noir; pieds jaunâtres, mais bleuâtres au-dessus du genou. Telle est la livrée d'un individu *mâle* que j'ai conservé quelque temps vivant.

Les *jeunes* se reconnaissent à la bande noire de derrière les yeux, qui est peu marquée, et aux nombreux zigzags que l'on aperçoit sur les scapulaires et sur les couvertures des ailes ; ils sont aussi d'un isabelle plus clair.

Les mœurs du Coure-Vite Isabelle sont peu connues parce que cet oiseau est excessivement rare en Europe, où il ne se montre que par accidens. Dans ces dernières années, l'on en a chassé un au filet qui volait au milieu d'une troupe de *Vanneaux huppés*, à Sylvaréal, dans la propriété de M. Gaston Vincent, qui eut l'extrême obligeance de me le faire apporter vivant. Je le conservai deux mois dans une grande volière où il vécut en parfaite harmonie avec une foule d'autres espèces d'oiseaux qui s'y trouvaient. Il courait avec une célérité étonnante, et s'arrêtait tout à coup ; puis il restait dans une complète immobilité, ainsi que le fait l'*OEdicnème Criard*. Il aimait à fouiller avec son bec dans la terre humide qui, dans ma volière, entoure un petit bassin ; c'était pour y chercher de petits vers. Je le nourrissais avec des morceaux de foie de bœuf, et de petits hélix que je lui écrasais d'avance. M. Léclair (Clovis), de Nismes, qui a habité plusieurs années Tunis, en Barbarie et Asphax, m'apporta une vingtaine de dépouilles de Coure-Vites Isabelles qu'il avait tués lui-même. Il m'assure que ces oiseaux arrivent dans ces parages dès les premiers jours de juin, et qu'ils y restent jusqu'au mois de septembre. Ils vont par petites troupes de 15 à 20, composées de *jeunes* et de *vieux*, qui se montrent en même temps; ils courent rapidement sur le sable peu éloigné de la mer; quand ils sont poursuivis, ils volent en rasant la terre de près, sans jamais se séparer. Ils ne sont pas extrêmement farouches; leur cri a quelque rapport avec celui du *Petit Pluvier à collier*.

Cet oiseau habite l'Afrique et peut-être aussi l'Asie; il se montre quelquefois en Europe; quelques captures ont eu lieu en Lombardie. On les a vus voler en compagnie des *Alouettes*. Mon frère croit en avoir vu près de Belle-Garde, au mois de mars 1840, mêlés à une troupe de *Pluviers dorés*. La nourriture de cet oiseau se compose d'insectes, de vers et d'hélix. On ne sait encore rien de sa propagation.

ORDRE TREIZIÈME.

GRALLES. — *GRALLATORES.*

Caractères : Bec plus long que la tête, de forme variée, fort, en cône, très fendu, caréné en dessus, un peu renflé à l'extrémité. Pieds longs, grêles, nus au-dessus du genou. Doigts réunis par une membrane qui suit la direction des doigts intérieurement. Ailes médiocres. C'est la 2e rémige qui est la plus longue. Queue, assez étagée.

Les oiseaux, compris dans cet ordre, sont très nombreux; ils se réunissent ordinairement par troupes pour leurs voyages; ils volent pendant une grande partie de la nuit, pour la plupart. Ils fréquentent les bords de la mer, des fleuves, des étangs et des marais, sont rusés et farouches. Leur nourriture varie, selon les lieux et les saisons; ils mangent indistinctement des poissons, des frais, des insectes, des vermisseaux et des serpens, suivant la forme et la solidité de leur bec. Leurs ailes sont amples et organisées pour leur permettre d'entreprendre de longs voyages. Les *jeunes* et les *vieux* ne se mêlent jamais pendant leurs migrations.

PREMIÈRE DIVISION.

GRALLES A TROIS DOIGTS.

Ils n'ont point de doigt postérieur.

GENRE CINQUANTE-QUATRIÈME.

OEDICNÈME. — *OEDICNEMUS*. (Temm.)

Caractères : Bec plus long que la tête, fort, droit, très fendu, renflé à l'extrémité. Mandibule inférieure droite en dessous. Narines situées au milieu du bec. Tarses grêles. Doigts réunis par une grande membrane. Ailes médiocres; 2e rémige la plus longue. Queue assez longue, étagée.

L'Europe ne produit qu'une seule espèce d'Œdicnème; elle vit par paires, isolées au milieu des terrains incultes, des pays montueux et dans les parties basses et sablonneuses ; voyage la nuit, et court avec célérité. Nous la trouvons chez nous toute l'année.

ŒDICNÈME CRIARD. — *OEDICNEMUS CREPITANS.*

Nom vulg. : *Courli dei garrigos.*

Le Grand Pluvier ou Courlis de Terre, Buff. — L'Œdicnème Ordinaire, Cuv. — Œdicnème d'Europe, *OEdicnemus Europeus*, Vieill. — Œdicnème Criard, *OEdicnemus Crepitans*, Temm. — L'Œdicnème d'Europe, *OEdicnemus Europeus*, Roux.

Cet oiseau a toutes les parties supérieures roussâtres, avec une tache noirâtre sur le centre de chaque plume ; un trait blanc qui descend sous l'œil ; gorge, ventre et cuisses d'un blanc pur ; devant du cou et poitrine lavés de roussâtre, et marqués d'une tache brune qui descend le long de la baguette de chaque plume ; du blanc sur l'aile, qui est noire ; pennes de la queue, excepté celles du milieu, terminées de noir ; bec jaune à sa base, noir à sa pointe ; yeux grands ; iris et pieds jaunes.

L'Œdicnème Criard ne quitte jamais notre pays ; mais nous en avons un passage au mois de mars et un autre en novembre. Ces oiseaux se réunissent par troupes et parcourent les pays, mais leurs courses se font la nuit, ou bien le soir et le matin ; pendant le jour, ils restent tranquilles sous quelques touffes ; leur voix pénètre au loin ; elle est flûtée et semble exprimer *Courly*. Ils courent plus souvent qu'ils ne volent, et malgré cela, on ne peut guère les atteindre. Quelquefois leurs cris semblent partir d'un côté opposé à celui où ils se trouvent réellement.

Ces oiseaux vivent en captivité ; mais ils sont timides. Ils courent très vivement, s'arrêtent tout à coup ; sans faire attention aux obstacles placés devant eux, ils s'y heurtent souvent. La chair des *jeunes* est bonne à manger, celle des *vieux* est dure.

L'Œdicnème est plus commun dans le Midi que dans le centre de l'Europe ; jamais dans le Nord. Nous le trouvons ici dans nos garrigues incultes, au milieu des bruyères et dans les plaines sablonneuses, près de la mer et des étangs. Il se nourrit d'insectes, de petits mammifères, de reptiles et de limaçons. C'est à terre ou dans le sable, quelquefois entre des pierres, que la *femelle* pond 2 ou 3 œufs gros, d'une couleur d'ocre plus ou moins rembrunie, avec des taches noirâtres et olivâtres et de grandes marbrées brunes.

GENRE CINQUANTE-CINQUIÈME.

SANDERLING. — *CALIDRIS*. (Illiger.)

Caractères : Bec médiocre, faible, droit, à pointe lisse, dilatée et un peu obtuse. Narines longues. Tarses moyens, trois doigts devant, à peine réunis à leur base. Ailes médiocres ; 1re rémige la plus longue.

La seule espèce qui compose ce genre a été souvent confondue avec le genre *Tringa de Linné* ; en été, elle habite le nord de l'Europe ; pendant l'hiver, elle émigre vers le Midi, en longeant les côtes maritimes. C'est de petits vermisseaux et de petits insectes marins qu'elle se nourrit. Les deux sexes se ressemblent quant au plumage.

SANDERLING VARIABLE. — *CALIDRIS ARENARIA.*

Nom vulg. : *Espagnoulet.*

Le Sanderling, Buff. — Sanderling, Cuv. — Sanderling Rougeatre, *Calidris Rubidus*, Vieill. — Sanderling Variable, *Calidris Arenaria*, Temm. — Sanderling Rougeatre, *Calidris Rubidus*, Roux.

Toutes les parties supérieures et les côtés du cou d'un cendré blanchâtre qui prend une teinte brune sur le centre de chaque plume ; face, gorge, devant du cou et parties postérieures blancs ; rémiges des ailes noires ; leurs couvertures bordées de blanc ; pennes de la queue cendrées, lisérées de blanc ; bec, iris et pieds noirs. Longueur, 7 pouces ; les *deux sexes en hiver.*

Au printemps et en été, le sommet de la tête est marqué par de grandes taches noires, bordées de roux et de blanc ; cou, poitrine et haut des flancs d'un gris roux tacheté de noir, avec du blanchâtre à l'extrémité des plumes ; dos, scapulaires tachés de noir et terminés de blanchâtre ; couvertures des ailes d'un brun noirâtre, avec des zigzags roux ; les deux pennes intermédiaires noires ; ventre et parties postérieures blancs ; *mâle* et *femelle.*

Le Sanderling est un joli petit oiseau dont la livrée subit de tels changemens que les individus tués en été ne ressemblent en rien à ceux d'hiver. Ils ne sont jamais communs dans le midi de la France. Malgré mon aptitude à surveiller les oiseaux qui nous visitent, je ne peux citer qu'une seule capture qui eut lieu au mois d'avril : c'est un individu en demi-livrée d'été que l'on venait de tuer à l'embouchure du canal près le Grau-du-Roi, à Aiguesmortes ; il fait partie de ma collection.

Les Sanderlings sont des oiseaux que l'on rencontre plus communément dans le Nord que dans le Midi, et l'espèce est également propre aux climats de l'Amérique du Nord et de l'Asie. M. Temminck nous apprend que les sujets reçus de l'île de la Sonde, de la Nouvelle-Guinée et du Japon, ne diffèrent point de ceux qu'on trouve en Europe. Ces oiseaux se plaisent à vivre sur les bords de la mer où ils volent par petites troupes ; on ne voit guère que des *jeunes*, dans l'intérieur des terres, suivre les grandes rivières. Ils se nourrissent de petits insectes marins. On ne sait encore rien sur leur manière de se reproduire ; on présume qu'ils vont nicher au Groënland et sur la côte du Labrador.

GENRE CINQUANTE-SIXIÈME.

ECHASSE. — *HIMANTOPUS*. (Briss.)

Caractères : Bec grêle, long, mince, pointu. Narines linéaires, longitudinales. Pieds fort longs, grêles, flexibles ; trois doigts antérieurs réunis à leur base par une membrane ; point de pouces. Ongles très petits, aplatis. Ailes longues, 1re rémige la plus longue de toutes.

Les Echasses sont remarquables par l'extrême longueur de leurs jambes. Elles vivent dans les marais salés et sur les bords de la mer. Elles se réunissent par petites troupes dans le même lieu pour nicher ; mais l'espèce est peu nombreuse dans tous les pays où elle habite ; on n'en connaît qu'une seule espèce.

ECHASSE A MANTEAU NOIR. — *HIMANTOPUS MELANOPTERUS.*

Nom vulg. : *Grand Cambé.*

L'Echasse, Buff.— Charadrius Himantopus, Cuvier.— Echasse a Cou Blanc, *Himantopus Albicollis,* Vieillot.— Echasse a Manteau Noir, *Himantopus Melanopterus,* Temm. — Echasse a Cou Blanc, *Himantopus Albicollis,* Roux.

Gorge, cou, poitrine et toutes les parties inférieures d'un beau blanc qui prend une teinte un peu rose sur la poitrine et le ventre ; du noir ou du noirâtre à la nuque et à l'occiput, les ailes et le dos noir luisant, avec des reflets verdâtres ; queue cendrée ; bec noir ; iris cramoisi ; jambes d'un rouge vermillon. Longueur du bout du bec jusqu'aux ongles, 18 à 19 pouces.

Les très *vieux mâles* manquent quelquefois de noir à la nuque et à l'occiput.

La *femelle* est plus petite ; le manteau et les ailes n'ont point ou peu de reflets verdâtres.

Cette espèce arrive chez nous dans les premiers jours d'avril, et nous quitte au mois d'août. C'est sur le rivage de la mer, au bord des étangs et des marais salés qu'on trouve les Echasses. Leur démarche est des plus singulières ; leur corps se balance de droite et de gauche, et semble ne pouvoir se soutenir sur d'aussi longues jambes; souvent on les voit les unes après les autres, suivant la même ligne et poussant ensemble un cri qui paraît exprimer *speït, speït.* Si l'on approche des lieux où leurs nids sont placés, elles se mettent à voler en criant, et vous poursuivent jusqu'à ce que l'on en soit éloigné.

Ces oiseaux ne sont pas très abondans dans nos alentours; ils aiment la société de leurs semblables, et rarement les trouve-t-on autre part que dans les eaux, où ils entrent jusqu'au ventre. Ils volent en portant leurs pieds étendus en arrière, et le cou en avant.

L'Echasse est répandue dans les parties orientales de l'Europe; elle est de passage dans quelques contrées du Midi; jamais dans le Nord; on la trouve aussi en Asie et en Afrique, d'où j'ai reçu des individus qui ne diffèrent point. Les frais des grenouilles, ainsi que les mouches, les cousins, les vermisseaux et autres petits insectes lui servent de nourriture.

C'est sur une éminence, au milieu des marais, que la *femelle* dépose 4 œufs, qui sont de la grosseur de ceux de l'*Avocette*, d'un verdâtre terne, marqués de nombreuses taches cendrées et pointillés de nombreuses et petites taches de brun rougeâtre.

GENRE CINQUANTE-SEPTIÈME.

HUITRIER. — *HÆMATOPUS*. (Linn.)

Caractères : Bec droit, allongé, robuste, comprimé sur les côtés taillés en ciseaux. Narines latérales, longitudinales. Pieds forts recticulés; trois doigts dirigés en avant, bordés par un rudiment membraneux ; les extérieurs réunis à leur base par une membrane. Ailes moyennes ; la 1re rémige la plus longue.

Ces oiseaux aiment à fréquenter les bords de la mer, courent sur la grève, afin de s'emparer des coquillages bivalves que les flots rejettent, et qu'ils ouvrent avec leur bec, pour en manger le contenu, ce qui leur a valu la dénomination d'Huitrier, bien qu'ils ne touchent point aux huitres. Ils muent deux fois dans l'année. Le *mâle* et la *femelle* ne diffèrent point à l'extérieur. L'Europe n'a que l'espèce suivante.

HUITRIER PIE. — *HÆMATOPUS OSTRALEGUS*.

Nom vulg. : *Agassso-dé-Mar*.

L'Huitrier, Buff. — Huitrier Commun ; *Hæmatopus Ostralegus*, Vieill. — Hæmatopus Ostralegus, Cuv. — Huitrier Pie, *Hæmatopus Ostralegus*, Temm. — Huitrier Commun, *Hæmatopus Ostralegus*, Roux.

Tête, joue, derrière du cou, dos, ailes et extrémité de la queue d'un noir profond ; un large hausse-col sous la gorge d'un blanc pur ; toutes les parties inférieures, milieu du dos, croupion, origine des pennes de la queue ainsi qu'une large bande transversale sur l'aile blancs ; bec, tour des yeux d'un orange rougeâtre ; iris cramoisi ; pieds d'un rouge blafard. Mesure 15 pouces et quelques lignes ; les *deux sexes en hiver*.

Au printemps, le noir du plumage est plus

lustré ; il n'existe plus alors aucune trace de blanc sous la gorge.

L'Huitrier est un bel oiseau qui reste sédentaire dans les parties de notre pays qui avoisinent la mer ; mais, en outre, nous en avons un passage au milieu du mois de mars, dont une partie reste pour nicher ici. C'est par petites bandes qu'ils arrivent ; mais ils ne tardent pas à s'isoler ; chaque paire se choisit alors un lieu favorable, et c'est ordinairement dans les endroits les moins fréquentés, dans les dunes et sur les îlots éloignés de toute habitation qu'ils se retirent pour nicher. Ces oiseaux sont méfians et rusés. Je les ai vus, pendant que je cherchais à me procurer leurs œufs, pousser des cris d'alarme, feindre de vouloir m'en défendre l'approche et m'entraîner ainsi d'un côté opposé. J'ai pu me convaincre de ce fait ; car, étant revenu sur mes pas, j'ai fini quelquefois par trouver leurs nids là où je m'étais présenté la première fois. On prend rarement l'Huitrier dans les filets que l'on tend aux autres Echassiers ; car, après s'en être approché, il reconnaît le piége et se hâte de fuir.

Cette espèce se rencontre dans toute l'Europe, partout sur les côtes maritimes durant l'été et l'automne ; pendant l'hiver elle se répand dans l'intérieur des terres humides ; elle vit aussi au Japon. Sa nourriture consiste en insectes marins qu'elle saisit entre les fentes des rochers et des falaises, de même qu'en coquillages bivalves et en molusques qu'elle cherche en entrant dans l'eau jusqu'aux cuisses. La *femelle* dépose ses œufs sur l'herbe ou sur le sable, et ne les couve que lorsque le ciel est couvert de nuages, ou bien le soir et durant la nuit. Ils sont au nombre de 2 ou 3, fort gros, d'un olivâtre clair, couverts de taches, de traits noirâtres et de points cendrés.

GENRE CINQUANTE-HUITIÈME.

PLUVIER. — *CHARADRIUS.* (Linn.)

Caractères : Tête ronde. Bec droit, médiocre, presque rond, un peu grêle, un peu obtus à son extrémité. Narines longitudinales, situées au milieu d'une membrane qui recouvre la fosse nasale. Pieds grêles, longs ou médiocres. Doigts extérieurs réunis par une petite membrane. Ailes moyennes; 1re rémige la plus longue. Queue à 12 rectrices.

Le genre Pluvier est très nombreux; les espèces qui le composent sont répandues dans toutes les régions. Ils aiment à fréquenter les bords des étangs et des marécages, les plaines humides et les bords des fleuves et des rivières; d'autres recherchent les côtes marines. Ces oiseaux se réunissent par troupes pour voyager. Leur chair est délicate et très estimée.

L'Europe en fournit sept espèces connues; nous en trouvons cinq espèces chez nous, qui sont :

PLUVIER DORÉ. — *CHARADRIUS PLUVIALIS.*

Nom vulg. : *Pluvié Dâoura.*

Le Pluvier Doré, Buff. — Le Pluvier Doré a Gorge Noire, *idem*, — Le Pluvier Doré, Cuv. — Pluvier Doré, *Charadrius Pluvialis*, Vieill. — Pluvier Doré, *Charadrius Pluvialis*, Temm. — Le Pluvier Doré, *Charadrius Pluvialis*, Roux.

Sommet de la tête et du corps, des ailes et de la queue d'un noir fuligineux, marqué de taches d'un jaune doré sur les bords des barbes : elles sont très nombreuses sur le croupion ; gorge et parties inférieures blanches ; côtés, devant du cou, poitrine et flancs couverts de taches cendrées, brunes et jaunâtres ; rémiges noires ; pennes de la queue brunes cendrées, blanchâtres et jaune doré ; leurs couvertures inférieures blanches ; front et une tache derrière les yeux, blanchâtres ; bec noir ; pieds d'un cendré brun ; iris de cette couleur. Longueur, 10 pouces 3 ou 4 lignes, le *mâle* et la *femelle en hiver*.

En été, le plumage de cet oiseau change de la manière suivante : la gorge, le devant du cou et toutes les parties inférieures d'un noir profond ; les parties supérieures de cette couleur, mais sur les bords des barbes des plumes sont de petites taches jaune doré.

Les Pluviers Dorés arrivent chez nous en automne ; nous les voyons pendant tout l'hiver, et au printemps ils font un passage considérable et nous quittent pour voyager vers le Nord. Ce sont des oiseaux peu rusés que l'on attire facilement dans les divers piéges qu'on leur dresse. Nos chasseurs qui habitent le voisinage des contrées marécageuses et les bords des étangs en prennent beaucoup avec de grands filets qu'ils tendent à cet effet ; ils les attirent au moyen d'un sifflet ou d'un bec de flageolet avec lequel ils imitent leur voix : ceux qui passent dans les airs ne tardent pas à s'abattre et vont se poser auprès de quelques petits mannequins qui figurent plus ou moins bien leur espèce : Les Pluviers Dorés vont par grandes bandes, suivent la direction des vents, rangés sur une même ligne horizontale, et volent ainsi de front en jetant un cri flûté qui pénètre au loin. Leur chair est très recherchée pour nos tables.

On trouve cette espèce du Nord au Midi ; elle se nourrit de vers, d'insectes et de leurs larves, qu'elle aime à chercher dans les terrains humides et fangeux. C'est à terre que la femelle dépose 3 ou 4 œufs d'un cendré olivâtre, couverts de taches noires et noirâtres.

PLUVIER GUIGNARD.--*CHARADRIUS MORINELLUS.*

Nom vulg. : *Sourdo.*

Le Pluvier Guignard, Buff. — Le Pluvier Guignard, Cuv. —Le Pluvier Guignard, *Charadrius Morinellus*, Vieill. — Pluvier Guignard, *Charadrius Morinellus*, Temm. — Pluvier Guignard, *Charadrius Morinellus*, Roux.

Sommet de la tête et l'occiput d'un cendré noirâtre ; un large trait qui part du haut des yeux et va aboutir sur la nuque, d'un blanc roussâtre ; gorge blanchâtre, et pointillée de noir ; parties supérieures cendrées ; chaque plume porte une bordure roussâtre ; poitrine grise, parties postérieures blanchâtres ; bec noir ; iris brun ; pieds d'un cendré verdâtre. Longueur, 8 pouces 9 ou 10 lignes, les *vieux en hiver.*

En *été*, gorge et sourcil d'un blanc pur ; cou gris ; sommet de la tête d'un brun noirâtre ; toutes les plumes des ailes, du manteau et du haut du dos entourées de roux pur ; la poitrine est coupée par une bande brune, suivie d'un ceinturon blanc; l'espace qui vient après d'un roux très vif, ainsi que les flancs ; milieu du ventre noir; abdomen et couvertures inférieures de la queue d'un blanc mêlé de roussâtre ; queue noire terminée de roux, hormis les trois pennes latérales qui ont une tache blanche, lavée de roux à leur extrémité.

Le Pluvier Guignard est rare dans le Midi ; quelques individus, et ce sont le plus souvent des *jeunes*, se rencontrent dans le voisinage de nos contrées marécageuses ; ils y sont comme isolés, car jamais je n'en ai trouvé plus d'un à la fois. C'est en hiver et au mois de mai que leur apparition a lieu.

Les auteurs assurent que le naturel de ce Pluvier est indolent et stupide, et qu'il recherche les endroits déserts. M. Temminck dit qu'on le rencontre sous le 6e degré de latitude, et qu'on le trouve aussi sur les montagnes de la Bohême et de la Silésie, à une élévation de 4500 ou 4800 pieds; c'est là qu'il établit son nid formé de lichen. Sa ponte est de 3 ou 4 œufs ternes, d'un olivâtre clair, parsemé de gros points et de nombreuses taches d'un brun olivâtre. Sa nourriture est la même que celle de l'espèce précédente.

GRAND PLUVIER A COLLIER. — *CHARADRIUS HIATICULA.*

Nom vulg. : *Couriolo.*

Le Petit Pluvier a Collier, Buff. — Le Pluvier a Collier. Cuv. — Pluvier Rebaudet, *Charadrius Hiaticula*, Vieill. — Grand Pluvier a Collier, *Charadrius Hiaticula*, Temm. — Pluvier Rebaudet, *Charadrius Hiaticula*, Roux.

Un large plastron sur la poitrine qui remonte sur la nuque d'un noir profond ; une bande qui coupe la tête en travers, entoure les yeux, passe sur le front, et descend jusque près de la nuque, de cette même couleur ; bande frontale, gorge, un collier et toutes les parties inférieures d'un blanc parfait ; occiput et nuque, ainsi que tout le dessus du corps, gris brun, une tache blanche sur l'aile ; la penne extérieure de la queue blanche avec une petite tache brune sur les barbes intérieures ; sur la suivante, cette tache est plus étendue ; les trois autres sont noirâtres et n'ont du blanc qu'à leur extrémité ; les deux du milieu en sont dépourvues ; bec noir à la pointe, orange sur le reste ; tour des yeux et pieds de cette couleur. Longueur, environ 7 pouces, livrée du *mâle*. La *femelle* diffère peu.

Les *jeunes de l'année*, n'ont sur les parties qui doivent devenir noires qu'un faible indice, marqué par du brun ; les parties supérieures sont d'un cendré rembruni ; bec noirâtre ; pieds jaunâtres.

Cette charmante espèce de Pluvier est de passage ici au printemps et en automne ; mais, dans cette dernière saison, elle y est peu commune. C'est ordinairement par petites bandes que nous la voyons arriver ici. Ces oiseaux n'ont point l'habitude de voler haut et ne cessent de jeter un petit cri aigre et perçant.

Vers le milieu d'avril, ils commencent à se séparer,

et on ne les rencontre plus alors que par paires, dans les endroits qu'ils ont choisis pour faire leur résidence d'été. Chez nous, nous en trouvons le long du Gardon, du Vidourle, du Rhône et sur les bords de la mer : toutefois, l'espèce n'y est pas très-commune. Les chasseurs, qui tendent leurs filets dans le voisinage de la mer et des marécages, prennent assez souvent cette espèce au moment qu'elle opère ses voyages.

Le Grand Pluvier à Collier, habite une grande partie de l'Europe, dans l'Amérique et même au Japon. Les insectes du bord des eaux et les vers de terre composent sa nourriture. La femelle dépose 3 ou 4 œufs dans un petit enfoncement sur le sable, entre des graviers ou des coquillages. Ils sont d'une couleur olive jaunâtre, marqués sur toute leur surface de beaucoup de petits traits noirs qui se réunissent vers le gros bout.

PETIT PLUVIER A COLLIER. — *CHARADRIUS MINOR.*

Nom vulg. : *Couriolo.*

Le Petit Pluvier a Collier, Buff. — Pluvier Gravelote, *Charadrius Minor*, Vieill. — Petit Pluvier a Collier, *Charadrius Minor*, Temm. — Le Pluvier Gravelote, *Charadrius Minor*, Roux.

Cette espèce est moins grande que la précédente ; elle lui ressemble beaucoup par la distribution du plumage, mais le bec est entièrement noir, le cercle nu des yeux est d'un jaune vif ; les pieds sont d'un jaune clair. Longueur totale, 4 pouces environ, le *mâle en été.*

La *livrée d'hiver* diffère seulement par des couleurs un peu plus sombres.

La *femelle* a la bande frontale plus étroite, et la bande noire qui passe au-dessus des yeux est aussi moins large et d'un noir moins pur.

Les *jeunes*, avant la première mue, ont les parties supérieures bordées de roux; ils ont du noirâtre là où les *vieux* ont du noir pur.

Cette jolie petite espèce, la plus petite du genre, est de passage dans notre pays au mois d'avril. Comme le *Grand Pluvier à Collier*, elle vole par petites troupes, rasant la terre de près et jetant un petit cri perçant, cri qu'elle répète encore quand on la fait lever. Elle fréquente peu les rivages de la mer ; c'est de préférence sur les bords graveleux des fleuves et des rivières qu'elle se plaît à vivre. Elle habite chez nous les bords de nos étangs et ceux du Gardon. Plusieurs auteurs l'on prise pour l'espèce précédente, ou l'ont confondue avec celle qui suit.

Le Petit Pluvier à Collier est plus abondant dans les contrées méridionales que dans le Nord. Comme ses congénères, les insectes qui se propagent aux bords des eaux, leurs larves, ainsi que les petits vers de terre composent sa nourriture.

La femelle ne fait point de nid, et dépose à terre de 3 à 5 œufs oblongs, cendré pâle, tâchetés de points noirs et de taches peu distinctes d'un cendré brun.

Cette espèce habite aussi le Japon.

PLUVIER A COLLIER INTERROMPU. — *CHARADRIUS CANTIANUS.*

Nom vulg. : *Couriolo.*

Pluvier a demi-Collier, *Charadrius Cantianus*, Vieill. — Pluvier a Collier Interrompu, *Charadrius Cantianus*,

Temm. — Pluvier a demi-collier, *Charadrius Cantianus*, Roux.

Front, sourcils, côtés de la gorge, devant du cou, toutes les parties inférieures ainsi qu'un collier sur la nuque d'un blanc de neige; sinciput noir; une bande, partant du bec, traversant l'œil, s'étendant sur les joues, de pareille couleur, de même qu'une tache qui s'avance en pointe de chaque côté de la poitrine; tête, nuque, d'un roux clair; parties supérieures d'un gris brun mélangé de roux; du blanc sur l'aile; toutes les rémiges ont leur baguette blanche; les deux pennes latérales de la queue de cette couleur; la troisième est un peu brune sur les barbes intérieures; les autres, toutes brunes; iris, bec et pieds noirs. Longueur, 4 pouces 5 ou 6 lignes, le *mâle*.

La *femelle* se reconnaît par l'absence de cette tache angulaire sur le sommet de la tête; elle est remplacée par une petite raie transversale; les parties qui sont noires chez le *mâle* sont ici d'un brun cendré. Les *jeunes* sont gris en dessus; ils n'ont point de traces de noir sur la tête ni sur les joues; on ne voit point de demi-collier.

Les bords de la mer et les plages qui l'avoisinent sont les lieux où se plaît à vivre le Pluvier à Collier Interrompu; rarement on le rencontre ailleurs. Nous l'avons deux fois l'année dans notre pays, en automne et au printemps; mais l'espèce est loin d'être commune, et je ne pense pas qu'elle niche dans nos contrées ; du moins je ne l'y ai jamais vue en été, ni dans mes courses, ni au marché.

Elle est très-répandue dans le Nord : on l'a dit aussi très-commune dans les Indes et dans ses archipels ? Elle se nourrit de petits coléoptères, de vers marins et d'autres insectes que la mer rejette, souvent aussi de coquillages bivalves. Un trou sur le sable, ou des amas de coquillages, servent à la femelle pour déposer de 3 à 5 œufs d'un jaune olivâtre, tachetés irrégulièrement de points d'un brun sombre.

DEUXIÈME DIVISION.

GRALLES A QUATRE DOIGTS.

Leur pouce, toujours distinct, est plus ou moins apparent.

GENRE CINQUANTE-NEUVIÈME.

VANNEAU. — *VANELLUS*. (Briss.)

Caractères : Bec droit, court, cylindrique, un peu renflé à la pointe, fosse nasale de la longueur des deux tiers du bec. Narines latérales, longitudinalement fendues. Tarses grêles, trois doigts devant et un derrière, ce dernier n'appuyant pas à terre ; 4e et 5e rémiges les plus longues. Ailes accuminées ou amples, quelquefois armées d'un éperon.

Les Vanneaux font deux passages par an ; c'est ordinairement par troupes qu'ils exécutent leurs voyages. Leur vol est élevé et soutenu. Ils aiment à fréquenter les lieux humides et inondés pour y chercher leur nourriture. Ils opèrent une double mue. On en connaît trois espèces en Europe, dont deux habitent notre pays.

Ire SECTION.

Ayant la première rémige de l'aile la plus longue de toutes.

VANNEAU-PLUVIER. — *VANELLUS MELANOGASTER.*

Vanneau Suisse, Buff. — Le Vanneau Gris, *Tringa Squatorala*, Cuv. — Vanneau Suisse, *Vanellus Helveticus*, Vieill. — Vanneau Pluvier, *Vanellus Melanogaster*, Temm. — Le Vanneau Suisse, *Vanellus Helveticus*, Roux.

Tête, dessus du cou et du corps d'un gris brun, chaque plume bordée de blanchâtre; gorge blanche; devant du cou, poitrine et haut du ventre variés de blanc et de noirâtre; bas-ventre blanc; rémiges noires avec une longue tache blanche sur les barbes internes; queue blanche, coupée par des bandes transversales brunes, excepté sur les deux latérales qui sont légèrement tachées de brun, vers le bout; bec fort et noir; iris d'un brun foncé; pieds noirâtres. Longueur, 10 pouces 6 ou 7 lignes, le *mâle* et la *femelle en hiver.*

Plumage d'été: La gorge, le devant du cou, la poitrine et toutes les parties inférieures d'un noir très profond; les côtés de la poitrine, du cou, le front et les sourcils d'un blanc parfait; dessus du corps et sommet de la tête marqués de noir et de blanc ; les couvertures inférieures de la queue ont du noir sur leurs barbes.

Le Vanneau Pluvier est un oiseau plein de gaîté, qui est sans cesse en mouvement. Il a le vol très rapide et s'élève haut dans le airs, d'où on l'entend fréquemment jeter un cri formé d'une espèce de sifflement, qu'on peut exprimer par *pii ouit, pii ouit*. On le voit arriver chez nous le plus souvent par petites troupes, et quelquefois par paires. Leur naturel n'est pas très farouche, et ils donnent assez souvent dans les filets qu'on tend aux oiseaux de rivage, et l'on en prend beaucoup ; ils arrivent chez nous en automne ; il en reste pendant l'hiver ; au printemps, nous en avons un second passage qui, ainsi que le premier, est fort abondant. Je nose affirmer si l'espèce niche dans les environs de nos marais ; mais le fait est que j'en ai vu et tué vers la fin du mois de mai ; à la vérité, ils étaient réunis en compagnie et volaient ; ce n'étaient peut-être que des retardataires.

Cet oiseau se répand en été dans les contrées du Nord, jusque dans les régions du cercle arctique et sur le confin de l'Asie où il niche. Sa ponte est de 4 ou 5 œufs d'une couleur olivâtre avec des taches noires. Il se nourrit d'insectes à élytres, de vers de terre et de baies.

IIe SECTION.

Première et troisième rémiges presque d'égale longueur ; la deuxième la plus longue de toutes.

VANNEAU HUPPÉ. — *VANELLUS CRISTATUS.*

Noms vulg. : *Vanèlo*, *Vanéou*.

Le Vanneau, Buff. — Le Vanneau Gris, Cuv. — Vanneau Huppé, *Vanellus Cristatus*, Vieill. — Vanneau Huppé, *Vanellus Cristatus*, Temm. — Le Vanneau Huppé, *Vanellus Cristatus*, Roux.

Front, sommet de la tête, une large bande sous les yeux et un trait en forme de moustache d'un brun noirâtre ; les plumes occipitales longues, étagées et recourbées en haut, d'un noir mat ; gorge, devant du cou, ventre, cuisses et abdomen d'un blanc pur ; poitrine noire, avec des reflets verdâtres ; parties supérieures d'un vert foncé, avec des reflets éclatans ; les grandes et petites couvertures des ailes bordées de roussâtre ; la queue est blanche sur sa moitié supérieure, et noire sur le reste de sa longueur, excepté les deux pennes latérales, qui sont tout à fait blanches ; bec noir ; pieds d'un rouge brun, le *mâle* et la *femelle en hiver*.

Plumage d'été : dessus de la tête, huppe et les longues plumes éffilées d'un noir à reflet ; gorge, devant du cou et poitrine d'un beau noir ; toutes les parties supérieures ont des reflets éclatans ; les pieds sont couleur de chair. On trouve des variétés accidentelles d'un blanc pur, ou d'un blanc jaunâtre.

Le Vanneau Huppé a le vol souple, élevé et soutenu ; à terre, il est toujours en mouvement ; parfois il s'élance, bondit, parcourt le terrain par petits vols entrecoupés, ou se met à courir ; puis, s'arrêtant tout à coup, il regarde autour de lui et recommence ce manége. Dès le mois de février, il nous en arrive beaucoup. Quelquefois il s'en prend au milieu des champs ou dans les prairies, mais cette apparition est courte. Le lieu des rendez-vous est sur les bords des étangs et des marais, où ils se réunissent en troupes nombreuses, parce que, ces endroits leur offrent une ample nourriture de vers et de vermisseaux dont ils sont avides ; on assure que pour se les procurer, souvent ils frappent la terre avec leurs pieds afin de les ramener à sa surface. On approche difficilement ces oiseaux, à moins qu'il ne règne des gros vents. Les personnes qui leur font ordinairement la chasse avec des filets en prennent beaucoup si elles sont munies de quelques Vanneaux vivans, qu'elles y attachent au milieu ; sans cela, elles en prendraient peu*. Au printemps, ils nous quittent, pour le plus grand nombre, et ceux qui restent dans le pays s'en vont, unis par paires, chercher une localité favorable aux soins que demande leur progéniture. Les nouveaux nés courent de très bonne heure ; les parens ne les quittent que lorsqu'ils peuvent se soustraire au danger ; on les voit voltiger autour d'eux, pousser des cris d'alarme si quelque chose les effraie ; cette cons-

---

* Il est bien constaté par tous les chasseurs des marais de nos environs, que si l'on est privé de Vanneaux vivans pour attacher au milieu des filets, ou que l'on n'y ait quelque dépouille de cette espèce, non-seulement on prendra peu de Vanneaux, mais encore que très difficilement d'autres oiseaux de rivage. C'est prodigieux de voir comment viennent à eux les volées d'*Etourneaux*, les *Pluviers*, tous les Bécasseaux, les *Chevaliers*, les *Barges*, et enfin toutes les espèces qui vivent aux bords des eaux.

tante sollicitude leur est quelquefois funeste, en ce qu'elle attire les chasseurs qui s'emparent de la famille.

On trouve le Vanneau Huppé communément en Europe, en Egypte et jusqu'au Japon. Indépendamment de vers et de vermisseaux, il se nourrit de limaçons, d'araignées et d'autres insectes. C'est au milieu des prairies ou des joncs, sur une petite élévation, que la *femelle* pond de 3 à 5 œufs pointus, olivâtres, marqués de taches irrégulières, très nombreuses vers le gros bout, qu'elles couvrent quelquefois entièrement.

GENRE SOIXANTIÈME.

TOURNE-PIERRE.—*STREPSILAS*. (Illiger.)

Caractères : Bec plus court que la tête, droit, fort, conique, un peu fléchi en haut, pointe un peu tronquée. Narines allongées; situées dans une rainure, à demi-cachées par une membrane. Pieds médiocres, trois doigts devant légèrement réunis par une petite membrane; le postérieur repose à terre sur le bout. Ailes moyennes; 1re rémige la plus longue de toutes.

Ce genre comprend une seule espèce qui est propre aux deux Mondes. Le nom qui lui a été imposé par les auteurs, lui vient de l'habitude qu'il a de retourner les pierres qu'il rencontre sur la grève de la mer, pour y saisir les insectes qui s'y trouvent cachés dessous. Les deux sexes portent à peu près la même livrée et diffèrent peu.

TOURNE-PIERRE A COLLIER. — STREPSILAS COLLARIS.

Noms vulg. : *Picho Pluvié*, *Pluvieiroto*.

Buffon désigne cette espèce sous les noms de TOURNE-PIERRE, DE COULOND-CHAUD, de COULOND-CHAUD DE CAYENNE et de COULOND-CHAUD GRIS ; ces deux derniers sont des *jeunes*. — TOURNE-PIERRE, *Arenaria Interpres*, Vieill. — TOURNE-PIERRE A COLLIER, *Strepsilas Collaris*, Temm. — Le TOURNE-PIERRE proprement dit, *Arenaria Interpres*, Roux.

Une bande qui part du front s'étend jusqu'aux yeux, couvre les joues, descend sur le cou, sur la poitrine et forme un collier qui remonte en pointe sur la nuque, le tout d'un noir profond ; haut du dos et couvertures des ailes variés de roux et de noir profond ; espace entre l'œil et le bec, front et un large collier, milieu de la poitrine, parties inférieures, bas du dos, la base et le bout de la queue d'un blanc pur, celle-ci porte une large bande noirâtre vers son extrémité ; gorge blanche ; haut de la tête rayé de noir sur fond blanc ; bec noir ; iris brun ; pieds orange. Longueur, 8 pouces 3 lignes, les *vieux mâles*. La *femelle* diffère peu.

Cet oiseau court sur les bords de la mer, sur ceux des lacs et des rivières ; retourne les pierres sous lesquelles il rencontre sa nourriture. Il arrive chez nous à l'époque du printemps, et en automne, toujours seul ou par paires, le plus souvent mêlé aux volées des *Basseaux variables* ; avec lesquels on le prend aux filets.

Cette espèce est extrêmement répandue ; on la trouve dans une grande partie de l'Europe et dans plusieurs pays étrangers. Sa nourriture consiste en insectes, vers et petits coquillages bivalves. On dit qu'elle construit un nid un peu élevé, au-dessus des herbes marécageuses, ou dans les broussailles et les bruyères, ou enfin dans un creux sur le sable. Les œufs ressemblent à ceux du *Vanneau*, et sont proportionnellement aussi gros, mais plus lustrés.

GENRE SOIXANTE-UNIÈME.

GRUE. — *GRUS*. (Cuvier.)

Caractères : Bec plus long que la tête, fort, droit, sillonné sur les côtés de sa partie supérieure. Corps gros, oblong. Cou très long. La région des yeux et base du bec souvent nues. Jambes dénuées de plumes sur leur partie inférieure. Tarses très longs, nus, réticulés ; trois doigts devant, un derrière, articulé, plus haut sur le tarse. 2e rémige presque d'égale longueur avec la 3e qui est la plus longue.

Les Grues sont des oiseaux voyageurs qui sont de passage périodique dans les régions qu'ils habitent. Ils se réunissent ordinairement en bandes nombreuses, s'élèvent dans les nues et parcourent, en peu de temps, des espaces immenses ; ils ont l'habitude de se rappeler par des cris qui pénètrent au loin. L'Europe en fournit trois espèces, dont deux ont été observées depuis peu, la *Grue Leucogerane* et la *Grue Demoiselle*.

GRUE CENDRÉE. — *GRUS CINEREA.*

Nom vulg. : *Agraïo.*

La Grue, Buff. — La Grue Commune, *Ardea Grus*, Cuv. — La Grue Cendrée, *Grus Cinerea*, Vieill. — Grue Cendrée, *Grus Cinerea*, Temm. — La Grue Proprement Dite, *Grus Cinerea*, Roux.

Un grand espace blanc derrière les yeux qui descend sur la partie postérieure du cou; gorge, une partie du cou et occiput d'un gris noirâtre; espace entre l'œil et le bec, haut de la tête garnis par des poils noirs; le sommet est presque nu et rouge, deux traits de cette couleur sous la mandibule inférieure; plumage généralement cendré; quelques-unes des pennes secondaires arquées, longues, à barbes déliées; rémiges noires; queue noirâtre; base du bec rougeâtre; noir verdâtre dans son milieu, couleur de corne à sa pointe; iris d'un brun rouge; pieds noirs. Longueur, 3 pieds 8 ou 10 pouces, les *vieux*.

Les *jeunes*, *avant l'âge de deux ans*, n'ont point de nudité sur le sommet de la tête, ou bien il est à peine marqué. Le cendré noirâtre de la gorge et du cou n'est que très peu apparent.

Les Grues ne se montrent en France et dans notre pays qu'à l'époque de leurs passages, qui ont lieu en automne et au printemps. Elles s'abattent quelquefois autour de nos étangs et de nos marécages pour prendre leur nourriture; mais il est bien difficile de les approcher. Pendant la nuit elles ont toujours soin de placer une vedette pour garder la troupe qu'elle avertit par ses cris, si quelque danger la menace. Ces oiseaux voyagent par bandes, et plus souvent de nuit que de jour. Les anciens, ayant remarqué leurs migrations régulières du Nord au Midi et du Midi au Nord, les désignaient également par les noms d'*Oiseaux de Lybie* et d'*Oiseaux de Scythie*, qui, comme on sait, étaient alors les extrémités du monde. Les Grues entreprennent de longs voyages. En s'élevant haut dans l'air, elles se forment en triangle pour mieux fendre cet élément ; mais quand elles sont surprises par un vent trop fort, elles se resserrent en rond. Posées à terre, elles ont besoin de courir avant que de pouvoir prendre leur essor. Retenues en captivité, elles s'accoutument bientôt et deviennent familières.

On trouve les Grues dans les contrées orientales, en Pologne et en Suède. Elles émigrent l'hiver en Afrique. Elles vivent d'insectes, de vers, de poissons, de graines et d'herbes. C'est dans les jonchaies, dans les buissons et sur les toits des maisons qu'elles nichent. La ponte est de 2 ou 3 œufs, d'un cendré verdâtre, marqué de taches brunes.

GENRE SOIXANTE-DEUXIÈME.

CIGOGNE. — *CICONIA*. (Briss.)

Caractères : Bec très long, droit, robuste, peu fendu ; mandibule inférieure se recourbant un peu en haut. Narines longitudinales, situées dans une rainure près du front ; tour des yeux nu. Pieds longs, dénués de plumes ; trois doigts devant réunis par une membrane à leur base, le postérieur s'articulant au même niveau des autres.

Ongles courts, obtus. Ailes médiocres ; 4ᵉ et 5ᵉ rémiges les plus longues.

Les Cigognes ont de tout temps attiré l'attention de presque tous les peuples de la terre, et dans bien des pays elles sont encore respectées, parce qu'elles font une grande destruction des reptiles nuisibles. Elles vivent dans les lieux marécageux, et c'est par bandes nombreuses qu'elles opèrent leurs migrations. On connaît trois espèces de Cigognes en Europe ; deux d'entr'elles visitent notre pays.

CIGOGNE BLANCHE. — *CICONIA ALBA.*

Noms vulg. : *Cigogno*, *Ganto.*

Cigogne Blanche, Buff. — *Ardea Ciconia*, Cuv. — Cigogne Blanche, *Ciconia Alba*, Vieill. — La Cigogne Blanche, *Ciconia Alba*, Temm. — La Cigogne Blanche, *Ciconia Alba*, Roux.

Cette espèce n'a que deux couleurs, le blanc et le noir. Cette dernière comprend les scapulaires et les ailes ; tout le reste, est blanc ; les plumes du bas du cou sont longues, pendantes et pointues ; bec et jambes rouges ; espaces nus autour des yeux noirs ; iris brun. Longueur, 3 pieds 5 ou 6 pouces, les *vieux*.

Les *jeunes* ont le noir des ailes tirant au brun, le bec est d'un noir rougeâtre.

La Cigogne Blanche fait deux passages par an dans nos contrées, l'un en automne et l'autre au printemps ; néanmoins, j'en ai reçu plusieurs qui avaient été tuées au mois d'août dans nos environs. Etaient-ils des individus égarés ou blessés, qui n'avaient pu continuer le voyage? Elles nous arrivent par vols nombreux, et s'arrêtent dans nos marais, dans nos étangs et quelquefois dans les champs cultivés des diverses parties de notre département. Dans les pays du Nord, où elles habitent en été, elles ne sont point farouches parce qu'on respecte leur vie. Amies de l'homme, les Cigognes recherchent les villes et établissent leur nid sur les toits des maisons, descendent sur les places publiques et chassent dans les jardins. Mais il n'en est pas ainsi lorsqu'elles voyagent, car à l'aspect du moindre danger, elles se hâtent de fuir, et ce n'est que par surprise qu'on peut les aborder. L'on entend rarement leur voix, mais en revanche, elle font un bruit qui est produit par un battement des deux mandibules de leur bec. La Cigogne vit en domesticité, devient familière, et reconnaît la voix des personnes qui ont soin d'elle.

On rencontre cette espèce en Europe, en Egypte, en Barbarie, et dans l'Asie occidentale. Les grenouilles, les lézards, les couleuvres, de petits mammifères, et même des oiseaux composent sa nourriture. C'est sur les toits des maisons, au haut des tours, sur les cheminées et sur des pieux placés à cet usage, qu'elle établit un grand nid construit avec du bois et des herbes. La ponte est de 3 œufs, d'un blanc légèrement teint de couleur d'ocre.

CIGOGNE NOIRE. — *CICONIA NIGRA.*

Nom vulg. : *Ganto Nègro.*

Cigogne Noire, Buff. — La Cigogne Noire, Cuv. — Cigogne Noire, *Ciconia Nigra*, Vieill. — Cigogne Noire, *Ciconia Nigra*, Temm. — La Cigogne Noire, *Ciconia Nigra*, Roux.

Dessus de la tête, gorge, cou, dos, croupion, épaules, couvertures supérieures, pennes des ailes et rectrices noirâtres, avec des reflets pourprés et verdâtres; partie inférieure de la poitrine et ventre d'un beau blanc pur; peau nue des yeux et celle de la gorge d'un rouge cramoisi; iris brun; pieds d'un rouge très foncé. Longueur, 3 pieds environ.

Les *jeunes* ont les plumes de la tête et du cou d'un roux brun et bordées de blanchâtre; corps, ailes et queue d'un brun noirâtre, avec des reflets peu apparens, bleuâtres et verdâtres; bec et pieds verdâtres.

Cette Cigogne n'a point les mœurs douces et sociables de l'espèce précédente : jamais on ne la voit dans les villes ni près des maisons ; c'est dans les forêts épaisses et dans les marais boisés qu'elle vit solitairement, et d'où elle fuit à l'aspect de l'homme. On dit qu'elle descend sur les bords des lacs les moins fréquentés, y guette sa proie, vole sur les eaux, et quelquefois s'y plonge avec rapidité pour saisir la victime qu'elle a choisie.

La Cigogne noire est rare dans notre pays : elle ne s'y montre qu'en hiver, et ce sont, le plus souvent, des individus jeunes qu'on rencontre, et peu de vieux [*].

On trouve cet oiseau en Pologne, en Prusse, en Allemagne, en Turquie, en Suisse et en Toscane. On ne l'a point encore observé en Hollande. Sa nourriture se compose de petits poissons, de grenouilles, de têtards et d'insectes. Les arbres de haute futaie, tels que les pins et les sapins, sont les endroits où il établit son nid. La femelle pond 2 ou 3

---

[*] L'on m'a assuré avoir tué de jeunes Cigognes Noires, en été, dans nos marais, parce qu'il en nichait quelquefois dans ces parages. Je n'ose assurer ce fait, qui cependant n'est point inadmissible.

œufs, d'un blanc sale, nuancé de verdâtre, quelquefois marqué de quelques points verdâtres.

GENRE SOIXANTE-TROISIÈME.
HÉRON. — *ARDEA.* (Linn.)

Caractères : Bec fendu jusqu'aux yeux, long ou de la longueur de la tête., robuste, comprimé, finement dentelé dans quelques espèces, tranchant, aigu. Narines longitudinales, près du front. Yeux placés dans une peau nue qui se prolonge jusqu'au bec. Jambes longues écussonnées. Doigts longs, l'extérieur réuni à celui du milieu par une petite membrane. Pouce grand, l'ongle de celui du milieu dentelé intérieurement. Ailes longues, 2e et 3e rémiges les plus longues de toutes.

Les Hérons forment une famille naturelle. Leurs mœurs sont tristes, leurs poses peu gracieuses; quand ils volent, ils tiennent le cou plié et les jambes tendues en arrière. Ils vivent aux bords des eaux; se perchent sur les arbres; se nourrissent de poissons, de reptiles, de petits mammifères et d'insectes. Douze espèces se rencontrent en Europe; trois y sont nouvelles; neuf d'entr'elles se trouvent dans nos alentours.

Ire SECTION. — *HÉRON PROPREMENT DIT.*

Bec plus long que la tête, aussi large à sa base ou plus large que haut; une grande partie du tibia nu.

HÉRON CENDRÉ. — *ARDEA CINEREA.*

Noms vulg. : *Galichoûn, Berna-Pescaïré.*

Le Héron Huppé, Buff. — Le Héron, *id.*, le jeune.

Le Héron Commun, Cuv. — Le Héron Commun, *Ardea Major*, Vieill. — Héron Cendré, *Ardea Cinerea*, Temm. — Le Héron proprement dit, *Ardea Major*, Roux.

Une aigrette composée de quelques plumes noires, longues, effilées, sur la nuque ; sommet de la tête garni de plumes blanches ; cou d'un gris blanc, avec des plumes longues, pendantes, d'un blanc lustré ; dos, scapulaires et couvertures supérieures de la queue d'un gris cendré ; quelques scapulaires longues et pointues ; milieu du ventre et cuisses d'un blanc pur ; poitrine et flancs d'un noir lustré ; bec et iris jaunes ; pieds bruns, mais rouges près de la partie emplumée. Le Héron Cendré mesure 3 pieds, quelquefois davantage, les *deux sexes à l'âge de 3 à 4 ans*.

Les *jeunes* manquent totalement de plumes longues et effilées au bas du cou, et n'ont point d'aigrette sur la tête. Tout le plumage est mélangé de brun et de blanchâtre.

Le Héron Cendré vit sédentaire dans le Midi ; mais, aux époques d'automne et de printemps, nous en avons qui sont de passage. Ils volent quelquefois par troupes nombreuses, jetant un cri bref, sec, un peu rauque, qui paraît exprimer *khorr, korr*. Cet oiseau ne dort guère durant la nuit, car c'est alors qu'il pêche ou bien qu'il fait entendre sa voix dans les airs. Il est très méfiant, et se cache quand il est surpris. Il aime à se placer sur le bord des ruisseaux, où il reste immobile. C'est là qu'il guette sa proie, dont il s'empare avec une adresse étonnante, avec son long bec. Ce Héron est commun dans nos marais ; on le trouve aussi dans toute les parties de notre pays, mais en petit nombre ; il fréquente le voisinage des rivières et les fossés humides. Il est généralement connu par les habitans de la campagne sous le nom de *Berna-Pescaïré*. Sa chair est d'un très-mauvais goût.

On trouve cette espèce depuis le Midi jusque dans les régions du cercle Arctique, ainsi qu'au Japon. Elle se nourrit de poissons, de rainettes, attaque quelquefois les jeunes oiseaux et les petits mammifères. C'est sur les grands arbres ou dans les gros buissons qu'on rencontre son nid, qui est formé avec des bûchettes, des herbes, des joncs et des plumes. La ponte est de 4 ou cinq œufs, d'un bleu verdâtre uniforme.

HÉRON POURPRÉ. — *ARDEA PURPUREA.*

Noms vulg. : *Charpantié, Berna*.

Le Héron Pourpré, Buff. — *Ardea Purpurea*, Cuv. — Héron Pourpré, *Ardea Purpurea*, Vieill. — Héron Pourpré, *Ardea Purpurea*, Temm. — Le Héron Pourpré, *Ardea Purpurea*, Roux.

Une huppe composée de longues plumes effilées, d'un noir verdâtre; tête d'un noir brillant; une bande noire part du coin de la bouche et monte obliquement jusqu'à l'occiput; trois autres sur le cou, de la même couleur, d'un roux ardent sur les parties latérales du cou, au bas duquel pendent des plumes longues et effilées, d'un blanc pourpré; dos, ailes et queue d'un cendré roussâtre, avec des reflets verdâtres; cuisses et abdomen roux; poitrine et flancs d'un pourpré éclatant ; bec et tour des yeux d'un beau jaune ; iris d'un jaune orangé ; nudité au-dessus des genoux jaune. Sa longueur est de 2 pieds, 9 pouces ; les *mâles* et les *femelles avancés en âge.*

Les *jeunes* n'ont presque ou point de huppe, ni de plumes longues au bas du cou ; les autres teintes, en général, sont aussi moins pures.

Au printemps, les Hérons pourprés sont très-abondans dans nos contrées ; on les trouve dans les pays montagneux comme dans les plaines, mais ils ne sont nulle part aussi nombreux qu'au milieu des vastes jonchaies des parties méridionales de notre département, où ils établissent leur demeure d'été. Durant le jour, ils restent cachés au milieu des roseaux, mais vers le soir ils se mettent à voler plusieurs ensemble sans s'écarter du même lieu, et font retentir au loin leurs cris d'amour qui expriment les syllabes *khre, khre, kokoreu, kokoreu*, et que l'on peut comparer au bruit d'une grosse scie, ce qui leur a valu, dans notre pays, le nom de *Charpentié* (Charpentier). Ce Héron vit très-bien en captivité ; on peut le nourrir avec des anguilles et des petits poissons. Il se pose souvent sur un seul pied. Si on l'approche, il lance des coups de bec qu'il accompagne d'un cri aigre et sec. Il supporte la faim pendant plusieurs jours. J'en ai envoyé un au Jardin des Plantes, à Paris ; il ne prit qu'un faible repas durant le trajet, ce qui ne l'empêcha point d'arriver bien portant.

Les Hérons pourprés sont moins répandus en Europe que l'espèce précédente. Ils se nourrissent comme elle. Ils nichent de préférence au milieu des roseaux, où ils se réunissent plusieurs paires à côté les unes des autres. La ponte est de 3 ou 4 œufs, d'un cendré verdâtre. On ne peut aborder leur nid sans éprouver un malaise par l'odeur infecte que répand la nourriture qu'ils n'ont pu consommer. Quelques individus restent pendant l'hiver dans le pays.

HÉRON AIGRETTE. — *ARDEA EGRETTA*.

Nom vulg. : *Galichoûn Blanc*.

La Grande Aigrette, Buff. — Le Héron Blanc, un individu privé de la parure accessoire du dos. — La Grande Aigrette, Cuv. — Héron Aigrette, *Ardea Egretta*, Vieill. — Héron Aigrette, *Ardea Egretta*, Temm. — Le Héron Grande Aigrette, *Ardea Egretta*, Roux.

Tout le plumage d'un beau blanc pur; sur la tête, une petite huppe qui pend en arrière; sur le dos, des plumes très longues, à tiges fortes et à barbes effilées; bec d'un jaune verdâtre, quelquefois la pointe noire; peau nue du tour des yeux verdâtre; iris d'un jaune brillant; pieds d'un brun verdâtre.

L'Aigrette mesure 3 pieds 2 ou 3 pouces de longueur, les *vieux au printemps*.

Les *jeunes* et les *vieux en hiver*, n'ont point de huppe pendante, ni de longues plumes de parade sur le dos [*].

La plupart des pays étrangers possèdent des Hérons Blancs, dont quelques-uns ont beaucoup de ressemblance avec les deux espèces européennes. Celle de cet article fréquente les bords des eaux et surtout les marais. Dans notre pays elle est

[*] Ce sont ces belles plumes qu'on emploie pour diverses parures.

rare et ne se montre qu'en hiver. Tous les individus qui m'ont été présentés étaient privés des belles plumes du dos, quoique adultes, ce qui ne me laisse pas douter que ces oiseaux n'en soient privés dans cette saison de l'année. Les habitudes de l'aigrette ressemblent à celles de la plupart des autres Hérons.

Cette espèce habite en Sardaigne, en Hongrie, en Pologne, en Russie, ainsi que dans l'empire Ottoman et dans l'Archipel. Elle se nourrit de grenouilles, de rainettes, de petits poissons, d'insectes d'eau et de limaçons. La *femelle* pond de 4 à 6 œufs, d'un bleu pâle. C'est sur les arbres qu'elle place son nid.

HÉRON GARZETTE. — *ARDEA GARZETTA.*

Noms vulg. : *Galichoûn Blanc*, *Berna Blanc*.

L'AIGRETTE, Buff.; mais la planche qu'il en donne représente l'AIGRETTE D'AMÉRIQUE. — La PETITE AIGRETTE, Cuv. — Le HÉRON GARZETTE, *Ardea Garzetta*, Vieill. — Le HÉRON GARZETTE, *Ardea Garzetta*, Temm. — Le HÉRON AIGRETTE OU GARZETTE, *Ardea Garzetta*, Roux.

Tout le plumage est d'un blanc pur; une huppe pendante, formée par deux ou trois plumes longues et minces; un bouquet de plumes de la même nature au bas du cou; le dos est garni d'une touffe de plumes déliées, brillantes, flexibles, longues de 6 à 8 pouces; bec noir; tour des yeux et *lorum* garni d'une peau verdâtre; iris d'un jaune d'or; pieds d'un noir verdâtre; base des doigts d'un jaune verdâtre. Longueur, 1 pied, 10 pouces; les *deux sexes très vieux*.

Pendant l'époque de la mue et en *hiver*, les *vieux* ressemblent aux *jeunes*; ils n'ont point d'aigrette sur le dos ni de longues plumes au bas du cou.

Ce charmant oiseau est de passage périodique dans nos contrées ; au printemps, il suit la côte maritime et ne s'écarte jamais dans l'intérieur des terres. Tous ceux qui m'ont été envoyés, provenaient de ces localités. L'espèce n'est jamais abondante ici. Ses habitudes sont à peu près les mêmes que celles de ses congénères. Cet oiseau a été confondu quelquefois avec une espèce d'*Aigrette* qui vit dans les climats de l'Amérique et de l'Asie. Divers auteurs en ont fait des espèces différentes qui n'étaient autres cependant que des individus plus ou moins jeunes. Des personnes dignes de foi m'ont assuré que la Garzette nichait dans nos marais : je n'ai pu vérifier ce fait par moi-même. Cependant cela pourrait-être, puisqu'elle se propage en Sardaigne et en Sicile.

Cet oiseau se montre accidentellement en Allemagne : jamais plus avant dans le Nord. On le trouve dans tous les pays qui bordent la Méditerranée, en Suisse et dans toute l'Asie. Il se nourrit de petits poissons, de lézards, de frai de grenouilles, ainsi que d'insectes d'eau. Son nid est placé dans les marais ; ses œufs, au nombre de 4 ou 5, sont blancs.

HÉRON VÉRANY. — *ARDEA VERANY.*

Nom vulg. : *Routaïré.*

Le Héron Vérany, *Ardea Verany*, Roux. — *Ardea Candida*, Briss. — Héron Vérany, *Ardea Verany*, Temm.

Ce joli oiseau a le dessus de la tête, la nuque et l'occiput couverts de plumes longues et effilées, d'une belle couleur de café au lait ou de roux clair ; au bas du cou un bouquet de plumes subulées qui retombent sur le devant de la poitrine, ainsi qu'un panache ou aigrette, sur le milieu du dos, de pareille couleur ; quelques plumes du haut du dos ont leurs barbes seulement d'un roux isabelle, blanches sur le reste ; toutes les autres parties du plumage sont d'un blanc parfait ; bec, peau nue des yeux ainsi que le *lorum* jaunes ; les pieds de cette couleur, mais les doigts ont une teinte plus foncée ; les ongles sont noirs ; le postérieur est du double plus long que les autres Longueur, 17 pouces, 6 lignes ; tarses à peu près 3 pouces, les *vieux*.

Les *jeunes*, jusqu'à l'âge de deux ans, sont entièrement blancs, et manquent de plumes longues au bas du cou, et d'aigrette sur le dos ; le sommet de la tête et une partie de l'occiput sont lavés de roux clair ou d'isabelle ; le bec est toujours jaune.

Cette espèce est encore nouvelle comme oiseau d'Europe. Quelques captures ont eu lieu seulement en Sicile et dans le midi de la France. Roux l'a figurée parmi les oiseaux qui visitent la Provence ; mais le texte de ce naturaliste n'ayant pu être achevé, nous ne savons pas comment cet oiseau a été rencontré par lui. Quant à moi, je n'ai jamais vu qu'un seul individu que j'ai préparé pour un employé de l'administration des canaux, et qui ne voulut jamais me le céder. Il fut tué près des Saintes-Maries ; il était perché, m'a-t-on dit, sur les tamaris, près d'un fossé. Je trouvai dans son estomac quelques débris de petits poissons et quelqu'autre matière digérée que je n'ai pu reconnaître.

On rencontre ce joli petit Héron en Egypte et au Sénégal. J'ai reçu de *vieux* et de *jeunes* individus de Tunis en Barbarie, qui ne diffèrent point de celui que j'ai vu. Il paraît même qu'ils ne sont pas rares dans cette dernière contrée. On ignore encore comment l'espèce niche.

II° SECTION. — BUTOR.

Mandibule supérieure un peu courbée en bas, cou moins long, épais, la nudité du tibia est très petite.

HÉRON GRAND BUTOR. — *ARDEA STELLARIS.*

Nom vulg. : *Bitor D'aoura.*

Le Butor, Buff. — Le Butor d'Europe, Cuv. — Héron Butor, *Ardea Stellaris*, Vieill. — Héron Butor, *Ardea Stellaris*, Temm. — Le Butor Proprement Dit, *Ardea Stellaris*, Roux.

Sommet de la tête et un trait en forme de moustaches noires; plumes du cou et de la poitrine longues et pendantes; tout le fond du plumage d'un roux jaune très clair, varié de raies, de mouchetures, de taches et de zigzags bruns, et sur le devant du cou marqué par de taches brunes et rousses, mais d'une nuance plus claire en dessus du corps; bec brun en dessus, bordé de jaunâtre et de jaune verdâtre en dessous; iris jaune; pieds verdâtres, le *mâle*; la *femelle* a les couleurs plus ternes; elle est aussi moins grande.

Ce Héron est d'une grande méfiance ; il vit dans les lieux marécageux les plus épais et surtout dans ceux qui sont entourés de broussailles ou de grands tamaris, dans lesquels il demeure caché pendant le jour ; mais s'il est surpris, c'est alors qu'il use de mille détours pour échapper aux poursuites et finit souvent par lasser chasseurs et chiens. S'il arrive qu'on le blesse, il faut bien se tenir sur ses gardes et ne pas l'approcher de trop près, car, avec son bec solide, il a l'habitude de viser à la figure. On cite plus d'un accident de cette nature dans notre pays; il en est de même pour les chiens auxquels, en pareil cas, il cherche à crever les yeux. La voix du Héron-Butor est retentissante et grave ; elle semble prononcer *côob*, *côob*, et parfois elle imite les mugissemens du taureau ; c'est surtout le matin et le soir qu'on l'entend. Il est d'une patience admirable quand il guette sa proie : il reste quelquefois pendant des heures entières immobile ; dès qu'elle se présente, il s'en empare adroitement avec son bec. On le trouve aussi dans les bois, où il fait la chasse aux petits mammifères.

Cet oiseau habite une grande partie de l'Europe, partout où il se trouve des pays entrecoupés d'eau. Il fait sa principale nourriture de grenouilles, rainettes, sangsues, et de petits poissons. C'est dans les roseaux qu'il établit son nid ; la ponte est de 3 à 5 œufs, d'un gris verdâtre, un peu ombré.

HÉRON CRABIER. — *ARDEA RALLOIDES*.

Nom vulg. : *Roûtaïré*.

Le Crabier de Mahon et le Crabier Caiot, Buff. — Le Crabier de Mahon, Cuv. — Héron Caiot, *Ardea Comata*, Vieill. — Héron Crabier, *Ardea Ralloides*, Temm. — Le Crabier de Mahon, *Ardea Ralloides*, Roux.

Le dessus de la tête garni de plumes effilées,

jaunâtres, marquées de raies noires; sur l'occiput sont huit ou dix plumes très longues, flexibles, blanches au milieu et bordées de noir; haut du dos et scapulaires d'un roux clair; cou garni de longues plumes minces, d'un marron clair; côtés de la tête, gorge et reste du plumage blancs; bec bleu à sa base, et noir à sa pointe; *lorum* d'un gris verdâtre; iris jaune; pieds d'un jaune verdâtre. Longueur, de 16 à 17 pouces, les *vieux*.

Les *jeunes* n'ont point de longues plumes sur l'occiput; la tête, le cou et les couvertures supérieures des ailes sont d'un brun roux, tacheté en long d'une nuance plus foncée; pennes des ailes cendrées vers le bout; pieds d'un gris verdâtre.

Le Héron Crabier est un très-joli oiseau qui nous visite au printemps; il se montre chez nous en compagnie de cinq ou six individus ensemble; quelquefois il voyage par paires ou bien seul. Il n'est pas farouche; plein de sécurité, il se laisse approcher; souvent il se perche sur les branches des arbres, et, s'il croit qu'on ne l'aperçoit pas, il reste immobile et vous laisse passer. Cet oiseau préfère, pour son habitation, les marais à l'intérieur des terres; néanmoins, j'en ai reçu qu'on avait tués dans les parties montagneuses de notre pays, sur les bords des ruisseaux qui s'y trouvent. Le nom de *Crabier* lui vient de ce que quelques auteurs ont pensé qu'il se nourrissait de Crabes, qu'il cherchait sur les plages de la mer. Les jeunes et les vieux se rencontrent dans notre pays. On peut les conserver en domesticité; ils y vivent parfaitement.

Ce Héron se trouve dans le midi de la France et en Suisse,

où il est de passage. Il vit en Sicile et dans l'Archipel, ainsi qu'en Asie. Sa nourriture se compose de petits poissons, d'insectes et de coquillages. Il niche sur les arbres. On ne connaît ni son nid ni ses œufs.

HÉRON BLONGIOS. — *ARDEA MINUTA.*

Nom vulg. : *Roútaïré.*

Le Blongios de Suisse, Buff., les vieux. — Le Butor Brun Rayé et le Butor Roux, Buff., les jeunes. — Le Blongios, Cuv. — Héron Blongios, *Ardea Minuta*, Vieill. — Héron Blongios, *Ardea Minuta*, Temm. — Le Blongios proprement dit, *Ardea Minuta*, Roux.

Dessus de la tête et du dos noirs, avec des reflets verdâtres; pennes des ailes et de la queue de cette même couleur; cou, couvertures des ailes et toutes les parties inférieures d'un jaune roussâtre; bec brun à la pointe, jaune dans le reste; tour des yeux et iris jaunes; pieds d'un jaune verdâtre. Longueur, 13 pouces, 7 lignes, les *vieux*.

Chez les *jeunes*, le noir est remplacé par du brun, et les couleurs rousses sont parsemées de taches longitudinales.

Le Héron Blongios est le pygmée du genre; c'est un oiseau qui est commun ici, et que l'on peut se procurer sans beaucoup de peine, parce qu'il n'est ni rusé ni farouche. Pendant l'hiver nous en voyons quelques-uns, mais au mois d'avril il en arrive beaucoup qui nichent dans nos marécages. De grand matin, on entend ces oiseaux jeter un cri qui exprime *rehou, rehou*, que nos chasseurs comparent au renvois d'une personne; c'est pourquoi ils les nomment *Routaïrés*. Les Blongios se perchent souvent sur les tamaris qui croissent sur les bords des marais, où ils restent immobiles et dans une pose verticale. Quelquefois ils s'écartent de ces lieux et s'en vont dans les parties basses et humides couvertes de bois. Ils vivent en captivité, et leur habitude est d'aller se percher le plus haut possible; ils restent alors sans faire le moindre mouvement, et le bec relevé vers le ciel.

On trouve cette espèce communément dans les contrées méridionales. Elle est de passage dans quelques pays du Nord. Elle fait sa principale nourriture de très-petits poissons, de rainettes et de leur frai, ainsi que d'insectes et de vers. C'est dans les buissons et les tamaris, qui croissent sur quelques élévations dans les marais, qu'elle fait son nid. La ponte est de 4 à 6 œufs oblongs, qui sont d'un blanc pur.

GENRE SOIXANTE-QUATRIÈME.

NYCTICORAX. — *NYCTICORAX*. (Cuv.)

Les Bihoreaux diffèrent peu des Butors; ils ont un bec un peu plus gros et quelques plumes longues et pendantes à l'occiput; une seule espèce habite l'Europe.

BIHOREAU A MANTEAU. — *NYCTICORAX ARDEOLA*.

Noms vulg. : *Mouak, Bernad*.

Le Bihoreau, Buff., *vieux*. — Le Pouacre et le Pouacre de Cayenne, Buff., *jeunes*. — Le Bihoreau, *femelle*, et le Crabier Roux. Buff. les individus âgés de deux ans. — Le Bihoreau d'Europe, Cuv. — Héron

Bihoreau, *Ardea Nycticorax*, Vieill. — Bihoreau a Manteau, *Nycticorax Ardeola*, Temm. — Bihoreau Proprement dit, *Ardea Nycticorax*, Roux.

Le Bihoreau a le dessus de la tête, la nuque et le dos d'un noir à reflets verdâtres ; trois longues plumes blanches, avec la pointe noire, longues de 6 ou 8 pouces, sont implantées au haut de la nuque ; partie du bas du dos, les ailes et la queue d'un cendré pur ; front, espace au-dessus des yeux et toutes les parties inférieures d'un blanc pur ; bec jaunâtre à sa racine, noir dans le reste de sa longueur ; yeux grands ; iris d'un beau rouge ; pieds d'un vert jaunâtre. Longueur, 1 pied 7 ou 8 pouces, les *vieux*.

Les *jeunes*, jusqu'à l'âge de deux ans, diffèrent beaucoup des *vieux* : ils ont toutes les parties supérieures d'une teinte brune, avec des taches longitudinales d'un roux clair, placées sur le centre de chaque plume ; ils n'ont point de plumes longues et effilées à l'occiput.

Le Bihoreau est un fort bel oiseau qui arrive chez nous à l'époque du printemps, et nous quitte en automne. On le trouve dans plusieurs localités de nos environs, au moment de ses passages ; mais il n'est nulle part ici aussi répandu que dans nos marais et sur les bords du Rhône, où il a l'habitude de se percher sur les grands arbres qui s'y trouvent. Il n'est pas très farouche : il arrive souvent qu'il ne se dérange pas quoiqu'on passe tout près de lui. Sa voix est forte ; elle semble exprimer *moak moak* ; et lorsqu'on sait bien en imiter le ton, on le fait venir à soi pourvu qu'on ait soin de se cacher. J'ai vu des chasseurs faire traverser le Rhône à des Bihoreaux, même après leur avoir fait essuyer plusieurs coups de feu, et les abattre ensuite. Dans quelques pays, ces oiseaux ont reçu le nom de *Corbeaux de Nuit*, à cause de leur cri.

Cette espèce paraît habiter toutes les contrées du globe. Elle vit de petits poissons, de grenouilles, de limaçons et d'insectes. On dit qu'elle niche dans les rochers comme dans les marais. La ponte est de 3 ou 4 œufs qui sont d'un vert terne.

GENRE SOIXANTE-CINQUIÈME.

FLAMANS. — *PHOENICOPTERUS*. (Linn.)

Caractères : Bec garni d'une membrane à sa base, épais, plus haut que large, conique vers la pointe; bords finement dentelés. Mandibule supérieure plus étroite que l'inférieure. Narines étroites, longitudinales, garnies d'une membrane en dessus. Yeux à fleur de tête. Pieds très longs; trois doigts antérieurs, un postérieur très court; ceux de devant réunis par une membrane échancrée, qui s'étend jusqu'aux ongles. Ailes moyennes; 2º rémige la plus longue.

Les Flamans sont les plus isolés des oiseaux d'Europe; on en connaît trois espèces dont une seule vit et se propage chez nous et qu'on retrouve encore en Asie et en Afrique. Quand aux deux autres espèces, l'une est d'Amérique ; l'autre habite le Sénégal et le Cap de Bonne-Espérance ; elle est de petite taille. Les Flamans vivent par grandes bandes dans les marais et les étangs salés voisins de la mer. Ils se nourrissent de petits coquillages bivalves et d'insectes qu'ils pêchent en retournant le cou pour mieux se servir du crochet de leur bec. Ils sont très rusés et fuient de loin à l'aspect du moindre danger.

FLAMANT ROSE. — *PHOENICOPTERUS ANTIQUORUM.*

Nom. vulg. : *Flamèn.*

Le FLAMANT, Buff. — *Phœnicopterus Ruber*, Cuv. — PHŒNICOPTÈRE D'EUROPE, *Phœnicopterus Europœus*, Vieill. — FLAMANT ROSE, *Phœnicopterus Antiquorum*, Temm. — Le FLAMANT PHŒNICOPTÈRE, *Phœnicopterus Ruber*, Roux.

Tout le plumage d'un beau rose ; cette couleur est plus vive sur la tête, le cou et le haut du dos ; ailes d'un rouge ardent ; rémiges d'un noir profond ; sous le pli de l'aile, de longues plumes arrondies par le bout, longues de 4 à 6 pouces, d'un beau cramoisi et rose ; bec d'un rouge vif, mais noir à sa pointe ; pieds d'un rose vif ; iris d'un jaune brillant. Sa longueur est de 4 pieds, 4 ou 6 pouces, les très *vieux mâles.*

Les *vieilles femelles* ont le plumage d'une teinte plus pâle ; souvent presque point rosée. Les *jeunes de l'année*, que nos chasseurs nomment *Flamant gris*, sont gris cendré, avec des taches noires sur les pennes secondaires des ailes et de la queue ; le bec est grisâtre, avec la pointe brune ; pieds d'un gris sale ; iris d'un jaune pâle. Au fur et à mesure que ces oiseaux avancent en âge leur plumage se colore de rose et de rouge ; les premières nuances apparaissent sur les ailes ; j'ai aussi fait la remarque qu'ils varient à l'infini pour la taille, sans différence d'âge.

Les Flamans sont de beaux oiseaux qui de tout temps ont attiré l'attention des peuples qui les ont connus, comme celle des navigateurs et des naturalistes ; ils ne sont pas rares dans les parties maritimes et marécageuses de notre département où ils vivent toute l'année ; car, s'ils s'en écartent tout-à-fait, ce n'est jamais pour longtemps ; et cela n'arrive que lorsque les étangs salins manquent d'eau ; autrement ils ne les quitteraient point. Ils sont très rusés et difficiles à approcher, surtout dans les pays découverts qu'ils habitent. Ils sont toujours rangés en file, cherchant ainsi leur nourriture ; et, en les voyant de loin, on les prendrait pour des soldats en ordre de bataille. Je les ai vus au milieu de l'étang du Valcarès, alors qu'il était à sec, au mois de mai : j'étais en compagnie de M. Delpuech, qui m'avait fait l'honneur de me donner l'hospitalité dans son château ; nous les approchions armés de nos fusils, mais non dans l'espoir de pouvoir les tirer. Deux beaux chiens levriers, qui nous avaient suivis, étaient impatiens de fondre sur la troupe, et lorsque M. Delpuech leur en eut donné le signal, ils s'élancèrent comme des traits. Les Flamans, épouvantés, s'envolèrent en jetant des cris ; et rien de plus magnifique que de voir dans les airs leurs ailes couleur de feu, que frappait un soleil brillant, et que rendait encore plus magnifique l'effet du mirage qui est très-sensible dans cet endroit.

En juin 1828, l'étang du Valcarès étant rempli d'eau, les Flamans n'y furent que plus nombreux ; des pêcheurs s'étant aperçu que la plupart de ces oiseaux refusaient de s'envoler à leur approche, les abordèrent et en prirent plusieurs à la main et qu'ils vendirent à vil prix, à St-Gilles, pour être mangés. Instruit du fait, je partis sur-le-champ, accompagné de mon épouse et de mon frère. Arrivés sur les lieux, je pris des engagemens avec les pêcheurs, qui hésitaient pourtant à nous mettre dans leur barque, à cause du vent du Nord qui soufflait avec une grande violence ; ils finirent cependant par accéder à mes pressantes demandes et nous fondîmes sur les Flamans. Nous étions munis de longs bâtons qui portaient chacun un crochet en fer à un de leurs bouts. Avec de telles armes, nous saisissions ces oiseaux par le cou, les amenions près de la barque et nous nous en emparions ensuite. Je m'en procurai une trentaine de cette manière. Ce qui avait empêché leur fuite, et qui ne me paraît pas ordinaire, c'est qu'étant à l'époque où ces oiseaux muent, toutes les plus grandes rémiges de leurs ailes étaient tombées. Au même moment, ceux des Flamans à qui il en restait encore assez pour les soutenir dans l'air, ne nous attendirent pas. Je tiens de feu M. Vigne-Malbois, maire d'Aiguemortes, à qui je dois un souvenir de grande reconnaissance pour l'empressement que j'ai toujours trouvé chez lui à m'aider dans mes recherches, qu'en 1819 des chasseurs avaient assommé une quarantaine de Flamans qu'ils avaient rencontrés les pieds pris dans la glace d'un étang voisin *.

On rencontre les Phœnicoptères en Sardaigne, en Si-

* Ce sont MM. Astier, G. Vigne et Louis Boide, qui eurent cette rencontre dans un bas fond, près de la mer, et qu'on nomme

cile, en Calabre, ainsi qu'en Asie et en Afrique. C'est de coquillages, de frai de poissons et d'insectes qu'ils se nourrissent; ils cherchent cette nourriture soit en entrant dans l'eau jusqu'au ventre, soit au milieu des étangs qui sont à sec et souvent à l'embouchure des canaux.

Les Flamans nichent dans le pays quand les eaux ne manquent pas. C'est ordinairement dans les plages désertes du Valcarès, sur quelques endroits élevés, tels que les digues des petits fossés qui sillonnent le voisinage des lieux marécageux, que la femelle dépose deux œufs oblongs, blancs, à surface raboteuse; elle les couve en écartant les jambes, et s'y place comme à cheval; mais ce n'est guère que pendant les pluies ou durant la nuit; le jour, elle s'éloigne. J'ai rencontré plusieurs fois des œufs et n'ai point vu la mère.

GENRE SOIXANTE-SIXIÈME.

AVOCETTE. — *RECUVIROSTRA*.

Caractères : BEC long, un peu aplati en dessus, comprimé latéralement, se courbant en haut, à pointe flexible. MANDIBULE supérieure sillonnée à sa base, sur chaque côté. NARINES à la surface du bec, longues. PIEDS longs, nus; trois doigts devant, réunis par une membrane échancrée dans le milieu; celui de derrière très court, découpé. AILES pointues; la 1re rémige la plus longue de toutes.

dans le pays *Baïsso dei Cannos*. Le même fait est arrivé en 1789, à M. Beryer père; ces quatre personnes sont d'Aiguesmortes.

L'Europe n'a encore produit qu'une espèce d'Avocette : c'est celle que nous avons ici. Trois autres appartiennent aux climats étrangers. Ces oiseaux vivent sur la grève de la mer, aux bords des rivières et des étangs salins. Ils se nourrissent de très-petits insectes qu'ils enlèvent de dessus la vase avec la pointe grêle de leur bec de forme extraordinaire.

AVOCETTE A NUQUE NOIRE. — *RECURVIROSTRA AVOCETTA.*

Nom vulg. : *Bé dé Léséno* *.

L'Avocette, Buff. — *Recuvirostra Avocetta*, Cuv. — Avocette a Tête Noire, *Recuvirostra Avocetta*, Vieill. — Avocette a Nuque Noire, *Recuvirostra Avocetta*, Temm. — L'Avocette proprement dite, *Recuvirostra Avocetta*, Roux.

L'Avocette a tout le plumage d'un beau blanc pur, à l'exception, toutefois, du haut de la tête, de la partie postérieure du cou, des grandes et petites scapulaires et des rémiges ; toutes ses parties sont d'un noir profond ; bec noir ; iris brun ; pieds bleuâtres. Longueur, de 17 à 18 pouces, les *vieux des deux sexes*.

Les *jeunes*, avant la mue, sont déjà blancs, mais les parties noires sont brunâtres, les scapulaires sont frangées de roux ; pieds cendrés ; les tarses sont gros, près du genou sillonnés par devant.

L'Avocette à nuque noire est une fort belle espèce, de taille élancée ; elle arrive chez nous à l'époque du prin-

* De la forme de son bec qui relève en forme d'alène.

temps, et abandonne notre pays dans les premiers jours d'automne ; c'est dans les plages maritimes et aux bords des étangs salés qu'elle se répand en assez grande quantité. Dans les localités que les Avocettes ont choisies pour faire leur séjour d'été, on les rencontre par petites troupes. Ces oiseaux sont rusés ; mais au moment où les femelles ont pondu leurs œufs, l'amour de leur progéniture leur fait braver tout danger. Car, dès qu'ils s'aperçoivent qu'on se dirige sur les lieux où les petits sont déposés, on les voit avancer en jetant les cris d'alarmes composés des syllabes *béist*, *béist*, prononcées d'une voix douce et plaintive ; et, après avoir passé et repassé au-dessus de la tête du chasseur pour chercher à l'entraîner d'un côté opposé, ils l'abandonnent lorsqu'il est arrivé tout près, volent à l'écart et semblent épier avec inquiétude.

Les Avocettes sont répandues en Europe ; l'espèce est la même en Egypte et au Cap de Bonne-Espérance. C'est de très-petits insectes et de vermisseaux qu'elles se nourrissent. La ponte est de 2 à 3 œufs, gros, oblongs, d'un cendré olivâtre, plus ou moins foncé, couvert de taches irrégulières noirâtres, que la femelle dépose sur le sable, à côté des plantes de la soude ligueuse.

GENRE SOIXANTE-SEPTIÈME.

SPATULE. — *PLATALEA*. (Linn.)

Caractères : Bec très long, droit, aplati dessus et dessous, en forme de spatule, couvert d'une peau à sa base. Mandibule supérieure cannelée, transversalement sillonnée à sa base. Narines oblongues, ouvertes, bordées par une membranc. Pieds longs, robustes, trois doigts devant réunis jusqu'à la seconde articulation. Doigt postérieur long, posant à terre sur toute sa longueur. Ailes moyennes; 2e rémige la plus longue de toutes.

Les Spatules, ainsi que le désigne ce nom, ont le bec en forme de cet instrument de pharmacie. On en décrit trois espèces; une se trouve en Europe. Elles vivent en sociétés nombreuses, fréquentent les marais, les bois et plus rarement les plages maritimes; vivent de petits poissons et de leur frai; elles y ajoutent de petits coquillages ainsi que des insectes aquatiques et même de petits reptiles.

SPATULE BLANCHE. — *PLATALEA LEUCORODIA.*

Nom vulg. : *Bé d'Espatulo.*

La Spatule, Buff. — La Spatule Blanche, *Platalea Leucorodia*, Cuv. — Spatule Blanche, *Platalea Leucorodia*, Vieill. — Spatule Blanche, *Platalea Leucorodia*, Temm. — La Spatule Proprement dite, *Platalea Leucorodia*, Roux.

Sur la poitrine un large plastron d'un jaune d'ocre, qui remonte en pointe et va se réunir sur le dos; tout le reste du plumage d'un blanc pur; nudité des yeux et de la gorge d'un jaune pâle, nuancé de rouge sur le bas de la gorge; bec noir et jaune à la pointe; fond des sillons un peu bleuâtre; pieds noirs; iris rouge. Longueur, 2 pieds, 7 pouces. Le bec est long de 8 pouces 5 ou 6 lignes, les très *vieux mâles*.

La *femelle* est plus petite; elle a la huppe moins fournie, et le plastron est moins marqué. Les *jeunes*, jusqu'à leur deuxième année, n'ont point de huppe et leur bec est d'une couleur cendrée, foncée et lisse.

La Spatule est rare dans nos contrées méridionales, et ne s'y montre qu'en hiver, encore sa présence n'y est-elle pas régulière; les jeunes et les vieux nous visitent également; j'en ai reçu des uns et des autres que l'on avait tués chez nous. Ces oiseaux fréquentent les bords des fleuves, leurs embouchures, les bords de la mer et les marais salins, et se réunissent quelquefois avec les Cigognes pour voyager.

On les rencontre dans plusieurs pays de l'Europe; Temminck les dit très-communs en Hollande, où ils sont de passage deux fois par an. On assure aussi qu'on les trouve en grandes troupes en Italie, pendant l'hiver. Des petits poissons, du frai, des coquillages, des insectes et des vers aquatiques composent leur nourriture. Leur nid est tantôt placé sur les arbres, tantôt dans les roseaux peu éloignés de la mer. La ponte est de 2 à 3 œufs blancs, avec quelques taches comme effacées, d'un roux de rouille. On en trouve qui sont entièrement blancs.

GENRE SOIXANTE-HUITIÈME.

IBIS. — *IBIS*. (Lacep.)

Caractères : Bec long, arqué, épais, à-peu-près carré à sa base; pointe déprimée, arrondie. Mandibule supérieure sillonnée dans toute sa longueur. Narines linéaires situées dans un sillon, entourées d'une membrane ; face nue, souvent une partie de la tête ou du cou sans plumes. Pieds grêles, nus au-dessus du genou; trois doigts devant et un derrière; doigts antérieurs réunis jusqu'à la première articulation ; doigt de derrière long et portant totalement à terre. Ailes médiocres ; 2e et 3e rémiges les plus longues.

L'on connaît aujourd'hui plusieurs sortes d'Ibis ; deux espèces furent longtemps vénérées chez les anciens peuples de l'Egypte. Cuvier en parlant de son Ibis sacré s'exprime ainsi : « Il est, dit ce savant, l'espèce la plus célèbre ; on élevait cet oiseau dans les temples de l'ancienne Egypte, avec des respects qui tenaient du culte, et on l'embaumait après sa mort, à ce que disent les uns, parce qu'il dévorait des serpens qui auraient pu devenir très dangereux pour le pays ; selon d'autres, parce qu'il y avait quelque rapport entre son plumage et quelqu'une des phases de la lune ; enfin, d'après quelques-uns, parce que son apparition amenait la crue du Nil. » Les momies de cet Ibis et celles de l'espèce suivante, se trouvent en grand nombre dans les catacombes de l'ancienne Memphis.

IBIS FALCINELLE. — *IBIS FALCINELLUS.*
Noms vulg. : *Charlot Vert* ou *d'Espagno, Lisiaïro.*

Le Courlis Vert, Buff. — Courlis d'Italie, le même. — L'Ibis Vert, *Scolopax Falcinellus*, Cuv. — Ibis Vert, *Ibis Viridis*, Vieill. — Ibis Falcinelle, *Ibis Falcinellus*, Temm. — Ibis Vert, *Ibis Falcinellus*, Roux.

Tête d'un marron noirâtre; cou, poitrine, haut du dos, pli de l'aile, ventre et parties postérieures d'un roux bai vif; dos, croupion, couvertures des ailes, rémiges et pennes de la queue d'un vert noirâtre, à reflets bronzés et pourprés ; bec d'un noir verdâtre, brun à sa pointe; iris brun; pieds d'un brun verdâtre, les *vieux* de trois ans. Longueur, 1 pied 10 pouces. Les *femelles* sont plus petites.

Ce charmant oiseau ne fait que passer dans nos contrées marécageuses les moins éloignées des bords de la mer ; il arrive en troupes, plus ou moins nombreuses, dans les premiers jours de mai. J'ai remarqué que si le temps est à la pluie et le vent au Sud-Est, ils sont beaucoup plus abondans que lorsque le temps est au beau. Ils sont moins farouches et moins rusés que les Courlis, des habitudes desquels ils tiennent cependant beaucoup. Ils ne font point un second passage en automne comme la plupart des oiseaux voyageurs, et sont parfois très-rares à celui du printemps. Leur chair est dure, coriace et d'un très-mauvais goût : elle sent la sardine.

L'Ibis Falcinelle visite toute la côte méditerranéenne, où il ne séjourne pas et se rend en Egypte ; il arrive ici venant du côté d'Espagne, après avoir franchi le détroit de Gibraltar. Sa nourriture se compose de vers, d'insectes ; de beaucoup de petits coquillages fluviatiles et de végétaux. Il niche en Asie ; mais on n'a point encore découvert ni son nid ni ses œufs.

GENRE SOIXANTE-NEUVIÈME.

COURLIS. — *NUMENIUS.* (Briss.)

Caractères : Bec arqué comme dans les Ibis, mais plus grêle, rond sur toute sa longeur, la mandibule supérieure dépassant l'inférieure. Narines latérales, percées dans la cannelure. Pieds grêles, nus au-dessus du genou. Doigts courts, un peu raboteux en dessous ; l'antérieur est réuni à sa base par une membrane, le postérieur n'appuyant à terre que par le bout. Ailes médiocres ; 1re rémige la plus longue.

L'Europe possède trois espèces de Courlis ; toutes trois se rencontrent dans notre pays ; ils fréquentent les marais ; se nourrissent d'insectes terrestres et aquatiques ainsi que de limaçons et de petits coquillages.

GRAND COURLIS CENDRÉ. — *NUMENIUS ARQUATA* *.

Nom vulg. : *Charlot.*

Le Courlis, Buff. — Le Courlis d'Europe, *Scolopax Arquata*, Cuv. — Grand Courlis Cendré, *Numenius Arquatus*, Temm. — Courlis Commun, *Numenius Arquatus*, Vieill. — Le Courlis d'Europe, *Numenius Arquatus*, Roux.

Toutes les parties supérieures et inférieures mélangées de gris et de blanc un peu flambé, ex-

---

* Le nom de *Numenius*, dérivé de *Néoménie*, nouvelle lune, à cause de la figure de croissant qu'a son bec. (Cuv.)

cepté le ventre et le croupion, qui sont d'un blanc pur; grandes pennes des ailes noirâtres, les moyennes et celles de la queue de cette couleur, mais coupées de blanc et de brun; bec noirâtre vers le bout, brun dessus, couleur de chair en dessous; pieds bruns. Longueur, environ deux pieds.

La *femelle* a des teintes plus cendrées.

Le nom de Courlis, donné à cet oiseau, lui vient du cri qu'il fait entendre en volant, soit pendant la nuit, soit pendant le jour. Ce cri est plus traîné que celui de l'*OEdicnème*; il exprime *coûrrili, coûrrili*, prononcé d'une voix faible et stridente, en forme de sifflement; on peut le comparer au cri que fait souvent la roue d'une brouette. Ces oiseaux se réunissent par petites troupes de 10 à 20 ou par paires. Ils volent haut et vite. Ils fréquentent les bords des marais, les terres humides et limoneuses, ainsi que les prairies, parce que ces endroits leur offrent une pâture facile qu'ils saisissent au moyen de leur long bec demi-circulaire. Leur course à terre est rapide et ils se laissent approcher par le chasseur : si l'on se trouve sur leur passage, souvent ils ne se donnent pas la peine de changer de direction. La chair de ces oiseaux est ici fort estimée. Ils vivent sédentaires dans nos environs, mais nous en avons un passage en mars et un autre vers la fin du mois d'août. Il en niche un bon nombre dans le voisinage des eaux des marécages.

Ce Courlis est abondant dans plusieurs contrées de l'Europe. Sa nourriture consiste en vers de terre, insectes et en menus coquillages qu'il ramasse dans la vase. C'est dans les herbes ou dans les sables que la femelle pond 4 ou 5 œufs olivâtres, avec des taches et des ondes brunes.

COURLIS CORLIEU. — *NUMENIUS PHŒOPUS.*

Noms vulg. : *Picho Charlot, Charlotino.*

Le Petit Courlis ou Corlieu, Buff. — Corlieu d'Europe, *Scolopax Phœopus*, Cuv. — Courlis Corlieu, *Numenius Phœopus*, Vieill. — Courlis Corlieu, *Numenius Phœopus*, Temm. — Le Courlis Corlieu, *Numenius Phœopus*, Roux.

Tout le plumage d'un cendré clair ; sur le cou et sur la poitrine des taches longitudinales ; une bande sur le milieu de la tête d'un blanc jaunâtre ; une autre plus large de chaque côté de celle-ci ; ventre blanc ; plumes du dos et scapulaires d'un brun foncé dans le milieu, et bordées de brun plus clair ; bec noirâtre, mais la base est rougeâtre ; iris brun ; pieds couleur de plomb. Longueur, de 15 à 16 pouces, le *mâle* et la *femelle.*

Les Corlieus sont beaucoup moins nombreux dans notre pays que l'espèce précédente. Ils ne font qu'un seul passage qui a lieu au printemps et qui est de peu de durée, selon l'humidité qui règne chez nous ; car si le temps est sec, ils trouvent plus difficilement leur nourriture, et c'est ce qui les oblige à nous quitter bientôt. Ils volent serrés et par petites troupes, et le cri qu'ils font entendre peut se comparer au *son d'un flageolet qui descend la gamme.* M. Temminck dit que le Corlieu est de passage régulier le long des côtes, dans plusieurs pays tempérés et méridionaux de l'Europe ; il dit aussi qu'il est peu abondant en France et en Allemagne, mais plus commun à son passage en Hollande. Les insectes et les vers composent sa nourriture. On assure qu'il niche dans les régions boréales et en Asie, et qu'on le trouve dans toutes les parties de l'Inde.

COURLIS A BEC GRÊLE. — *NUMENIUS TENUIROSTRIS.*

Nom vulg. : *Charlot dei Pichos.*

Courlis a Bec Grêle, *Numenius Tenuirostris*, Ch. Bonap. — Courlis a Bec Grêle, *Numenius Tenuirostris*, Temm. — Le Courlis a Bec Grêle, *Numenius Tenuirostris*, Roux.

Sommet de la tête, derrière du cou et dos, d'un cendré roussâtre, avec une tache brune longitudinale sur le centre de chaque plume; mais celles du dos sont frangées de blanchâtre; pennes des ailes d'un brun noirâtre, portant une petite tache blanche à leur bout; scapulaires blanches, avec une grande tache d'un brun clair dans leur milieu et qui suit la direction de la baguette; grandes couvertures brunes, marquées de blanchâtre extérieurement; gorge d'un blanc pur; les plumes du cou et de la poitrine ont une tache brune longitudinale dans leur milieu; plumes des flancs et celles du ventre blanches, avec une tache lancéole à leur centre; abdomen et couvertures inférieures de la queue d'un blanc pur; celle-ci, qui est de cette même couleur, porte six bandes transversales brunes en dessus; iris brun; le bec, qui est très grêle, n'a que deux pouces 9 lignes de long; la mandibule supérieure est d'un brun rougeâtre, jusqu'aux deux tiers de sa longueur, mais noire sur le reste ; l'inférieure est couleur de chair à sa base ; pieds couleur de plomb. On voit des individus avec le fond du plumage plus ou moins foncé.

Cette espèce, à qui l'on a donné le nom de Courlis à bec grêle, à cause de son bec qui est très menu, en comparaison de celui des autres espèces, est encore peu connu comme oiseau d'Europe ; c'est une espèce dont la véritable patrie est l'Egypte, d'où probablement s'égarent les individus que nous trouvons quelquefois ici à l'époque du mois d'octobre. L'on ne sait pas grand chose de leurs mœurs ni de leurs habitudes, qu'on dit être les mêmes que celles des Corlieus. On m'a assuré que son cri ressemble à celui de ce dernier, mais que les sons paraissent plus clairs. Je n'ai pas eu l'occasion de l'entendre moi-même ; d'ailleurs ces oiseaux, comme nous l'avons dit, sont rares dans nos parages.

On a trouvé cette espèce dans les parties méridionales de l'Italie, près de Rome, de Venise et de Pise. M. Lebrun, de Montpellier, l'a rencontrée quelquefois dans l'Hérault, et M. de Verneuil, de Paray-le-Monial, écrit à M. Temminck qu'il en a tué un sur la Saône, fin octobre. Sa nourriture est la même que celle du Corlieu. Sa propagation est encore inconnue.

GENRE SOIXANTE-DIXIÈME.

BÉCASSEAU. — *TRINGA*. (Briss.)

Caractères : Bec un peu grêle, flexible, presque rond, droit, ou un peu arqué, médiocre, ou long, sillonné en dessus, lisse et dilaté à la pointe. Doigts, ou totalement séparés, ou les extérieurs unis à la base par une membrane. Pouce portant à terre sur le bout.

Dans ce genre, se trouvent comprises les plus petites de ces espèces, qui vivent sur les bords de la mer, des marais, des lacs et des rivières. Elles sont toujours réunies en petites bandes soit pendant les voyages, soit dans les lieux où s'opère leur reproduction. Elles cherchent leur nourriture dans les terres limoneuses, aux bords des eaux et sur la grève de la mer. Les insectes, les vers, les petits coquillages, conviennent à leur goût. Elles subissent une double mue; de sorte que le plumage du printemps ne ressemble plus à celui d'hiver. Ces oiseaux n'ont, jusqu'à présent, reçu une bonne classification que par M. Temminck, qui les a étudiés, d'une manière spéciale, dans le pays qu'il habite et où tous les oiseaux d'eau, en général, sont si abondans. Sur onze espèces bien connues en Europe, sept se trouvent dans nos alentours.

Ire Section. — BÉCASSEAU PROPREMENT DIT.

Les doigts antérieurs entièrement séparés à leur base.

BÉCASSEAU COCORLI. — *TRINGA SUBARQUATA.*

Nom vulg. : *Espagnolé* *.

La Brunette, Buff. — Le Cincle, Buff. — Des Individus *en mue* ou des *jeunes en automne*, id. — L'Alouette de Mer, *plumage d'hiver.* — Tringa Cocorli, *Tringa Su-*

---

* On donne ici ce nom à beaucoup de petites espèces d'oiseaux qui vivent dans les marais, parce qu'on croit qu'ils nous arrivent d'Espagne, au printemps.

barquata, Vieill. — Scolopax Subarquata, Cuv.—Bécasseau Cocorli, *Tringa Subarquata*, Temm. — Tringa Cocorli, *Tringa Subarquata*, Roux.

Face, sourcils, gorge, ventre et toutes les couvertures de la queue d'un blanc pur ; espace entre l'œil et le bec brun ; haut de la tête, scapulaires et dos d'un brun cendré ; chaque plume porte un petit trait d'un brun foncé à son centre ; celles de la nuque, du devant du cou et de la poitrine, rayées longitudinalement de brun et bordées de blanchâtre ; queue cendrée et frangée de blanc. Longueur, 7 pouces 8 ou 9 lignes, *mâle et femelle en hiver*.

Au printemps et en été, quelques plumes blanches au menton ; le cou, la poitrine, le ventre et l'abdomen sont d'un roux marron ; suivant l'époque, ces parties sont bariolées de petites taches brunes ou blanches ; les parties supérieures ont du noir, du roux et du blanchâtre.

Le nom d'*Espagnolé*, que l'on donne ici à beaucoup de petits oiseaux de rivage, leur a été imposé parce qu'au printemps on les voit venir du côté de l'Espagne. L'espèce ici décrite, est peu commune en automne ; mais, vers la fin du mois d'avril, il nous en arrive par troupes nombreuses ; ils changent à chaque instant de direction en volant : tantôt ils se séparent, peu à près ils se réunissent, puis ils se mettent en file, s'élèvent haut ou s'abaissent près de terre. Posés, ils se serrent les uns près des autres, et c'est ainsi qu'ils cherchent leur nourriture, aux bords des étangs et des marais.

Ce Bécasseau nous quitte entièrement au mois de mai, et reparaît à l'approche de l'hiver. On le rencontre probablement aussi dans le Midi de l'Espagne, à cette époque. Quelques-uns nichent en Hollande ; l'espèce est la même à l'île de la Sonde et à la Nouvelle-Guinée. Les vers et les petits insectes composent sa nourriture. La femelle dépose, près des eaux, 4 ou 5 œufs jaunâtres, avec des taches brunes.

BÉCASSEAU BRUNETTE. — *TRINGA VARIABILIS*.

Nom vulg. : *Espagnolé*.

La BRUNETTE, Buff. — Le CINCLE, Buff. — TRINGA A COLLIER, *Tringa Cuclus*, Vieill. — BÉCASSEAU BRUNETTE ou VARIABLE, *Tringa Variabilis*, Temm. — TRINGA A COLLIER, *Tringa Variabilis*, Roux.

Un trait depuis la mandibule supérieure jusqu'à l'œil, la gorge et toutes les parties inférieures d'un blanc pur ; les trois pennes les plus extérieures des couvertures de dessous la queue de cette même couleur ; poitrine d'un cendré blanchâtre ; toutes les parties supérieures d'un gris rembruni, avec un petit trait qui suit la direction de la baguette des plumes ; croupion, plumes intermédiaires des couvertures supérieures de la queue, et les deux pennes du milieu qui dépassent les autres d'un brun noirâtre ; les pennes latérales cendrées et bordées de blanc ; bec noir, à peu près droit, faiblement courbé à la pointe, iris et pieds d'un brun noirâtre. Longueur, 7 pouces, *mâle* et *femelle en hiver*.

Au printemps et en été. Les plumes du haut de la tête noires, frangées de roux ; les parties supérieures noires ; chaque plume entourée de roux et terminée de blanchâtre ; gorge, devant du cou et de la poitrine d'un blanc un peu roussâtre, avec une raie longitudinale noire sur chaque plume ; une plaque noire couvre le ventre et l'abdomen.

Les Bécasseaux Brunettes sont très abondans dans notre pays. Ils arrivent par bandes nombreuses, volant ras de terre, jetant un cri qui paraît exprimer *pritz*, *pritz*. Ils se posent sur la grève, aux bords des étangs et des marais, en se tenant presque en ligne droite. Ils ne sont ni rusés ni bien farouches, donnent dans les filets ; et si l'on a placé la dépouille de quelque individu de leur espèce auprès d'un affût, ils y reviennent même après avoir essuyé plusieurs coups de fusils. Ces oiseaux nous arrivent du Nord, en automne ; il en reste assez pendant l'hiver dans notre pays, et au printemps, nous les voyons revenir en grand nombre du côté de l'Espagne, et bientôt après ils nous quittent tout à fait.

On rencontre cette espèce dans plusieurs pays de l'Europe, à l'époque de ses passages d'automne et de printemps. Les plus petits insectes et les vermisseaux composent sa nourriture. C'est dans les herbes, auprès des marais, que la femelle pond 3 ou 4 œufs blanchâtres, irrégulièrement tachetés de grandes et de petites taches brunes, plus ou moins foncées.

Il existe une seconde espèce ou subespèce, qui est moindre pour la taille, ayant le bec beaucoup plus court, plus de blanc à la gorge et à la poitrine, et dont le plastron noir est de moitié plus petit, et chaque plume étant frangée de blanc ; nous la trouvons ici mêlée aux volées de *Bécasseaux*

Brunettes avec lesquels elle vole. MM. Brehem et Naumann en font une espèce distincte, qu'ils nomment *Tringa Schinzii*. M. Temminck ne fait que la signaler comme subespèce; j'imite la réserve de ce savant.

BÉCASSEAU VIOLET. — *TRINGA MARITIMA*.

Nom vulg. : *Charlotino*.

La Maubèche Noiratre, *Tringa Maritima*, Cuv. — Tringa Selinger, *Tringa Maritima*, Vieill. — Bécasseau Violet, *Tringa Maritima*, Temm. — Tringa Selinger, *Tringa Maritima*, Roux.

Tête, joues, côtés et devant du cou d'un brun noirâtre; poitrine gris foncé avec un croissant blanchâtre au bas de chaque plume, milieu du ventre blanc pur; sur toutes les autres parties inférieures, qui sont blanches, on voit des taches d'un cendré foncé qui s'élargissent sur les flancs; milieu du dos, scapulaires d'un brun violet, avec des reflets pourprés, mais toutes les plumes sont terminées de cendré foncé; rémiges à baguettes blanches; les trois pennes latérales de la queue d'un cendré clair; les intermédiaires d'un noir profond; bec noirâtre, mais rougeâtre à sa base; pieds jaune d'ocre; nudité au-dessus du genou presque nulle. Longueur totale, 7 pouces 7 lignes, les *deux sexes en hiver*.

En été, le dessus de la tête et du corps sont fortement nuancés de violet et chaque plume est bordée et terminée de blanc pur avec un peu de roux sur les côtés; devant du cou, poitrine et ventre marqués de taches noirâtres de forme lancéolée, placées sur un fond blanc cendré.

Ce Bécasseau est rare dans le Midi, et ne s'y montre qu'en automne et en hiver, mais toujours isolément; je ne puis, jusqu'à présent, citer que peu d'exemples de sa présence ici. Cet oiseau vit sur les grèves et les rochers baignés par la mer et au milieu des jetées de pierres qui s'avancent au milieu des flots.

On trouve communément cette espèce en Angleterre, en Hollande et dans quelques autres contrées du Nord. Elle compose sa nourriture de petits insectes marins, et le plus habituellement de petits coquillages bivalves que la lame détache du rocher. Elle niche très avant dans les rivières polaires, et surtout en Islande. Selon M. Temminck, le Bécasseau Violet pond 3 ou 4 œufs, qui ont la forme d'une poire, le fond est d'un gris olivâtre marqué de points et de petites taches en bandelettes, très rapprochés vers le gros bout, et roux vers la pointe.

BÉCASSEAU TEMMIA. — *TRINGA TEMMINCKII.*

Nom vulg. : *Espagnolé dei Pichos.*

Tringa Temminckii, Cuv. — Tringa Temmia, *Tringa Temminckii*, Vieill. — Bécasseau Temmia, *Tringa Temminckii*, Temm. — Tringa Temmia, *Tringa Temminckii*, Roux.

Toutes les parties supérieures d'un cendré foncé, avec du brun noirâtre le long de la baguette des plumes; devant du cou et poitrine d'un cendré teint de roux; la gorge et toutes les parties inférieures d'un blanc pur ; les quatre pennes intermédiaires de la queue d'un brun cendré, les suivantes blanchâtres, et les deux extérieures ainsi que les couvertures latérales d'un blanc parfait ; bec et pieds noirâtres ; iris brun foncé. Longueur, 5 pouces 6 ou 7 lignes, les *deux sexes en hiver*.

Au printemps et en été, les plumes des parties supérieures sont noires, mais entourées d'une bordure d'un roux vif ; devant du cou, la poitrine et le front teints de roux, avec de fines raies allongées, noires ; la gorge, les parties inférieures et les pennes de chaque côté de la queue d'un blanc pur ; les deux du milieu noires et bordées de roux vif.

Ce petit Bécasseau n'est jamais abondant dans nos contrées, quoiqu'il y soit de passage deux fois par an. Nous le voyons vers la fin de l'automne ; il reparaît au printemps ; voyage en petites troupes, et, le plus souvent, il se mêle aux volées des Bécasseaux variables, desquels il ne diffère guère quant aux habitudes. Comme ceux-ci, il nous arrive en longeant les bords des étangs et des marécages, tout en jetant de petits cris. Souvent il se pose au milieu des filets tendus sur le bord des eaux, et dans lesquels les attire le *Vanneau Huppé*.

Cette espèce, en quittant notre pays à l'approche de la reproduction, se rend dans les régions du Cercle arctique ; pendant ce long trajet, il longe les bords des lacs et des rivières, et visite ainsi plusieurs provinces de la France, de la Suisse, de l'Allemagne et les côtes de la Hollande. Les plus petits insectes et les vers, qui se multiplient dans les eaux, lui servent de nourriture. On croit qu'il niche en Islande, au milieu des ravins et des montagnes rocailleuses. Sa ponte est encore inconnue.

BÉCASSEAU ECHASSES. — *TRINGA MINUTA.*
Nom vulg. : *Espagnolet dei Pichos.*

TRINGA MINUTA, Cuv. — TRINGA MINULLE, *Tringa Pusilla*, Vieill. — BÉCASSEAU ECHASSES, *Tringa Minuta*, Temm. — TRINGA MINULLE, *Tringa Pusilla*, Roux (planche peu fidèle).

Un trait blanc prend naissance à la base de la mandibule supérieure et s'étend au-delà des yeux; gorge, devant du cou, milieu de la poitrine et toutes les parties inférieures d'un blanc pur; couvertures latérales de la queue de cette couleur; haut de la tête et toutes les parties supérieures cendrées, avec une tache d'un brun foncé qui suit la direction de la baguette des plumes; côtés de la poitrine cendrés; pennes de la queue d'un cendré foncé, un peu lisérées de blanc; les deux de chaque côté et les deux du milieu plus longues que les autres; bec et pieds noirs. Longueur, 5 pouces 5 ou 6 lignes, *mâle* et *femelle en plumage parfait d'hiver.*

Au printemps et en été, sommet de la tête, derrière du cou, milieu du dos et scapulaires variés de noir, de roux et de cendré clair; côtés de la poitrine et joues d'un roussâtre clair, parsemés de fines taches brunes ; gorge, milieu de la poitrine et toutes les parties inférieures d'un blanc pur.

Le Bécasseau Échasse, qu'il est facile de confondre avec le Bécasseau *Temmia*, arrive en même temps que celui-ci et nous quitte à la même époque ; quant à ses habitudes, je ne sais rien de particulier. Il n'est jamais abondant chez-nous, et se mêle le plus souvent aux troupes de *Bécasseaux Brunettes*, et la durée de son séjour dans nos marais dépend toujours des circonstances atmosphériques et de l'abondance de nourriture ; on les prend assez souvent aux filets, où il se jette sans beaucoup de méfiance.

Cet oiseau habite, pendant l'été, très avant dans le nord de l'Europe ; il fait ses migrations en suivant la direction des rivières, et se montre alors dans le nord de la France, en Suisse, en Allemagne et dans la Dalmatie. Il se nourrit de menus insectes et de petits vermisseaux aquatiques. M. Temminck, d'après Gould, nous apprend que ses œufs ressemblent à ceux du *Bécasseau Guignette* ; mais il sont beaucoup plus petits, d'un rouge blanchâtre, pointillé et tacheté de brun rougeâtre.

BÉCASSEAU CANUT ou MAUBÈCHE.— *TRINGA CINEREA*

Nom vulg. : *Gros Espagnolé.*

La Maubèche Grise, Buff, en livrée d'hiver. — La Maubèche et la Maubèche Tachetée, Buff., *les jeunes de l'année.* — La Maubèche, *Tringa Grisea*, Cuv. — Tringa Maubèche, *Tringa Ferruginea*, Vieill. — Le Tringa Maubèche, *Tringa Ferruginea*, Roux.

Gorge, bas de la poitrine, milieu du ventre et

parties postérieures d'un blanc pur ; front, sourcils, côtés et devant du cou, poitrine et flancs variés de petits traits bruns et de lunules, sur un fond blanc ; tête, cou, dos et les scapulaires d'un cendré clair ; croupion et couvertures supérieures de la queue blancs, avec des zigzags et des croissans noirs ; couvertures des ailes cendrées, bordées de blanc ; les pennes de la queue cendrées, finement lisérées de cette même couleur ; bec et pieds d'un noir verdâtre ; iris brun. Longueur, 9 pouces 6 lignes, *mâle* et *femelle en hiver*.

Au printemps et en été, une large bande au-dessus des yeux ; joues, gorge, devant et côtés du cou, la poitrine, ventre, flancs et parties postérieures d'un beau roux de rouille pur ; sommet de la tête et nuque marqués de taches noires sur un fond roux ; les plumes du dos, les scapulaires et les grandes couvertures des ailes d'un noir profond, avec des bordures d'un roux vif et de blanchâtre.

Les *jeunes* ont la poitrine et les flancs lavés de roussâtre, le dos cendré, avec une multitude de croissans noirs et blancs.

Ce Bécasseau fait un passage aux bords de nos étangs et de nos marécages à l'époque du mois de mai. Ce passage est très-rapide : il ne dure guère que huit jours. C'est par petites troupes que ces oiseaux nous arrivent ; ils sont peu rusés et donnent tous à la fois dans les filets qu'on leur tend, pourvu qu'ils y aperçoivent un des leurs empaillé, ou un

Vanneau huppé vivant. J'ai vu des chasseurs, au bord des marais, en prendre beaucoup en un seul instant. Rarement ils font entendre leur voix, soit en volant ou qu'ils soient posés. Cet oiseau reparaît en automne, et j'en ai rencontré quelques-uns isolés durant l'hiver. Ils ne sont pas également communs chaque année.

Les Maubêches habitent les régions du Nord de l'Europe, pendant l'été. Leur nourriture se compose de beaucoup de vers, de petits scarabées aquatiques, ainsi que de menus coquillages bivalves. C'est dans les touffes d'herbes, dit Temminck, que Thienemann trouva leurs œufs, qui sont d'un brun jaunâtre clair, marqués, au gros bout, de taches grises et rougeâtres, plus ou moins réparties en zones et peu marquées vers la pointe.

GENRE SOIXANTE-ONZIÈME.

COMBATTANT. — *MACHETTE.* (Cuv.)

Caractères : Le Doigt du milieu est uni avec l'extérieur jusqu'à la première articulation; les *mâles* sont ornés de plumes de parade durant le temps des amours; ce genre n'est formé que d'une seule espèce.

COMBATTANT VARIABLE. — *MACHETTE PUGNAX.*
Nom vulg. : *Gabidoulo dei Sourdos.*

Le Combattant, le Chevalier Varié et le Chevalier Commun, Buff. — Tringa Pugnax, Cuv.— Combattant Variable, *Machette Pugnax*, Temm. — Tringa Combattant, *Tringa Pugnax*, Vieill. — Le Tringa Combattant, *Tringa Pugnax*, Roux.

Face, couverte de plumes; occiput et cou garnis de plumes courtes; gorge, devant du cou, ventre et parties postérieures blancs; poitrine roussâtre et tachetée de brun; plumes des parties supérieures, le plus souvent brunes, tachetées de noir et bordées de roussâtre; longues couvertures des ailes et pennes intermédiaires de la queue rayées de brun, de noir et de roux; bec brunâtre; pieds jaunâtres, teints de verdâtre, de brun ou de rougeâtre; iris brun. Longueur, 11 pouces et quelques lignes, le *mâle*.

La *femelle* est moins grande; elle a le devant du cou tacheté, sur un fond blanc; le bec est noir, les pieds sont plus noirâtres. *L'un et l'autre en livrée d'hiver.*

Au printemps et en été, les *mâles* ont la face garnie de papilles charnues, jaunes ou rougeâtres et de longues plumes de chaque côté de l'occiput; des plumes encore plus longues, *un peu frisées*, ornent la gorge et les côtés du cou; elles varient par les couleurs qui sont ou rousses, ou cendrées, ou noires, ou brunes, ou blanches et jaunâtres; celles des parties supérieures sont également très variées de noir, de roussâtre et de cendré; elles ont des reflets violâtres et pourprés. La *femelle* n'a point les plumes de parade; sur les parties supérieures on voit quelques plumes d'un noir à reflets d'acier poli.

Le nom adopté par les naturalistes, pour distinguer cette espèce, dit Vieillot, convient très bien à des oiseaux qui se livrent entr'eux des combats seuls à seuls, des assauts corps-à-corps ; qui se battent aussi en troupes réglées, ordonnées et marchant les unes contre les autres. Comme ces Phalanges ne sont composées que des mâles, on présume que l'amour seul est la cause de ces combats ; mais on a remarqué que les femelles ont l'humeur aussi guerrière que les mâles ; on a pensé, d'après cela, que l'amour n'est pas le seul motif de leurs querelles, et que l'insociabilité semble être le fond de leur caractère, quoiqu'on les voie presque toujours en troupes. En effet, les combattans arrivent chez nous par bandes de 40 à 50 individus ; ils ont le vol très-rapide, et comme ils ne font jamais entendre aucun cri, nos chasseurs les ont désignés par le nom de *Sourdos*. Pourtant, lorsqu'ils sont pris dans quelque piége, ils expriment, quoique faiblement, les syllabes *krreu*, *krreu*. Pendant leur séjour ici, nous les trouvons presque continuellement aux bords des eaux douces de nos marais. Ces oiseaux arrivent dans notre pays, en automne ; nous en trouvons encore pendant tout l'hiver. Aux mois de mars et d'avril, nous en avons un fort passage ; mais il n'en reste point pour nicher. Ils nous arrivent du côté de l'Espagne.

On rencontre les combattans jusqu'assez avant dans le Nord. Ils se nourrissent de vers et d'insectes ; C'est entre les herbes, à terre, que la femelle dépose 4 ou 5 œufs pointus, d'un vert clair, couvert de petites taches et de points bruns; quelquefois olivâtres, avec de grandes taches brunes.

GENRE SOIXANTE-DOUZIÈME.

CHEVALIER. — *TOTANUS* * (Bechst.)

Caractères : Bec médiocre, un peu grêle ou

---

* Cette dénomination scientifique vient de *Totano*, nom usité en Sicile pour désigner plusieurs oiseaux riverains.

long, presque rond, dur, tranchant à la pointe, sillonné jusque vers le milieu de sa longueur. MANDIBULE supérieure légèrement courbée sur l'inférieure. NARINES placées dans le sillon, longitudinalement fendues. PIEDS longs, grêles, nus au-dessus du genou; trois doigts devant; celui du milieu réuni à l'extérieur par une assez forte membrane. Le POUCE ne portant à terre que faiblement. AILES médiocres; la 1re rémige la plus longue.

Ces oiseaux sont de taille svelte, et ont les jambes longues et minces. Comme les *Bécasseaux*, ils vont par petites troupes et fréquentent les bords des lacs, des rivières, ainsi que les prairies marécageuses; ils muent deux fois dans l'année. La plupart sont de passage périodique en France. Ils se nourrissent d'insectes et de petits coquillages; ils y joignent rarement des poissons. Les *mâles* sont un peu plus forts de taille que les *femelles*. Sur dix espèces européennes, sept se trouvent chez nous.

Ire SECTION. CHEVALIERS *Proprement dits.*

Mandibules droites, la pointe de la supérieure courbée sur l'inférieure; le doigt du milieu et l'extérieur unis ou les trois doigts plus ou moins réunis. (Temm.)

Ils habitent les bords des eaux douces et les prairies humides.

CHEVALIER ARLEQUIN. — *TOTANUS FUSCUS.*

Noms vulg. : *Charlotino, Gabidoulo, Sourdo, Cambé* *.

Barge Brune, Buff. — Chevalier Noir, Cuv. — Chevalier Brun, *Totanus Fuscus*, Vieill. — Chevalier Arlequin, *Totanus Fuscus*, Temm. — Chevalier Brun, *Totanus Fuscus*, Roux.

Plumes de la tête, du dessus du cou, du dos et couvertures supérieures de l'aile noirâtres sur la tige et d'un gris cendré sur le reste ; croupion, gorge, poitrine et toutes les parties postérieures blanchâtres ; un trait noirâtre et une ligne blanche entre le bec et l'œil ; queue rayée en travers de brun noirâtre et de blanc ; bec noir, mais rouge à la base de la mandibule inférieure, ; iris brun ; pieds d'un rouge vif. Longueur, 11 pouces, 4 ou 6 lignes ; les *deux sexes en plumage d'hiver.*

Au printemps et en été, tout le plumage d'un brun noirâtre, mais plus foncé sur le dos ; les plumes de cette partie et celles des ailes tachées de blanc sur leurs barbes ; sur les flancs et sur le milieu du ventre ainsi qu'aux cuisses on voit de pareilles taches ; les pieds sont d'un noir rougeâtre. Les *jeunes* diffèrent peu des *vieux en livrée d'hiver.*

Je possède une variété de cette espèce qui a la

---

* Les oiseaux qui composent ce genre sont indistinctement désignés par ces noms et par d'autres encore, selon les endroits.

face, le cou, la poitrine, les flancs, l'abdomen et les couvertures inférieures de la queue blancs; mais chaque plume est frangée d'un roux de rouille; quelques couvertures des ailes sont aussi frangées de cette couleur.

C'est au mois de mars que ces oiseaux commencent à se montrer chez nous; mais la véritable époque de leur passage est dans la dernière quinzaine d'avril. Ils vont par troupes. Leur cri est un sifflement aigu et fort, qu'ils répètent souvent, soit qu'ils volent, ou bien qu'ils soient posés sur les bords des étangs. Ces Chevaliers aiment à entrer dans l'eau jusqu'à la hauteur de la cuisse, et rien de plus singulier que de les voir exécuter tous ensemble le même mouvement, en plongeant la tête dans l'eau pour saisir leur proie et la relever aussitôt en portant le bec haut. Au milieu du mois de mai, cette espèce abandonne nos parages pour remonter dans le nord de l'Europe; elle reparaît en automne, mais ce passage dure peu. On en prend assez au filet, si l'on use de précaution et de finesse. Sa principale nourriture consiste en coquillages fluviatiles; elle mange aussi des insectes et de petits vers. On ignore comment l'espèce se reproduit.

CHEVALIER GAMBETTE. — *TOTANUS CALIDRIS*.

Nom vulg. : *Gabidoulo dei pès roujhés.*

CHEVALIER AUX PIEDS ROUGES ou la GAMBETTE, Buff. — CHEVALIER AUX PIEDS ROUGES ou GAMBETTE, Cuv. — CHEVALIER GAMBETTE, *Totanus Calidris*, Vieill. — CHEVALIER GAMBETTE, *Totanus Calidris*, Temm. — CHEVALIER GAMBETTE, *Totanus Calidris*, Roux.

La tête, le derrière du cou, le haut du dos et

les ailes, à l'exception des rémiges qui sont noires, d'une seule teinte de cendré plus ou moins rembruni, avec un petit trait plus foncé sur la tige des plumes ; devant du cou et poitrine d'un gris blanchâtre, avec une ligne brune sur le centre de chaque plume; ventre, partie inférieure et croupion d'un blanc pur ; queue rayée en travers de noir et de blanc ; pieds rouges ; iris brun; pointe du bec noire, rouge sur le reste. Longueur, 10 pouces environ, le *mâle* et la *femelle en plumage d'hiver*.

Au printemps et en été, toutes les parties supérieures, la tête et la nuque d'un brun cendré olivâtre, varié de raies noires longitudinales et transversales : ces dernières sont sur les ailes ; les côtés de la tête, la gorge et parties postérieures blanches, mais couvertes de taches longitudinales d'un brun noirâtre ; la moitié inférieure du bec et les pieds sont d'un beau rouge vermillon.

Ce chevalier n'abandonne point notre pays; mais au printemps et en automne nous en avons beaucoup qui sont de passage. Les Gambettes vont par petites troupes, en jetant un cri qui paraît être celui d'appel, car nos chasseurs des marais les attirent à eux sans beaucoup de peine en l'imitant: c'est une espèce de sifflement exprimé d'une voix plaintive ; mais ils en ont encore un autre qu'ils font entendre au moment de se poser : *gli gli gli*, ou *kli kli kli* : ces syllabes s'embleraient le traduire. La chair de ce Chevalier est un bon manger.

Au printemps, cete espèce fréquente les marais et les

prairies humides ; on la trouve jusque assez avant dans le Nord ; M. Temminck la dit fort commune en Hollande ; elle habite aussi au Bengale et au Japon ; une seconde espèce, d'un tiers plus forte, vit dans l'Amérique Septentrionale. Les vermisseaux et autres petits insectes mous, et quelquefois de petits coquillages composent sa nourriture. La femelle pond dans les prairies, 3 ou 4 œufs très pointus au petit bout ; ils sont d'un jaune tirant au vert, marqués de taches noirâtres qui couvrent tout le gros bout

CHEVALIER STAGNATILE. — *TOTANUS STAGNATILIS.*

Nom vulg. : *Cambé dei Gris.*

La BARGE GRISE, Buff., mais rien que sa planche enl. 876. — Le PETIT CHEVALIER AUX LONGS PIEDS, Cuv. — CHEVALIER DES ÉTANGS, *Totanus Stagnatilis*, Vieill.— CHEVALIER STAGNATILE, *Totanus Stagnatilis*, Temm. — CHEVALIER DES ÉTANGS, *Totanus Stagnatilis*, Roux.

Haut de la tête, nuque, derrière du cou d'un gris blanc, rayé longitudinalement de noir ; haut du dos, scapulaires et grandes couvertures des ailes d'un gris de perle à reflets rougeâtres, avec des taches noires en travers de chaque plume ; milieu du dos, croupion et la queue blancs : cette dernière est rayée de brun ; les deux pennes du milieu plus longues et cendrées ; gorge, milieu de la poitrine et toutes les parties inférieures d'un blanc de lait ; les couvertures inférieures de la queue ont quelques traits bruns ; les côtés du cou et de la poitrine ont des taches de cette couleur ;

bec d'un noir cendré; pieds verts; iris brun. Longueur, 9 pouces environ, le *mâle* et la *femelle au printemps*. Cette dernière a les taches de la poitrine et du cou plus grandes que chez le *mâle*.

En hiver, le haut du dos devient gris uniforme et tout le dessous de son corps blanc.

C'est vers la fin du mois d'avril que ce Chevalier arrive sur nos côtes maritimes et dans nos marais, où il ne fait que passer, et s'il s'y arrête, c'est seulement pour y prendre quelque nourriture. L'espèce n'est jamais nombreuse ; elle est réunie par petites troupes de six individus au plus, et souvent moins. Son cri est une espèce de sifflement qui est peu éclatant, et qu'on peut traduire par *fii ou*, qu'elle répète par intervalle. Posés à terre, ces oiseaux ont beaucoup de grâce dans le port et paraissent gais.

Le Chevalier Stagnatile habite le nord de l'Europe en été, toujours sur les bords des fleuves ; il émigre en hiver, mais ne se répand jamais sur les côtes de l'Océan. Il se nourrit de petits insectes et de vers qui naissent dans l'eau. On ne connaît point encore ses œufs; on sait qu'il niche dans les régions du cercle arctique, quelquefois en Allemagne. Je n'ai jamais vu cette espèce en automne ni en hiver dans le pays.

CHEVALIER CUL BLANC. — *TOTANUS ACHROPUS*.

Noms vulg. : *Quiou Blanc d'Aïgo*, *Pié-Vert*.

Le Bécasseau ou Cul Blanc, Buff. — Le Bécasseau ou Cul Blanc de Rivière, Cuv. — Le Chevalier Bécasseau, *Totanus Achropus*, Vieill. — Chevalier Cul Blanc, *Tota-*

nus Achropus, Temm. — Le Chevalier Bécasseau, *Totanus Achropus*, Roux.

Toutes les parties supérieures d'un brun olivâtre, à reflets verdâtres avec des points blanchâtres sur le bord des plumes du dos, des scapulaires et des couvertures supérieures des ailes; la gorge, la poitrine, le ventre et le croupion blancs; un trait de cette couleur entre le bec et l'œil et un autre brun; queue blanche à sa base, jusqu'aux deux tiers de sa longueur, quelques pennes rayées de noir en travers; bec d'un noir verdâtre à sa base; iris d'un brun foncé; pieds d'un cendré verdâtre. Longueur, 8 pouces 6 lignes, les *deux sexes vieux, en hiver*.

Le *plumage d'été* ne diffère guère que par des nuances plus foncées des parties supérieures et par quelques reflets verdâtres; quelques individus les ont plus ou moins prononcés.

Les *jeunes* se reconnaissent aux plumes des parties supérieures d'un brun olivâtre clair, bordé de roussâtre, et le cou et la poitrine ont de petits points d'un blanc jaunâtre et brun.

Ce Chevalier est toujours facile à recconnaître lorsqu'il passe dans les airs, par son cri que l'on entend de loin et que l'on peut fidèlement traduire par ces sons : *tui, tui, tui, tui, tui*, exprimés d'une voix claire, perçante et sur différens tons. Il ne visite guère le voisinage de la mer, mais il se plaît à vivre aux bords des marais, et le long des fossés fangeux et couverts de broussailles, qui sont situés dans l'intérieur des terres et dans les bois. Rarement on voit ce Chevalier rechercher la compagnie de ses semblables, excepté au moment de la pariade où il choisit une compagne; autrement il est toujours seul. Nos oiseleurs qui chassent à l'abreuvoir en prennent quelquefois qui, en suivant les ruisseaux, entrent dans leurs filets. L'espèce vit ici sédentaire, mais elle est plus abondante en été qu'en hiver. On la rencontre dans tous nos alentours. Sa chair est délicate.

On trouve cet Echassier jusque dans les provinces du centre de l'Europe. Il se nourrit de vermisseaux, de mouches et autres insectes mous. C'est dans les sables ou dans les herbes, près des eaux, que la femelle pond de 3 à 5 œufs, d'un vert pâle et tacheté de brun.

CHEVALIER SYLVAIN. — *TOTANUS GLAREOLA*.

Noms vulg. : *Pié-Vert*, *Pluvieïroto Griso*.

CHEVALIER DES BOIS, *Totanus Glareolus*, Vieill. — BÉCASSEAU DES BOIS, Cuv. — CHEVALIER SYLVAIN, *Totanus Glareolus*, Temm. — Le CHEVALIER DES BOIS, *Totanus Glareolus*, Roux.

Un trait brun entre le bec et l'œil; une bande blanche part du haut du bec, passe sur les yeux et s'étend au-delà; haut de la tête rayée en long de brun et de blanchâtre; joues, devant du cou, poitrine et flancs blancs, rayés de brun foncé; gorge, ventre et cuisses d'un blanc pur; les flancs de cette couleur, avec des taches brunes; parties supérieures d'un brun noirâtre; chaque plume tachée de blanc, sur ses barbes; rémiges noires; queue rayée transversalement de brun et de blanc, celles du milieu plus foncées que les autres ; les latérales ont beaucoup de blanc à leurs barbes intérieures ; base du bec verdâtre, noir sur le reste ; pieds verdâtres ; tour des yeux blancs. Longueur, 7 pouces 6 lignes ; *plumage des vieux à leur passage de printemps.*

Les *jeunes* ont toutes les parties, qui sont d'un brun foncé, marquées de petites taches rousses, très serrées ; la poitrine est ondée de cendré, avec des taches irrégulières brunes ; la base du bec et les pieds sont d'un vert jaunâtre.

Au mois d'avril, il nous arrive des bandes nombreuses de Chevaliers Sylvains, qui longent de préférence les marais dont les eaux ne sont pas salées. Ils sont très-confians et ne se quittent guère une fois réunis ; aussi, en prend-on beaucoup à la fois, et surtout si un Vanneau vivant est attaché dans les filets ; car, comme je l'ai déjà fait remarquer ailleurs, celui-ci inspire une confiance sans bornes à une infinité des espèces qui vivent sur la rive des eaux. Je n'ose affirmer que le Chevalier Sylvain niche dans nos contrées ; mais ce qu'il y a de positif, c'est que dès le milieu du mois de juillet, nous trouvons des jeunes de cette espèce sur notre marché. S'ils nous arrivent de quelques autres parages, il faut que ces oiseaux entreprennent de voyager de très bonne heure !

M. Temminck dit qu'on ne voit aucune différence entre les individus des îles de la Sonde, des Moluques, du Japon et ceux d'Europe. Cet oiseau se nourrit d'insectes et de vers. C'est dans les bruyères que la femelle pond ses œufs, qui sont d'un jaune verdâtre, taché de brun.

CHEVALIER GUIGNETTE. — *TOTANUS HYPOLEUCOS.*

Noms vulg. : *Pié-Vert, Courriolo d'Aïguo.*

La Guignette et la Petite Alouette de Mer, Buff. — La Guignette, Cuv. — Chevalier Guignette, *Totanus Hypoleucos*, Vieill. — Chevalier Guignette, *Totanus Hypoleucos*, Temm. — Le Chevalier Guignette, *Totanus Hypoleucos*, Roux.

Haut de la tête, nuque et parties supérieures d'un brun olivâtre, avec des reflets ; toutes les plumes du dos et des ailes rayées en travers par des lignes et des zigzags noirâtres, et terminées de blanchâtre ; rémiges noires, bordées et terminées de blanc, une tache de cette couleur sur le milieu de l'aile ; gorge, ventre, abdomen et couvertures inférieures de la queue d'un blanc pur ; devant du cou et côtés de la poitrine rayés en long de brun, sur un fond blanc, un petit trait de cette même couleur au-dessus des yeux ; *lorum* brun ; les deux pennes du milieu de la queue de la couleur du dos ; les deux latérales brunes et blanches, toutes terminées par du blanc pur ; iris brun ; pieds d'un brun verdâtre ; bec cendré, noir à sa pointe, le *mâle* et la *femelle*.

Les *jeunes* ont les couvertures supérieures des ailes plus foncées et terminées de roux ; les plumes du dos sont bordées de roux et de noirâtre.

Les bords du Rhône sont les lieux où l'on rencontre, en

plus grand nombre, le Chevalier Guignette autour de nous, quoiqu'on le trouve aussi assez souvent le long du Gardon, où il court sur la grève, ainsi que sur les bords du canal du Languedoc; mais on le voit peu fréquenter les marais. La Guignette s'envole de loin quand on veut l'approcher, et ne va se poser qu'à une faible distance; et s'il arrive qu'on la blesse, elle plonge aussitôt et va sortir assez loin de là. Sa démarche est gracieuse et vive; elle secoue la queue par intervalle. Le cri qu'elle jette en partant ressemble à celui du *Chevalier Cul-Blanc*, mais il est plus faible. Cette espèce niche dans notre pays et nous quitte en hiver.

On trouve ce petit Chevalier dans toute l'Europe, jusqu'en Sibérie et au Kamtschatka, ainsi que dans plusieurs îles lointaines. Sa nourriture est la même que celle de plusieurs de ses congénères. C'est dans les herbes, le long du rivage que la femelle pond 4 ou 5 œufs jaunâtres, teints de verdâtre, parsemé de petites taches brunes et cendrées, qui sont très rapprochées vers le gros bout.

II° SECTION. — CHEVALIER A BEC RETROUSSÉ.

Bec gros, fort et long, un peu relevé en haut; le doigt du milieu réuni avec l'extérieur.

Ces Chevaliers sont les plus grands du genre; ils fréquentent de préférence les fleuves et les lacs d'eau douce *; mais on les voit aussi aux bords des étangs salans.

* Je puis assurer, d'une manière certaine, qu'à l'époque de leur passage ici, ils vivent indifféremment sur les bords de nos étangs salés, comme au bord des eaux douces.

CHEVALIER ABOYEUR. — *TOTANUS GLOTTIS.*

Noms vulg. : *Siblarèlo Blanco*, *Charlotino Griso.*

La Barge Variée et la Barge Aboyeuse, Buff. — Chevalier aux Pieds Verts, Cuv. — Chevalier aux Pieds Verts, *Totanus Glottis*, Vieill. — Chevalier Aboyeur, *Totanus Glottis*, Temm. — Chevalier aux Pieds Verts, *Totanus Glottis*, Roux.

Haut de la tête et derrière du cou cendrés ; haut du dos, scapulaires et grandes couvertures d'un brun noirâtre ; toutes les plumes de ces parties entourées de blanc jaunâtre ; rémiges noires ; la baguette de la première blanche ; milieu du dos, une bande qui prend naissance près des narines et passe sur l'œil, gorge, milieu de la poitrine, ventre et toutes les parties inférieures d'un blanc pur ; le cou et les côtés de la poitrine rayés en long de brun cendré et de blanc ; la queue et les couvertures supérieures rayées de brun et de blanc ; les deux pennes du milieu sont brunes et cendrées ; un trait de cette couleur entre le bec et l'œil ; bec noirâtre, base de la mandibule inférieure de couleur livide ; iris brun ; pieds d'un vert jaunâtre. Longueur, 12 pouces 6 lignes, les *deux sexes en hiver.*

En *été,* la tête et le cou rayés en long de noir et de blanc, un cercle de cette couleur autour des yeux ; gorge, devant du cou et tout le dessous du corps d'un blanc parfait, avec des taches noires qui sont nombreuses sur la poitrine et sur le cou ; le haut du dos et les scapulaires noirs, avec des bordures blanches sur le dos, et quelques taches d'un blanc rougeâtre sur les scapulaires ; pennes caudales blanches, avec des marbrures brunes sur la barbe extérieure ; les deux du milieu dépassent les autres, elles sont cendrées avec des taches irrégulières brunes ; poignet de l'aile noir ; pieds d'un cendré vert.

C'est vers la fin du mois d'avril que le Chevalier Aboyeur arrive dans nos marais. Ainsi que l'explique son nom, sa voix, qui est forte, ressemble à l'aboiement d'un petit chien, et les chasseurs qui la savent imiter, en attirent beaucoup près d'eux. C'est par petites troupes de quatre à douze individus qu'ils voyagent, et quelquefois par paires. Ils aiment à chercher leur nourriture en se tenant serrés les uns près des autres. Ils sont d'un naturel vif, et tous leurs mouvemens sont brusques. Leur vol est rapide, mais ils ne sont pas très rusés ; ils donnent facilement dans les embuches qu'on leur tend. Ces oiseaux abandonnent tout à fait nos parages au moment des nichées ; mais, dès la fin du mois d'août, nous les voyons revenir ; ils disparaissent encore à l'approche de l'hiver.

On trouve cet oiseau jusque très avant dans le Nord ; pendant ses voyages, il fréquente les bords graveleux des fleuves et peu ceux de la mer. Il se nourrit de vers, de petits poissons, de petits coquillages, de frai et d'insectes d'eau. On présume qu'il niche en Norwège ; on ne connaît point encore ni son nid ni ses œufs.

GENRE SOIXANTE-TREIZIÈME.

BARGE. — *LIMOSA*. (Briss.)

Caractères : Bec très long, fléchi vers le milieu, mou et flexible, déprimé, sillonné latéralement, aplati vers le bout, qui est obtus. Narines longitudinales, placées dans une rainure. Pieds longs, grêles, un espace nu au-dessus du genou. Doigts antérieurs réunis par une membrane, l'extérieur articulé sur le tarse. Ailes moyennes ; 1re rémige la plus longue de toutes.

Les Barges sont de grands Echassiers qui ont les mêmes mœurs que les *Bécasseaux* et les *Chevaliers*, avec lesquels ils voyagent souvent. Leur grand bec leur sert à fouiller dans les marais, ainsi que dans la vase et le limon des fleuves et leur embouchure ; il est muni à cette fin de muscles qui lui donnent le sens du toucher. L'Europe en fournit quatre espèces dont deux se rencontrent chez nous.

BARGE A QUEUE NOIRE. — *LIMOSA MELANURA.*

Noms vulg : *Bécasso d'Iirlando, Bullo.*

La Barge et la Barge Commune, Buff., *en hiver.* — La Grande Barge Rousse, Buff., *en été.* — Barge a Queue Noire, Cuv. — Barge a Queue Noire, *Limicula Melanura*, Vieill. — Barge a Queue Noire, *Limosa Melanura*, Temm. — Barge a Queue Noire, *Limicula Melanura*, Roux.

Plumage d'un brun cendré en dessus, varié par du brun foncé le long des baguettes ; gorge, devant du cou, poitrine et flancs d'un gris clair ; parties postérieures blanches ; queue et rémiges noires, avec du blanc pur à leur base ; les pennes du milieu de la queue terminées de blanc ; bec noir vers le bout, couleur orange sur le reste : il est long d'environ 4 pouces ; iris et pieds d'un brun noirâtre. Longueur, de 15 à 16 pouces, les *vieux en hiver*.

En été, la gorge, le cou, la poitrine et les flancs sont d'un roux vif, avec de petits points et de fines raies transversales ; ventre et parties postérieures blancs ; une bande brune entre le bec et l'œil ; sommet de la tête noir et roux ; haut du dos et scapulaires d'un noir profond. L'on trouve des sujets dont le plumage est plus ou moins bariolé, selon l'époque de la mue.

Les Barges à Queue Noire ne sont pas rares chez nous; en automne nous en avons un passage ; elles arrivent par petites troupes de quatre à cinq individus, ou par paires. Un petit nombre restent l'hiver dans nos marécages; mais dans les premiers jours d'avril, elles reparaissent en troupes souvent nombreuses qui sillonnent nos marais dans tous les sens, cherchant les endroits où elles puissent facilement se procurer une nourriture abondante. Ces oiseaux entrent dans la vase jusqu'à la hauteur du genou, ils y enfoncent leur long bec, qu'ils font ensuite mouvoir d'un côté et d'autre, afin d'y trouver quelque proie. Ils sont rusés et donnent difficilement dans les piéges. Mais rien de plus singulier que de les voir dans les airs avec leurs jambes qu'ils tiennent tendues en arrière, tout en portant leur long cou et leur bec démesuré en avant. Les Barges ne nichent point dans nos contrées.

On trouve cette espèce dans toute l'Europe ; sa nourriture consiste en insectes, larves, vers et frai. Elle établit son nid dans les herbes des prairies humides ; pond 4 ou 5 œufs d'un olivâtre foncé, marqué de grandes taches d'un brun clair.

BARGE ROUSSE. — *LIMOSA RUFA*.

Noms vulg. : *Charlotino*, *Pichotto Bullo*.

La BARGE ROUSSE, Buff. — BARGE ABOYEUSE OU A QUEUE RAYÉE, Cuv. — BARGE A QUEUE RAYÉE, *Limicula Laponica*, Vieill. — BARGE ROUSSE, *Limosa Rufa*, Temm. — La BARGE ROUSSE A QUEUE RAYÉE, *Limicula Laponica*, Roux.

Sommet de la tête, *lorum*, côtés de la tête et cou d'un cendré clair rayé de brun ; sourcils, gorge, poitrine et parties postérieures blancs ; haut du dos, scapulaires et quelques pennes secondaires de l'aile cendrées ; bas du dos, croupion et couvertures de la queue blancs, variés de taches noirâtres ; couvertures des ailes noires et blanches ; pennes de la queue avec des bandes noirâtres et blanches à l'intérieur, bordées et terminées de blanc ; base du bec d'un pourpré livide, noir à la pointe ; iris brun ; pieds noirs. Longueur totale, 13 pouces 3 ou 4 lignes, les *deux sexes en hiver*.

Au printemps et en été, de larges sourcils ; gorge, cou et toutes les parties de dessous le corps d'un beau roux très vif, marqué de quelques taches noires sur les côtés de la poitrine et sur le croupion ; le haut du dos et les couvertures des ailes variés de noir, de roux et de blanc ; la queue rayée de bandes brunes et blanches, les *vieux*.

Je n'ose pas affirmer que cette Barge arrive en automne chez nous, mais je le présume, car j'ai vu quelques individus l'hiver sur notre marché. L'espèce néanmoins n'est jamais abondante dans nos marais, puisqu'au printemps, époque de son passage ordinaire, on en trouve peu. Elle voyage le plus souvent avec les *Barges à Queue Noire*, dont elle a les habitudes.

La Barge Rousse se trouve dans plusieurs contrées du Midi et du centre de l'Europe ; elle habite aussi à Timor, à Java et sur le continent de l'Inde. Sa nourriture est la même que celle de l'espèce précédente ; mais elle y ajoute de petits coquillages bivalves. On dit qu'elle niche dans les parties orientales du Nord de l'Europe, en Angleterre et en Hollande ; ponte inconnue.

GENRE SOIXANTE-QUATORZIÈME.

BÉCASSE. — *SCOLOPAX*. (Illiger.)

Caractères : Bec long, droit, comprimé, à pointe renflée. Mandibules sillonnées dans leur longueur, la supérieure plus longue que l'inférieure, formant un crochet à sa partie renflée. Narines longitudinales, couvertes par une membrane, situées à la base du bec. Pieds moyens ;

doigts totalement divisés, pouce grêle n'appuyant à terre que sur le bout. AILES médiocres; 1re rémige la plus longue.

Les Bécasses sont voyageuses et font deux passages annuels. Leur naturel est stupide, triste et solitaire; elles ne volent point de jour, à moins d'y être contraintes. Leur nourriture consiste en vers, insectes et limaces, qu'elles cherchent dans les lieux humides.

Ire SECTION. — *Bécasse proprement dite.*

Le tibia emplumé jusqu'au genou.

Elles vivent dans les bois des pays plats, comme dans ceux des pays montagneux.

BÉCASSE ORDINAIRE. — *SCOLOPAX RUSTICOLA.*

Nom vulg. : *Bécasso.*

LA BÉCASSE, Buff. — LA BÉCASSE, *Scolopax Rusticola*, Cuv. — BÉCASSE D'EUROPE, *Rusticola Vulgaris*, Vieill. — BÉCASSE ORDINAIRE, *Scolopax Rusticola*, Temm.

Quatre larges bandes noires sur la nuque et l'occiput, un trait brun entre l'œil et le bec; parties supérieures variées de roussâtre, de jaunâtre, de cendré, et marquées de grandes taches noires; parties inférieures d'un roux plus jaunâtre ou cendré, avec des lignes transversales un peu en zigzags; rémiges chevronnées de noir et de roux; gorge et extrémités inférieures des pennes de la queue blanches, celles-ci noires et terminées de gris.

en dessus ; bec couleur de chair ; yeux grands placés en arrière ; iris brun ; pieds livides. Longueur, 13 pouces 6 lignes. La *femelle* est un peu plus forte de taille; elle a des couleurs moins vives que le *mâle*.

On trouve de petites Bécasses, mais ce sont les *jeunes* des couvées tardives, ou des couples dont les œufs ont été enlevés lors de leur première ponte.

Les Bécasses arrivent chez nous aux environs de la Toussaint, et, de préférence, lorsque la lune est pleine, car c'est de nuit qu'elles voyagent ; pendant le jour elles restent blotties dans les bois, les taillis et les haies, aux pieds des touffes ou des broussailles qui ne sont pas très-fourrées par le bas ; et de cette manière elles saisissent les petits insectes de leur goût qui passent à leur portée. Les terrains noirs et humides leur conviennent mieux que les autres. C'est lorsque le soleil est couché, que les Bécasses sortent de leur retraite, en suivant les clairières et les sentiers, s'en vont chercher quelque endroit où se trouve une eau claire pour boire ou se rafraîchir et se laver le bec. Le vol de cet oiseau, quoique rapide, n'est ni élevé ni soutenu.

Les Bécasses font un second passage ici vers le milieu de mars ; il est quelquefois très court et ne dure guère que trois jours ; mais cela dépend des causes atmosphériques ; car il arrive aussi qu'il se prolonge jusqu'au-delà de vingt jours, comme cela a eu lieu en 1840, parce que les montagnes, qui couvrent tout notre territoire au nord, étaient alors couvertes de neige.

Ces oiseaux se répandent jusque fort avant dans le Nord; un grand nombre se reproduisent dans les environs de Saint-Pétersbourg. M. Temminck nous apprend qu'il en niche en Hollande, et qu'on les dit sédentaires dans le Midi de l'Italie. Les vers, les limaçons et les petits scarabées composent leur nourriture. C'est à terre, dans un petit creux, que la femelle construit son nid composé de feuilles, d'herbes sèches, entremelées de petits brins de bois, le tout arrangé sans apprêt; la ponte est de 3 à 4 œufs, d'un jaune sale, parsemé de petites taches d'un brun pâle. On assure que quand la femelle couve, le mâle est presque toujours couché près d'elle, et ils reposent mutuellement leur bec sur le dos l'un de l'autre.

IIe SECTION. — BÉCASSINE.

Tibia dénué de plumes sur sa partie inférieure; tarses allongés.

Elles habitent les pays marécageux. L'Europe en produit cinq espèces; trois se trouvent chez nous.

BÉCASSINE DOUBLE. — *SCOLOPAX MAJOR.*

Nom vulg. : *Bécassino dei Grossos.*

La BÉCASSINE DOUBLE, *Scolopax Major*, Cuv. — BÉCASSINE DOUBLE, *Scolopax Media*, Vieill. — BÉCASSINE DOUBLE, *Scolopax Major*, Temm. — La BÉCASSINE DOUBLE, *Scolopax Media*, Roux.

Deux bandes noires prennent naissance sur le front et s'étendent sur la nuque; une bande d'un blanc jaunâtre sur le milieu de la tête, et une de pareille couleur s'étend de la racine du bec jusqu'au-delà des yeux; les parties supérieures sont variées par du noir et du roux; quelques taches blanches sur l'aile ; dessous du corps d'un blanc roussâtre, coupé par des raies et des bandes noires, sur les flancs et sur le milieu du ventre ; bec rougeâtre et brun à sa pointe ; pieds d'un gris verdatre. Longueur, 10 pouces 2 ou 4 lignes, *mâle* et *femelle*.

Cette Bécassine arrive ici dans la première quinzaine d'avril, et ne fait que passer*; elle reparaît encore vers la fin de l'été, mais toujours en très petit nombre et ne s'arrête pas. C'est seulement dans nos vastes marécages et dans les prairies inondées qui les entourent qu'on peut la rencontrer. Elle n'est pas rusée et se laisse approcher à une faible distance ; et si elle part, elle vole droit, sans crochets et assez mollement, mais ne va pas se poser loin ; aussi est-elle facile à tuer ; rarement en fait-on lever deux à la fois.

La Grande Bécassine se trouve dans toutes les contrées d'Europe, partout où il existe des marécages et des prairies inondées. Elle se nourrit de vers, de limaçons, de petits scarabées et de beaucoup de petits coquillages. C'est en Danemarck et dans les pays plus au Nord, au mileu des prairies et des bruyères, que la femelle pond 4 œufs d'un verdâtre rembruni, parsemé de grandes taches d'un brun foncé.

BÉCASSINE ORDINAIRE. — *SCOLOPAX GALLINAGO*.

Nom vulg. : *Bécassino*.

La Bécassine, *Scolopax Gallinago*, Cuv. — Bécassine Commune, *Scolopax Gallinago*, Vieill. — Bécassine Ordinaire, *Scolopax Gallinago*, Temm.

* Bien des personnes pensent qu'elle chasse devant elle les autres espèces qui sont encore dans le pays.

Une bande noirâtre à la base du bec, deux autres de cette couleur sur la tête; les parties supérieures variées de noir, de roux et de larges bordures jaunâtres; pennes de la queue coupées par des bandes noires et rousses, terminées de blanchâtre; les latérales cendrées et brunes, et terminées de blanc pur; cou, poitrine variés de brun et de roussâtre; ventre, abdomen et flancs d'un blanc pur; sur cette dernière partie, des raies noirâtres; bec cendré à la base et brun sur le reste; iris brun; pieds d'un verdâtre terne. Longueur, 10 pouces environ, *mâle* et *femelle*.

Le naturel de cette Bécassine est farouche; elle est très rusée et se laisse difficilement surprendre; elle part de loin, et son vol est très rapide : il est d'abord tortueux; mais, à une certaine distance, elle file droit, ou s'élève à une grande hauteur. Elle jette un petit cri sifflé en prenant son essor. Cette espèce arrive ici en automne, en très grand nombre, et au printemps, nous les avons encore plus nombreuses dans nos marais, au moment de leur passage; quelques-unes y nichent. On trouve aussi des Bécassines dans plusieurs endroits de notre pays, aux bords des ruisseaux fangeux et près des rivières. M. Mirande en a tué sur les rochers arides des Escarlées; mais c'étaient de ces individus voyageurs qui, surpris par le jour ou par la fatigue, font halte là où ils se trouvent. La chair de cette espèce est un manger fin et délicat.

La Bécassine Ordinaire habite jusque très avant dans le Nord, en été. Elle se nourrit de la même manière que la *Grande Bécassine*. C'est au milieu des joncs et des herbes, dans un petit creux à terre, que la femelle pond 4 ou 5 œufs d'un verdâtre clair, avec des taches cendrées et brunes.

BÉCASSINE SOURDE. — *SCOLOPAX GALLINULA.*

Noms vulg. : *Court, Sourdo.*

La Petite Bécassine ou Sourde, Buff. — La Petite Bécassine ou la Sourde, Cuv. — Bécassine Sourde, *Scolopax Gallinula*, Vieill.

Dessus de la tête noir et mélangé d'une couleur de rouille; sourcils jaunes; cou varié de blanc, de brun et de rouge pâle; plumes des côtés du dos longues, brunes et bordées de jaune avec des reflets; croupion d'un pourpré bleuâtre; ventre blanc; les grandes pennes des ailes noirâtres; queue brune et bordée de jaune; bec bleuâtre à sa base et noir vers la pointe; pieds d'un verdâtre couleur de chair; iris brun. Longueur, 9 pouces 6 lignes.

Les *jeunes de l'année* se reconnaissent à leur plumage qui a point ou peu de reflets.

On a donné le nom de *Sourde* à cette petite espèce, parce qu'elle a l'habitude de ne s'envoler qu'au moment même où le chasseur est comme près d'y poser les pieds dessus; c'est dans nos marais que nous la rencontrons souvent en compagnie de la *Bécassine Ordinaire*; et quoique l'espèce soit commune on ne la voit guère réunie par petites troupes; elle se cache dans les roseaux épais, sous les joncs secs et les glaïeuls tombés au bord de l'eau. Son vol est peu rapide et moins tortueux que celui de l'espèce précédente. Elle arrive en automne et nous quitte au printemps.

La Bécassine Sourde se trouve dans toute l'Europe ; un grand nombre passe l'été aux environs de St-Pétersbourg. Sa nourriture ne diffère pas de celle de l'espèce précédente. Elle niche dans un petit trou, à terre, au milieu des herbes ou des joncs; pond de 3 à 5 œufs oblongs, blanchâtres, parsemés de taches rousses.

GENRE SOIXANTE-QUINZIÈME.

RALE. — *RALLUS*. (Linn.)

Caractères : Bec plus ou moins long que la tête, grêle, droit, comprimé à sa base, cylindrique vers le bout. Mandibule supérieure sillonnée. Narines longitudinales à demi-cachées par une membrane. Pieds longs, forts; un petit espace nu au-dessus du genou. Doigts antérieurs unis à la base par une petite membrane. Ailes médiocres; 3e et 4e rémiges les plus longues.

Les Râles sont des oiseaux dont le corps comprimé leur permet de pénétrer dans les herbes des prairies et des marécages où ils courent avec célérité ; et quoique leurs pieds soient sans palmures ils traversent de petits espaces à la nage. Ils fréquentent le voisinage des rivières et des eaux vives.

RALE D'EAU. — *RALLUS AQUATICUS*.

Nom vulg. : *Rasclé*.

Le Rale d'Eau, Buff. — Le Rale d'Eau d'Europe, Cuv. — Rale d'Eau, *Rallus Aquaticus*, Vieill. — Rale d'Eau, *Rallus Aquaticus*, Temm. — Rale d'Eau, *Rallus Aquaticus*, Roux.

Gorgerette blanchâtre; côtés de la tête, cou, poitrine et ventre d'un cendré bleuâtre; plumes des flancs noires, rayées de blanc en travers; couvertures inférieures de la queue blanches; toutes les parties supérieures d'un roux olivâtre, avec une tache noire au centre de chaque plume; bec rouge, mais brun à la pointe; iris rouge orange; pieds d'une couleur de chair brune. Longueur, 9 pouces de 3 à 9 lignes, les *vieux*.

Les *jeunes* ont les plumes du ventre et des cuisses d'un brun roussâtre, et manquent de bandes blanches sur les flancs.

Le Râle d'Eau vit sédentaire dans notre pays; il est très commun dans le voisinage de nos marais et de nos étangs; il se cache pendant le jour dans les endroits les plus fourrés, tels que les joncs et les tamaris, et ne sort guère que le soir; car c'est alors que l'on entend sa voix, forte d'abord, puis diminuant insensiblement et semblant exprimer les syllabes *okri*, *kri*, *kri*. Lorsque les Râles sont poursuivis, ils volent peu, ou s'ils le font, ils ne tardent pas à se poser. La vitesse de leurs jambes et les différentes manœuvres qu'ils exécutent les garantissent souvent du danger, en ce qu'elles lassent la patience des chasseurs et fatiguent les chiens les mieux exercés. Indépendamment de ceux de ces oiseaux qui restent dans le pays, il nous en arrive en automne et au printemps qui sont de passage. Leur chair est recherchée comme un manger délicieux.

On trouve le Râle d'Eau dans plusieurs contrées de l'Europe; il est de passage dans certains pays; dans d'autres, il est sédentaire. Il se nourrit d'insectes, de limaçons et de végétaux. C'est au milieu des joncs, sur quelque éminence, que la femelle pond depuis 6 à 9 œufs, qui sont jaunâtres avec des taches brunes d'une forme irrégulière.

GENRE SOIXANTE-SEIZIÈME.

POULE D'EAU. — *GALLINULA*. (Lath.)

Caractères : Bec plus court que la tête, droit, épais à la base, plus haut que large, comprimé, un peu renflé en dessous vers le bout. Arête s'avançant sur le front et se dilatant quelquefois en une plaque nue; pointes des deux mandibules comprimées, la supérieure recouvrant l'inférieure. Narines longitudinales, à moitié fermées par une membrane. Pieds longs, nus au-dessus du genou; les doigts antérieurs longs, divisés et munis d'une bordure très étroite. Ailes médiocres; 2e, 3e et 4e rémiges les plus longues.

Comme les *Râles*, les Poules d'Eau ont le corps comprimé, les plumes serrées et épaisses. Elles courent très vite à terre ainsi que sur les feuilles des plantes aquatiques, et nagent parfaitement. Elles vivent au milieu des eaux douces, là où croissent des joncs et des roseaux, à l'exception de l'espèce suivante que ses mœurs disparates ont fait ranger par quelques auteurs dans un genre à part, mais dont tous les caractères extérieurs en font une *Poule d'Eau*.

POULE D'EAU DE GENÊT.—*GALLINULA CREX*.

Nom vulg. : *Rei dei Caïo*.

Rale de Genêt ou Roi des Cailles, Buff. — Le Rale

DE GENÊT vulgairement ROI DES CAILLES, Cuv. — RALE DE GENÊT, *Rallus Crex*, Vieill. — POULE D'EAU DE GENÊT, *Rallus Crex*, Temm. — Le RALE DE GENÊT, *Rallus Crex*, Roux.

Haut de la tête, nuque occiput et toutes les parties supérieures d'un brun presque noir, mais chaque plume bordée par du cendré et du roux; joues, devant du cou, poitrine et une bande derrière les yeux d'un cendré clair; rémiges d'un jaune olivâtre; flancs et couvertures inférieures de la queue, l'arête de la mandibule supérieure, un peu entaillée dans les plumes du front, de cette couleur, mais rayés de blanc en travers; gorge, ventre et abdomen d'un blanc lavé de roux; bec d'un brun rougeâtre en dessus, blanchâtre en dessous; iris brun clair; paupières couleur de chair; pieds d'un brun rougeâtre. Longueur, 9 pouces 4 ou 6 lignes.

Cette espèce est vulgairement appelée *Roi des Cailles*, parce qu'on pensait, comme elle arrive toujours à la suite des *Cailles*, qu'elle les emmenait. Elle n'est pas rare en France et dans notre pays. C'est au milieu des vignes, des champs de luzerne et dans les prairies qu'on la trouve ici; elle court avec une grande célérité et fait mille détours pour tromper le chasseur; elle vole rarement de jour, seulement lorsqu'elle y est forcée; mais son vol est peu rapide et elle ne va jamais loin. C'est ordinairement de nuit que cet oiseau prend son essor pour entreprendre ses voyages. Il est des années où l'espèce est abondante; tandis que d'autres fois elle est assez rare.

On rencontre la Poule d'Eau de Genêt jusque dans les pays du nord de l'Europe. Sa nourriture consiste en sauterelles, scarabées, vers, semences et végétaux. C'est à terre, dans un enfoncement, sur un peu d'herbes sèches et de la mousse que la femelle pond de 8 à 10 œufs, d'un brun jaunâtre, parsemé de grandes et de petites taches d'un roux de rouille.

POULE D'EAU MAROUETTE. — *GALLINULA PORZANA.*

Nom vulg. : *Pié-Vert.*

Le Rale d'Eau ou la Marouette, Buff. — La Marouette ou Petit Rale Tacheté, Cuv. — Rale Marouette, *Rallus Porzana*, Vieillot. — Poule d'Eau Marouette, *Gallinula Porzana*, Temm. — Rale Marouette, *Rallus Porzana*, Roux.

Front, gorge et sourcils d'un gris un peu plombé; tête d'un brun nuancé de noir; poitrine d'un gris foncé et tacheté de blanc sur les côtés; cou pareil; flancs rayés de blanc en travers; parties postérieures d'un olivâtre cendré; parties supérieures d'un brun olivâtre, mais chaque plume porte une tache noire dans son milieu, avec des petites taches variées blanches; couvertures inférieures de la queue blanches; les pennes du milieu bordées de cette couleur; bec rouge à sa base, jaune verdâtre sur le reste; pieds verdâtres, nuancés de jaune; iris brun. Longueur, 7 pouces 6 lignes et quelquefois davantage, les *mâles adultes.*

Les *femelles adultes* diffèrent peu des *vieux mâles* ; elles ont plus de taches blanches et le rouge du bec moins étendu. Cette couleur rouge ne se voit plus en *automne ni en hiver*.

Cette espèce fait deux passages chez nous : un en automne et l'autre au printemps ; ils sont toujours fort nombreux ; aussi s'en prend-il considérablement dans toutes les parties de notre pays qui avoisinent les étangs et les marécages.

Les habitudes de la Marouette tiennent beaucoup de celles du *Râle d'Eau* ; comme lui, on la trouve toujours au bord des eaux douces. Elle vole peu et court rapidement au milieu des herbes et des joncs.

Cette espèce préfère les contrées méridionales à celles du Nord. Des insectes, de petits limaçons, des végétaux aquatiques et leurs semences composent sa nourriture. Son nid, placé dans les marais, a la forme d'une gondole ; il est fait de joncs entrelacés qui flottent sur les eaux, de manière à pouvoir s'élever ou s'abaisser selon la crue. Les œufs, au nombre de 10 à 12, sont d'un rouge jaunâtre, tacheté et pointillé de brun et de cendré.

POULE D'EAU POUSSIN. — *GALLINULA PUSILLA.*

Noms vulg. : *Boïboy, Crébo-Chins.*

Rallo-Marouet, Buff., édition de Sonnini. — Rale, Rallo-Marouet, *Rallus Peyrousei*, Vieill. — Poule d'Eau Poussin, *Gallinula Pusilla*, Temm. — Le Rale, Rallo-Marouet, Roux.

Côtés de la tête, gorge et cou, ainsi que tout le dessous du corps, d'un gris bleuâtre, sans taches; le haut de la tête, le derrière du cou et toutes les parties supérieures d'un olivâtre cendré ; une ligne de plumes noires le long du dos, frangées d'olivâtre ; quelques taches blanches sur les ailes ; le haut du dos, l'abdomen et rémiges d'un brun noirâtre ; bec d'un vert jaunâtre à sa pointe ; base de la mandibule supérieure d'un vert brun ; pieds d'un cendré bleuâtre, un peu nuancé de jaunâtre ; iris rouge. Longeur, environ 7 pouces, le *mâle adulte*.

La *femelle adulte* a la gorge blanchâtre ; les côtés du cou et les sourcils d'un cendré clair ; devant du cou, poitrine et parties postérieures d'un cendré roussâtre ; cuisses et abdomen cendrés, un peu rayés de blanc ; les parties supérieures ne diffèrent de celles du *mâle* que par des nuances moins foncées.

Cette charmante petite Poule d'Eau arrive chez nous vers la fin du mois de mars ; mais elle ne fait que ce passage dans l'année. Elle est très rusée : la course rapide qu'elle exécute dans les endroits les plus fourrés des bords de nos étangs et de nos marécages la préserve souvent des poursuites des chasseurs. Le nom patois par lequel on la désigne chez nous, *Crébo-Chins* (Crève-Chiens), dit assez toute la peine qu'elle donne aux chiens qui la pourchassent. Il arrive que chaque année on m'apporte quelques individus de cette espèce pris dans des maisons, dans des jardins ou dans quelques basses-cours de notre ville.

Cette Poule d'Eau est moins répandue dans les contrées du Nord que dans le Midi. Elle se nourrit de la même manière que l'espèce précédente. C'est dans les roseaux, sur les cannes tombées des joncs et dans les herbes qui croissent dans ces lieux que la femelle pond 7 ou 8 œufs jaunâtres, parsemés de taches longitudinales olivâtres.

POULE D'EAU BAILLON.—*GALLINULA BAILLONII.*

Nom vulg. : *Boiboy ou Voiwoi.*

RALE BAILLON, *Rallus Baillonii*, Vieill. — POULE D'EAU BAILLON, *Gallinula Baillonii*, Temm. — Le RALE BAILLON, *Rallus Baillonii*, Roux.

Parties supérieures d'un roux olivâtre, varié, sur le sommet de la tête, de stries noires; sur le dos, le croupion et les couvertures des ailes sont un grand nombre de petites taches blanches; rémiges et pennes de la queue noires, ces dernières frangées d'olivâtre; joues, gorge, côtés du cou, poitrine et ventre d'un gris bleuâtre; flancs, abdomen et couvertures inférieures de la queue rayés en travers par de larges bandes noires et par de plus petites blanches; bec d'un vert foncé; iris d'un rouge couleur de chair. Longueur, 6 pouces 6 à 8 lignes. La *femelle* ne diffère presque point du *mâle*.

Comme l'espèce précédente, la Poule d'Eau Baillon arrive au printemps dans nos contrées, où elle ne fait pas un long séjour et ne reparaît que l'année d'après et à la même époque. Elle n'est ni moins rusée ni moins capable que la *Poule d'Eau Poussin* pour se soustraire par la course aux poursuites du chasseur; on la nomme ici *boiboy* ou *voiwoi* d'après son cri, qu'elle répète en se tenant cachée dans les endroits les plus épais de nos marais; on la désigne aussi par le nom de *Crébo-Chins*. Nos chasseurs ne font qu'une seule espèce de celle-ci et de la précédente ; la chair de l'une et de l'autre est délicate et d'un bon goût.

La Poule d'Eau Baillon est répandue dans les contrées méridionales et orientales de l'Europe ; mais elle est rare dans le Nord. Elle se nourrit comme l'espèce précédente. C'est toujours auprès des eaux, sur un peu d'herbes sèches, que la femelle dépose de 6 à 8 œufs, qui ont la forme des olives et sont colorés de brun.

IIe SECTION.

L'arête de la mandibule entaillée assez avant dans le front et se dilatant en une plaque nue.

POULE D'EAU ORDINAIRE. — *GALLINULA CHLOROPUS*.

Nom vulg. : *La Poulo d'Aïguo*.

Poule d'Eau, Buff. — La Poule d'Eau Commune, Cuv. — Gallinule Commune, *Gallinula Chloropus*, Vieill. — La Poule d'Eau Ordinaire, *Gallinula Chloropus*, Temm. — La Gallinule ou Poule d'Eau Commune, Roux.

Tête, gorge, cou et poitrine d'un noir bleuâtre ; une ligne de taches blanches sur les flancs ; couvertures inférieures de la queue et milieu du ventre de cette même couleur ; parties supérieures d'un brun olivâtre, plus foncé sur le centre des plumes ; la plaque du front et la base du bec d'un beau rouge, jaune sur le reste ; iris cramoisi ; pieds d'un vert jaunâtre ; une jarretière rouge sur le tibia. Longueur, de 12 à 14 pouces, les *vieux*, *mâle* et *femelle*. Celle-ci diffère seulement par des nuances plus claires.

Les *jeunes*, jusqu'après la seconde mue, ont le plumage teint d'olivâtre et de blanchâtre ; point de rouge au bec ni au-dessus du genou.

Le naturel de la Poule d'Eau Ordinaire est timide, elle reste cachée pendant le jour au milieu des roseaux et ne sort que le soir ; cependant, si parfois elle s'écarte de son domicile ordinaire, il arrive qu'à l'aspect du danger, ou par le bruit de la détonation d'une arme à feu, elle va se blottir au milieu d'un buisson et se laisse saisir ; c'est ainsi que j'en pris une le long du Gardon et une autre sous Bellegarde ; je les conserve encore toutes deux dans une volière, où elles sympathisent parfaitement avec une foule d'autres oiseaux. Pendant la nuit, elles dorment perchées au plus haut de la volière. Cette Poule d'Eau se nourrit d'insectes, de vers, de semences et de végétaux. Elle place son nid au bord des eaux, le construit avec un amas de débris de roseaux et avec des joncs entrelacés, et y pond de 5 à 8 œufs oblongs, d'un blanc jaunâtre, parsemé de taches et de points d'un brun rougeâtre. Ils varient par la grosseur. Les petits sont en naissant couverts d'un duvet, et ils quittent leur berceau à peine éclos.

GENRE SOIXANTE-DIX-SEPTIÈME.

TALÈVE. — *PORPHIRIO*. (Briss.)

Caractères : Bec plus court que la tête, droit, épais, presque aussi haut que large. Arête se dilatant jusque très avant sur le crâne. Narines longitudinales, ouvertes de part en part. Pieds longs, forts, nus au-dessus du genou ; les doigts antérieurs longs, entièrement divisés et garnis d'une membrane très étroite ; 2e, 3e et 4e rémiges les plus longues.

Les Talèves sont de beaux oiseaux qui diffèrent peu des *Poules d'Eau* par leurs mœurs. Comme ces dernières, ils habitent les eaux et se tiennent au milieu des herbes aquatiques, sur lesquelles ils courent ou se promènent avec autant d'élégance qu'ils le font à terre. Leur plumage porte ordinairement des teintes bleues et brunes, avec des reflets. Ils se tiennent sur un pied en portant de l'autre les alimens à leur bec. Leur nourriture consiste, presque toujours, en graines, dont ils brisent les enveloppes, et en tiges les plus dures. Le seul oiseau de cette espèce qui se trouve en Europe se montre ici quelquefois.

TALÈVE PORPHYRION. *PORPHYRIO HYACINTHINUS.*

Nom vulg. : *Poulo d'Aiguo d'Egyto.*

Fulica Porphyrio, Buff. — La Poule Sultane Ordinaire, *Fulica Porphyrio*, Cuv. — Talève Porphyrion, *Porphyrio Hyacinthinus*, Temm. — Le Porphyrion proprement dit, *Porphyrion Chlorynothos*, Roux.

Les joues, la gorge, tout le devant et les côtés du cou d'un beau bleu de turquoise ; milieu du ventre, abdomen et l'intérieur des rémiges noirs ; couvertures inférieures de la queue d'un blanc pur; le reste du plumage d'un bleu qui change selon l'aspect de la lumière; la large plaque frontale, bec et iris d'un rouge vif; pieds et doigts couleur de sang. Longueur, du bout du bec à l'extrémité de la queue, 18 pouces environ, sans compter les pieds, qui ont 8 pouces et demi, à partir du bout du doigt du milieu jusqu'aux cuisses.

Le Talève Parphirion est, sans contredit, par la vivacité de ses couleurs, le plus beau des nombreux oiseaux d'eau qui visitent nos contrées; malheureusement il est très-rare. Je n'ai jamais vu, dans l'intervalle de quinze années, que 3 individus pris dans nos marais. Cette espèce a les mœurs douces et sociables : on peut la nourrir dans les jardins dont elle fait l'ornement. Comme les *Poules d'Eau* ; elle a de la grace dans ses mouvemens, et de la coquetterie dans sa démarche ; mais, soit stupidité ou crainte, lorsque ces oiseaux sont poursuivis de près, ils enfoncent la tête dans la vase et se laissent prendre de cette manière.

Les Talèves Parphirions habitent dans quelques îles de la Méditerranée, dans le nord de l'Afrique et dans les contrées orientales de l'Europe. Leur nourriture consiste en plantes céréales, en graines, en plantes aquatiques, ainsi qu'en fruits et poissons. Ils portent leurs alimens au bec au moyen d'une patte, en se tenant debout sur l'autre. Ils établissent leur nid dans les marais qui sont couverts de hautes herbes et de joncs ; ce nid est construit avec des bûchettes et des herbes sèches ; la ponte est de 3 à 4 œufs, qu'on dit être blancs et presque ronds.

ORDRE QUATORZIÈME.

PINNATIPÈDES.—*PINNATIPEDES.*

Caractères : Bec médiocre, droit. Mandibule supérieure un peu courbée à la pointe. Pieds médiocres. Tarses grêles ou comprimés; trois doigts devant et un derrière; des rudimens de membrane le long des doigts; le doigt postérieur articulé intérieurement sur le tarse.

Cet ordre ne comprend que peu d'espèces européennes, qu'il sera toujours facile de distinguer par la forme de leurs pieds. Ces oiseaux vivent en grandes bandes et dans le même lieu, quoiqu'ils soient monogames. Ils nagent et plongent avec une facilité étonnante, et lorsqu'ils sont dans l'eau ne montrent que leur tête à découvert. Les sexes à l'état adulte ne diffèrent point extérieurement. Bien que l'eau soit leur élément favori, ils ont le vol rapide,

GENRE SOIXANTE-DIX-HUITIÈME.

FOULQUE. — *FULICA.* (Briss.)

Caractères : Bec plus court que la tête, épais, droit, plus haut que large à sa base. Mandibule supérieure prenant naissance sur le front et se dilatant en une plaque nue; l'inférieure formant un angle. Narines oblongues, percées de part en part, closes par une membrane. Tarses grêles, nus au-dessus du genou. Doigts longs, les antérieurs garnis d'une membrane découpée ; le postérieur portant à terre sur le bout. Ailes moyennes ; 2e et 3e rémiges les plus longues.

Quoique les Foulques n'aient pas les pieds entièrement palmés, elles ne le cèdent en rien aux autres oiseaux nageurs. On ne les rencontre guère sur le rivage : leur vie est tout aquatique. Elles habitent les rivières et les fleuves, près de leurs embouchures, et surtout les étangs et les marais salans. L'Europe ne produit que la seule espèce que nous trouvons ici.

FOULQUE MACROULE. — *FULICA ATRA.*

Noms vulg. : *Foûquo*, *Macruso.*

La Foulque ou Morelle, Buff. — La Foulque ou Morelle d'Europe, Cuv. — Foulque Morelle, *Fulica Atra*, Vieill. — Foulque Macroule, *Fulica Atra*, Temm.

Tête et cou d'un beau noir ; queue et dessus du corps d'un noir ardoisé ; dessous d'un cendré verdâtre ; plaque du front blanche ; bec d'un blanc légèrement rosé ; iris d'un beau rouge cramoisi ; pieds cendrés, teints de verdâtre, mais d'un rouge un peu jaunâtre au-dessus du genou. Longueur, de 15 à 16 pouces, les *vieux*.

Les *jeunes* ont la plaque du front, le bec et les pieds d'un cendré olivâtre ; le dessous du corps est d'une couleur blanchâtre.

Cette espèce est la plus nombreuses de celles qui vivent

dans nos contrées marécageuses ; elle y reste sédentaire, et, si l'on excepte le temps de la reproduction, c'est toujours au milieu des étangs qu'on la trouve. Tout le monde connaît ici la guerre d'extermination qu'on va lui faire sur de frêles embarcations et que l'on nomme dans le pays *Chasse aux Macreuses*. Le nombre des chasseurs dépasse quelquefois quinze cents, y compris ceu qui restent à terre et qui attendent les Foulques sur les bords ; il arrive que la plupart d'entr'eux en emportent un bon nombre *, comme il arrive aussi quelquefois que personne ne s'en retourne satisfait ; cela dépend des jours que l'on a choisis ou de l'ensemble avec lequel doivent être exécutées certaines manœuvres sur les étangs où l'on va les chercher. La chair de la Foulque est d'un bon goût : on la regarde ici comme un mets *maigre*. On peut en conserver de vivantes dans les basses-cours où elles sont bientôt accoutumées. J'en nourris dans mes volières depuis long-temps : elles sont d'un naturel doux et timide ; elles aiment à se faire becqueter par des *Tourterelles* qui vivent avec elles.

On trouve la Foulque dans la plupart des pays de l'Europe et dans des contrées lointaines. Les plantes et les insectes aquatiques composent leur nourriture ; en captivité, elles mangent aussi du foie de bœuf. C'est de bonne heure, au printemps, qu'elles établissent leur nid dans les endroits inondés et couverts de roseaux secs, sur lesquels elle en entassent d'autres, afin qu'il puisse s'élever au-dessus de l'eau ; il est matelassé intérieurement avec des herbes sèches et des sommités de roseaux. La ponte est de 10 à 14 œufs, d'un blanc teint de brun et couvert de petits points bruns et rougeâtres.

* Il arrive assez souvent que le nombre des Macreuses tuées dans une seule chasse s'élève de 800 à 1000. Des personnes dignes de foi, qui ont fait cette chasse il y a une vingtaine d'années, m'assurent qu'on en a tué jusqu'au delà de 2000 dans une seule journée.

Aussitôt que les petits sont éclos, ils abandonnent leur berceau et n'y reviennent plus.

GENRE SOIXANTE-DIX-NEUVIÈME.

PHALAROPE. — *PHALAROPUS*. (Briss.)

Caractères : Bec droit, grêle, faible, sillonné en dessus, un peu courbé vers le bout. Narines linéaires, situées dans une rainure. Pieds grêles, médiocres; les doigts antérieurs réunis à leur base, garnis de membranes découpées en festons sur le reste; postérieur lisse, articulé du côté intérieur. Ailes moyennes; 1re et 2e rémiges les plus longues.

Les Phalaropes sont de très petites espèces de la grande tribu d'oiseaux nageurs; non-seulement ils fréquentent les lacs, mais ils s'avancent encore jusque fort avant sur la mer; ils fendent les flots avec une vitesse étonnante, et une grace toute particulière. Ils se nourrissent de vers marins que les flots emportent, ou les cherchent sur le rivage. Leur mue est double. L'Europe en fournit deux espèces.

PHALAROPE HYPERBORÉ. — *PHALAROPUS HYPERBOREUS*.

Noms vulg. : *Espagnolé*, *Couriolo*.

Le Phalarope Cendré ou de Sibérie, Buff. — Le Lobipèdes a Hausse-Col, Cuv. — Phalarope Cendré, *Phalaropus Cinereus*, Vieill. — Phalarope Hyperboré, *Phala-*

ropus Hyperboreus, Temm. — PHALAROPE CENDRÉ, *Phalaropus Cinereus*, Roux.

Sommet de la tête, nuque, côtés de la poitrine, espace entre l'œil et le bec d'un noir foncé; côtés et devant du cou roux; gorge, milieu de la poitrine et parties postérieures blancs; flancs tachetés de cendré; plumes du dos et des scapulaires largement bordées de roux, sur un fond noirâtre; couvertures supérieures des ailes terminées de blanc sur un fond pareil; pennes du milieu de la queue noires; les latérales cendrées et bordées de blanc; bec noir; iris brun; pieds d'un cendré verdâtre. Longueur, 6 pouces 5 ou 6 lignes, le *mâle adulte au printemps*.

La *femelle* a le tour des yeux mélangé de roussâtre et de cendré; le roux du cou est moins large et plus foncé; sur les flancs sont répandues un plus grand nombre de taches. Les *jeunes* ont du noirâtre au-dessus de la tête et de la nuque; les plumes du dos, et les scapulaires, et pennes du milieu de la queue de cette couleur, mais entourées de roux clair.

Cette charmante petite espèce ne se montre que rarement dans nos environs et seulement en hiver. Ses habitudes tiennent de celle de l'espèce précédente : c'est toujours sur l'élément liquide qu'elle vit ; elle nage avec autant de vitesse que de grace. Les eaux douces lui plaisent moins que les eaux saumâtres et salées.

Les régions froides, telles que la Sibérie, l'Islande, l'Ecosse et les parties orientales du nord de l'Europe, sont les lieux où habite ce Phalarope. Sa nourriture consiste en insectes, qu'il poursuit en nageant ou qu'il cherche à terre sur le rivage. C'est sous le 68e degré au Nord que M. Temminck nous apprend que niche cet oiseau. Ses œufs sont d'un cendré verdâtre, tacheté et pointillé de noir.

GENRE QUATRE-VINGTIÈME.

GRÊBES. — *PODICEPS* * (Lath.)

Caractères : Bec robuste, un peu comprimé ou presque cylindrique, droit, pointu; la mandibule supérieure est légèrement inclinée à sa pointe. Narines latérales oblongues, percées de part en part. Pieds à l'arrière du corps. Tarses comprimés, trois doigts devant, un derrière, festonnés; point de queue.

« Ces oiseaux, dit M. Temminck, nagent avec une égale facilité à la surface des eaux comme entre deux eaux; dans cette dernière natation, ils se servent des ailes et semblent voler dans l'élément liquide; ils plongent longtemps, voyagent et émigrent sur les eaux. » La démarche des Grêbes est gauche et gênée; ils se tiennent presque constamment dans une attitude verticale. Ils cherchent leur nourriture dans l'eau. A l'exception d'une seule espèce, toutes celles qui vivent en Europe se rencontrent chez nous.

* Leur taille et leur livrée changent beaucoup, selon l'âge, ce qui a donné lieu à plusieurs auteurs d'en faire plus d'espèces qu'il n'en existe réellement.

GRÊBE HUPPÉ. — *PODICEPS CRISTATUS.*

Noms vulg. : *Cabussoun , Grando Miaoûquo.*

Le Grêbe Cornu, Buff., *les vieux.* — Le Grêbe Huppé, Buff., *âge moyen.* — Grêbe Huppé, *Podiceps Cristatus*, Vieill. — Le Grêbe Huppé, Cuv. — Grêbe Huppé, *Podiceps Cristatus*, Temm. — Grêbe Huppé, *Podiceps Cristatus*, Roux.

Plumes de la tête longues, divisées sur l'occiput en forme de deux cornes noires vers le bout, rousses à leur base; parties supérieures noires et brunes; les parties inférieures sont d'un blanc argenté; les parties latérales de la poitrine sont un peu roussâtres; cette couleur s'aperçoit encore à l'insertion de l'aile; du rouge entre le bec et l'œil; bec d'un brun rouge, à pointe blanche; iris d'un rouge cramoisi; pieds noirâtres en dessus, blanc jaunâtre en dessous. Longueur, prise du bout du bec au bas du croupion, 18 pouces et plus, les *individus âgés de trois ou quatre ans au moins.*

Les *jeunes* n'ont point de huppe; la face et le haut du cou portent des bandes d'un brun noirâtre et en forme de zigzags; iris d'un jaune clair; bec d'un rougeâtre livide.

Ce Grêbe, le plus grand du genre, fréquente nos étangs les plus profonds; on le trouve assez souvent sur celui de Scamandre, sur le Rhône et sur les bords de la mer, où il émigre en nageant. Il arrive chez nous en automne et reste dans le pays jusqu'au printemps. On le voit ordinairement par paires, rerement en nombre. Quoique cet oiseau n'ait par de grandes ailes, il vole néanmoins avec beaucoup de célérité, en cinglant la surface des eaux. On le tue souvent sur nos étangs, quand on fait la chasse aux *Foulques*.

Le Grêbe Huppé habite en France et en d'autres contrées de l'Europe. Il se nourrit de petits poissons, de frai, d'insectes, ainsi que d'algues et d'autres herbes aquatiques. Je n'ai souvent trouvé que des plumes dans l'estomac de ceux que j'ai préparés. Son nid est placé sur le bord des eaux; il est construit avec des roseaux et des joncs entrelacés; de manière que, quoique à demi-plongé et comme flottant, il peut être emporté par l'eau. La ponte est de 2 ou 4 œufs, d'un vert blanchâtre, ondé de brun.

GRÊBE JOU-GRIS. — *PODICEPS RUBRICOLLIS.*

Noms vulg. : *Cabussaïré*, *Cabussoûn* *.

Le Grêbe a Joues Grises ou le Jou-Gris, Buff. — Grêbe Jou-Gris, *Podiceps Rubricollis*, Vieill. — Le Grêbe a Joues Grises, Cuv. — Grêbe Jou-Gris, *Podiceps Rubricollis*, Temm.

Joues et gorge grises; front, sommet de la tête et occiput noirs; une bande sur la nuque, cou et haut de la poitrine couleur de rouille vive; tout le dessous du corps blanc, avec quelques taches sur les flancs qui sont d'un brun noirâtre; manteau et pennes primaires des ailes noirs; iris

* On désigne indistinctement, selon les endroits, les cinq espèces de Grêbes qui se trouvent chez nous, sous les noms de *Misoûquo*, *Cabussoun*, *Cabussié* et *Plounjoun* et par d'autres dénominations encore.

rougeâtre; bec jaune et noir; pieds noirs à l'extérieur, intérieurement d'un vert jaunâtre. Longueur totale, de 15 à 16 pouces, les *vieux des deux sexes*.

Les *jeunes*: gorge et joues blanches; le haut du cou d'un blanc jaunâtre, avec des bandes brunes en zigzags; sommet de la tête et occiput noirs; devant du cou et poitrine roussâtres et bruns; ventre cendré; bec d'un jaune livide; iris d'un jaune rougeâtre.

Le Jou-Gris est fort rare dans nos contrées; je n'ai jamais vu que deux individus pris ici : l'un fut tué près d'Arles, et l'autre sur les bords du Rhône; c'étaient des jeunes de l'année. Cette espèce préfère vivre sur les eaux douces que sur les eaux salées, quoiqu'on la trouve aussi sur les bords de la mer.

Le Grèbe Jou-Gris est assez répandu en Allemagne et en Suisse; il est beaucoup moins commun en France. Sa nourriture est à peu près celle de l'espèce précédente. On trouve son nid aux pieds des roseaux; il est construit comme celui du *Crêbe Huppé*. Les œufs, au nombre de 3 à 4, sont d'un vert blanchâtre, ombré de jaunâtre et de brun.

GRÈBE CORNU ou ESCLAVON. — *PODICEPS CORNUTUS.*

Nom vulg. : *Cabussoún*.

Le Petit Grèbe Cornu, le Grèbe d'Esclavonie et le Petit Grèbe, Buff. — Le Grèbe Cornu, *Podiceps Cornutus*, Vieill. — Le Grèbe Cornu, Cuv. — Grèbe Cornu,

Podiceps Cornutus, Temm. — Le Grèbe Cornu, *Podiceps Cornutus*, Roux.

Sommet de la tête et fraise du tour du cou d'un noir luisant, une touffe de plumes rousses placées en forme de cornes derrière les yeux ; cou, poitrine et *lorum* d'un beau roux ; parties postérieures blanches, avec du roussâtre sur les flancs ; dessus du corps noirâtre, du blanc sur les ailes ; bec couleur de rose à sa base, noir dans son milieu et rouge à sa pointe ; iris jaune et rouge ; pieds noirs dessus, gris en dessous. Longueur, de 12 à 13 pouces.

Cette espèce est la même en Amérique qu'en Europe. Elle est très rare en France et surtout dans notre pays, où elle ne se montre pas régulièrement chaque année. C'est seulement pendant les gros hivers qu'on peut la rencontrer, vivant sur les eaux douces comme sur les flots de la mer. Ses habitudes ne doivent pas différer de celles de ses congénères.

Ce Grèbe est beaucoup plus répandu dans les contrées orientales et septentrionales de l'Europe que partout ailleurs. Il se nourrit comme les espèces précédentes. C'est dans les roseaux qu'il construit un nid flottant, composé d'herbes et lié aux cannes des joncs. La femelle pond 3 ou 4 œufs blancs, maculés de brun et comme salis.

GRÈBE OREILLARD. — *PODICEPS AURITUS.*

Nom vulg. : *Miaouquo.*

Grèbe a Oreilles, *Podiceps Auritus*, Vieill. — Grèbe

Oreillard, *Podiceps Auritus*, Temm. — Grêbe a Oreilles, *Podiceps Auritus*, Roux.

Tête, derrière et devant du cou d'un noir profond ; un bouquet de plumes longues et effilées rousses couvrant les oreilles ; haut de la poitrine d'un brun noirâtre, nuancé de roussâtre ; dos d'un noir peu lustré ; flancs, cuisses et bas du croupion marron, mélangé de noirâtre ; le reste des parties inférieures d'un blanc pur ; base du bec rougeâtre ; iris et paupières d'un rouge vermillon ; pieds noirâtres, vus en dessus ; d'un cendré verdâtre en dessous. Longueur, 11 à 12 pouces.

Les *jeunes de l'année* ressemblent à ceux de l'espèce précédente, mais ils s'en distinguent en ce que le blanc des joues est plus étendu et descend sur les côtés du cou ; l'iris est d'une seule couleur, et le bec est recourbé un peu en haut.

Le Grêbe-Oreillard est assez répandu dans nos alentours ; il n'est pas rare surtout sur nos étangs, où on le tue assez souvent pendant l'hiver, quand on fait la chasse aux *Foulques*. Cet oiseau a le vol très-rapide ; on le voit raser la surface des eaux avec la vivacité d'un trait ; et s'il arrive qu'on veuille le tirer alors qu'il est sur l'eau, on le voit bien des fois se soustraire comme par enchantement à une mort que tout autre espèce ne saurait éviter. Au moment de la saison des amours, les Grêbes Oreillards se retirent dans l'épaisseur des marais les plus épais de nos contrées pour s'y reproduire.

Cette espèce est très-commune dans presque tous les pays

du Nord et du Midi. Sa nourriture consiste en petits poissons, en frai, en insectes et en herbes. J'ai souvent trouvé des plumes roulées en pelotes dans son estomac. Les roseaux des lacs et des rivières, aussi bien que ceux des marais, lui conviennent pour nicher. La ponte est de 3 à 4 œufs, d'un vert blanchâtre, comme sali de brun.

GRÊBE CASTAGNEUX. — *PODICEPS MINOR.*

Noms vulg. : *Cabussié*, *Plouzoún dé Riviéiro.*

Le Grêbe de Rivière ou Castagneux, Buff. — Le Petit Grêbe Castagneux, *Colimbus Minor*, Cuv. — Grêbe Castagneux, *Podiceps Minor*, Vieill. — Grêbe Castagneux, *Podiceps Minor*, Temm. — Le Grêbe Castagneux, *Podiceps Minor*, Roux.

Dessus de la tête, nuque et gorge noirs; côtés et devant du cou d'un marron vif; parties supérieures d'un noir teint d'olivâtre, poitrine et côtés du corps d'un brun noirâtre; ventre et abdomen d'un blanchâtre enfumé; bec noir, mais son extrémité est jaunâtre; iris couleur de laque rouge; pieds verdâtres, fortement dentelés à leur partie postérieure; ils sont couleur de chair à l'intérieur. Longueur, de 9 à 10 pouces.

Les *jeunes* n'ont point les joues et le devant du cou marron; le noir de la tête, du cou et de la poitrine est remplacé par du blanc ou du grisâtre; sur la poitrine et les flancs l'on voit une faible nuance de roux clair, selon l'âge.

Ce Grêbe forme la plus petite des espèces qui vivent en

Europe ; il est sédentaire dans nos environs ; on peut le rencontrer sur les eaux du Rhône comme sur celles du Gardon, du Vidourle et dans toute l'étendue de nos étangs et de nos marais. Ses habitudes tiennent de celles de tous ses congénères, mais sa chair, qui devient fort grasse, est d'un meilleur goût.

Le Castagneux est rare dans le Nord, et son apparition sur les bords de la Méditerranée n'est pas fréquente. Sa nourriture est celle des espèces précédentes. Son nid se trouve dans les roseaux, placé de manière qu'il porte sur la surface de l'eau. La ponte est de 5 à 7 œufs oblongs, d'un blanc verdâtre, ombré de brun.

ORDRE QUINZIÈME.

PALMIPÈDES. — *PALMIPEDES*.

Caractères : Leurs pieds, faits pour la natation, c'est-à-dire implantés à l'arrière du corps, portés sur des tarses courts, comprimés et palmés entre les doigts, les caractérisent. Un plumage serré, lustré, imbibé d'un suc huileux, garni près de la peau d'un duvet épais, les garantit contre l'eau, sur laquelle ils vivent. Ce sont aussi les seuls oiseaux où le tarse dépasse quelquefois de beaucoup la longueur des pieds, parce qu'en nageant à la surface ils ont souvent à chercher dans la profondeur (Cuv., Règne Anim.).

L'ordre des oiseaux Palmipèdes est très multiplié en espèces, que l'on rencontre sur toutes les mers du globe et sur leurs côtes. Ils sont voyageurs et leurs courses sont souvent très grandes ; quelques-uns se réposent sur l'eau après en avoir longtemps effleuré la surface ; d'autres fendent les ondes et plongent à une grande profondeur ; il en est aussi qui ne vont à terre que par accident ou pour pondre leurs œufs. Leur nourriture consiste en poissons, en frai, en insectes aquatiques et en coquillages ; un petit nombre y joignent des végétaux.

GENRE QUATRE-VINGT-UNIÈME.

HIRONDELLE DE MER. — *STERNA*. (Linn.)

Caractères : Bec de la longueur ou plus long que la tête, subulé, comprimé latéralement, pointu, un peu fléchi à sa pointe. Narines placées au milieu du bec, longitudinales. Pieds petits, nus au-dessus du genou. Doigts antérieurs réunis par une membrane. Queue plus ou moins fourchue. Ailes très longues, terminées en pointe; la 1re rémige la plus longue.

Ce genre comprend un grand nombre d'espèces qu'on trouve sur toute la surface du globe. Ce sont des oiseaux affamés et criards, sans cesse en mouvement, et dont le vol rapide les transporte en un instant à de grandes distances; ils se reposent indistinctement sur l'eau comme sur la terre, mais ils ne nagent point. Les femelles ne construisent point de nid ; elles se contentent de déposer leurs œufs sur le sable ou sur les rochers, près des écueils. Ils vivent en société et s'entr'aident au moment du danger, en chassant, d'un commun accord, les oiseaux de rapines qui menacent la vie de leurs petits.

HIRONDELLE DE MER TSCHEGRAVA. — *STERNA GASPIA.*

Noms vulg. : *Grand Fumé, Gaffetto à bé roujhé.*

Hirondelle de Mer Tschegrava, Sonn., nouvelle édition de Buff. — Hirondelle de Mer Tschegrava, *Sterna Gaspia*, Temm.

Nuque, dos, scapulaires et toutes les couvertures des ailes d'un cendré bleuâtre; rémiges terminées et bordées de noirâtre, brun cendré sur le reste; baguettes blanches; un espace sur le sommet de la tête et front d'un blanc pur; l'occiput est varié de noir et de blanc; toutes les autres parties du plumage d'un blanc uniforme, en exceptant la queue qui, légèrement lavée de cendré bleuâtre, est un peu fourchue; bec d'un beau rouge vermillon, un peu brun sur les côtés, vers le bout; iris jaunâtre; pieds noirs. Longueur, 20 à 22 pouces, les *deux sexes en plumage d'hiver.*

En été, le front, toute la tête et les longues plumes de l'occiput sont d'un noir profond; le reste du plumage comme en *hiver*; il est seulement plus lustré.

Cette Hirondelle de Mer est la plus grande de celles qu'on rencontre en Europe. Sa taille élancée, son plumage argenté et son énorme bec, qui est d'un beau rouge, en font un superbe oiseau. Elle est rare dans nos marais, où elle ne se montre pas tous les ans, et lorsque son apparition a lieu, c'est toujours en très-petit nombre qu'on la voit.

Les pays où l'on trouve plus communément cette espèce sont les bords de la Baltique, la mer Caspienne, l'Archipel et l'île de Sylt ; accidentellement partout ailleurs. Sa nourriture consiste en poissons vivans. C'est dans un petit creux, sur le sable ou sur les rocs nus qui bordent la mer, que la femelle pond 2 ou 4 œufs d'un vert grisâtre, parsemé de grandes taches brunes et d'un noir profond.

HIRONDELLE DE MER CAUGEK. — *STERNA CANTIACA.*

Nom vulg. : *Gros Fumé.*

Hirondelle de Mer a Dos et Ailes Bleuatres, Sonn., nouvelle édition de Buff. — Hirondelle de Mer, Rayée, id. — Sterne Boys, *Sterna Boysii*, Vieill. — Hirondelle de Mer Caugek, *Sterna Cantiaca*, Temm.

Front, tête et très longues plumes de l'occiput d'un noir profond ; dos, manteau et ailes d'un cendré bleuâtre ; les rémiges bordées intérieurement jusqu'au tiers de leur longueur et terminées de noirâtre, blanches sur le reste de leur partie interne ; queue très fourchue ; les pennes du milieu légèrement cendrées, les autres blanches ; côtés, devant du cou et poitrine d'un blanc rosé ; toutes les autres parties d'un blanc pur ; bec noir, un peu jaune d'ocre à son extrémité ; pieds noirs, mais jaune d'ocre sous la plante ; iris brun. Longueur, 15 pouces et demi, les *vieux au printemps*.

La *livrée d'hiver* diffère en ce que le front et le sommet de la tête sont d'un blanc pur, et seulement variés par de petites taches noires sur le centre des plumes ; les longues plumes noires de l'occiput sont frangées de blanc ; un croissant en avant des yeux ; le reste ne change pas.

Les *jeunes* ont les plumes de la tête mêlées de blanc, de noir et de roussâtre très clair ; les parties supérieures du dos et les scapulaires d'un roux blanchâtre, rayé en travers de brun noirâtre.

L'Hirondelle Caugek n'est pas rare au printemps ; au moment de son passage, on la trouve, volant par petites troupes, sur nos étangs et nos marais. Elle ne montre pas une grande défiance pour le chasseur, et les coups de fusil ne la font pas fuir ; j'en ai abattu plusieurs sur le même lieu, sans que pour cela les autres en parussent effrayées.

On peut rencontrer cette espèce sur presque toutes les côtes maritimes du globe, mais peu souvent dans l'intérieur des terres, car elle semble fuir les eaux douces. Elle se nourrit de poissons vivans. C'est en grandes troupes qu'elle niche sur les bords de la mer, dans les marais, ou sur les rochers nus. Sa ponte est de 2 ou 3 œufs blancs, tachetés de noirâtre ou marbrés de brun et de noir.

HIRONDELLE DE MER DOUGALL. — *STERNA DOUGALLI.*

Nom vulg. : *Fûmé.*

Sterne Dougall, *Sterna Dougalli*, Vieillot. — Hi-

RONDELLE DE MER DOUGALL, *Sterna Dougalli*, Temm.

Dessus de la tête et la nuque d'un noir profond; parties supérieures, y compris les ailes, d'un blanc légèrement cendré; cou, poitrine, ventre et toutes les parties inférieures ainsi que la queue d'un blanc pur et lustré, une teinte rosée existe sur la poitrine; queue très fourchue; les pennes latérales, dépassant les ailes en longueur d'environ deux pouces et demi; du noir sur le bord intérieur de la première rémige; les autres, qui sont cendrées, ont du blanc sur leurs barbes internes; bec long, mince, noir; pieds couleur oranges; ongles noirs et faibles; les *deux sexes au printemps et en été.*

Cette espèce est rare chez nous, du moins je ne l'ai trouvée que deux fois parmi des liasses d'autres Hirondelles de Mer que l'on apporte sur le marché de notre ville. On la dit très répandue sur toutes les côtes de l'Angleterre, particulièrement sur celle d'Ecosse; elle vit aussi en Norwège. C'est de poissons vivans qu'elle fait sa nourriture. M. Temminck vient de nous apprendre qu'elle se multiplie dans les îles Fern et en Bretagne, dans l'île aux Dames, où elle place son nid à la cime des rochers. Ses œufs sont d'un blanc de lait, marqué de taches et de points noirs.

HIRONDELLE DE MER PIERRE GARIN. — *STERNA HIRUNDO.*

Nom vulg. : *Fúmé dé la Testo Nègro.*

L'HIRONDELLE DE MER PIERRE GARIN, Buff. — Le PIERRE

Garin ou à Bec Rouge, Cuv. — Sterne Pierre Garin, *Sterna Hirundo*, Vieill. — Hirondelle de Mer Pierre Garin, *Sterna Hirundo*, Temm.

Front, tête et occiput d'un beau noir; tout le dessus du corps, ailes d'un joli gris un peu bleuâtre; parties inférieures d'un blanc pur; pennes des ailes d'un cendré bleuâtre, mais d'un cendré brun à leur extrémité; queue très fourchue, blanche, avec du brun cendré sur les barbes extérieures des deux pennes latérales; bec d'un beau rouge cramoisi, noir à la pointe; iris d'un brun rougeâtre; pieds rouges; ongles noirs.

Les *jeunes*, *avant la mue d'automne*, ont le front et une partie du sommet de la tête d'un gris blanc, avec des taches noirâtres vers l'occiput; les longues plumes de l'occiput sont d'un brun noir, ensuite blanchâtres; parties supérieures variées de brun clair et de blanc sale; parties inférieures d'un blanc terne; pennes de la queue blanchâtres à leur extrémité; base du bec un peu orangé.

Cette espèce n'est pas rare autour de nos étangs salés et sur les plages de la mer, où elle arrive au printemps et n'en repart qu'en automne. Son vol est rapide et haut. Elle est criarde : on l'entend fréquemment jeter un cri aigre et perçant. Le Pierre Garin est très répandu; on le trouve sur une grande étendue des côtes maritimes du globe. Sa nourriture se compose également de poissons vivans ou morts; il y joint aussi des insectes aquatiques. Cette Hirondelle de Mer niche en troupes dans les mêmes lieux. C'est à terre, sur le sable nu, souvent dans l'empreinte du pied d'un cheval, sur le bord des étangs ou de la grève, que la femelle dépose 2 ou 3 œufs, d'un brun on d'un cendré olivâtre ; marqué de beaucoup de taches cendrées et noirâtres. Ces œufs sont gros et varient considérablement pour la couleur et la distribution des taches.

HIRONDELLE DE MER MOUSTAC. — *STERNA LEUCOPAREIA*.

Nom vulg. : *Fûmé.*

STERNE DE LA MOTTE, *Sterna de La Motte*, Vieill. — *Sterna Leucopareia*, Natterer. — HIRONDELLE DE MER MOUSTAC, *Sterna Leucopareia*, Temm.

Front, haut de la tête, occiput et nuque d'un noir profond; toutes les parties supérieures d'un cendré bleuâtre ; gorge d'un blanc un peu cendré, qui se fond sur la poitrine en cendré pur et en cendré noirâtre, sur le ventre et sur les flancs; une bande blanche prend naissance au coin de la mandibule supérieure, passe au-dessous des yeux et couvre l'orifice des oreilles ; queue de la même couleur que les grandes pennes des ailes, mais les couvertures inférieures d'un blanc pur; bec et pieds rouges; iris noir. Longueur, 10 pouces 6 lignes, le *mâle* et la *femelle en habit de printemps et d'été.*

En hiver, toute la tête et les parties inférieures d'un blanc pur; une tache noire derrière les yeux; le reste du plumage diffère peu de la livrée d'*été*.

La Moustac arrive au printemps dans les parties inondées de notre pays, mais elle n'y est jamais commune. Comme ses congénères, elle jette des cris fréquens en volant; elle s'arrête quelques instans au-dessus de l'eau, guette sa proie, puis s'y laisse tomber dessus d'aplomb pour la saisir. Elle niche, en petit nombre, dans nos marais, au milieu des jonchaies, et nous quitte en automne.

Cette Hirondelle de Mer est assez répandue dans les vastes marais des parties orientales de l'Europe. On dit qu'elle niche aussi sous l'équateur, jamais dans le Nord. Ses œufs, que l'on n'a point encore décrits, me sont également inconnus, malgré tout ce que j'ai pu faire pour me les procurer.

HIRONDELLE DE MER LEUCOPTÈRE. — *STERNA LEUCOPTERA.*

Nom vulg. : *Fûmé dis Alos Blanquos.*

Sterne Leucoptère, *Sterna Leucoptera*, Vieill. — Hirondelle de Mer Leucoptère, *Sterna Leucoptera*, Temm.

Tout le plumage d'un noir profond, excepté les petites couvertures des ailes; la queue, les couvertures supérieures et inférieures d'un blanc pur; grandes couvertures des ailes et pennes secondaires d'un cendré bleuâtre; grandes pennes d'un cendré noirâtre; iris noir; bec et pieds d'un rouge de corail. Longueur, 9 pouces 3 ou 4 lignes, les *vieux au printemps*.

Les *jeunes* : blanc de l'aile nuancé de cendré ; front et queue de la dernière couleur ; pointe du bec noirâtre, le noir du plumage teint de cendré.

L'Hirondelle de Mer Leucoptère arrive dans nos marais vers la fin d'avril, presque toujours en compagnie de *La Moustac*, car je ne les ai guère rencontrées l'une sans l'autre. L'oiseau dont il s'agit est facile à distinguer quand il vole même parmi les nuées de la *Sterna Nigra* ; ses ailes blanches le font toujours reconnaître de loin. Cette espèce ne se montre jamais dans le Nord. On la trouve sur toutes les côtes de la Méditerranée au moment de ses passages ; elle visite aussi les rivières et les marais au-delà des Alpes. Elle se nourrit d'insectes et de vers aquatiques, ainsi que de demoiselles qui volent au-dessus des eaux, et quelquefois de petits poissons. Propagation inconnue.

HIRONDELLE DE MER ÉPOUVANTAIL. — *STERNA NIGRA.*

Nom vulg. : *Fûmé dei Négrés.*

Hirondelle de Mer a Tête Noire ou Cachet, Buff. — Guiffette Noire ou Épouvantail, id. — La Guiffette ; id. — L'Hirondelle de Mer Noire, Cuv. — Sterne Épouvantail, *Sterna Nigra*, Vieill. — Hirondelle de Mer Épouvantail, *Sterna Nigra*, Temm.

Tête et partie postérieure du cou d'un noir profond ; front, *lorum*, gorge et tout le devant du cou, jusqu'à la poitrine, d'un blanc pur ; parties inférieures d'un noir cendré ; toutes les parties supérieures d'un cendré bleuâtre ou couleur de plomb ; couvertures inférieures de la queue d'un blanc pur; iris brun; bec noir; pieds d'un noir rougeâtre. Longueur, 9 pouces 3 ou 4 lignes, les *vieux en hiver*.

Au printemps et en été, toutes les parties du plumage sont d'un noirâtre plus ou moins foncé.

Cette espèce, la plus commune du genre, arrive en grandes bandes vers la fin du mois d'avril; non-seulement on la voit au milieu des étangs et des marais, mais elle se montre aussi dans l'intérieur des terres, sur les rivières et même les ruisseaux où coule une eau saumâtre. Elle montre un grand amour pour ses semblables; aussi suffit-il d'en tenir un seul individu attaché au milieu des filets pour en prendre un nombre considérable; de même, si l'on en blesse un, tous les autres s'arrêtent en volant au-dessus et se laissent tuer; il arrive qu'on en apporte jusqu'à cinquante douzaines à la fois sur notre marché. Cette Hirondelle est répandue jusque très avant dans le Nord. Sa nourriture ressemble à celle de l'espèce précédente. Elle niche dans nos marais, sur quelques élévations, au milieu de l'eau ou sur les bords, ainsi que sur les feuilles du nénuphar qui flottent sur les eaux. Sa ponte est de 2 à 4 œufs d'un vert sale, marqué de beaucoup de taches brunes et noires, qui forment une zone vers le milieu.

PETITE HIRONDELLE DE MER. — *STERNA MINUTA*.

Noms vulg. : *Gaffetto, Pichoto Hiroundèlo dé Mar.*

PETITE HIRONDELLE DE MER, Buff. — STERNE PETIT, *Sterna Minuta*, Vieill. — LA PETITE HIRONDELLE DE MER, Cuv. — PETITE HIRONDELLE DE MER, *Sterna Minuta*, Temm.

Une bande noire entre le bec et l'œil; haut

de la tête et nuque d'un noir profond ; front, un trait au-dessus des yeux, gorge, côtés du cou, poitrine et toutes les parties inférieures d'un blanc pur, lustré; manteau et ailes d'un cendré bleuâtre ; queue blanche; bec d'un jaune orangé, mais noir à la pointe; pieds d'un rouge orangé. Longueur, 8 pouces 5 lignes, les *mâles* et *femelles vieux, dans toutes les saisons.*

Les *jeunes* ont la tête et la nuque brunâtres et rayées en travers de noirâtre; une tache de cette couleur en avant et derrière les yeux; front nuancé de jaune rembruni; dessous du corps d'un gris roussâtre; pennes des ailes et de la queue terminées de blanc jaunâtre.

Cette Hirondelle, la plus petite de celles qui habitent l'Europe, n'est pas rare dans notre pays durant l'été : on la trouve le long du Rhône, ainsi qu'au bord de nos étangs et de nos marais les plus rapprochés de la mer. Elle est vive et audacieuse. Si elle guette quelques petits poissons qui se trouvent à la surface de l'eau, on la voit se soutenir à une certaine hauteur, par des battemens d'ailes précipités, puis, tout-à-coup, elle se laisse tomber et s'empare de sa proie avec une subtilité étonnante, et cela quoiqu'on ne soit séparé d'elle que par une faible distance. Elle crie souvent en volant.

Cette espèce est répandue jusque fort avant dans le Nord, presque toujours surs les bords de la mer; on la trouve aussi dans quelques pays d'outre mer. Sa nourriture se compose principalement d'insectes d'eau, de frai, de vers marins et souvent aussi de petits poissons. Elle niche au bord de nos étangs et sur la grève de la mer.

Elle arrive au printemps et nous quitte en automne.

GENRE QUATRE-VINGT-DEUXIÈME.

MOUETTE *. — *LARUS*. (Linn.)

Caractères : Bec robuste, long ou moyen, comprimé, tranchant. Mandibule supérieure, crochue vers le bout. Mandibule inférieure, renflée et anguleuse en dessous. Narines longitudinales situées au milieu du bec, percées de part en part. Pieds grêles, dénués de plumes au-dessus du genou. Tarses longs. Doigts antérieurs réunis par une membrane entière; le doigt postérieur libre, faible. Ailes longues; 1re et 2e rémiges les plus longues.

Le genre Mauve est composé d'oiseaux qui vivent en bandes sur toutes les limites de la mer. Ils sont aussi gourmans que lâches ; toujours affamés, ils cherchent leur nourriture en criant ; ils se rabattent sur tout : mangent aussi bien les charognes que les poissons vivans ou morts. On les rencontre loin, au large. Ils méprisent les plus fortes tempêtes et semblent s'en réjouir. Leur vol est continu ; mais s'ils ont besoin de repos, ils se posent sur la surface des flots. Leur mue est double, et les sexes ne diffèrent à l'extérieur que par la taille.

MOUETTE A MANTEAU NOIR. — *LARUS MARINUS.*

Noms vulg. : *Coulaou, Gabian.*

Le Goêland Manteau Noir, Buff. — Le Goêland Va-

* Ayant adopté la méthode de M Temminck, je dois, à son exemple, changer le nom du *Goêland,* que portent encore dans plusieurs ouvrages les trois premières espèces de ce genre, en celui de *Mouette,* tout en conservant les synonymies des auteurs que je cite.

rié ou Grisard , Buff. , les *jeunes*. — Goêland a Manteau Noir , *Larus Marinus*, Vieill. — Goêland a Manteau Noir , Cuv. Mouette a Manteau Noir , *Larus Marinus*, Temm.

Plumes de la tête et la nuque blanches, avec une raie d'un brun clair sur leur milieu ; front et toutes les parties postérieures d'un blanc pur ; dos et scapulaires noir foncé , nuancé de bleuâtre ; rémiges d'un noir profond vers le bout , blanches à leur extrémité ; bec d'un jaune blanchâtre; angle de la mandibule inférieure et bord nu des yeux rouges ; iris d'un jaune brillant ; pieds d'un blanc mat. Longueur, 4 pieds 5 ou 6 pouces , les *vieux en hiver*.

Au printemps et en été, toute la tête d'un blanc pur ; bord nu des yeux orangé ; le reste du plumage, comme en *hiver*.

Les *jeunes* varient beaucoup , selon l'âge.

Cette grande espèce est très rare dans notre pays ; je ne puis en citer que fort peu d'exemples , comme provenant de nos localités. Elle se plaît à vivre sur les bords de la mer, qu'elle n'abandonne presque jamais. Les pays du Nord, tels que les Orcades , les Hébrides, les côtes de la Manche, celles d'Angleterre et de Hollande , sont les lieux où cet oiseau se trouve communément durant ses passages. Sa nourriture est la même que celle de la *Mouette à Manteau Bleu*. On dit qu'il niche dans les falaises et sur les rochers, dans les régions du cercle arctique. La femelle pond 3 ou 4 œufs d'un vert olivâtre très foncé , marqué de quelques grandes et petites taches d'un brun noirâtre.

MOUETTE A MANTEAU BLEU. — *LARUS ARCENTATUS.*

Noms vulg. : *Coulaou, Gabian.*

Le Goêland a Manteau Gris et Blanc, Buff., *en habit d'hiver.* — Le Goêland a Manteau Gris ou Cendré, Buff., *le même en été.* — Le Goêland a Manteau Bleu, Vieill. — Mouette a Manteau Bleu, *Larus Argentatus,* Temm.

Tête et cou blancs, mais rayés longitudinalement de brun clair ; front et toutes les parties de dessous le corps, sans distinction, d'un blanc parfait; tout le dessus du corps d'un bleuâtre pur; rémiges terminées par du noir et du blanc; bec d'un jaune d'ocre, avec du rouge à l'angle de la mandibule inférieure ; paupières et iris jaunes ; pieds couleur de chair livide, *en hiver.*

Au printemps et en été, toute la tête, région des yeux et cou d'un blanc parfait, sans taches brunes ; le reste de la *livrée* comme en *hiver.*

Les *jeunes,* jusqu'à l'âge de trois ans : tête, cou et toutes les parties inférieures d'un gris foncé, varié par du brun clair ; plumes des parties supérieures de cette couleur, dans le milieu, mais frangées de blanc roussâtre ; rectrices blanchâtres à leur base, et ensuite une nuance plus sombre, qui est terminée de roussâtre; pennes des ailes d'un brun noirâtre, blanches à leur extrémité; bec de cette couleur; iris et paupières bruns; pieds d'un brun livide.

Cette Mouette, connue sous le nom de *Goéland à Manteau bleu*, reste sédentaire le long des côtes maritimes qui bordent notre territoire au sud ; elle s'avance jusqu'assez avant sur la mer, où on la voit s'éloigner et revenir en un moment. Elle n'est pas très méfiante : il suffit de placer une dépouille de son espèce quelque part pour l'attirer en grand nombre lorsqu'elle passe. Les habitans du Grau-du-Roi, près d'Aiguesmortes, en tuent à l'aide d'un tel piége. Rarement on la voit dans l'intérieur des terres. Elle s'apprivoise bien en domesticité et se défend avec courage contre ses ennemis.

Cette espèce reste toute l'année sur les côtes de la mer ; elle n'est pas rare en France et dans quelques autres pays voisins ; il lui arrive aussi de se répandre sur les lacs d'eau douce et sur les rivières. Elle mange des poissons vivans ou morts, du frai, des charognes, etc. Les bords des nos étangs salins les plus déserts et les plages de la mer sont les endroits, chez nous, où l'espèce niche. La ponte est de 3 ou 4 œufs d'un vert olivâtre, très obscur, marqué de grandes et de petites taches presque noires.

MOUETTE A PIEDS JAUNES. — *LARUS FUSCUS*.

Noms vulg. : *Coulaou*, *Gabian*.

Goêland a Pieds Jaunes, *Larus Flavipes*, Vieill. — Le Goêland a Pieds Jaunes, Cuv. — Mouette a Pieds Jaunes, *Larus Flavipes*, Temm.

Sommet de la tête, région des yeux, occiput, nuque et côtés du cou blancs, mais toutes les plumes portent une raie longitudinale d'un brun clair; bas du dos, front et toutes les parties inférieures, y compris la queue, d'un blanc parfait; manteau, scapulaires et couvertures supérieures des ailes d'un noir ombré de cendré ; rémiges noires, avec du blanc vers le bout des deux extérieures, et du blanc à l'extrémité des autres; bec, iris et pieds jaunes; angle de la mandibule inférieure d'un rouge vif; bord nu des yeux rouge.

Au printemps et en été, sommet de la tête, joues, occiput et cou d'un blanc sans taches ni raies brunes; tout le reste du plumage comme en *hiver*.

Cette Grosse Mouette ou *Gabian*, en langue du pays, vit sédentaire sur les bords des côtes de la mer de nos départemens méridionaux. Les chasseurs d'Aiguesmortes et des Saintes-Maries en tuent très souvent; et j'en ai vu plusieurs fois, chez les pêcheurs qui habitent nos marais, vivant comme des poules autour de leurs demeures, toutefois après avoir été privées de leurs ailes.

La Mouette à Pieds Jaunes est très répandue dans les contrées de l'Europe et dans l'Amérique septentrionale. Elle niche au bord de nos étangs les plus proches de la mer, et sur les dunes. La ponte est de 2 ou 3 œufs d'un gris brun, marqué de taches noires.

MOUETTE A PIEDS BLEUS. — *LARUS CANUS*.

Noms vulg. : *Gafféto, Pijhoun dé Mar*.

MOUETTE A PIEDS BLEUS OU GRANDE MOUETTE CENDRÉE, les vieux en livrée d'hiver, Buff. — La MOUETTE D'HIVER, des individus avant l'âge de deux ans, Buff. — Mouette a Pieds Bleus, Cuv. — Mouette a Pieds Bleus, *Larus Canus*, Vieill. — Mouette a Pieds Bleus, *Larus Canus*, Temm.

Dessus de la tête, région des yeux et des oreilles, nuque, occiput, côtés du cou et de la poitrine blancs, mais parsemés de petites taches brunes; toutes les autres parties inférieures d'un blanc pur; dos et ailes d'un joli cendré bleuâtre pur; rémiges noires, les deux premières ont une tache vers le bout, et sont terminées de noir : toutes les autres ont un espace blanc sur leur partie interne et sont terminées de cette couleur; queue blanche; bec d'un jaune d'ocre, qui est d'un bleu verdâtre à sa base; iris brun; tour des yeux rougeâtre; pieds d'un cendré bleuâtre, nuancé de jaunâtre. Longueur, 16 pouces et quelques lignes, les *vieux en livrée d'hiver*.

Au printemps et en été, point de taches brunes; toutes les parties qui en portent *en hiver*, sont entièrement blanches; le bec est tout d'une couleur, d'un jaune d'ocre; le tour des yeux est d'un beau rouge vermillon; le reste comme *en hiver*.

Les *jeunes*, jusqu'à l'âge de deux ans, varient beaucoup.

Cette Mouette est assez répandue sur nos côtes maritimes. Elle y arrive en automne et y passe l'hiver. Aux approches des tempêtes et des orages, elle s'avance par troupes dans les terres, et c'est alors qu'elle est facile à tuer. En été cette espèce se rend dans les régions froides du nord de l'Europe où elle niche. C'est, dit-on, dans les herbes, près de l'embouchure des fleuves ou sur les plages de la mer, qu'elle pond 3 œufs d'une teinte ocracée blanchâtre, marquée de taches irrégulières noires et cendrées. Sa nourriture consiste en poissons vivans, qu'elle pêche et auxquels elle joint des vers, des insectes marins et des coquillages bivalves.

MOUETTE TRIDACTYLE. — *LARUS TRIDACTYLUS.*

Nom vulg. : *Gafféto d'aou Bé jhaounè.*

Mouette Cendrée Tachetée, Buff. — Mouette a Trois Doigts, Cuv. — Mouette Tridactyle, *Larus Tridactylus*, Vieill. — Mouette Tridactyle, *Larus Tridactylus*, Temm.

Front, côtés du cou, gorge, un espace sur le haut du dos, et tout le dessous du corps d'un blanc parfait; croupion et queue de cette couluer; sommet de la tête, nuque et une partie des côtés du cou, dos et ailes d'un cendré bleuâtre pur ; la rémige extérieure bordée de noir dans toute sa longueur; les quatre suivantes terminées de noir, portent une tache de cette couleur vers leur extrémité, mais elles sont blanches au bout et sur la baguette ; bec d'un jaune verdâtre ; tour des yeux et bouche d'un rouge orange; iris brun ; pieds d'un brun foncé. Longueur 15 pouces 1|2, les *vieux en hiver.*

Au printemps et en été, toute la tête et les côtés du cou d'un blanc parfait, sans aucune trace de cendré bleuâtre ; le reste du plumage comme *en hiver*, les *vieux*.

Les *jeunes* ont la tête, le cou et toutes les parties inférieures plus ou moins blanches, selon l'âge ; un croissant noir en avant des yeux ; un espace d'un cendré bleuâtre, foncé sur la région des oreilles ; occiput marqué de noirâtre ; une tache large d'un demi-pouce au-dessous de la nuque et en forme de croissant, ainsi que le poignet de l'aile et son bord supérieur, noirâtres ; une bande noire au bas de la queue, quelquefois terminée de blanchâtre ; manteau et ailes d'un cendré bleuâtre clair ; bec et iris noirs ; pieds jaunâtres.

Cette espèce se trouve, en automne et en hiver, dans notre pays ; elle fréquente les étangs salés et les bords de la mer. Elle n'est pas craintive : on la voit voler dans les ports au milieu des navires et s'emparer de ce que les marins jettent à l'eau [*].

A l'aproche du printemps, la Tridalyte se rend dans les régions arctiques ; c'est là qu'elle niche sur les rochers qui

[*] Cet hiver 1840, une vingtaine de ces oiseaux vinrent voler sur les bassins de notre Fontaine, et se posèrent ensuite sur sa source, malgré une foule de curieux qui les suivaient. Comme ma demeure est en face, je pris un fusil et j'en abattis quatre d'un seul coup. On sait le désordre que manquèrent d'occasionner ces Mouettes, par l'acharnement avec lequel plusieurs personnes, sorties de leurs maisons avec des fusils, leur firent la chasse, même au milieu des promeneurs et des femmes qui lavaient leur linge dans le bassin de la Bouquerie. Je rappelle ici ces faits parce qu'un grand nombre de personnes m'ont souvent interrogé sur l'apparition de ces *Mauves* au sein de notre cité.

bordent la mer. La ponte est de 3 œufs d'un blanc olivâtre, marqué d'un grand nombre de petites taches plus foncées et de quelqu'autres moins distinctes.

MOUETTE A BEC GRÊLE *. *LARUS TENUIROSTRIS.*

Noms vulg. : *Gafféto, Pijhoun dé Mar.*

Mouette a Bec Grêle, *Larus Tenuirostris*, Temm.

Toute la tête, le cou, la poitrine, les parties inférieures, le croupion et la queue d'un blanc parfait ; mais le devant du cou, la poitrine, le ventre et les flancs fortement nuancés de rose : cette teinte est très vive si on relève les plumes ; dos, manteau et couvertures du dessous des ailes d'un cendré bleuâtre très clair ; les quatre premières rémiges d'un beau blanc, la première bordée de noir jusque près de sa pointe qui est de cette couleur ; les trois suivantes ont leurs grands bouts noirs ; cette même couleur remonte en large bordure sur leur partie interne ; la cinquième et la sixième cendrées, mais leur bout et leurs barbes intérieures noirs ; bec brun, à bout noirâtre ; la mandibule inférieure un peu couleur de laque rouge ; tour des yeux et pieds d'un rouge orange ; iris d'un brun rougeâtre. Longueur, 16 pouces 7 lignes, *au printemps et en été*. La livrée d'hiver est encore inconnue.

Cette Mouette est toute nouvelle parmi les espèces de ce

* Le bec, pris de son ouverture jusqu'à son extrémité, mesure 2 pouces 1 ligne et demie.

genre. Elle paraît être du Midi et n'habiter que les bords de la Méditerranée ; M. Temminck, qui vient de la publier cette année 1840, n'a encore vu que deux sujets qui lui ont été envoyés par M. Cantraine : l'un a été tué à Messine, l'autre vient aussi de la Sicile. Mais M. Temminck n'est pas bien fondé sur l'état du plumage de cet oiseau, et ce savant, tout en pensant que la livrée par lui décrite paraît être d'été, n'ose pourtant l'affirmer d'une manière positive. Je dois dire que M. Temminck avait raison de penser que la livrée des individus qu'il a décrits, était en parure de *noce*, puisque celui que je possède et qui est en tout semblable à ceux qu'il a vus, a été tué sur nos côtes à l'époque du mois de mai. Je ne pense pas que la Mouette à bec grêle, soit bien commune dans nos parages. Celle qui figure dans ma collection est la seule que j'aie rencontrée. La dépouille de cet oiseau m'a été remise par les demoiselles Fajon, filles de feu le président de ce nom ; mais je n'ai pu m'assurer de sa nourriture, qui doit être la même que celle de ses congénères. Propagation inconnue.

MOUETTE RIEUSE ou A CAPUCHON BRUN.
LARUS RIDIBUNDUS.

Noms vulg. : *Gafféto*, *Pijhoun dé mar*.

La Mouette Rieuse, Buff. — La Mouette Rieuse, *Larus Ridibundus*, Vieill. — La Mouette a Pieds Rouges, Cuv. — La Mouette Rieuse ou a Capuchon Brun, *Larus Ridibundus*, Temm.

Une tache noire placée en avant des yeux, et une plus grande de couleur noirâtre sur l'orifice des oreilles ; le reste du plumage de la tête et du cou d'un blanc parfait ; queue de cette couleur ; poitrine et parties inférieures d'un blanc teint de rose ; parties supérieures d'un cendré bleuâtre peu foncé ; rémige d'un blanc pur ; l'extérieure bordée de noir jusqu'aux deux tiers de sa longueur, terminée de cette couleur ; iris d'un brun foncé ; bec et pieds d'un rouge vermillon. Longueur, 14 ou 15 pouces, les *vieux pendant l'hiver.*

Au printemps et en été, tête et haut du cou d'un brun noirâtre ; paupières entourées de petites plumes blanches ; le blanc des parties de dessous le corps est fortement coloré de rose ; bec et pieds couleur de laque ou de carmin foncé ; les autres parties du corps comme en hiver.

Les *jeunes de l'année* ont du brun clair, du roussâtre et des lunules brunes dans leur plumage.

Le nom de Mouette Rieuse, donné à cette espèce, lui vient du son de sa voix qui a quelque ressemblance avec un éclat de rire. On la trouve toute l'année chez nous, mais elle est beaucoup plus commune en automne et au printemps que dans tout autre saison de l'année. Elle fréquente en été les rivières et les lacs salés ; l'hiver on la trouve sur les bords de la mer. Elle se nourrit d'insectes d'eau, de vers, de frai et de petits poissons. C'est dans les herbes et dans les prairies voisines de la mer et de l'embouchure des fleuves, que la femelle pond 3 œufs, d'un olivâtre foncé ou clair, plus ou moins couvert de taches brunes et noires ; comme chez la plupart de ses congénères, ses œufs varient beaucoup.

MOUETTE PYGMÉE. — *LARUS MINUTUS.*
Nom vulg. : *Gaféto.*

La Plus Petite des Mouettes, Sonn., édit. de Buff.—
La Mouette Rieuse de Sibérie, *id.*—La Mouette Pygmée, *Larus Minutus*, Temm.

Front, *lorum*, une tache derrière les yeux, gorge et toutes les autres parties inférieures d'un blanc parfait; occiput, nuque, tache en avant des yeux et sur l'orifice des oreilles d'un noirâtre cendré; parties supérieures d'un cendré bleuâtre clair; toutes les pennes des ailes de cette couleur, terminées par un grand espace d'un blanc pur; bec et iris d'un brun noirâtre; pieds d'un rouge vermillon très vif. Longueur, 10 pouces 2 lignes. Les ailes dépassent d'un pouce l'extrémité de la queue; *mâle* et *femelle en plumage parfait d'hiver.* (Temm.)

Au printemps et en été, toute la tête et le haut du cou d'un noir pur; une tache blanche derrière les yeux; bas du cou et toutes les parties inférieures blanches, lavées d'aurore*; croupion et queue de cette dernière couleur; dos et ailes d'un cendré bleuâtre clair; bec d'un rouge très foncé; pieds cramoisis.

La Mouette Pygmée me paraît être peu commune dans nos contrées; un bien petit nombre d'individus ne m'ont

---

* Cette teinte n'existe guère que chez l'oiseau vivant. Peu de temps après qu'il est empaillé, ces parties deviennent d'un blanc pur.

point encore signalé sa présence chez nous ; ceux que j'ai eu occasion de voir, avaient été tués d'assez bonne heure, au printemps, et presque tous *en livrée incomplète de noce.* Il est plus que probable que cette espèce doit habiter, pendant l'hiver, dans nos parages maritimes, car M. Cantraine écrit en avoir tué, dans cette saison, à Cagliari. On trouve assez communément cette Mouette en Russie, en Livonie, en Fionie et jusqu'au Groënland. Elle se répand sur les lacs, les fleuves et les rivières. On ne connaît point la manière dont elle se reproduit. Des insectes et des vers composent sa nourriture.

GENRE QUATRE-VINGT-TROISIÈME.

STERCORAIRE. — *LESTRIS*. (Illiger.)

Caractères : Bec médiocre, robuste, couvert d'une cire sur la mandibule supérieure. Narines situées au-delà du milieu du bec, étroites, diagonales, demi-fermées. Tarses longs. Doigts antérieurs entièrement couverts d'une membrane ; le pouce presque nul et lisse. Ongles grands et crochus. Queue légèrement arrondie ; les deux pennes du milieu dépassant les autres. La 1re rémige des ailes la plus longue.

Les Stercoraires habitent les contrées froides du Nord, qu'ils abandonnent quelquefois pour se répandre dans les pays tempérés. Ce sont des oiseaux courageux, vivant aux dépens des *Mouettes*, qu'ils obligent, en les harcelant sans relache, à leur abandonner les alimens dont elles s'étaient saisies ; ils s'en emparent avec une adresse étonnante pendant qu'ils tombent du haut des airs ; mais à défaut de cette manière de se nourrir, ils sont eux-mêmes d'excellens pêcheurs, et se jettent aussi sur la chair de cétacées, que la mer apporte quelquefois sur le rivage.

STERCORAIRE POMARIN. — *LESTRIS POMARINA.*

Nom vulg. : *Aoûsel dé mar.*

Le Stercoraire Rayé, Briss. — Le Stercoraire Pomarin, *Stercorarius Pomarinus*, Vieill. — Le Stercoraire Pomarin, *Lestris Pomarina*, Temm.

Gorge, devant du cou, ventre et abdomen blancs; côtés et derrière du cou d'un jaune d'or lustré; sommet de la tête, dos, ailes et queue d'un brun noir; un large espace sur la poitrine composé de taches brunes; de pareilles taches règnent sur les flancs et sur les couvertures inférieures de la queue; les deux plumes du milieu de celle-ci, et que l'on nomme *filets*, dépassent les autres de 2 ou 3 pouces, sans rien perdre de leur largeur; bec de couleur olivâtre, peu foncé, mais noir à son crochet; pieds noirs, un peu teints de jaunâtre; iris d'un brun jaunâtre. Longueur, 15 à 16 pouces, sans les *filets*, les *vieux*.

Les *jeunes* varient beaucoup selon l'âge; on en trouve avec le plumage entièrement brun, mais les plumes étant entourées d'une bordure jaunâtre et blanchâtre; d'autres qui ont les plumes de la gorge et de la poitrine variées de brun et de blanchâtre, avec les côtés du cou et la nuque un peu marqués de jaune d'or brillant; ventre blanc; dessus de la tête, dos, ailes et abdomen brun foncé.

Ces oiseaux sont très rares sur nos côtes et sur nos étangs ; cependant en hiver on y en voit quelquefois. Ils sont toujours faciles à reconnaître de loin à l'inégalité de leur vol, qui ne cesse de décrire des arcs-boutans, et aux sauts qu'ils font par intervalles au milieu des airs.

Les régions glacées du Nord sont les pays qu'habite cette espèce, et d'où les vieux ne s'éloignent guère que par accident, tandis que les jeunes s'avancent dans plusieurs contrées de pays tempérés. Leur nourriture consiste en poissons qu'ils obligent les *Goélands* et les *Mouettes* à dégorger, et dont ils savent s'emparer avant qu'ils touchent à terre ; ils y joignent de la charogne et des œufs d'oiseaux. C'est sur des monticules, au milieu des marais, ou sur les rochers, que ce Stercoraire place son nid. Il est formé d'un peu de mousse et d'herbes sèches. La ponte est de 2 ou 3 œufs pointus, d'un olivâtre clair, marqué de taches brunes.

STERCORAIRE RICHARDSON.
LESTRIS RICHARDSONII.

Le Labbe ou le Stercoraire, Buff. — Le Labbe a Courte Queue, Cuv. — Le Stercoraire Richardson, *Lestris Richardsonii*, Temm., 4ᵉ partie du *Manuel*, pag. 499.

Le seul individu de cette espèce qui, à ma connaissance, a été capturé sur nos côtes maritimes, est un jeune ; il fait partie de la collection de mon obligeant ami Lebrun. En voici la description que j'emprunte encore cette fois en entier à M. Temminck :

Sommet de la tête d'un gris foncé ; côtés et parties supérieures du cou d'un gris clair, parsemé de taches brunes, longitudinales ; une tache en avant des yeux ; parties inférieures du cou, dos, scapulaires, petites et grandes couvertures des ailes d'un brun de terre d'ombre, chaque plume étant bordée de brun jaunâtre et souvent de roussâtre ; parties inférieures irrégulièrement variées de brun foncé et de brun jaunâtre, sur un fond blanchâtre; couvertures de la queue et abdomen rayés transversalement ; pennes des ailes et de la queue noirâtres, blanches à leur base et sur les barbes extérieures, toutes terminées par du blanc; queue seulement arrondie ; base du bec d'un vert jaunâtre, noir vers la pointe ; tarses d'un cendré bleuâtre ; bases des doigts et des membranes blanches, le reste noir ; ongle postérieur souvent blanc.

Les *vieux mâles* ont une calotte brune sur la tête, toutes les parties supérieures de cette même couleur, d'un blanc pur sur toutes les parties de dessous le corps ; des filets à la queue, longs de 2 ou 3 pouces; le bec est bleuâtre à sa base, à pointe noire. Longueur, 15 à 16 pouces, sans y comprendre les filets. La *femelle* est brune là ou le *mâle* est blanc.

Cet oiseau habite les bords de la mer Baltique, la Norwège et la Suède ; il a l'habitude de visiter les lacs et les rivières situés dans l'intérieur des terres. Les jeunes s'avancent jusque dans les contrées méridionales, mais les vieux ne s'y montrent qu'accidentellement. Leur nourriture consiste en poissons, qu'ils dérobent aux *Mouettes*, ainsi qu'en vers, en insectes et surtout en *hélix janthina*, dont ils sont friands. Ils font leur nid à terre, dans la mousse, près du rivage de la mer ; on assure que la ponte est de 3 à 4 œufs très-pointus, d'un vert olivâtre, dessiné au gros bout par une zone de taches brunes, et pointillé sur le reste de petites taches rares.

GENRE QUATRE-VINGT-QUATRIÈME.

PÉTREL. — *PROCELLARIA*. (Linn.)

Caractères : Bec gros, très crochu, renflé subitement vers le bout, de la longueur ou plus long que la tête. Mandibule inférieure creusée en gouttière, formant un angle en dessous. Narines réunies en un seul tube ou fourreau commun, placé à la surface du bec. Pieds médiocres, souvent longs, grêles. Tarses comprimés; trois doigts devant, entièrement palmés. Doigt de derrière nul, remplacé par un ongle très pointu. Ailes longues; 1re rémige la plus longue de toutes. (Tem.)

Les Pétrels sont très nombreux en espèces. Ce sont les oiseaux qui s'éloignent le plus de la terre ; ils parcourent surtout les mers des pôles, tant au Sud qu'au Nord. Leur vol est aisé et gracieux; lorsqu'une tempête est près d'éclater, ils vont chercher un refuge sur les écueils et sur les vaisseaux ; souvent aussi on les voit en suivre le sillage pour s'y mettre à l'abri du vent. Ils ont l'habitude de piétiner à la surface de l'eau en s'aidant de leurs ailes. Ils se nourrissent de poulpes, de mollusques, de poissons, ainsi que de la chair des morces et des cétacées pourris, qui flottent sur les vagues.

Le genre *Procellaria* a été longtemps formé de trois sections; mais les naturalistes modernes viennent d'en faire trois genres distincts, sous les noms de *Procellaria*, *Puffinus* et *Thalassidroma*. Le premier de ces genres ne comprend qu'une seule espèce qui vit sur les glaces flottantes du pôle arctique; c'est le *Procellaria Glacialis*. Ne se trouve point chez nous.

GENRE QUATRE-VINGT-CINQUIÈME.
PUFFIN. — *PUFFINUS*. (Temm.)

Caractères : Ils ont le Bec généralement plus long que la tête, grêle, fortement comprimé à la pointe. La Mandibule inférieure formant un crochet aigu. Les Narines situées à la surface du bec, présentant deux tubes rapprochés et ouverts.

PUFFIN CENDRÉ. — *PUFFINUS CINEREUS*.

Noms vulg. : *Gaféto à bé crouchu*, *Aoùsel dé mar*.

Le Puffin, Buff. — Le Puffin Cendré, *Procellaria Cinereus*, Cuv. — Le Pétrel Puffin Commun, *Procellaria Puffinus*, Vieill. — Le Puffin Cendré, *Puffinus Cinereus*, Temm.

La tête, la nuque et la partie postérieure du cou d'un gris clair, uniforme; dos gris, mais chaque plume entourée d'une couleur plus claire; ailes d'un cendré noirâtre; rémiges et queue noires; côtés de la gorge, du cou et de la poitrine couverts par des ondes d'un gris cendré clair;

gorge, devant du cou et toutes les autres parties inférieures, y compris les couvertures de dessous la queue, d'un blanc pur; bec noir à la pointe des deux mandibules, jaune dans le reste; pieds en entier d'un jaunâtre livide; iris brun. Longueur, de 18 à 19 pouces, les *vieux*.

Les *jeunes* ont la tête, les joues, la nuque et le dos d'un cendré foncé; plusieurs parties inférieures ondées de cendré; bec d'un gris noir.

Le Puffin Cendré n'est pas rare sur la Méditerranée, où on le rencontre souvent, à quelques lieues de la côte, réuni en petites troupes. Mais si la mer devient orageuse, il effleure les vagues d'un vol rapide et s'en va chercher un abri près de terre. Il est répandu sur presque toutes les mers, et vit de poissons, de vers et de voiries. Les trous et les crevasses des rochers de l'île de Corse sont les endroits, les plus près de nous, où la femelle pond un œuf très-gros, plus ou moins arrondi et d'un blanc pur.

PUFFIN MANKS. — *PUFFINUS ANGLORUM*. [*]

Nom vulg. : *Caféto à bé crouchu* [*].

Le Puffin Manks, *Puffinus Anglorum*, Temm.

Tête, partie postérieure du cou, tout le dessus du corps, la queue, les ailes, les cuisses et les couvertures latérales de dessous la queue d'un noir un peu lustré de bleuâtre; la gorge et les côtés, la poitrine et toutes les autres parties pos-

---

[*] Les individus qu'on trouve sur la Méditerranée sont d'une couleur plus claire que ceux du Nord.

térieures d'un blanc de lait ; sur les côtés du cou le noir et le blanc se marient insensiblement et forment des espèces de petits croissans ; quelques traits comme effacés sur les flancs, d'un cendré noirâtre, suivent le bord de l'aile jusqu'aux cuisses ; le bec est très grêle, surtout dans son milieu ; il est d'un brun noir, un peu rougeâtre au-dessous de la mandibule inférieure ; iris brun ; les tarses sont d'un brun noir, sur le tranchant de la partie postérieure et sur les côtés latéraux ; cette couleur continue sur le doigt extérieur, et suit le bord des membranes ; le reste des tarses et des membranes couleur de chair. Longueur, 13 pouces.

L'apparition de ces oiseaux sur nos côtes n'est pas aussi rare qu'on le croit généralement : presque chaque année j'en reçois quelques-uns, mais toujours en hiver et au printemps ; jamais en été. Le Puffin Manks ne sort guère de sa retraite durant le jour, excepté lorsqu'une tempête vient à éclater, ou bien quand le soleil est caché derrière d'épais nuages ; autrement, il ne parcourt les mers qu'au crépuscule du soir et du matin. Je l'ai rencontré, près de l'embouchure du Rhône, volant par petites troupes séparées, suivant toutes la même direction pour se rendre à la côte, effleurant la surface de l'eau d'un vol rapide ; elles vinrent passer à quinze pas du bateau à vapeur sur lequel je me trouvais, sans paraître effrayées du nombre des personnes qui étaient sur le pont. La nourriture de cet oiseau consiste en vers et insectes qui flottent sur les eaux ou qui sont attachés à la peau des cétacées. C'est dans les trous des rochers et dans ceux des lapins que la femelle pond un œuf assez gros, presque rond et d'un blanc pur.

GENRE QUATRE-VINGT-SIXIÈME.

THALASSIDROME.-*THALASSIDROMA* (Vig.)

Caractères : Bec moins long que la tête, très comprimé à sa pointe. Narines réunies en un seul tube, à la surface du bec, ou ayant deux orifices distincts. Tarses longs. Queue carrée ou faiblement fourchue.

THALASSIDROME TEMPÊTE.
THALASSIDROMA PELAGICA

L'Oiseau de Tempête, Buff. — Le Pétrel de Tempête, *Procellaria Pelagica*, Vieill. — Procellaria Pelagica, Cuv. — Thalassidrome Tempête, *Thalassidroma Pelagica*, Temm.

Tout le plumage des parties supérieures d'un noir mat, un peu couleur de suie en dessous ; scapulaires et pennes secondaires des ailes terminées de blanc ; une bande de cette couleur en travers du croupion ; bec et pieds noirs ; iris brun. Longueur, 5 pouces 6 lignes, *mâles* et *femelles adultes.*

Les *jeunes* ont les teintes plus claires ; les plumes sont, à leur bord, de couleur de suie ou roussâtres ; le reste des autres parties ne diffère point de la livrée des *vieux.*

C'est à cette petite espèce qu'a été donné, depuis longtemps, le nom d'Oiseau de Tempête, parce qu'il a l'habitude d'aller chercher un refuge à l'arrière des vaisseaux, de voler dans les sillages ou de s'abriter sous la poupe, même avant que les matelots aient signalé l'orage qui ne tarde jamais d'éclater. « Ainsi, dit Buffon dans le charmant tableau qu'il en fait, l'apparition de cet oiseau en mer est à la fois un signe d'alarme et de salut ; il semble que ce soit pour porter cet avertissement salutaire que la nature l'ait envoyé sur toutes les mers, car l'espèce de cet oiseau de tempête paraît être universellement répandue. » On trouve plus communément ce petit Thalassidrome dans les mers du Nord que sur la Méditerranée ; il est rare sur nos côtes. Sa nourriture est la même que celle de l'espèce précédente. Il établit son nid tantôt dans les fentes et les trous des rochers, tantôt dans ceux que les lapins et les rats ont abandonnés. La ponte est d'un seul œuf, presque rond et blanc.

GENRE QUATRE-VINGT-SEPTIÈME.

OIE. — *ANSER.* (Vieill.)

Caractères : Bec plus court que la tête ou d'égale longueur, plus haut que large à sa base, couvert d'une cire. Mandibule supérieure plus large que l'inférieure, à bords dentelés, en lames coniques et pointues. Narines latérales, situées vers le milieu du bec. Pieds à l'équilibre du corps. Doigts antérieurs réunis par une membrane ; le postérieur libre. 1re et 2e rémiges les plus longues.

Les Oies vivent dans les grandes prairies et dans les marais, et ne vont sur les eaux que pour se baigner ; elles nagent et ne plongent point. Leur vol est élevé ; elles voyagent en troupes et décrivent un angle pour fendre les airs. Les mâles ne se distinguent pas des femelles à l'extérieur. Toutes s'en vont nicher dans le Nord.

OIE HYPERBORÉE. ou DE NEIGE.
ANSER HYPERBOREUS.

Nom vulg. : *Aoûquo.*

L'Oie des Esquimaux, Buff. — L'Oie de Neige, *Anas Hyperborea*, Cuv. — L'Oie Hyperborée ou de Neige, *Anser Hyperboreus*, Temm.

Front d'un blanc mêlé de jaune; tête, cou et corps d'un beau blanc pur; rémiges blanches d'abord et noires ensuite; mandibule supérieure du bec d'un beau rouge; l'inférieure blanchâtre; l'une et l'autre ont l'onglet bleu; iris d'un gris foncé; tour des yeux d'un rouge vif; pieds d'un brun rougeâtre. Longueur, 2 pieds 5 ou 6 pouces, les *vieux*.

Les *jeunes* sont plus ou moins mêlés de gris, de bleuâtre, ou avec une partie du plumage blanc; plus tard, ils ont la tête et le cou d'un blanc pur, d'un brun cendré violet, avec les autres parties marquées par du brun clair, du cendré pur et du blanchâtre; l'angle du bec et les bords de la mandibule sont noirs.

Je n'ai qu'un exemple à citer de l'apparition extraordinaire de cette espèce dans nos contrées. Elle fut tuée pendant l'hiver de 1829, et me fut envoyée par M. Véran, préparateur du cabinet de la ville d'Arles. L'Oie Hyperborée habite les régions américaines du cercle arctique, d'où les jeunes s'égarent accidentellement *. Sa nourriture consiste en joncs, racines, herbes et insectes. Selon M. Richardson, ses œufs sont d'un ovale régulier, un peu plus grands que ceux du *Canard Eider* et d'un blanc jaunâtre.

OIE CENDRÉE. — *ANSER FERUS* **.

Nom vulg. : *Aoûquo sâouvajho.*

L'OIE SAUVAGE, Buff. — L'OIE ORDINAIRE, *Anas Anser*, Cuv. — L'OIE CENDRÉE, *Anser Cinereus*, Vieill. — L'OIE CENDRÉE ou PREMIÈRE, *Anser Ferus*, Temm. — L'OIE CENDRÉE, *Anser Cinereus*, Roux.

Plumage d'une couleur cendrée claire, plus foncée sur le haut du dos et sur les couvertures des ailes, mais chaque plume étant lisérée de blanchâtre ; bord extérieur de l'aile et base des rémiges d'un cendré blanchâtre ; abdomen et dessous de la queue blancs ; bec et paupières d'un jaune orange, mais l'onglet du bec est blanchâtre ; iris noirâtre ; pieds couleur de chair jaunâtre. Longueur, 2 pieds 8 ou 10 pouces.

La *femelle* est plus petite ; elle a la tête et le cou plus minces ; elle est d'un gris plus clair. Les

---

* L'individu que j'ai possédé était semi-adulte ; il existe encore dans la collection de feu le comte de Lirac, du Pont-St-Esprit, à qui je le cédai en 1830.

** C'est à cette espèce que remonte la souche primitive de toutes les races qui vivent parmi nous en état de domesticité.

très vieux ont quelques plumes, ça et là sur le ventre et sur la poitrine, d'un brun noirâtre.

Cette Oie nous visite en hiver et reste dans nos marais et sur les plages de la mer. A l'approche du printemps elle abandonne nos parages pour se répandre dans les contrées orientales et dans les pays du centre de l'Europe. Les végétaux qui croissent dans les eaux, ainsi que toutes sortes de graines, composent sa nourriture ordinaire. Elle niche dans les marais et les bruyères ; pond de 5 à 8 œufs, quelquefois davantage ; ils sont d'un verdâtre sale.

OIE VULGAIRE ou SAUVAGE. — *ANSER SEGETUM.*
Nom vulg. : *Aoûquo sâouvajho.*

L'Oie Sauvage, Buff. — L'Oie de Moisson, *Anser Segetum*, Vieill. — L'Oie Vulgaire ou Sauvage, *Anser Segetum*, Temm. — L'Oie des Moissons, *Anser Segetum*, Roux.

Plumage des parties supérieures d'un cendré foncé, qui est plus sombre sur le croupion ; parties inférieures du cou et poitrine d'une nuance plus claire ; ventre d'un cendré blanchâtre ; ailes grises ; abdomen et dessous de la queue blanc pur ; bec noir à sa base et sur l'onglet, d'un jaune orange sur le reste ; paupières d'un gris noirâtre ; iris brun ; pieds d'un orange rouge. Longueur, 2 pieds 6 pouces.

Les *jeunes* ont la tête et le cou d'un roux jaunâtre sale ; tout le plumage plus clair, souvent trois petites taches blanches à la racine du bec.

Cette espèce que plusieurs auteurs ont confondue avec la précédente, est peu commune dans notre pays, à moins que le froid d'hiver qui nous l'amène ne soit très rigoureux, alors on en voit souvent sur notre marché. Elle nous quitte de bonne heure, et se rend dans les contrées du Nord, qu'elle préfère. Cette Oie se nourrit de divers végétaux, de semences et de graines. Elle niche toujours dans les régions arctiques. Sa ponte est de 10 ou 12 œufs blancs.

OIE RIEUSE ou A FRONT BLANC.
ANSER ALBIFRONS.

Nom vulg. : *Aoûquo sáouvajho.*

L'Oie Rieuse, Buff. — L'Oie Rieuse, *Anser Albifrons*, Cuv. — L'Oie Rieuse, *Anser Albifrons*, Vieill. — L'Oie Rieuse ou a Front Blanc, *Anser Albifrons*, Temm. — L'Oie Rieuse, *Anser Albifrons*, Roux.

Une bande blanche autour du front; menton de cette couleur; tête, cou et parties supérieures d'un cendré plus ou moins foncé, mais chaque plume terminée par du brun roussâtre; pennes des ailes noires; la poitrine et le ventre blanchâtres, variés par des taches noires; du blanc aux pennes secondaires des ailes; paupières et bec d'un jaune orange; l'onglet blanchâtre; iris brun. Longueur, environ 27 pouces.

La *femelle* a la bande blanche du front plus étroite, elle est aussi moins grande de taille.

L'Oie à Front Blanc se rencontre tous les hivers dans nos marais et leurs environs, mais elle n'y est jamais commune. Ses habitudes n'ont rien de particulier, si l'on en excepte son cri que l'on entend dans les airs et qui a quelques rapports avec un éclat de rire. Elle nous quitte à l'approche de la belle saison pour voyager vers les contrées arctiques où elle niche. On la dit très abondante dans la Sibérie. Elle se nourrit de la même manière que l'espèce précédente. Propagation encore inconnue.

OIE BERNACHE. — *ANSER LEUCOPSIS.*

Nom vulg : *Aoûquo* *.

L'Oie Bernache, Buff. — Anas Erythropus ou Anas Leucopsis, Cuv. — L'Oie Bernache, *Anser Erythropus*, Vieill. — L'Oie Bernache, *Anser Leucopsis*, Temm. — L'Oie Bernache, *Anser Erythropus*, Roux.

Le front, la gorge et les côtés de la tête d'un blanc pur ; un petit trait noir sur le *lorum* ; l'occiput, la nuque, le cou, la poitrine, les rémiges et les pennes caudales d'un noir profond ; manteau ondé de gris, de noir et de blanchâtre ; dessous du corps d'un beau blanc ; bec et pieds noirs ; iris brun foncé. Longueur, 2 pieds 6 lignes et plus, les *vieux*.

La *femelle* est plus petite de taille : elle a les joues et le front d'un gris cendré. Les *jeunes* ont une large bande noirâtre entre le bec et l'œil ; quelques points noirâtres sur le front ; les plumes

---

* Peu connue ici.

du dos et des ailes terminées par une bande d'un roux clair ; pieds d'un brun noirâtre.

En 1829, l'on m'apporta deux Oies de cette jolie espèce, *mâle* et *femelle* ; depuis cette époque aucune autre, que je sache, n'a été vue dans nos contrées méridionales. La fable, en parlant de cette Oie, l'a rendue célèbre en la faisant naître sur les arbres, comme un fruit,

La Bernache n'est pas rare dans le Nord de l'Europe, où elle fréquente l'embouchure des grandes rivières. Elle est de passage en automne et en hiver dans les pays tempérés. On sait qu'elle se multiplie très avant vers le pôle ; mais on ignore encore comment elle se reproduit.

OIE CRAVANT. — *ANSER BERNICLA.*

Nom vulg. : *Aoûquo négro.*

Le Cravant, Buff. — Le Cravant, *Anas Bernicla*, Cuv. — L'Oie Cravant, *Anser Torquatus*, Vieill. — L'Oie Cravant, *Anser Bernicla*, Temm. — L'Oie Cravant, *Anser Torquatus*, Roux.

La tête, le cou et le haut de la poitrine d'un noir brun ; sur les côtés du cou un espace formé par des plumes blanches ; le dos et le dessus des ailes d'une couleur enfumée ; bas-ventre et couvertures de dessous la queue d'un blanc pur ; le milieu du ventre et les flancs d'un brun cendré ; les pennes alaires et caudales noires ; bec de cette couleur ; pieds d'un noir rougeâtre ; iris brun. Longueur, à peu près 23 pouces, les *vieux*.

Les *femelles* sont plus petites : elles sont, du

reste, semblables aux *mâles*. Les *jeunes* sont d'un gris rembruni, et manquent d'espace blanc sur les côtés du cou.

L'Oie Cravant ne m'a été présentée qu'une seule fois ; elle est moins rare dans certaines localités du nord de la France, où elle arrive en hiver, et en repart au printemps, pour se retirer dans les régions voisines du pôle. D'un naturel fort timide et sauvage, ces Oies furent tuées à coups de pierres et à coups de bâton, lorsqu'en 1740 elles parurent sur les côtes de Picardie en quantité prodigieuse, et firent beaucoup de dégâts en pâturant les blés verts. Cette espèce vit très bien en captivité. Sa nourriture ne diffère point de celle de ses congénères. Elle niche très avant vers les régions polaires. On dit qu'elle pond des œufs blancs.

GENRE QUATRE-VINGT-HUITIÈME.

CYGNE. — *CYGNUS*. (Linn.)

Caractères : Bec d'égale longueur partout, plus haut que large à sa base ; pointe déprimée ; les dentelures des deux mandibules sont formées par des lames transversales. Narines ovales, situées au milieu du bec. Cou très long, flexible. Pieds placés en arrière de l'équilibre du corps.

Les Cygnes règnent en souverains paisibles sur l'empire des eaux. Sans provoquer les autres espèces ailées, ils n'en redoutent aucune. Ils nagent avec aisance, sans se fatiguer jamais, et, comme le dit Buffon, « les grâces de la figure, la beauté de la forme, répondent dans le

Cygne à la douceur du naturel ; il plaît à tous les yeux ; il décore, embellit tous les lieux qu'il fréquente ; on l'aime, on l'applaudit, on l'admire : nulle espèce ne le mérite mieux. » Trois espèces habitent le nord de l'Europe ; elles nous visitent dans la saison rigoureuse.

CYGNE SAUVAGE. — *CYGNUS MUSICUS.*

Nom vulg. : *Cigné.*

Le Cygne Sauvage, Buff. — Le Cygne a Bec Noir, *Anas Cygnus*, Cuv. — Le Cygne Sauvage, *Cygnus Ferus*, Vieill. — Cygne Sauvage, *Cignus Musicus*, Temm.

Plumage d'un blanc parfait, à l'exception seulement d'une légère teinte de jaunâtre répandue sur la tête et la nuque ; bec noir, mais couvert d'une cire jaune à sa base, qui entoure également le tour des yeux ; iris brun ; pieds entièrement noirs. Longueur, 4 pieds 5 à 10 pouces. La *femelle* est un peu moindre de taille ; du reste, elle est semblable en tout au *mâle.*

Les *jeunes* portent une livrée entièrement d'un gris clair ; la cire et la peau nue qui entoure les yeux d'une couleur de chair livide ; pieds d'un gris rougeâtre.

Ce Cygne n'est pas rare chez nous durant les hivers très rigoureux ; il s'y montre aussi quelquefois quoique le froid ne soit pas excessif, mais en plus petit nombre ; On voit ces oiseaux réunis dans un lieu commun et ne se quittant point. Les individus qui séjournent dans le pays se trouvent le plus souvent sur l'étang de Scamandre, près d'Aiguesmortes et sur celui de Vauvert, où souvent on en tue en faisant la chasse aux *Foulques*.

Le Cygne Sauvage habite les contrées boréales des deux mondes, d'où il émigre en hiver, longeant les côtes de la mer, et se répand dans plusieurs contrées lointaines. Sa nourriture se compose de plantes qui croissent dans les eaux et d'insectes ; niche dans les régions arctiques et dans les contrées orientales. Sa ponte est de 5 ou 7 œufs d'un vert olivâtre et comme enduit d'une couche blanchâtre.

CYGNE TUBERCULÉ. — *CYGNUS OLOR.*

Nom vulg. : *Cigné.*

Le Cygne, Buff. — Le Cygne a Bec Rouge, *Anas Olor*, Cuv. — Le Cygne Tuberculé, *Cygnus Olor*, Temm.

Bec rouge, à l'exception de la protubérance, d'une bordure qui entoure les mandibules de l'onglet et des narines qui sont d'un noir profond; tout le plumage d'un blanc de neige ; iris brun ; pieds noirs, avec une faible teinte de rougeâtre. Longueur, 4 pieds 6 pouces et plus. La *femelle* ne diffère que par une plus petite taille ; elle a aussi le cou plus mince.

Les *jeunes* sont d'abord gris cendré, et ont ensuite le corps mélangé de plumes grises et blanches.

Cette espèce, qui vit en domesticité dans beaucoup de pays et qui fait l'ornement de nos jardins, habite, dans l'état de liberté, sur les grandes mers de l'intérieur, et de préférence sur celles des contrées orientales de l'Europe. C'est en hiver, durant les gros froids, qu'elle descend sur nos étangs et sur les bords de la mer où souvent on la tue. Sa nourriture ne diffère pas de celle de l'espèce précédente ; elle se la procure de la même manière. La femelle construit son nid dans les roseaux et y pond de 6 à 8 œufs d'un verdâtre clair, qui paraît être enduit d'une couche blanchâtre, ou bien sans une pareille couche calcaire.

GENRE QUATRE-VINGT-NEUVIÈME.

CANARD. — *ANAS.* (Linn.)

Caractères : Bec plus large qu'épais et quelquefois gibbeux à sa base, dentelé en lames sur les bords, obtus vers son extrémité. Le pouce libre, sans membrane.

Les espèces qui composent ce genre, ne se reposent jamais en pleine mer; elles préfèrent les rivières et leurs embouchures; elles émigrent annuellement du Nord au Midi et du Midi au Nord ; elles forment des bandes nombreuses *.

CANARD TADORNE. — *ANAS TADORNA.*

Nom vulg. : *Bé-Roujhé.*

Le Tadorne, Buff. — Le Tadorne Commun, Cuv. — Le Canard Tadorne, *Anas Tadorna*, Vieill. — Le Canard Tadorne, *Anas Tadorna*, Temm.

---

* On compte trente-deux espèces différentes de Canards qui se rencontrent sur toute la surface de l'Europe, y compris les *Harles*. Vingt-deux d'entr'elles ont été observées dans nos départemens méridionaux ; mais bien des personnes ici pensent que nous en avons un plus grand nombre, parce qu'elles prennent les *jeunes*, les *femelles* et les *variétés d'âge* pour autant d'espèces. Le plus grand nombre sont désignées par le nom de *Bovy* ou *Bouïs*.

Tête et cou d'un vert foncé ; bas du cou, dos, croupion, couvertures des ailes et larges flancs d'un blanc parfait ; une ligne au milieu du ventre ; bout des pennes de la queue, rémiges et scapulaires d'un noir profond ; une belle couleur rousse forme un ceinturon sur la poitrine et remonte sur le haut du dos ; quelques pennes des ailes de cette couleur ; un beau miroir d'un vert brillant sur l'aile ; le bec rouge de sang ; une protubérance charnue, qui est à sa base, de cette couleur ; narines bordées de noir ; pieds couleur de chair ; iris brun. Longueur, 22 pouces, le *mâle adulte*.

La *femelle* est moins grande. Elle porte une petite tache blanchâtre à la base du bec, et n'a point de protubérance ; ses couleurs ont moins de reflets ; son ceinturon est plus étroit.

Les *jeunes* ont le front, le cou, le dos, ainsi que les parties inférieures blancs ; tête, joues et nuque pointillés de blanchâtre ; poitrine d'un roussâtre clair ; la queue est gris cendré à son extrémité ; bec d'un brun rougeâtre ; pieds d'un gris livide.

Cette belle et grande espèce de Canards n'est pas commune chez nous ; on la trouve, l'hiver comme l'été, au milieu de nos marais et sur nos étangs ; mais elle préfère le voisinage de la mer. On ne voit jamais les Tadornes voler en bandes comme la plupart des autres Canards ; ils se tiennent par couples, contractent en s'appariant un nœud indissoluble. Ils ne sont point farouches et se privent facilement.

Ces oiseaux sont plus communs dans les contrées du Nord que dans le Midi. Leur nourriture consiste en coquillages bivalves, petits poissons, frais, insectes et plantes marines. C'est sur les dunes de la mer, mais plus ordinairement dans les trous que les lapins ont abandonnés, que la femelle pond 10 ou 12 œufs, d'un blanc légèrement nuancé de verdâtre. Le *mâle* reste presque constamment près de la *femelle* quand elle couve.

CANARD SAUVAGE. — *ANAS BOSCHAS.*

Noms vulg.: *Col-Vert*, *Canardo*, la femelle.

Le Canard Sauvage, Buff. — Le Canard Sauvage, *Anas Boschas*, Vieill. — Le Canard Sauvage, *Anas Boschas*, Temm.

Tête et cou d'un vert d'émeraude, avec des reflets; un collier blanc au bas du cou; toute la poitrine d'un marron foncé; toutes les autres parties de dessous le corps d'un gris clair, rayé par de fins zigzags bruns; de pareils zigzags sur les parties supérieures des ailes; milieu du dos brun; un miroir sur l'aile d'un vert violet; pennes du milieu de la queue recourbées en haut et d'un noir vert; les couvertures supérieures et inférieures, ainsi que le croupion, de cette même couleur; bec d'un jaune verdâtre; iris brun rougeâtre; pieds oranges. Longueur, 21 à 22 pouces, le *mâle*.

La *femelle* est plus petite; elle a le plumage varié de brun et de gris roussâtre; les quatre pennes du milieu de la queue ne sont pas relevées. Les *jeunes mâles*, avant leur première mue, ressemblent aux *femelles*.

Cette espèce est le type de celle que l'homme a choisie de préférence pour l'élever en domesticité. Dans cet état, elle lui a produit différentes races qui sont pour son service de la plus grande utilité. Les Canards Sauvages sont communs dans tous les pays qu'ils habitent ; mais en automne ils quittent le Nord de l'Europe et voyagent vers le Midi, qu'ils abandonnent, pour la plupart, dans les premiers jours du printemps, pour remonter encore dans le Nord. Ils ont le vol élevé, et on les reconnaît aux lignes inclinées, aux triangles réguliers tracés par la disposition de la troupe. Ils volent la nuit comme le jour, car le sifflement produit par le bruit de leurs ailes, les décèle dans les ténèbres. La femelle paraît être plus farouche que le mâle. Des poissons, du frai, des insectes, des limaçons, des plantes aquatiques, des graines et des semences, composent leur nourriture. C'est tantôt sur une éminence, au bord des marais, dans un champ de blé, tantôt dans les taillis et même sur les arbres, que niche ce Canard. La ponte est de 12 à 14 œufs blanchâtres. Niche ici. Les jeunes sont connus sous le nom d'*Alabrans*.

CANARD CHIPEAU. — *ANAS STREPERA.*

Noms vulg. : *Bouy-Gris, Boùrnasso.*

Le Chipeau ou Ridénne, Buff. — Le Canard Ridenne, *Anas Strepera*, Vieill. — Le Canard Chipeau, *Anas Strepera*, Temm.

Tête grise, pointillée de noir ; bas du cou, poitrine et dos couverts par des croissans noirs et blanchâtres ; flancs et dessus des ailes marqués de zigzags blancs et noirâtres ; moyennes couvertures des ailes d'un roux marron ; les grandes couvertures, croupion et dessous de la queue d'un noir profond ; un miroir blanc sur l'aile ; bec noir ; iris d'un brun clair ; tarses et doigts orangés ; membranes brunes. Longueur, 15 pouces, le *mâle.*

La *femelle* est plus petite : elle a les plumes du dos d'un brun noirâtre ; poitrine d'un brun roussâtre, tacheté de noir ; croupion et couvertures de la queue gris ; bec d'un gris verdâtre.

Ce Canard arrive en hiver dans nos marais et y reste jusqu'à l'approche de la belle saison. Il habite les vastes jonchaies du nord de l'Europe. Il est commun en Hollande, et l'espèce est la même au Japon. On ne rencontre le Ridenne dans l'intérieur des terres que durant les saisons rudes. Sa chair, qui devient fort grasse, est un excellent manger. Il se nourrit de poissons, de coquillages, d'insectes et de plantes aquatiques. Son nid est placé dans les prairies ou au milieu des joncs. Sa ponte est de 8 ou 9 œufs d'un cendré verdâtre. Cette espèce habite aussi l'Amérique septentrionale.

CANARD PILET. — *ANAS ACUTA.*

Nom vulg. : *Quau dé Ziroundo.*

Le Canard a Longue Queue, Buff. — Le Canard Pilet, *Anas Acuta,* Vieill. — Le Canard Pilet, *Anas Acuta,* Temm.

Tête et haut du cou bruns, avec des reflets violets et pourpres, variés sur le sommet de brun et de noirâtre ; une bande noire sur la nuque, située au milieu de deux bandes blanches ; devant du cou, de la poitrine et toutes les parties inférieures d'un blanc pur ; parties supérieures et flancs rayés de zigzags noirs et cendrés ; un miroir sur l'aile d'un vert couleur de cuivre, surmonté de plumes noires, et de très longues de cette couleur, qui sont bordées de cendré et de blanchâtre; les deux pennes du milieu de la queue longues et pointues, et ses couvertures inférieures d'un noir verdâtre ; bec d'un bleu noirâtre ; iris brun ; pieds d'un gris rougeâtre ou noirâtre. Longueur, 23 à 24 pouces, le *mâle*.

La *femelle* est plus petite, manque de longs brins à la queue ; tête et cou d'un roussâtre clair, pointillé de noir ; toutes les parties supérieures avec des croissans irréguliers et d'un jaune roussâtre; parties inférieures, de la dernière teinte et tachetées de brun clair ; bec noirâtre.

Les *jeunes* ont la tête d'un brun roux, tacheté de noir ; ventre jaunâtre ; miroir d'un noir olivâtre, sans reflets.

Le Canard Pilet arrive chez nous à l'approche de l'hiver, mais il devient beaucoup plus commun en février et en mars, époques auxquelles il ne tarde pas à quitter nos contrées pour remonter dans les climats du Nord qu'il habite en été. Ce Canard vole par petites troupes au milieu de nos marais. Il jette un cri produit par une sorte de sifflement souvent répété, et n'est pas très-farouche. Sa chair est ordinairement maigre. Niche comme les autres espèces ; pond de 8 à 10 œufs d'un bleu verdâtre. Sa nourriture ne diffère pas de celle de la plupart de ses congénères.

CANARD SIFFLEUR. — *ANAS PENELOPE.*

Noms vulg. : *Piaoûlaïré*, *Siblaïré*, *Bouy.*

Le Canard Siffleur, Buff. — Le Canard Siffleur *Anas Penelope*, Vieill. — Le Canard Siffleur, *Anas Penelope*, Temm.

Front et milieu de la tête d'un fauve clair ; tête et cou marrons, pointillés de noir ; gorge noire ; parties supérieures rayées de zigzags noirs et blancs, ainsi que les flancs ; la poitrine de couleur lie de vin, nuancé de cendré ; les autres parties de dessous le corps d'un blanc pur ; miroir de l'aile vert, placé au milieu de deux bandes noires, qui sont elles-mêmes surmontées de deux espaces blancs ; couvertures inférieures et supérieures de la queue noires ; bec noir à sa pointe, bleu sur le reste ; iris brun ; pieds cendrés. Longueur, 18 pouces, le *mâle*.

La *femelle* est plus petite : elle a la tête et le cou tachetés de noirâtre sur un fond roussâtre ; plumes du dos d'un brun noirâtre et bordées de roux ; couvertures supérieures des ailes brunes et frangées de blanchâtre ; poitrine et flancs roussâtres, avec du roux cendré à l'extrémité des plumes ; miroir de l'aile d'un cendré blanchâtre ; bec et pieds d'un gris noirâtre. Les *jeunes* ne niffèrent point des *femelles*.

Le Canard Siffleur est fort commun ici en automne, époque de son arrivée. Il habite nos marais ; vole la nuit comme le jour. Il est reconnaissable à sa voix, qui est claire et sifflante. Son naturel n'est pas très farouche ; il se laisse aborder d'assez près, et vit toujours en troupes nombreuses tout le temps qu'il reste chez nous.

Cette espèce habite le Nord où elle se rend au printemps. Il en reste un petit nombre en Hollande pour nicher. Sa nourriture consiste en poissons, frai, coquillages, insectes et plantes aquatiques. C'est au milieu des prairies et dans les joncs qu'elle pond de 8 à 10 œufs d'un cendré verdâtre.

CANARD SOUCHET. — *ANAS CLYPEATA.*

Noms vulg. : *Cuyeïras*, *Bé d'Espatulo.*

Le Canard Souchet ou le Rouge, Buff. — Le Souchet Commun, Cuv. — Le Canard Souchet, *Anas Clypeata*, Vieill. — Le Canard Souchet, *Anas Clypeata*, Temm.

Tête et cou d'un vert foncé, avec des reflets violets ; poitrine et haut du dos d'un blanc pur ; dos d'un brun foncé ; couvertures des ailes d'un joli bleu clair ; scapulaires blanches ou marquées de taches noirâtres ; miroir de l'aile d'un vert brillant ; ventre et flancs roux ; bec grand, en forme de spatule, noir dessus, jaunâtre dessous ; pieds couleur de safran ; iris jaune. Longueur, 18 pouces, le *mâle*.

La *femelle* a la tête d'un roux clair, variée de petits traits noirs ; parties supérieures d'un brun noirâtre, et chaque plume bordée de roussâtre ; parties inférieures de cette dernière teinte ; petites couvertures des ailes d'un bleu salé ; miroir d'un vert noirâtre ; bec d'un brun noirâtre, mais brun sur ses bords et en dessous ; iris jaune clair.

Le Souchet n'est pas rare dans toutes nos contrées marécageuses, depuis l'automne, époque à laquelle il arrive, jusqu'au printemps où il nous quitte, à l'exception d'un très petit nombre qui restent quelquefois pour nicher. Cette espèce vit difficilement en domesticité ; son naturel sauvage et triste ne l'abandonne guère, quelque soin qu'on prenne pour adoucir son esclavage. Sa chair, tendre et succulente, le fait rechercher pour les tables. Sa voix est faible en commençant, et finit toujours par des sons graves ; on la compare au craquement d'une crécelle tournée par petites secousses.

Ce Canard est très répandu en Europe, et l'espèce est la même dans l'Amérique septentrionale. Il fait sa nourriture de poissons et de mouches, qu'il saisit adroitement ; il mange aussi des plantes aquatiques, mais en très petite quantité. C'est au milieu des grosses touffes de joncs, ou dans les taillis, que la femelle pond de 12 à 14 œufs d'un jaune verdâtre très clair.

CANARD SARCELLE D'ÉTÉ.—*ANAS QUERQUEDULA*.

Noms vulg. : *Cacho-Pioun*, *Cannetto*.

La SARCELLE COMMUNE ou la SARCELLE D'ÉTÉ, Buff. — La SARCELLE ORDINAIRE, *Anas Querquedula*, Cuv. — Le CANARD CRIQUART, *Anas Querquedula*, Vieill.—Le CANARD SARCELLE D'ÉTÉ, *Anas Querquedula*, Temm.

Sommet et derrière de la tête noirâtres, avec deux bandes blanches sur les côtés, qui prennent naissance au-dessus des yeux et se réunissent sur l'occiput; gorge d'un noir profond; côtés de la tête et cou d'un brun rougeâtre, marqué et parsemé de petites lignes blanches; bas du cou et poitrine écaillés de brun et de roussâtre; ventre blanc ou d'un blanc jaunâtre; flancs marqués de zigzags bruns; couvertures des ailes d'un cendré bleuâtre; miroir d'un vert peu brillant; bec d'un brun rougeâtre; iris brun clair; pieds cendrés. Longueur, 15 pouces, le *mâle*.

La *femelle* est plus petite : une bande blanche, tachetée de brun derrière l'œil; plumes de toutes les parties supérieures d'un brun noirâtre dans le milieu, et d'un brun clair sur les bords; gorge blanche; parties postérieures blanchâtres; miroir d'un vert terni. Les *jeunes* ressemblent aux *femelles*.

Cette jolie Sarcelle arrive ici en mars, mais elle ne fait pas un long séjour dans nos marais. Son naturel est gai et plein de vivacité : on la voit voler par troupes, se poursuivant en se jouant dans les airs, et ne cessant de jeter un cri qui paraît exprimer *kre*, *kre*, *kre*. Elle n'est pas farouche et paraît être peu rusée. Quelques paires isolées restent dans nos marais les plus déserts pour nicher; ce sont peut-être des individus blessés, car cela n'arrive pas régulièrement. On trouve la Sarcelle d'Été plus communément dans le Midi que dans le Nord; il en niche beaucoup dans les marais de la Picardie; elle se nourrit de petits limaçons, d'insectes, de vers et de plantes aquatiques, quelquefois de petits poissons. Elle fait son nid au mois d'avril, le place au milieu d'une touffe de joncs ; il est construit avec de l'herbe sèche. La ponte est de 10 à 14 œufs d'un fauve verdâtre.

CANARD SARCELLE D'HIVER. — *ANAS GRECCA.*

Nom vulg. : *Sarcello.*

La Petite Sarcelle, Buff. — La Petite Sarcelle, *Anas Grecca*, Cuv. — Le Canard Sarcelle, *Anas Grecca*, Vieill. — Le Canard Sarcelle d'Hiver, *Anas Grecca*, Temm.

Front, dessus de la tête, joues et cou d'un beau roux marron ; une bande d'un vert foncé couvre les yeux et descend sur la nuque ; parties inférieures du cou, dos et flancs couverts par des zigzags blancs et noirs ; poitrine émaillée de taches régulières noirâtres, sur fond blanc roussâtre ; ventre blanc ; couvertures des ailes d'un brun cendré ; miroir vert noir, bordé de deux bandes blanches ; couvertures inférieures de la queue noires ; bec noirâtre ; iris brun ; pieds cendrés. Longueur, 14 pouces, le *mâle*.

La *femelle* est moins grande : elle porte une bande d'un blanc roussâtre marqué de taches brunes derrière et dessous les yeux ; gorge blanche ; parties inférieures blanchâtres ; parties supérieures d'un brun noir, bordé d'une large bande d'un brun clair ; bec marbré de brun en dessus, et d'un brun jaunâtre en dessous.

Cette Sarcelle est très abondante dans tous nos marais et sur nos étangs ; nous l'avons toute l'année, mais elle est beaucoup plus commune l'hiver que l'été. Le cri du mâle, en volant, est une espèce de sifflet, répété plusieurs fois de suite. Le cri de la femelle ressemble à celui que fait entendre la femelle du canard sauvage. On rencontre la Sarcelle d'Hiver jusqu'assez avant dans le Nord. Sa nourriture est la même que celle de l'espèce précédente. C'est au milieu des joncs qu'elle construit un nid fait avec soin et bien matelassé de plumes en dedans ; il est posé sur l'eau, de manière qu'il hausse et qu'il baisse avec elle ; pond de 10 à 12 œufs d'un blanc sale, tacheté d'une couleur de noisette.

Les espèces suivantes ont au doigt postérieur une membrane rudimentaire. Ils se nourrissent de préférence de coquillages bivalves et de poissons.

CANARD EIDER. — *ANAS MOLISSIMA.*

Nom vulg. : *Canard* *.

L'Oie à Duvet ou Eider, Buff. — L'Eider, *Anas Molissima*, Cuv. — Le Canard Eider, *Anas Molissima*, Vieill. — Le Canard Eider, *Anas Molissima*, Temm.— Le Canard Eider, *Anas Molissima*, Roux.

Une large bande d'un noir violet de chaque côté de la tête; la bande qui occupe le milieu de la tête d'un blanc verdâtre, mais un large espace verdâtre sur la nuque et sur ses côtés; joues, cou, parties supérieures et ailes blanc pur ; poitrine d'un blanc roussâtre ; ventre, ab-

* Presque pas connu ici.

domen et croupion d'un noir profond ; bec d'un vert mat, garni à sa base d'une membrane qui s'avance en deux lamelles sur le front ; iris brun ; pieds d'un gris verdâtre. Longueur, 23 pouces, le *mâle* âgé de quatre ans.

La *femelle* a tout le plumage d'un roux rayé transversalement de noir; couvertures des ailes bordées d'un roux foncé; ventre et abdomen bruns, avec des bandes noires.

Les *jeunes* ont le sommet de la tête, les joues et le dessus du cou d'un gris rembruni, tacheté de brun ; sourcils blanchâtres et pointillés de noir ; le cou, la poitrine, sont rayés de blanc et de noir en travers, et mélangés de roussâtre ; plumes de dessous du corps d'un brun noirâtre. Dans un âge plus avancé, ils portent de grandes marques blanches sur le cou, le haut du dos, les ailes et la poitrine; parties inférieures tachées et rayées de roux, de blanchâtre et de noir.

L'Eider est un oiseau rare dans les contrées méridionales, car il n'abandonne les parages du Nord qu'accidentellement. C'est lui qui fournit ce duvet si recherché, et que nous nommons édredon. En hiver seulement, quelques individus égarés se montrent sur nos côtes : ce sont toujours des femelles ou des jeunes ; les vieux ne s'y trouvent jamais.

Le Canard Eider habite les mers glacées du pôle, la Laponie, le Groënland et le Spitzberg, où il niche. Il est de passage dans quelques contrées du Nord. Il compose sa nourriture de poissons, de coquillages, de plantes marines et d'insectes. C'est près de la mer qu'il fait son nid, qu'il recouvre de son duvet ; ses œufs, au nombre de 5 ou 6, sont d'un gris un peu olivâtre.

CANARD DOUBLE MACREUSE. — *ANAS FUSCA.*

Noms vulg. : *Négrasso, Brunasso.*

La Double Macreuse, Buff. — La Double Macreuse, *Anas Fusca*, Cuv. — Le Canard Double Macreuse, *Anas Fusca*, Vieill. — Le Canard Double Macreuse, *Anas Fusca*, Temm. — Le Canard Double Macreuse, Roux.

Tout le plumage d'un noir profond et velouté ; un croissant sous les yeux et un large miroir sur l'aile d'un blanc pur ; narines et le bord extérieur des mandibules noirs ; onglet du bec d'un rouge jaunâtre ; le reste d'un jaune orange ; iris, tarses et doigts rouges ; membranes d'un brun noirâtre. Longueur, de 20 à 21 pouces, les *vieux mâles.*

La *femelle* est plus petite : elle a les parties supérieures couleur de suie ; les inférieures d'un gris blanchâtre, rayé et taché de brun noirâtre ; une tache blanche entre les yeux et le bec et sur le méat auditif ; bec d'un gris blanchâtre ; iris brun ; tarse et doigts d'un rouge sale. Les *jeunes* ressemblent beaucoup aux *femelles.*

Le Canard Double Macreuse est fort rare dans nos départemens méridionaux, et je ne puis citer que peu d'exemples de sa présence chez nous. Cet oiseau est de passage périodique sur les côtes du Nord de la France, d'où quelques individus s'égarent jusque dans notre pays. Les parties boréales de deux mondes, sont sa véritable patrie. C'est en hiver seulement qu'il nous arrive. Il aime à se nourrir des coquillages bivalves qui se trouvent au fond de la mer et après lesquels il plonge continuellement. Les régions du pôle arctique, au milieu des herbes et des broussailles, sont les lieux où la femelle pond de 8 à 10 œufs blancs.

CANARD MACREUSE. — *ANAS NIGRA.*

Nom vulg. : *Canard Négré.*

La Macreuse, Buff. — La Macreuse Commune, *Anas Nigra*, Cuv. — Le Canard Macreuse, *Anas Nigra*, Vieill. — Le Canard Macreuse, *Anas Nigra*, Temm. — Le Canard Macreuse, — *Anas Nigra*, Roux.

Tout le plumage, sans exception, d'un noir profond et velouté; le bec est surmonté à sa base d'une protubérance arrondie; tour des yeux, une tache sur les narines et une ligne sur la protubérance jaune; le reste du bec tout noir; tarses et doigts d'un brun noirâtre; membranes noires; iris brun. Longueur, 18 pouces, le *mâle adulte.*

La *femelle* n'a point de tubercule sur la base du bec, et tout le fond de son plumage est d'un brun plus ou moins foncé. Les *jeunes* ont des couleurs encore plus claires.

Le Canard Macreuse est très nombreux sur les côtes du Nord de la France, au moment de son passage d'hiver, lorsque les vents du Nord et du Nord-Ouest y soufflent; mais il disparaît dès que le vent passe au Sud, et on ne le voit plus au printemps. Cette espèce est peu répandue dans nos alentours, elle y même rare, et ne s'y montre que durant les gros froids. On la trouve dans tout le nord de l'Europe et de l'Amérique. En été, elle se rend dans les régions arctiques où elle niche. On ignore encore comment elle s'y reproduit. Sa nourriture est semblable à celle des espèces précédentes.

CANARD SIFFLEUR HUPPÉ. — *ANAS RUFINA.*

Noms vulg. : *Canard Mû, Bé Roujhé, Bouy d'Espagno.*

Le Canard Siffleur Huppé, Buff.—Le Milouin Huppé, *Anas Rufina*, Cuv.—Le Canard Siffleur Huppé, *Anas Ruffina*, Vieill. — Le Canard Siffleur Huppé, *Anas Ruffina*, Temm.

Sur la tête une huppe épaisse formée par de longues plumes soyeuses d'un fauve clair ; joues, gorge et moitié du cou d'un brun rougeâtre ou bai ; bas du cou, poitrine, ventre, abdomen et couvertures de dessous la queue noirs ; poignet de l'aile, une tache sur celle-ci et les flancs, d'un blanc un peu rosé ; dos, ailes et queue d'un brun clair ; bec, tarses et doigts d'un beau rouge ; onglet blanc ; iris cramoisi. Longueur, 20 ou 21 pouces, le *mâle.*

La *femelle* a la huppe moins touffue ; dessus de la tête et nuque bruns ; côtés de la tête et du cou d'un gris rembruni ; gorge pareille ; poitrine et flancs d'un brun jaunâtre ; ventre et abdomen gris; dos, ailes et queue d'un brun un peu jaunâtre ; miroir d'un blanc grisâtre et d'un brun clair ; bec et pieds d'un brun rougeâtre.

Le Siffleur Huppé est un beau Canard qui est peu commun en France. Nous le rencontrons en hiver près de nos côtes maritimes, mais en petit nombre : c'est tout au plus si on en voit çà et là deux ensemble, car les oiseaux de cette espèce ne vont jamais seuls; aussi, le plus souvent, en ai-je reçu deux à la fois tués du même coup. Cet oiseau est de passage périodique sur la mer Caspienne, en Hongrie, en Autriche et en Turquie ; mais il habite les contrées orientales du nord de l'Europe. Il se nourrit de coquillages et de végétaux. Son nid et sa ponte n'ont point encore été trouvés.

CANARD MILOUINAN. — *ANAS MARILA.*

Noms vulg. : *Négré, Bouy.*

Le Milouinan, Buff. — Le Milouinan, *Anas Marila*, Cuv. — Le Canard Milouinan, *Anas Marila*, Vieill. — Le Canard Milouinan, *Anas Marila*, Temm.

Tête et parties supérieures du cou d'un noir à reflets, d'un vert foncé; partie inférieure du cou, poitrine et croupion d'un noir profond ; rémiges de cette couleur ; un miroir blanc sur l'aile ; haut du dos et manteau d'un gris de perle, avec des zigzags noirs, qui sont comme effacés sur les couvertures des ailes ; ventre et flancs blancs ; abdomen brun ; bec d'un bleu clair ; narines blanchâtres ; bords des mandibules et onglet noirs ; iris jaune ; pieds et doigts cendrés; membrane noirâtre. Longueur, 17 à 18 pouces, le *vieux mâle*. La *vieille femelle* a une large bande blanche sur le front; tête et cou d'un brun noirâtre; devant du cou, poitrine et croupion bruns; dos et scapulaires avec des zigzags blancs et noirs; flancs tachetés de brun; iris d'un jaune peu brillant. Les *jeunes mâles* ressemblent plus ou moins à la *vieille femelle*.

Le Milouinan vole, par bandes nombreuses, sur les mers de l'intérieur et sur celle de la Hollande, à l'époque de ses passages de printemps et d'automne; chez nous, nous le rencontrons quelquefois en hiver, mais le plus souvent au mois de mars. On le tue au milieu de volées de *Canards Morillous*, avec lesquels il se mêle. En été il se rend dans le nord des deux continens où l'on sait qu'il niche, quoique sa ponte ne soit pas connue. Sa nourriture consiste en poissons, coquillages et plantes aquatiques.

CANARD MILOUIN. — *ANAS FERINA*.

Noms vulg.: *Bouy Testo-Rousso*, le mâle; *Bouïsso*, la femelle.

Le Canard Milouin, Buff. — Le Milouin Commun, Cuv. — Le Canard Milouin, *Anas Ferina*, Vieill. — Le Canard Milouin, *Anas Ferina*, Temm. — Le Canard Milouin, *Anas Ferina*, Roux.

Toute la tête et le cou d'un marron rougeâtre; poitrine, haut du dos, croupion et couvertures de dessous la queue d'un brun noir; dos, manteau et parties inférieures d'un cendré blanchâtre, rayés de très fins zigzags noirâtres; rémiges et queue d'un gris foncé; bec noir à sa base et à sa pointe, d'un bleu foncé dans son milieu ; iris couleur orange ; pieds couleur de plomb ; membranes noires. Longueur, 16 à 17 pouces, les *vieux mâles*.

La *vieille femelle* est plus petite : elle a le sommet de la tête, la nuque, le derrière du cou, le haut du dos et la poitrine d'un brun roussâtre ; les plumes de cette dernière partie ont du blanc roussâtre sur leurs bords ; dos et manteau rayés de zigzags peu distincts; ventre blanchâtre ; gorge, devant du cou et tour des yeux d'un blanc mêlé de roussâtre; bande du bec étroite et d'un bleu terne.

Ce Canard est très commun en hiver dans tous nos marais. Il vole par troupes nombreuses. Il est inquiet et farouche et se laisse approcher difficilement durant le jour ; ce n'est guère qu'au crépuscule qu'on peut le tirer. Il arrive en automne et nous quitte d'assez bonne heure, au printemps. Sa chair est recherchée pour sa saveur.

Le Milouin se trouve dans toute l'Europe ; niche dans le Nord. Sa nourriture se compose de poissons, d'insectes, de coquillages et de plantes aquatiques. Il place son nid au milieu des roseaux ; la ponte est de 12 à 14 œufs d'un blanc verdâtre. C'est à ce Canard que le nom vulgaire de *Bouï* est appliqué de préférence.

CANARD A IRIS BLANC ou NYROCA.
ANAS LEUCOPHTHALMOS.

Nom vulg. : *Bouïcé Roujhé.*

La Sarcelle d'Égypte, Buff. — Le Canard Nyroca, *Anas Nyroca*, Vieill. — Le Canard a Iris Blanc ou Nyroca,

Anas Leucophthalmos, Temm. — Le Canard Nyroca, *Anas Nyroca*, Roux.

Tête, cou, poitrine et flancs d'un roux marron lustré ; un espace d'un brun foncé au milieu du cou ; dos et ailes d'un brun noir, avec des reflets pourprés ; miroir sur l'aile et rémiges blancs et noirs ; ventre et couvertures de dessous la queue d'un blanc pur, iris blanc ; bec d'un bleu noirâtre ; pieds et doigts d'un bleu cendré ; membranes noires. Longueur, 15 pouces, le *vieux mâle*.

La *femelle* a la tête, le cou, la poitrine et les flancs d'un brun roussâtre ; parties supérieures roussâtres ; ventre ondé de brun. Pour le reste elle ressemble au *mâle*. Les *jeunes* se reconnaissent au sommet de la tête, qui est d'un brun noirâtre ; les plumes des parties supérieures bordées et terminées de brun roussâtre.

Le Canard à Iris Blanc est peu commun dans nos contrées, où il se montre cependant chaque hiver ; il est également rare dans le reste de la France. Au printemps, il se répand sur les grands lacs et sur les rivières des contrées orientales de l'Europe. Il niche dans les joncs qui les bordent et dans les marais ; la femelle pond 9 ou 10 œufs d'un blanc légèrement verdâtre. Se nourrit d'insectes, de plantes aquatiques et de leurs semences ; mange peu de petits poissons.

CANARD MORILLON. — *ANAS FULIGULA.*
Noms vulg. : *Bouy Nègre*, *Négroûn*.

Le Morillon, Buff. — Le Canard Brun, id., un *jeune*. — Le Morillon, *Anas Fuligula*, Cuv. — Le Canard

Morillon, *Anas Fuligula*, Vieill. — Le Canard Morillon, *Anas Fuligula*, Temm.

Tête ornée d'une huppe composée de plumes longues et minces, d'un noir à reflets violâtres et pourpres ; tête, joues et cou d'un noir à reflets verdâtres ; ventre, flancs, abdomen et une tache sur l'aile d'un blanc pur ; reste du plumage noir, avec des reflets pourprés ; bec d'un bleu clair, mais l'onglet noir ; iris d'un beau jaune ; pieds et doigts bleuâtres ; membranes noires. Longueur, 15 à 16 pouces, les *très vieux mâles*.

La *vieille femelle* est plus petite : elle porte aussi une huppe, mais elle est moins longue et moins épaisse ; la tête, le cou, la poitrine et le haut du dos sont d'un noir mat, nuancé de brun foncé ; ailes noirâtres et pointillées de brun ; poitrine et flancs tachetés de brun roussâtre ; ventre blanchâtre, nuancé de brun roussâtre ; iris d'un jaune clair. Les *jeunes* ont le front blanc ; tête et cou bruns ; miroir de l'aile très étroit et blanchâtre ; poitrine tachetée de brun roussâtre ; ventre varié de cendré et de brun.

Le Morillon est un fort bon manger. Il est très nombreux en hiver sur nos étangs et nos marais ; on en prend considérablement à un piége appelé *Cabussiaïro* : ce sont des filets tendus dans l'eau, au milieu des endroits que les Morillons ont coutume de fréquenter ; comme ils plongent longtemps, ils finissent par s'empêtrer, et on les prend de cette manière. Au mois de mars, alors qu'ils s'apprêtent à quitter notre pays, ils sont encore plus abondans qu'auparavant. On les trouve, en hiver, dans toute l'Europe ; un assez bon nombre nichent dans les pays tempérés ; ils se multiplient, en majeure partie, dans les régions boréales de l'Europe et de l'Asie. La ponte n'est pas connue. Ce Canard se nourrit comme les espèces prédédentes.

CANARD GARROT. — *ANAS CLANGULA*.

Nom vulg. : *Bouy Blanc*.

Le GARROT, Buff. — Le GARROT proprement dit, Cuv. — Le CANARD GARROT, *Anas Clangula*, Vieill. — Le CANARD GARROT, *Anas Clangula*, Temm. — Le CANARD GARROT, *Anas Clangula*, Roux.

Tête, gorge et haut du cou d'un vert sombre, avec des reflets pourpres ; une large tache à la racine du bec ; bas du cou, poitrine et toutes les parties de dessous le cords d'un blanc parfait ; scapulaire et couvertures des ailes de cette couleur ; dos, quelques scapulaires et croupion d'un noir profond ; rémiges et queue d'un noir brun ; bec noir ; iris d'un jaune d'or ; pieds et doigts jaune orange ; membranes noires. Longueur, 17 à 18 pouces, les *vieux mâles*.

La *vieille femelle* a la tête et la partie supérieure du cou d'un brun noirâtre ; poitrine et flancs d'un cendré foncé, bordé de blanchâtre ; plumes du dos et scapulaires noirâtres dans le milieu, et d'un gris sur les bords ; iris jaunâtre ; pieds d'un jaune clair ; pointe du bec jaunâtre. Elle est plus petite que le *mâle*. Les *jeunes* lui ressemblent.

Les Canards Garrots ne sont jamais communs dans notre pays, où ils arrivent en hiver ; nous trouvons plus de femelles et des jeunes que de vieux mâles. Ce sont d'excellens plongeurs qui ne craignent pas d'aller chercher au fond de l'eau les petits poissons, les vers et les grenouilles dont ils se nourrissent. Ils nous quittent de bonne heure et se rendent dans le nord de l'Europe ; quelques-uns arêtent leur course dans les contrées tempérées, où ils nichent, sur les lacs et même sur les arbres, selon la nature du pays où ils se trouvent. La ponte est de 10 à 14 œufs entièrement blancs.

CANARD DE MICLON. — *ANAS GLACIALIS.*
Nom vulg. : *Ganard* *.

Le Canard a Longue Queue ou Canard de Miclon, Buff. — Le Canard de Miclon, *Anas Glacialis*, Vieill. — Le Canard de Miclon, *Anas Glacialis*, Temm.

Dessus de la tête, nuque, partie postérieure, devant du cou, longues scapulaires, ventre et abdomen d'un blanc de lait; sourcils, joues et gorgerette cendrés ; sur les côtés du cou un grand espace brun marron ; poitrine de cette couleur ; dos, croupion, ailes et les filets de la queue d'un brun enfumé ; flancs cendrés ; bec noir, coupé en travers par une bande rouge; iris orange; pieds et doigts jaunes; membranes noirâtres. Longueur, 20 à 21 pouces, y compris les filets qui dépassent

---

* Presque inconnu ici.

la queue, les *vieux mâles en livrée complète d'hiver.*

La *vieille femelle* n'a point de filet à sa queue, qui est courte; menton et sourcils d'un cendré blanchâtre; nuque, cou, ventre, abdomen blancs; haut de la tête et côté du cou d'un cendré noirâtre; poitrine mélangée de cendré et de brun; plumes du dos, scapulaires et les couvertures supérieures des ailes noires, bordées et terminées de gris roux; reste des parties supérieures fuligineux et traversé de jaunâtre; iris d'un brun clair; pieds couleur de plomb; bec bleuâtre. Les *jeunes de l'année* ressemblent à la *vieille femelle* : ils ont la face blanchâtre et variée de brun gris; devant du cou, gorge et nuque d'un gris rembruni; partie inférieure du cou, derrière de l'œil et ventre blancs; poitrine marquée de brun et de cendré.

Ce joli Canard est extrêmement rare dans les contrées méridionales; en hiver seulement, on peut y rencontrer quelquefois les jeunes, mais je ne sache pas que les vieux s'y montrent jamais. Deux individus, un jeune mâle et une jeune femelle, ont été capturés cette année, 1840, dans l'Hérault et font partie de la collection de notre ami Lebrun fils.

Le Canard de Miclon habite les mers arctiques, d'où il s'égare accidentellement. C'est sur les bords de la mer glaciale et dans d'autres régions froides qu'il niche. Sa ponte est de 5 œufs, qui sont blancs, tachetés de bleuâtre.

CANARD COURONNÉ. — *ANAS LEUCOCEPHALA.*

Nom vulg. : *Canard* *.

Le sommet de la tête d'un noir pur ; l'occiput, le front, les joues et la gorge sont blancs ; derrière du cou, ainsi que la nuque, noirs ; du roux foncé sur la poitrine, sur les flancs et sur les parties supérieures ; ce roux est varié par des zigzags très fins et brun noirâtre ; la queue est noire, mais sur le croupion règne une couleur d'un roux ardent ou pourpre ; le dessous du corps est blanc roussâtre, rayé en travers par des zigzags ; le bec a son centre fort évasé, élevé à sa base : il est d'un bleu vif ; iris brun ; pieds d'un gris brun. Longueur, 15 à 16 pouces, les *vieux mâles*.

La *femelle* est plus petite : elle a toutes les couleurs rousses, nuancées de brun gris ; les lignes en zigzags sont peu marquées ; le haut de la tête, l'occiput et la nuque brun foncé ; un trait de cette couleur part de l'angle du bec et va aboutir jusqu'à l'orifice des oreilles ; la gorge, les joues et le devant du cou d'un blanc jaunâtre ; croupion d'un roux brun, avec des zigzags et des lignes brunes ; bec et pieds roussâtres. Les *jeunes mâles de l'année*, qu'il est aisé de confondre avec la *femelle*, s'en distinguent néanmoins par les couleurs de la tête, qui sont plus prononcées.

* Cette très rare espèce n'a pas été distinguée par nos chasseurs, que je sache.

Voici une espèce que je ne regarde pas comme devant faire partie des oiseaux qui se trouvent chez nous. Un seul individu jeune fut tué sur nos côtes, il y a déjà quelques années, et on n'en a plus revu depuis ; mais comme j'ai pris l'engagement de faire connaître toutes les espèces qui, à ma connaissance, ont été trouvées dans le pays, je ne dois en omettre aucune. L'oiseau, dont il est ici question, fut remis à M. de Lamotte, d'Abbeville, par mon ami Lebrun.

Le Canard Couronné habite les lacs salés des contrées orientales de l'Europe ; il n'est pas rare en Russie ; se montre en Hongrie et en Autriche durant ses passages ; accidentellement ailleurs. M. Temminck dit qu'il niche sur les mers et sur les lacs de la Russie ; son nid est construit de manière à pouvoir flotter sur les eaux. Pond 8 œufs d'un blanc verdâtre.

GENRE QUATRE-VINGT-DIXIÈME.

HARLE. — *MERGUS.* (Linn.)

Caractères : Bec un peu déprimé à la base, droit, assez large, diminuant en cône allongé et presque cylindrique, à mandibule supérieure très courbée en pointe crochue et onguiculée ; l'inférieure obtuse ; l'une et l'autre garnies sur leurs bords de dentelures en scie, couchées en arrière. Narines latérales vers le milieu du bec, obliques, percées de part en part. Les Tarses courts, retirés dans l'abdomen, hors de l'équilibre du corps. Doigts antérieurs palmés ; le pouce postérieur bordé d'une membrane. 2e rémige la plus longue.

Les Harles ne diffèrent pas des *Canards* quand à leurs habitudes, à l'exception, toutefois, qu'ils ont le plus souvent tout le corps submergé en nageant, et ne montrent que la tête à découvert. Leur démarche est embarrassée à cause de la situation de leurs pieds placés en arrière ; mais ils volent très vite et longtemps. Ils vivent dans les pays froids de notre hémisphère. L'Europe en fournit quatre espèces, dont trois nous visitent en hiver.

GRAND HARLE — *MERGUS MERGANSER.*

Noms vulg. : *Canard d'aou bé pounchú, Cabrellos.*

Le Harle, Buff. — Le Harle Vulgaire, Cuv. — Le Harle Gerle, *Mergus Merganser*, Vieill. — Le Grand Harle, *Mergus Merganser*, Temm. — Le Harle Gerle, *Mergus Merganser*, Roux.

Plumes de la tête fines, longues, soyeuses et relevées en touffes depuis la nuque jusque sur le front; la nuque, toute la tête, gorge et haut du cou d'un noir changeant en verdâtre, à refflets ; bas du cou, poitrine et toutes les parties inférieures d'un blanc roussâtre ou couleur de chair*, très prononcée sur les côtés de la poitrine, le ventre et les flancs, selon l'âge ; haut du dos et manteau d'un noir profond ; quelques scapulaires blanches ; grandes couvertures d'un blanc rosé et bordées de noir; des zizags cendrés sur les cuisses et sur le croupion ; bec rouge sur sa partie supérieure, noir dessous et sur l'onglet ; iris rou-

---

* Chez les *très vieux mâles* cette couleur règne plusieurs années après qu'ils ont été préparés.

geâtre; pieds entièrement rouge vermillon. Longueur, de 26 à 28 pouces, les *très vieux mâles.*

La *femelle* est plus petite et ne ressemble point au *mâle*. Tête et haut du cou d'un brun roussâtre; gorge et miroir du cou blancs; bas du cou, poitrine et flancs d'un gris blanchâtre; ventre et parties postérieures d'un blanc roussâtre; dessus du corps d'un gris foncé; les plumes de la huppe sont moins épaisses, mais plus longues et effilées; bec d'un rouge terni; iris brun; pieds d'un rouge jaunâtre. Les *jeunes mâles* ressemblent beaucoup aux *femelles*.

Cette belle espèce n'est jamais abondante chez nous : c'est en hiver seulement qu'elle s'y montre. Elle fréquente les étangs et les marais, et nous quitte au printemps. On rencontre ce Harle dans presque tous les pays de l'Europe à l'époque de ses migrations; en été, il se retire dans les contrées boréales et jusqu'en Islande, où il niche. C'est dans les arbres creux, sur les rivages ou au milieu des pierres, qu'il pond environ 14 œufs, qui sont pointus aux deux bouts, de couleur bleuâtre. Vit de poissons et d'amphibies. Cette espèce fut excessivement commune, il y a deux ans, dans quelques contrées de la France, où des paysans en tuèrent à coups de pierres et de bâtons.

HARLE HUPPÉ. — *MERGUS SERRATOR.*

Noms vulg. : *Canard d'áou bé pounchu, Cabrellos.*

Le Harle Huppé et le Harle a Manteau Noir, Buff. — Le Harle Huppé, Cuv. — Le Harle Huppé, *Mergus Ser-*

rator, Vieill.—Le Harle Huppé, *Mergus Serrator*, Temm. — Le Harle Huppé, *Mergus Serrator*, Roux.

Une huppe faible, composée de plumes longues dirigées en arrière, d'un noir violet, changeant en verdâtre; un large collier blanc entoure le cou; du blanc sur les ailes; haut du dos et scapulaires d'un noir profond; poitrine roussâtre, avec des taches noires; parties inférieures blanches; flancs, cuisses et croupion rayés de nombreux zigzags cendrés; iris cramoisi; bec rouge; pieds d'un rouge orange. Longueur, 21 à 22 pouces, le *vieux mâle*.

La *vieille femelle* ressemble à celle de l'espèce précédente, mais on la reconnaît toujours au miroir de l'aile, qui est blanc, coupé par une bande cendrée, tandis qu'il est tout blanc chez la *femelle* du *Grand Harle*.

Les *jeunes mâles* d'un an sont variés sur les parties supérieures par du noirâtre, mais le cou et la tête ont encore des teintes roussâtres.

Le Harle Huppé est beaucoup plus rare ici que l'espèce précédente; il nous arrive durant l'automne et en hiver, et nous abandonne à l'approche des beaux jours. On le trouve sur nos étangs et dans nos marais. Les vieux et les jeunes nous visitent également. Il habite les mêmes contrées que le *Grand Harle*; se nourrit comme lui. Les mottes de terre, qui s'élèvent au-dessus des eaux, comme celles qui se trouvent sur les bords, sont les lieux où la femelle pond de 8 à 13 œufs d'un cendré blanchâtre.

HARLE PIETTE. — *MERGUS ALBELLUS.*
Noms vulg. : *Canard*, *Rélijouso.*

Le Petit Harle Huppé ou la Piette, Buff. — Le Harle Etoilé, id., un *jeune mâle*. — La Piette Nonnette, Cuv. — Le Harle Piette, *Mergus Albellus*, Vieill. — Le Harle Piette, *Mergus Albellus*, Temm. — Le Harle Piette, *Mergus Albellus*, Roux.

Une tache sur les yeux et une sur la nuque, d'un noir verdâtre; huppe, côtés de la tête, gorge, cou, poitrine et dessous du corps d'un blanc parfait; de très fins zigzags cendrés sur les flancs; haut du dos et deux espèces de croissans qui se dirigent sur la poitrine, d'un noir profond; bec, tarses et doigts d'un gris bleuâtre; membranes noires; iris brun. Longueur, 15 pouces et quelquefois 16, le *vieux mâle*.

La *femelle* a la tête rousse; gorge, haut du cou, ventre et abdomen blancs; côtés de la poitrine et parties supérieures d'un cendré très foncé; l'aile est variée de blanc, de noir et de cendré. Les *jeunes* ressemblent plus ou moins aux *femelles*, selon leur âge.

Les femelles et les jeunes du Harle Piette se trouvent assez fréquemment en hiver, sur nos étangs et nos marais; plus rarement on voit les vieux mâles. Cette espèce quitte notre pays à la fin des jours froids et s'en va habiter les contrées boréales des deux mondes. Durant ses passages on la trouve dans plusieurs des pays tempérés de l'Europe; elle est commune en Hollande. C'est près des rivières et au bord des lacs que la femelle dépose de 8 à 12 œufs blanchâtres. Les poissons font sa principale nourriture.

GENRE QUATRE-VINGT-ONZIÈME.
PÉLICAN. — *PELECANUS*. (Linn.)

Aucune des personnes que je connaisse ne m'a jamais dit avoir observé le Pélican dans nos contrées ; moi-même je ne l'ai point trouvé ; mais je ne veux point prétendre, par là, qu'il ne s'y montre pas ; car puisque l'espèce habite la Dalmatie, elle pourrait bien s'égarer jusqu'ici. Polydore Roux donne une figure du *Pelacanus Onocrotalus* dans l'atlas de son ornithologie provençale. Il est à regretter que cet auteur n'ait pu nous dire s'il se montrait souvent en Provence.

GENRE QUATRE-VINGT-DOUZIÈME.
CORMORAN. — *CARBO*. (Meyer.)

Caractères : Bec long, robuste, un peu épais, droit, arrondi en dessus. Mandibule supérieure très courbée et aiguë ; l'inférieure plus courte, obtuse. Face et Gorge nues. Narines linéaires, basales. Pieds robustes, retirés en arrière ; tous les doigts réunis par la même membrane ; l'ongle du doigt du milieu dentelé en scie. 2e rémige la plus longue.

Les Cormorans ont reçu différentes épithètes de la part des voyageurs qui ont pris leur confiance pour de la stupidité ;

de là les surnoms de *Nigauds* et autres qui leur ont été imposés.

Ce sont des plongeurs par excellence; ils poursuivent dans l'élément liquide la proie la plus agile et s'en emparent avec adresse. Leur vol est droit et vigoureux. En marchant, ils tiennent leur corps placé dans une position tout à fait verticale, mais leur queue, qui est composée de baguettes raides, leur sert de soutien. Ils vivent de beaucoup de poissons, particulièrement d'anguilles.

GRAND CORMORAN. — *CARBO CORMORANUS*.

Noms vulg. : *Scorpi*, *Cormarin*.

Le Cormoran, Buff. — Le Cormoran, *Pelecanus Carbo*, Cuv. — Le Cormoran Commun, *Hydrocorax Carbo*, Viell. — Grand Cormoran, *Carbo Cormoranus*; Temm.

Tout le plumage d'un noir verdâtre à reflets; des traits peu visibles sur le cou et de couleur blanchâtre; sur le haut du dos et sur les ailes, chaque plume est bordée par du noir verdâtre et à reflets, brunes ou couleur de bronze à leur centre; pennes de la queue longues, noires; les rémiges de cette couleur; sous la mandibule inférieure une petite poche gutturale jaunâtre, qui est entourée par un large collier blanc ou blanchâtre, dont les extrémités remontent jusqu'au dessous des yeux; bec long de 2 pouces 3 lignes, et d'un gris noirâtre; région nue des yeux d'un jaune teint de verdâtre; iris vert. Longueur, 2 pieds 7 pouces, les *vieux mâles* et *femelles en hiver*.

Au printemps et en été, tout le plumage a plus de reflets; au dessus des cuisses, sur le sommet de la tête et sur une forte partie du cou, sont des plumes d'un blanc parfait, longues, minces et très soyeuses ; une huppe occipitale formée de plumes longues, d'un vert foncé à reflets ; le blanc du large collier est un peu lavé de jaunâtre.

Les *jeunes de l'année* ont le plumage teint par du brun foncé, avec des reflets verdâtres sur la tête et le cou ; les parties inférieures sont d'un gris brun, varié de blanchâtre ; le haut du dos et les ailes sont gris cendré, mais chaque plume est bordée par du brun foncé ; le large collier gris blanchâtre ; iris brun ; bec d'un brun clair.

Le Cormoran est un oiseau qui fait grand dégât de poissons dans les lieux qu'il habite. Son adresse à les pêcher répond à sa voracité. Il les fait sauter en l'air et les resaisit dans son bec, en ayant soin de faire arriver la tête la première, afin que les nageoires et même les écailles, que sans cette précaution il prendrait à rebours, ne s'embarrassent pas en passant dans son avide gosier. J'ai été témoin d'un fait assez curieux qui m'amusa beaucoup : Ayant tiré un coup de fusil au bord d'une pêcherie, je vis s'élancer du milieu des joncs un Cormoran emportant une grosse anguille, qu'il n'avait pas eu le temps d'avaler. Il s'envola assez haut en tenant sa proie par la tête. L'anguille, comme on le pense bien, ne demeurait pas tranquille : se sentant ainsi serrée, elle ne cessait de s'agiter en tout sens, de telle sorte, qu'en voyant dans les airs l'oiseau au plumage lugubre, et les ondulations convulsives de l'animal qu'il tenait en son bec, on eût cru apercevoir vivante une de ces peintures chinoises et allégoriques qui représentent un dragon volant aux prises avec un serpent.

Ce Cormorant se trouve chez nous l'hiver ; il s'empêtre quelquefois à travers les filets des pêcheries, et on le prend vivant. Il niche indistinctement dans les fentes des rochers, sur les arbres ou dans les joncs ; la ponte est de 3 à 4 œufs, de la même grosseur aux deux bouts, d'un blanc verdâtre, recouvert par une couche calcaire, rude et blanchâtre. Je ne pense pas qu'il reste l'été dans notre pays.

GENRE QUATRE-VINGT-TREIZIÈME.

FOU. — *SULA.* (Briss.)

Une seule espèce de ce genre se trouve, dit-on, quelquefois sur les côtes de la Bretagne et de la Picardie. Je n'ai pas appris qu'on l'ait encore vue dans nos contrées.

GENRE QUATRE-VINGT-QUATORZIÈME.

PLONGEON. — *COLYMBUS.* (Lath.)

Caractères : Bec médiocre, fort, droit, très pointu ; comprimé. Narines oblongues, concaves, à moitié closes. Tarses en arrière du corps, médiocres, comprimés latéralement. Doigts antérieurs allongés, entièrement palmés ; celui de derrière bordé d'une membrane lache. Ongles aplatis.

Autant ces oiseaux sont pesans et gauches à terre, autant ils sont vifs et prestes dans l'élément liquide, qui paraît être celui pour lequel la nature les a créés. Rarement voit-on dans l'eau les Plongeons à découvert : ils ne sortent la tête que pour respirer un instant, et disparaissent aussitôt. Ils nichent dans les îlots des pays froids, et c'est seulement pendant la ponte et l'incubation qu'on peut les surprendre à terre, où souvent on les trouve couchés à plat sur le ventre. L'Europe en possède trois espèces ; deux nous visitent en hiver.

PLONGEON IMBRIM. — *COLYMBUS GLACIALIS.*

Noms vulg. : *Plounjhoun*, *Flaou*, *Pitré*.

L'Imbrim ou Grand Plongeon, Buff. — Le Grand Plongeon, Buff., un *jeune* ; mais sa pl. enl. 914 représente un *jeune* du Plongeon Lumme. — Le Grand Plongeon, Cuv. — Le Plongeon Imbrim, *Colymbus Glacialis*, Vieill. — Le Plongeon Imbrim, *Colymbus Glacialis*, Temm.

Tête, gorge et cou d'un noir verdâtre, à reflets verts et bleuâtres ; une petite bande au bas de la gorge, une plus grande sur la partie postérieure du cou ; l'une et l'autre rayées de blanc et de noir ; poitrine et toutes les parties inférieures d'un blanc pur ; toutes les parties supérieures, ailes et flancs, noir profond, mais émaillé de taches blanches ; celles du dos et des scapulaires sont carrées ; bec noir, vert cendré au bout ; iris brun ; pieds d'un brun noirâtre à l'extérieur, blanchâtre à l'intérieur et sur les membranes. Longueur, de 27 à 29 pouces, les *vieux*.

Les *jeunes* diffèrent beaucoup. Plumes de la tête et du cou cendrées et bordées de gris blanc ;

dessous du corps d'un cendré brun, varié de deux lignes blanchâtres sur chaque plume; gorge blanche; cou de cette couleur, nuancé de cendré clair; parties postérieures d'un beau blanc; pennes des ailes brunes; les secondaires ont une ligne blanche oblique sur les côtés, vers leur extrémité; bec gris brun; pieds et membranes bruns, avec une teinte rougeâtre sur le côté interne des tarses et des doigts.

Les jeunes de cette grande et belle espèce se trouvent en hiver sur nos étangs, mais jamais en grand nombre. Je ne pense pas que les vieux nous visitent jamais. Au printemps, cet oiseau se retire dans les contrées boréales des deux mondes; il habite aussi, en grand nombre, les Hébrides, la Russie et quelques autres pays du Nord; il n'est que de passage partout ailleurs. On dit qu'il se nourrit de beaucoup de harengs, dont il poursuit les bandes, de frai, d'insectes et de végétaux. Il niche sur le bord des eaux douces; pond 2 œufs d'un blanc teint d'isabelle, marqué de grandes et de petites taches d'un cendré pourpré. Sa peau sert à l'habillement de plusieurs peuplades du nord à demi-sauvages.

PLONGEON CAT - MARIN.
COLYMBUS SEPTENTRIONALIS.

Noms vulg. : *Plounjhoûn*, *Flaou*, *Pitré*.

Le Plongeon a Gorge Rousse, Buff., le *vieux*. — Le Plongeon Cat-Marin et le Petit Plongeon du même auteur ne sont que des *jeunes* de cette espèce. — Le Petit Plongeon, *Col. Septentrionalis*, Cuv. — Le Plongeon Cat-Marin, *Col. Septentrionalis*, Vieill. — Le Plongeon Cat-Marin, *Colymbus Septentrionalis*, Temm.

Côtés de la tête, du cou et gorge d'un gris de souris velouté ; des lignes noires au-dessus de la tête ; devant du cou d'un roux marron très vif ; nuque, partie postérieure du cou marqués de lignes noires et blanches ; poitrine et toutes les parties inférieures d'un blanc pur et comme glacé ; flancs, dessus du corps et les ailes d'un brun noir lustré, souvent avec de petites taches blanchâtres, excepté sur les *très vieux individus* ; bec noir ; iris d'un orange foncé ; pieds verdâtres en dehors, d'un blanc livide en dedans ; membranes de cette couleur. Longueur, de 22 à 24 pouces, les *deux sexes*.

Les *jeunes*, après leur première mue, ont le sommet de la tête et la nuque d'un gris noirâtre, marqué de fines lignes blanchâtres ; toutes les parties supérieures d'un brun noir, mais varié de taches obliques sur chaque plume, et blanchâtres ; plumes des flancs d'un cendré brun, bordées de blanc ; joues, gorge, devant du cou et parties postérieures d'un blanc pur ; bec d'un cendré blanchâtre, brun rougeâtre en dessous ; iris brun ; les pieds sont blanchâtres en dedans et sur les membranes, bruns en dehors.

Le Plongeon Cat-Marin est peu commun sur nos étangs et sur nos côtes, où il se montre en hiver ; tous les individus que j'ai eu occasion de voir étaient des jeunes, et je ne puis assurer si les vieux se trouvent quelquefois dans le pays. Cet oiseau est difficile à surprendre. Toujours au milieu des eaux, il ne montre la tête que par intervalle et se submerge à l'aspect du moindre danger. Il habite le Nord des deux continens, où il niche au milieu des herbes et des marais ; pond 2 œufs ayant les deux bouts également gros ou très oblongs', d'un brun olivâtre, avec des taches brunes, clairsemées. Il se nourrit de poissons, de frai, de chevrettes, d'insectes et de végétaux.

GENRE QUATRE-VINGT-QUINZIÈME.

GUILLEMOTS. — *URIA.* (Briss.)

Le genre Guillemot est composé de quatre ou cinq espèces qui, en été, habitent les contrées arctiques; elles émigrent en hiver, et plusieurs s'avancent jusque sur les côtes du Nord de la France. Il ne serait pas surprenant qu'elles se trouvassent accidentellement chez nous ; mais ayant promis de ne décrire aucune espèce sans avoir la certitude parfaite de son apparition dans nos contrées, je m'abstiendrai d'en faire mention.

GENRE QUATRE-VINGT-SEIZIÈME.

MACAREUX. — *MORMON.* (Illiger.)

Caractères : Bec plus court que la tête, plus haut que long, très comprimé, aplati, sillonné en travers. Arête tranchante et surmontant le niveau du crâne. Les Mandibules arquées et échancrées vers la pointe, à base garnie par une peau plissée. Narines latérales linéaires, à peine apparentes et en partie fermées par une membrane nue. Tarses courts, implantés dans l'abdomen et hors de l'équilibre du corps, n'ayant que trois doigts antérieurs entièrement palmés. AILES courtes. La 1re rémige d'égale longueur avec la 2e, ou un peu plus longue

Les Macareux et les *Pingouins* nous amènent insensiblement aux espèces dont la nature a fait les derniers chaînons de la grande famille des oiseaux, et, quoique les Macareux et les Pingouins jouissent encore de la faculté de pouvoir effleurer les eaux d'une aile assez vigoureuse, on ne peut s'empêcher de reconnaître en eux les plus proches voisins de ces espèces exotiques privées du vol, connues sous les noms de *Corfou* et *Manchots*.

Les Macareux habitent les mers du pôle arctique, d'où ils émigrent en hiver jusque sur nos côtes. Leurs mœurs n'ont pu être bien étudiées. On n'en connaît que deux espèces en Europe ; une seule nous visite.

MACAREUX MOINE. — *MARMO FRATERCULA.*

Nom vulg : *Maou-Marida* *

LE MACAREUX, Buff. — LE MACAREUX LE PLUS COMMUN Cuv. — LE MACAREUX ARCTIQUE, *Fratercula Arctiqua*, Vieill. — LE MACAREUX MOINE, *Marmo Fratercula*, Temm.

Dessus de la tête, toutes les parties supérieures sans distinction, ainsi qu'un large collier, d'un noir profond ; côtés de la tête et gorge d'un gris clair ; poitrine et toutes les parties de dessous le corps d'un blanc pur ; base du bec d'un gris de

* (Mal marié). De son aspect peu gracieux.

fer, jaunâtre dans le milieu, rouge à sa pointe; des sillons très marqués sont au nombre de trois sur la mandibule supérieure, et deux sur l'inférieure; iris d'un blanc sale; pieds d'un orange rouge. Longueur, 12 pouces 4 ou 6 lignes, du bout du bec aux ongles. Le *mâle* et la *femelle*, *vieux, en hiver et en été.*

Les *jeunes* ont le bec plus petit et sans sillons; il est d'un brun jaunâtre; les côtés de la tête plus foncés que chez les *vieux*; espace entre l'œil et le bec d'un brun noirâtre; toutes les parties supérieures mélangées de gris sombre; le large collier nuancé par devant, de cendré foncé.

Cette espèce reste toujours en mer, où elle nage et plonge avec une grande prestesse. Ce n'est qu'au moment où la femelle veut se livrer aux soins de sa reproduction que les Macareux se montrent à terre, toujours dans les endroits les plus déserts. Ils s'emparent des terriers des lapins, où creusent eux-mêmes des trous profonds à l'aide de leur bec et de leurs ongles, en ayant soin de choisir un terrain très léger. Ils se plaisent à nicher les uns près des autres, mais chaque trou ne contient qu'une couveuse, qui montre beaucoup de courage à défendre les fruits de ses amours si on veut les lui ravir. Quelquefois il en niche dans les fentes et les trous des rochers. La femelle ne pond, dit-on, qu'un seul œuf blanchâtre, avec des taches cendrées peu apparentes. Quoique ces oiseaux habitent l'extrême Nord, il y en a qui se reproduisent dans des pays plus tempérés. Ils vivent de petits poissons, d'insectes et de végétaux. Nous voyons chez nous plus de jeunes que de vieux, seulement en hiver.

GENRE QUATRE-VINGT-DIX-SEPTIÈME.

PINGOUIN. — *ALCA*. (Linn.)

Caractères : Bec plus court que la tête, conico-convexe, comprimé latéralement, sillonné en travers, près la pointe. Mandibule supérieure courbée à sa pointe; l'inférieure formant un angle saillant. Narines oblongues, situées vers le milieu du bec et couvertes par des plumes. Pieds courts, placés en arrière; trois doigts devant entièrement palmés; point de pouce. Ailes courtes. La 1re rémige la plus longue ou d'égale longueur avec la 2e.

On a donné le nom de Pingouin, *Pinguis*, aux oiseaux de ce genre à cause de leur graisse huileuse. Ils ont les mêmes habitudes que les *Guillemots*, les *Macareux* et autres oiseaux de l'hémisphère Nord, où ils semblent remplacer ces espèces privées d'ailes qui vivent sur les mers du Sud. Leur genre de vie est tout aquatique, car, si l'on en excepte le temps des pontes, ils ne vont à terre qu'accidentellement. On en connaît deux espèces européennes, dont une devient chaque jour plus rare. Nous trouvons assez communément en hiver chez nous celle qui suit.

PINGOUIN MACROPTÈRE. — *ALCA TORDA*.

Noms vulg. : *Maou-Marida*, *Béduin*.

Le Petit Pingouin, Buff. — Le Pingouin, *id.*, en *plumage d'été*. — Le Pingouin Commun, *Alca Torda* et *Pica*, Cuv. — L'Alque Pingouin, *Alca Torda*, Vieill. — Le Pingouin Macroptère, *Alca Torda*, Temm.

Dessus de la tête, nuque, côtés du cou et toutes les parties supérieures, y compris les ailes et la queue, d'un noir profond ; une ligne formée par de petits traits bruns et blancs, prend naissance au dessus du bec et va jusqu'aux yeux ; un trait sur l'aile, les côtés de la tête, la gorge et toutes les parties inférieures d'un blanc pur ; du cendré mêlé au blanc des côtés de la tête ; bec noir, avec des sillons, dont un blanc en travers des deux mandibules ; iris brun ; pieds noirâtres. Longueur, 14 pouces 4 ou 6 lignes, les *vieux en hiver*.

Les *jeunes* n'ont point de sillon blanc au bec, celui-ci est moins large et peu crochu vers le bout ; dessus de la tête et toutes les parties supérieures d'un cendré noirâtre ; une tache brune près de l'œil ; parties inférieures blanches ; iris noirâtre.

En été, la bande étroite qui va du bec aux yeux d'un blanc sans mélange ; joues, gorge et parties supérieures du devant du cou d'un noir profond et comme nuancé d'une légère teinte rougeâtre ; le reste comme *en hiver*.

Cette espèce se montre, en hiver, sur nos côtes et sur nos étangs. Cette année, 1840, nous en avons eu beaucoup, malgré la douce température qui n'a cessé de régner. Ce Pingouin se rend en été sur les mers actiques, où il se reproduit. C'est toujours en grand nombre qu'il niche dans les fentes des rochers qui bordent la côte de la mer. La ponte est d'un seul œuf, très grand, relativement à l'oiseau ; il est oblong et d'un blanc pur ou jaunâtre, marbré de taches noires et brunes de forme irrégulière, et souvent marqué de très petites taches cendrées.

FIN.

APPENDICE.

VAUTOUR CHASSEFIENTE *. — *VULTUR KOLBII.*

Nom vulg : *Votour.*

Vultur Kolbii, Daud. — Le Vautour Chassefiente, *Vultur Kolbii*, Temm.

Cette espèce ressemble au *Vautour Griffon* avec lequel on l'avait confondue ; mais on peut la reconnaître, ainsi que l'explique M. Temminck, dans l'appendice qu'il donne à la fin de la 4me partie de son *Manuel.*

D'abord, les plumes des ailes et des parties inférieures sont arrondies à leur bout, tandis qu'elles sont acuminées dans ces mêmes parties, chez le *Vautour Griffon* ; la fraise ou collerette n'est pas non plus aussi longue ni aussi abondante ; la couleur générale du plumage est d'un café au lait clair ou isabelle, souvent aussi varié ou tapiré de brun clair ou foncé. L'*adulte* est à-peu-près en entier d'un isabelle blanchâtre, tandis que la livrée du *Vautour Griffon* dans cet âge est d'un brun clair et uniforme ; le jabot de l'espèce de cet article est d'un brun foncé sans mélange. Longueur totale, 4 pieds.

Il y a déjà plusieurs années que j'avais cru remarquer une distinction entre ces deux espèces ; j'eus l'honneur d'en écrire à M. Temminck, et j'ai bien regretté de ne

---

* Il faut classer cette espèce après le *Vautour Griffon.*

pouvoir envoyer à ce judicieux naturaliste les sujets de nos contrées qu'il me témoigna le désir d'obtenir.

Le Vautour Chassefiente vit sur les montagnes des Cevennes et sur celles de la Lozère, où il est commun en été; il est également répandu en Europe. Sa nourriture se compose d'animaux morts et de voiries. On le tue quelquefois dans notre département, d'où j'en ai obtenu deux individus.

Remarque. Il est dit à l'article *Griffon*, pag. 6 et 7, que l'espèce est très abondante dans les Cevennes et autres localités de nos contrées; il faut au contraire regarder cet oiseau comme y étant bien moins répandu que le Chassefiente avec lequel il était confondu, quoiqu'il s'y rencontre assez souvent.

Je possède un *Griffon* d'une taille de 3 pieds 6 pouces, dont la mandibule supérieure est très élevée et très arquée, depuis sa base jusqu'aux deux tiers de sa longueur, et dont le crochet est plus court que chez les espèces précédentes ; tout le bec est d'un brun noir, un peu couleur de corne vers le bout; il est aussi moins long que chez le *Chassefiente* ; les plumes ou fraise de la base du cou sont longues de 3 pouces 4 ou 5 lignes, à barbes non décomposées ; les parties inférieures sont d'un roux assez vif, avec une couleur plus claire le long de la baguette des plumes. Je pense que c'est un jeune âge ; mais je ne crois pas que ces signes distinctifs aient été signalés.

PIPI A GORGE ROUSSE[*].— *ANTHUS RUFUGULARIS.*
Nom vulg. : *Cici.*

Anthus Rufugularis, Brehm. — Le Pipi a Gorge Rousse, *Anthus Rufugularis*, Temm.

Cet oiseau, en *automne et en hiver*, ressemble

[*] Pour placer après le *Pipi Farlouse*. Cet oiseau avait été oublié.

assez au *Pipi Farlouse*, mais il en diffère toujours par les sourcils, par la gorge et par une partie du méat auditif, qui sont d'un brun rougeâtre; la poitrine et les parties en dessous, ainsi que les flancs, sont ou blancs ou isabelle clair, mais couverts par de grandes mèches et de petites taches noires; le milieu du ventre et l'abdomen unicolores; pieds d'un brun clair; iris brun; base de la mandibule inférieure jaune. Longueur, 5 pouces 2 ou 3 lignes, *mâle* et *femelle*.

Au printemps et en été, le *mâle* a les sourcils, toute la gorge et le devant du cou d'un roux rouge, un peu lie de vin; sur la poitrine une zone formée de petites taches lancéoles noires; des stries de cette couleur sur les flancs; le reste de dessous le corps est d'une couleur isabelle sans mélange; le bec est partout brun.

Ce Pipi ne se montre qu'accidentellement dans le midi de la France et n'a été observé qu'une seule fois que je sache, en 1858, dans l'Hérault, au mois d'avril. Un chasseur aux filets en prit deux qu'il apporta à M. Lebrun; il aurait pu en prendre davantage le même jour s'il avait pensé que ce fussent des oiseaux rares, car ils volaient par petites troupes, en faisant entendre un petit cri semblable à celui du *Pipi Farlouse* dont ils ont le vol.

Cette jolie espèce habite la Syrie et l'Egypte, où elle est très abondante. Son apparition en Europe est tout accidentelle. Sa nourriture est la même que celle de ses congénères. Sa propagation est inconnue.

Ajoutez à la page 136, que le *Bec-Fin à Lunettes* pond jusqu'à 6 œufs, qui sont ou oblongs, obtus ou pointus, d'un blanc grisâtre ou verdâtre, couvert de petites taches brunes ou avec de plus grandes de cette couleur; souvent elles forment une couronne autour du gros bout, ou bien celui-ci entièrement brun. Le nid est tantôt caché, tantôt placé sur une plante odoriférante et à découvert, souvent dans les broussailles, quelquefois aussi peu ou point garni de laine ni de crin à l'intérieur.

Remarque : L'oiseau que j'ai désigné par le nom de *Busard Méridional*, porte dans l'appendice, à la 3e partie de M. Temminck, celui de *Busard Blafard*. L'individu que je possède est un *jeune* de cette espèce. Ajoutez qu'il est abondant en Espagne, qu'il se montre accidentellement en France, en Italie et en Allemagne, et que, d'après le colonel Sykes, il se trouve dans l'Inde, où il niche sur les arbres.

Les œufs, à l'article *Echasse*, pag. 555, lig. 20 et suiv., sont décrits d'après M. Temminck. J'en reçois à l'instant trouvés dans nos marais; ils sont plus petits que ceux de l'*Avocette*, d'un vert terne ou d'un vert jaunâtre marqué de grandes taches noirâtres et de plus petites de cette couleur, mais peu de points d'un brun rougeâtre; ils sont ou obtus ou pointus au petit bout.

Omission. — Ajoutez à la pag. 103 lig. 26 : Le *Merle Noir* présente plusieurs variétés plus ou moins blanchâtres ou d'un blanc pur. Je dois à l'obligeance du docteur Bousquet, de St-Gilles, un beau sujet dans cette livrée, tué dans ce pays.

TABLE ALPHABÉTIQUE

DES OISEAUX

DÉCRITS DANS CET OUVRAGE.

NOMS FRANÇAIS ET TECHNIQUES.

	Pages.		Pages.
Accenteur............	166	Avocette à Nuque noire.	398
Accenteur Pégot ou des Alpes.............	167	Barge.............	435
Accenteur Mouchet...	168	— à Queue noire..	id.
Aigles proprement dits.	22	— — rousse..	437
— Impérial........	23	Bécasseau...........	408
— Royal..........	24	— Cocorli.....	409
— Bonelli.........	25	— Brunette....	411
— Criard.........	27	— Violet......	413
— Botté..........	28	— Temmia....	414
— Jean-le-Blanc....	29	— Echasses....	416
— Balbusard.......	30	— Canut ou Maubèche............	417
— Pigargue	31	Bécasse.............	438
Alcyons, V. Guêpiers, Martin-Pêcheur	289	— Ordinaire.....	439
Alectorides, V. Glaréole.	358	Bécassine Double.....	441
Alouette............	189	— Ordinaire...	442
— à Hausse-Col noir.............	190	— Sourde.....	444
Alouette des Champs..	191	Bec-Croisé..........	235
— Lulu.......	193	— Commun.....	id.
— Cochevis.....	194	Bec-Fin.............	110
— Calandrelle...	196	— Rousserolle...	111
— Calandre.....	198	— Locustelle....	112
Anisodactyles (Anisodactyli)..........	280	— Aquatique....	113
		— Phragmite...	114
Avocette............	397	— des Roseaux ou Effervatte.........	115

	Pages.		Pages.
Bec-Fin Verderolle	110	Bruant Ortolan	221
— Cetti	118	— Cendrillard	223
— des Saules	120	— Zizi ou de Haie	225
— à Moustaches noires	121	— Fou ou de Pré	226
		— Rustique	228
Bec-Fin Cisticole	122	— Mitilène	230
— Rossignol	124	— Montain	232
— Philomèle	125	Busard Harpay ou de Marais	id
— Orphée	126		
— à Tête noire	128	Busard Saint-Martin	45
— Mélanocéphale	129	— Montagu	46
— Grisette	130	— Méridional	47
— Fauvette	131	Buses	39
— Babillard	133	— Commune	id
— à Lunettes	134	— Patue	41
— Pitchou	136	— Bondrée	42
— Passerinette	137		
— Rouge-Gorge	139	Canards	512
— Gorge bleue	140	— Tadorne	id.
— Gorge Bleue à Miroir roux	142	— Sauvage	514
		— Chipeau	515
Bec-Fin Rouge-Queue	143	— Pilet	516
— de Murailles	144	— Siffleur	518
— à Poitrine jaune	145	— Souchet	519
— Siffleur	147	— Sarcelle d'Été	520
— Pouillot	148	— Sarcelle d'Hiver	522
— Véloce	149		
— Natterer	150	Canard Eider	523
Bergeronnette	169	— Double-Macreuse	525
— Grise	170		
— Jaune ou Boarule	172	Canard Macreuse	526
		— Siffleur Huppé	527
Bergeronnette Printannière	174	— Milouinan	528
		— Milouin	529
Bergeronnette Flavéole	175	— à Iris blanc	530
Bihoreau à Manteau	391	— Morillon	531
Bouvreuil	237	— Garrot	533
— Commun	238	— de Miclon	534
Bruant	213	— Couronné	536
— Jaune	214	Caille (la)	333
— Proyer	216	Casse-Noix	70
— de Roseaux	217	Catharte	7
— de Marais	219	— Alimoche	8

Chelidons, *V.* Hirondelle, Martinet et Engoulevent	296
Chevalier	421
— Arlequin	423
— Gambette ...	424
— Stagnatile ...	426
— Cul blanc ...	427
— Sylvain	229
— Guignette ...	431
— Aboyeur	433
Chouette	49
— proprement dite	50
Chouette Hulotte	51
— Effraie	52
— Chevèche ...	53
Cigogne	375
— Blanche	376
— Noire	377
Cingle Plongeur	108
Colombe Ramier	314
— Colombin	315
— Biset	317
— Tourterelle ...	318
Combattant	419
— Variable ..	id.
Corbeau	60
— Noir	61
Corneille Noire	62
— Mantelée	63
Corbeau Freux	64
— Choucas	65
Cormoran	342
— (Grand)	343
Coucou	266
— Gris	id.
— Geai	268
Coureurs, *V.* Outarde .	341
Courre-Vite	346
— Isabelle ...	id.
Cygne	509
— Sauvage	510
— Tuberculé	511

Dindon Sauvage	320
Echasse	353
— à Manteau noir .	354
Engoulevent	309
— Ordinaire .	id.
— à Collier roux	311
Épervier	35
Étourneau	79
— Vulgaire ...	id.
Faisan	321
— Vulgaire	id.
Faucon	13
— Proprement dit .	14
— Pélerin	id.
— Hobereau	16
— Émerillon	17
— Cresserelle	18
— Cresserellette ...	19
— à Pieds rouges .	20
Flammant	393
— Rose	394
Foulque	457
— Macroule	458
Ganga	325
— Cata	326
Geais	68
— Glandivore	id.
Glaréole	338
— à Collier	339
Gobe-Mouche	92
— Gris	id.
— à Collier .	93
— Bec-Figue	94
Goëland, *V.* Mouette .	481
Gralles	348
— à Trois-Doigts .	349
Grêbes	462
— Huppé	463

Grèbes Jou-Gris...... 464	Hirondelle de Rochers. 304
— Cornu ou Escla-	Huitrier............ 355
von............... 465	— Pie.......... 356
Grèbe Oreillard....... 466	Huppe.............. 286
— Castagneux.... 468	
Grimpereau.......... 282	Ibis................ 401
— Familier.. 283	— Falcinelle....... 402
Gros-Bec............ 259	
— Vulgaire.... 240	Jaseur.............. 74
— Verdier..... 241	
— Soulcie..... 243	Loriot.............. 77
— Moineau.... 244	
— Cisalpin..... 246	Macareux Marmon.... 549
— Friquet..... 248	— Moine...... 550
— Cini........ 149	Martinet............ 305
— Pinson...... 251	— à Ventre blanc. 306
— d'Ardennes.. 253	— de Muraille.. 307
— Niverolle.... 255	Martin-Pêcheur...... 293
— Linotte..... 256	— Alcyon. 294
— Venturon... 358	Martin.............. 81
— Sizerin..... 260	— Roselin....... 82
— Tarin...... 261	Merle............... 96
— Chardonneret 263	— Draine........ 97
	— Litorne....... 98
Héron.............. 379	— Grive......... 99
— Cendré...... id.	— Mauvis....... 101
— Pourpré...... 381	— à Plastron (le)... 102
— Aigrette...... 383	— Noir.......... 103
— Garzette...... 384	— de Roche...... 105
— Vérani....... 385	— Bleu......... 106
— Grand-Butor... 387	Mésange............ 200
— Crabier...... 388	— Charbonnière 201
— Blongios..... 390	— Petite - Char-
Hibous............. 54	bonnière........... 202
— Brachiote..... 55	Mésange Bleue....... 203
— Grand-Duc.... 56	— Huppée..... 205
— Moyen-Duc.... 58	— Nonnette.... 206
— Scops........ 59	— à Longue-
Hirondelle.......... 296	Queue............. 207
— de Cheminée 297	Mésange à Moustaches. 209
— Rousseline.. 299	— Remiz...... 211
— de Fenêtre.. 300	Milans.............. 36
— de Rivage. 302	— Royal........ id.

	Pages.		Pages.
Milan Noir ou Étolien.	38	Pic Épeichette.	276
Mouette	481	Pie Ordinaire	67
— à Manteau noir	id.	Pie-Grièche	84
— à Manteau bleu	483	— Grise	85
— à Pieds jaunes.	484	— Méridionale	86
— à Pieds bleus..	485	— à Poitrine rose	88
— Tridactyle	487		
— à Bec Grêle	489	Pie-Grièche Rousse	89
— Rieuse ou à Capuchon brun	490	— Écorcheur.	91
		Pigeons	313
Mouette Pigmée	492	Pingoin	552
		— Macroptère	id.
Œdicnème	349	Pinnatipèdes, V. Foulque et espèces suivantes	
— Criard	350		
Oie	502		
— Hiperborée	503	Pipi	177
— Cendrée	504	— Richard	178
— Vulgaire ou Sauvage	505	— Spioncelle	180
		— Rousseline	182
Oie Rieuse ou à Front blanc	506	— Farlouse	185
		— à Gorge rousse, V. à l'Appendice	556
Oie Bernache	507		
— Cravant	508	Pipi des Buissons	186
Outarde	341	Plongeon	545
— Barbue	542	— Imbrim	546
— Canepetière	544	— Cat-Marin	547
		Pluvier	358
Palmipèdes, V. Hironde Mer	469	— Doré	id.
		— Guignard	360
Pélican, V. genre 91e.	542	— à Collier	361
Perdrix	529	— à Collier (Petit).	363
— Bartavelle	530	Pluvier à Collier interrompu	364
— Rouge	531		
— Grise	533	Poule d'Eau	447
Pétrel, V. aussi pages suivantes	497	— de Genet	id.
		— Marouette	449
Phalarope	460	— Poussin	450
— Cendré	id.	— Baillon	452
Pic	270	— Ordinaire	453
— Noir	271	Pyrrhocorax	71
— Vert	272	— Chocquart	72
— Épeiche	273	— Coracias	73
— Mar	275		

	Pages.		Pages.
Rale	445	Torcol	277
— d'Eau	id.	— Ordinaire	278
Roitelets	151	Tichodrome	284
— Ordinaire	152	— Échelette	285
— Triple-Bandeau	153	Traquet	157
Rollier	75	— Rieur	id.
— Vulgaire	id.	— Motteux	159
		— Stapazin	160
		— Oreillard	162
Sanderling	351	— Tarier	163
— Variable	352	— Rubicole	164
Sitelle	280	Troglodyte	155
— Torchepot	281	— Ordinaire	id.
Spatule	399	Turnix	337
— Blanche	400		
Stercoraire	493	Vanneau	366
— Pomarin	494	— Pluvier	367
— Richardson	495	— Huppé	369
		Vautour	2
Talève	454	— Arian	4
—, Porphirion	455	— Griffon	5
Tetras	323	— Chassefiente	555
— Gelinotte	324	*V.* Appendice.	id.

TABLE ALPHABÉTIQUE

DES

NOMS VULGAIRES PATOIS.

	Pages.
Agraïo, Croupatas..	62, 63, 64
Agraïoun	65
Agasso, Margot	67
Agraïo à bé jhâouné	72
Agraïo à bé roujhé	73
Argné, Varlé-dé-Villo	294
Agasso dé mar	356
Aouriáou (l') ou Figuo-l'Aouriáou	77
Agraïo, lisez : *Agraïo*	374
Alouetto, Lâouzetto	191
Aoúsel dé mar	494
Aoúquo	503
Aoúquo sáouvajho	504, 505, 506
Aoúquo	507
Aoúquo négro	508
Béou-l'Oli, Damasso	52
Barbajhôou	300
Barbajholé, Grisé	302
Balustrié (Grand)	306
Balustrié	307
Bisé	315, 317
Bartavello, Perdigal	330
Bèquo-Figuo	92, 93, 94
Bisquerlo	112, 114
Bouscarido	118
Bisquerlo, Bouscarido	120
Bisquerlo, Trâouquo-Bartas	124
Bouscarido, Testo négro	128
Bousquerlo, Mousquet	130
Bisquerlo, Bouscarido	131
Bousquerlo	133
Bitor-d'Aoúra	387
Bé-dé-Lézéno	398
Bé-d'Espatulo	400
Bécasso d'Irlando, Bullo	435
Bécasso	439
Bécassino déi grosso	441
Bécassino	442

	Pages
Boiboy, Crèbo-Chin	450
Boiboy ou Voiwoi	452
Bisquerlo, Bouscarido	136, 137
Barbo-Rousso, Rigáou, Papa-Roux	139
Bisquerlo, Papa-Blu	140
Bénèri, Zizi, Ratatas	152
Bénèri, Chichi, Ratatas	153
Bis-Tratra	163, 164
Branlo-Quoéto, Gala-Pastré	170
Berjbèïretto, Branlo-Quoéto	172
Bé roujhé	542
Bouy d'Espagno	527
Bouïcé Roujhé	530
Bouy gris, Bournasso	515
Bouy négré, Négroun	531
Bouy blanc	533
Chouetto, Machotto	53
Chô-Banu (Grand), Damo	58
Chô-Banu	59
Croupatas (Grand)	61
Caïo	335
Courli déis Garrigos	350
Cambé (Grand)	354
Couriolo	361, 363, 364
Cracra déi gros, Roussignôou d'aïguo	111
Cracra déi picho	115
Castágnolo, Bisquerlo	122
Charlot-Vert ou d'Espagno	402
Charlot	404
Charlot (Picho), Charlotino	406
Charlot déi pichos	407
Charlotino	413
Charlotino, Pichoto-Bullo	437
Court, Sourdo	444
Chichi, Trâouquo-Bouïssoun	147
Castagnolo, Trâouquo-Bartas	155
Cici déi gros	180

— 566 —

	Pages.
Cici	185
Coutélou, Pétourlino	193
Câouquiado, Capéludo	194
Calandretto, Courentia	196
Calandro, Calandras	198
Cabussoun,Grando-Miàouquo	463
Charpantié, Berna	381
Cabussaïré, Cabussoun	464
Charlotino, Gabidoulo sourdo	423
Cambé déi Gris	426
Cabusssoun	465
Cabussié, Plonjhoûn dé rivièro	468
Coulàou, Gabian, 481, 483,	484
Chic déi Palus, Chinouais	217
Chic déi Palus	219
Chic	225
Chic d'Aoûvergné, Chic gris.	226
Chic 230,	232
Cardounïo	263
Coucu	266
Cygné 510,	511
Col-Vert	514
Canardo	id.
Cuyèïros, Bé d'Espatulo	519
Cacho-Pioun, Cannetto	520
Canard	523
Canard négré	526
Canard mu, Bé roujhé	527
Canard 534,	536
Canard d'âou bé pounchu	538
Cabrellos 538,	539
Canard-Rélijhouso	541
Cygogno, Ganto	376
Damo, Machôto	54
Damo	55
Duguo	56
Eglo	23
Eglo négré	24
Eglo 25,	27
Egloûn	29
Eglo marino	31
Espagnoulé	352
Estournel	79
Espagnolé 409,	411
Espagnolé déi picho	416
Espagnolé (Gros)	417
Espagnolé, Couriolo	460
Faisan	321
Faisan (la fémello)	344

	Pages.
Flaman	394
Fouquo, Macrûso	458
Fumé (Grand), Gafféto à bé roujhé	471
Fumé (Gros)	472
Fumé	473
Fumé dé la testo négro	474
Fumé	476
Fumé déis âlos blancos	477
Fumé déis négrés	478
Gal-Pesquié	30
Gas, Gaché	68
Ghélinoto	324
Grandâoulo	326
Grivo, Céséro	97
Grosso-Testo-Négro, Grosso Mouscarello	126
Grassé	186
Ganto négro	377
Galichoun, Berna-Pesquaïré	379
Galichoun-Blanc	383
Galichoun-Blanc,Berna-Blanc	384
Gabidoulo déi sourdo	419
Gabidoulo déis pès roujhés	424
Gafféto, Pichoto Hiroundello dé mar	479
Gafféto, Pijhoun dé mar	485
Gafféto d'âou bé jhâouné	487
Gros-Bé, Pinsoun royal	240
Grimpo-Roc, Parpaillou	285
Gafféto,Pijhoun dé mar. 489,	490
Gafféto	492
Gafféto à bé crouchu, Aoûsel dé mar	498
Gafféto à bé crouchu	499
Hiroundello 297,	299
Hiroundello griso	304
Lignotto	256
Lucré	260
Merlé roso, Estournel d'Espag.	82
Mouïcé déi gros	14
Mouïcé à moustacho, Négré.	16
Mouïcé 17,	49
Mouïcé déi roux	18
Mouïcé Casso-Grils	20
Mouïcé (Grand), Faoûcoun	33
Mouïcé gris	35
Milan, Tartarasso	36
Mouïcé, Russo d'aïguo	46

	Pages.		Pages.
Milan, Russo	38	Quau-dé-Zirounde	546
Merlé déi Mountagno	402	Quo-Chacha	98
Merlé négré	403		
Merlé Rouquié	405	Russo pâoutudo	28
Merlé-Blu, Merlé Rouquassié	406	Russo, Tartarasso	39
Margoulo, *V. Cincle Plongeur*	408	Russo pâoutudo	41
Mouak, Berna	394	Russo, Egloun	42
Merlé dé la gouéto blanco	457	Russo d'aïguo, lisez: *Russo déi Pallus*	43
Miâouquo	466		
Mountagnar, Favar	243	Russo blanco	45
Mâou-Marida	550	Russo	47
Mâou-Marida, Béduin	552	Roussignôou	421
		Roussignôou gros	425
Négré, Bouy	528	Routaïré 385, 388,	390
Nichoulo, Chaoûcho-Grapâou 309,	311	Rasclé	445
		Rey déi Caïo	447
Negrasso, Brunasso	525	Ramounur, Quou-Rousso	143
		Reynâouby, Pérot-Carmé	460
Oustardo	342	Reynâouby	462
Ourtoulan	224		
Pié-Vert, Pluvieïrotto	429	Séréno 290,	291
Pié-Vert, Couriolo d'aïguo	431	Sourdo	360
Pélacan, Pérot-Blanc	8	Sâouto-Bartas, Sâouto-Baras	143
Pouloumbo	344	Siblarello blanco	433
Perdigal, *V. Perdrix Rouge*	331	Siblaïré, Berjheïretto. 174,	175
Pié-Vert	449	Sarcello	522
Perdigal gris, Perdrix griso.	333	Sarayé	204
Piquo-én-Terro	339	Sarayé (Picho)	202
Pluvié d'aoûra	358	Sarayé, Bluï	203
Prioulo grosso	478	Scorpi, Cormarin	543
Pluvié déi gris, *V. Vanneau Pluvier*	367	Turin	264
		Tourtourello déi champ	348
Pluvié (Picho), Pluvieïrotto	372		
Poulo (la) d'aïguo	453	Tarnagas déi gris, Margasso	85
Poulo d'aïguo d'Egypto	455	Tarnagas, Aoûsel dé Basty	86
Pivoino, Siblur	238	Tarnagas grosso méno	88
Pigré, Débassaïré	244	Tarnagas dé la testo rousso	89
Passéroun-d'Estéoûlé	244	Tarnagas déi picho, Rapinur	94
Passéroun	246	Tourdré	99
Prioulo	482	Tourdré roujhé	104
Pi négré	274	Testo-Négro, Ca-Négré	429
Pi vert	272	Trâouquo-Bartas, Bouscarido	434
Pi	275	Tira-Léngo, Fourmié	278
Piqué, Pi blu	284	Tuit-Tuit	445
Pupu, Lipéguo	287	Tuit-Tuit, Trâouquo-Bouïss	448
Piâoulaïré, Siblaïré, Bouy.	518	Tuit-Tuit, Trâouquo-Bartas	449
Plounjhoun, Flaou, Pitré	546	Trâouquo-Bouïssoun, Fénouïé	450
Plounjhoun	547	Trin-Trin	209
Passéro	468	Térido, Chinchourlo	246
Quo-Rousso	144	Votour 4, 5,	6
Quiou-Blanc d'aïguo, Pié-Vert	427	Vanello, Vanéou	369
Quiou-Blanc	459	Verdagno, Berdeïrollo	244
Quinsar	254	Verdun	244
Quinsar-Rouquié	253	Viâoulounaïré	258

ERRATA.

❁❖❁

Pages.	Lignes.	
3	12.	Il faut lire LEUR APPÉTIT, au lieu de *leurs appétits*.
9	26.	Au moment de terminer cet ouvrage, l'on m'apporte deux œufs du *Catharte Alimoche ;* ils sont obtus et d'un blanc verdâtre, sans tache, gros comme ceux d'une *Poule*.
10	28.	Il faut lire NE LES ARRÊTENT, au lieu de *ne l'arrête*.
36	2	.... MILANS, supprimez le reste.
109	21.	Supprimez, *lorsqu'il siffle*.
118	17.	Il faut lire CETTI, au lieu de *getti*.
121	6	.... MELANOPOGON, au lieu de *Mélanapogon*.
124	17	.... DU 6 AU 10, au lieu *du 6 au 20*.
128	20	.... A SON DOUBLE PASSAGE, au lieu de *ses doubles*.
135	22	.... ENTRE LES ÉTANGS ET LA MER, au lieu de *les étangs de la mer*.
142	4 et 5	...... COMME SYNONYMES, et ajoutez *Linn*. et *Temm*.
157	20 et 21	...... ÆNANTHE, au lieu de *alnanthe*.
160	26	.... id. id.
161	7	.... DE ROUX, au lieu de *brun*, et que cette couleur est la même sur le haut du dos ; et qu'en automne il éprouve le même changement que l'espèce suivante.
175	23	.... MOTACILLA, au lieu de *mutacilla*.
252	21	.... VERDIER, au lieu de *verdun*.
282	9	.... MÉDIOCRE OU LONG, au lieu de *médiocrement long*.
307	3	.... Le point après *localité* est nul.
327	3	.... FORMÉS, au lieu de *fermés*.
392	28	.... DE CES DERNIERS, au lieu de *ces oiseaux*.
396	21	.... Placez le point après *moment*, qui est après *tombées*.
493	1re	.... ENCORE SIGNALÉ, au lieu de *point encore*.

www.ingramcontent.com/pod-product-compliance
Lightning Source LLC
Chambersburg PA
CBHW060300230426
43663CB00009B/1530